新形态计算机专业系列规划教材

软件测试技术

◎主 编 阳小华 楚燕婷 李 萌 闫仕宇

大连理工大学出版社
Dalian University of Technology Press

图书在版编目(CIP)数据

软件测试技术 / 阳小华等主编. -- 大连 : 大连理工大学出版社，2024.7(2024.7 重印)
新形态计算机专业系列规划教材
ISBN 978-7-5685-4850-2

Ⅰ. ①软… Ⅱ. ①阳… Ⅲ. ①软件－测试－高等学校－教材 Ⅳ. ①TP311.5

中国国家版本馆 CIP 数据核字(2024)第 010745 号

RUANJIAN CESHI JISHU

大连理工大学出版社出版

地址:大连市软件园路 80 号　邮政编码:116023

发行:0411-84708842　邮购:0411-84708943　传真:0411-84701466

E-mail:dutp@dutp.cn　URL:https://www.dutp.cn

大连永盛印业有限公司印刷　　大连理工大学出版社发行

幅面尺寸:185mm×260mm　印张:17.25　字数:420 千字

2024 年 7 月第 1 版　　2024 年 7 月第 2 次印刷

责任编辑:孙兴乐　　责任校对:齐　欣

封面设计:张　莹

ISBN 978-7-5685-4850-2　　定　价:56.80 元

本书如有印装质量问题,请与我社发行部联系更换。

新形态计算机专业系列规划教材

编审委员会

前言

Preface

《软件测试技术》是新形态计算机专业系列规划教材编审委员会组编的计算机类课程规划教材之一。

软件测试作为软件工程中的关键环节，在保障软件质量、提高用户满意度和降低维护成本方面发挥着不可或缺的作用。本教材编写团队自2012年起，一直从事国产核反应堆安全分析软件的测试工作，积累了丰富的工程经验。同时，也培养了很多优秀的软件测试本科生、研究生，取得了良好的教学效果，获得省教学成果一等奖、中国计算机学会教学案例三等奖等奖励。

本教材编写的目的与意义：

- **掌握基本理论**

掌握软件测试的基本术语、应对软件缺陷的方法、软件测试有效性的必要条件、软件产品质量模型。

- **应用测试技术**

应用测试技术包括静态测试与动态测试，基于结构的测试、基于规格说明的测试、基于软件产品质量特性的测试。

- **了解主流标准**

主流标准包括ISO、IEC、ITU、IEEE及国家标准，行业标准中的主要软件测试标准。

- **熟悉测试管理**

测试管理包括测试过程中的主要活动、先后次序、工作重点、标志性成果等，软件质量的度量指标及测试文档。

尽管软件测试相关书籍汗牛充栋，然而大部分聚焦于知识的系统性，不仅缺乏与工程实践的充分结合，还缺少标准规范、测试管理、过程持续改进，同时，高阶思维训练不足，培养的学生，在现实工作中缺乏解决复杂实际问题的能力和独立思维。

本教材为解决上述问题，为读者构建理论与实践紧密结合的学习环境，不但提供多种技术的实践案例，而且为同一种技术设计了多种实现，开拓视野，并通过课后练习举一反三，开展分析、评价、设计等高阶思维能力的训练，提升解决复杂软件测试问题的能力。

本教材分为理论篇和实践篇，涵盖了软件测试的基本概念、基于结构的测试、基于规格说明的测试、基于软件产品质量特性的测试、测试管理及软件测试的挑战等内容。

本教材的特点：

• 强调标准与规范

本教材专门讨论了软件测试标准与规范，以及基于软件产品质量特性的测试，这在其他教材中较少涉及。

• 内容全面且前沿

本教材不仅涵盖传统的软件测试方法，还包含机器学习测试、基于属性的测试、蜕变测试等新兴测试技术，反映了软件测试领域的新发展趋势。

• 理论与实践相结合

本教材在理论篇之外精心设计了实践篇，为每一项理论设计了至少一项实践任务，既有基于算法与数据结构的 Algorithm 库，又有面向 Web 功能、接口、性能、信息安全的案例。

• 应用现代工具

本教材介绍了多种测试框架，如 JUnit、QuickCheck、EvoSuite、Selenium、Playwright、LoadRunner 等，帮助读者快速掌握业界常用的现代工具。

• 创新测试过程管理教学方法

过程管理一直是工程类课程的难点，本教材将测试过程嵌入实验报告，一个教学案例就是一次测试过程训练。

本教材响应党的二十大精神，推进教育数字化，建设全民终身学习的学习型社会、学习型大国，及时丰富和更新了数字化微课资源，以二维码形式融合纸质教材，使得教材更具及时性、内容的丰富性和环境的可交互性等特征，使读者学习时更轻松、更有趣味，促进了碎片化学习，提高了学习效果和效率。

本教材由南华大学阳小华、楚燕婷、李萌、闫仕宇任主编。具体编写分工如下：第 1 章、第 4 章、第 5 章、第 7 章至第 9 章由李萌编写，第 2 章、第 3 章由楚燕婷编写，第 6 章由闫仕宇编写。全书由阳小华统稿并定稿。

在编写本教材的过程中，编者参考、引用和改编了国内外出版物中的相关资料及网络资源，在此表示深深的谢意！相关著作权人看到本教材后，请与出版社联系，出版社将按照相关法律的规定支付稿酬。

限于水平，书中仍有疏漏和不妥之处，敬请专家和读者批评指正，以使教材日臻完善。

编 者

2024 年 7 月

所有意见和建议请发往：dutpbk@163.com

欢迎访问高教数字化服务平台：https://www.dutp.cn/hep/

联系电话：0411-84708462　84708445

Contents

目录

理论篇

实践篇

理 论 篇

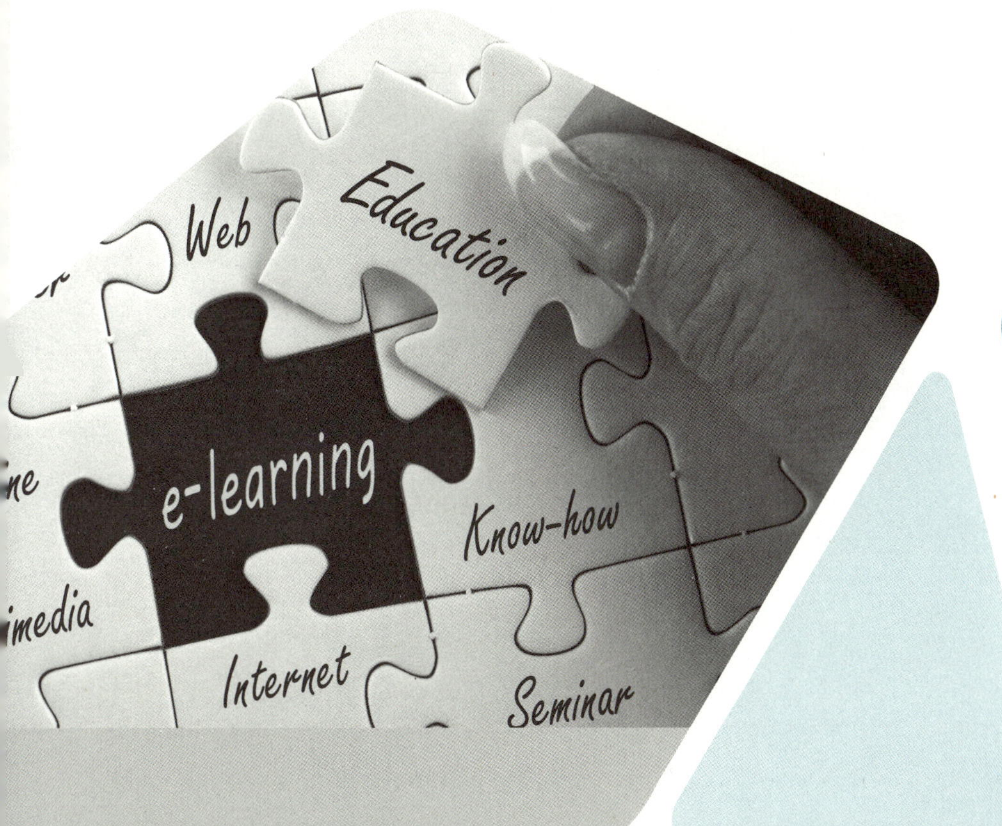

第 1 章　概　论

本书较好地贯彻了在测试标准指导下运用测试方法和技术开展测试实践的教学设计。

本章从软件质量出发，对软件质量内涵进行剖析。全面介绍与软件测试相关的概念，包括软件测试的分类、测试的不同阶段、测试工作的具体内容和范畴，分析了软件失效原因及传播模型，指出了软件测试的核心问题。使读者全面了解软件测试的基本内涵和软件测试需要解决的问题。

因为软件测试属于实践性较强的课程，考核方式推荐采用形成性评价，有助于学生监控自身学习，做出有利于后续学习的决策，提高学习产出，而且教师可及时获得教学反馈，改进教学进程、教学方法和教学计划等，为此，本书还设计了一系列实践案例来促进知识内化的发生。

1.1　软件验证与确认

依据国家标准 GB/T 32423—2015《系统与软件工程 验证与确认》，验证（Verification）是提供客观证据证明产品是否满足需求与标准（正确地生产产品）的过程，确认（Validation）是提供客观证据证明产品是否满足预期用途和用户需求（生产正确的产品）的过程。前者关注产品是否符合需求与标准，多以过程为导向，后者聚焦产品是否满足预期用途，往往以结果为导向。两者简称为 V&V。

如图 1-1 所示为科学计算软件的验证与确认。验证过程检验代码与数学物理模型、数值计算模型、程序规格说明是否一致，开发过程是否符合软件过程能力成熟度规范，如数学物理模型的质量守恒、数值计算模型的离散格式、测试驱动开发、测试过程改进等；确认过程则是评价最终结果是否符合预期用途，如结果数值精度、收敛阶次、数值误差等。

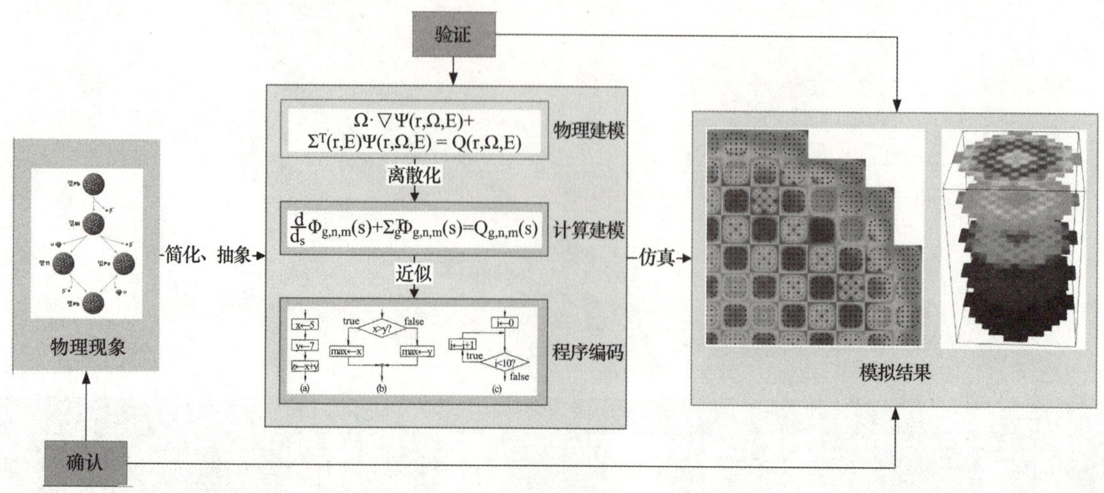

图 1-1　科学计算软件的验证与确认

1.2　软件 V&V 与软件测试的关系

根据 GB/T 32423—2015《系统与软件工程 验证与确认》，验证与确认活动层次结构如图 1-2 所示。验证主要采用测试 testing、调试 debug 和形式化证明 formal proof 技术，软件测试是验证与确认的主要活动，因此，本书聚焦于软件测试方法与技术。

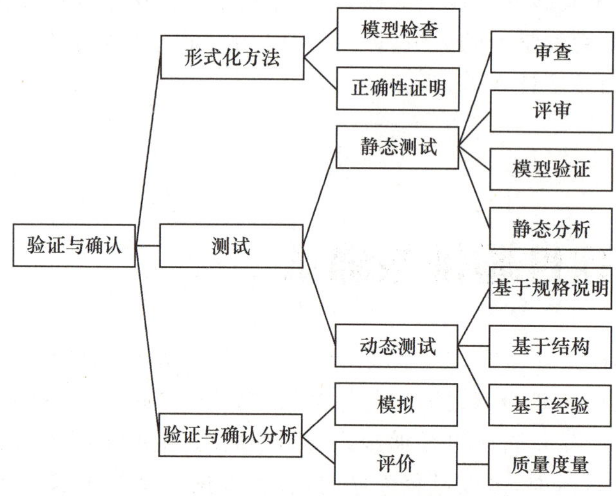

图 1-2　验证与确认活动层次结构图

1.3　软件缺陷的应对方法

软件缺陷分类可参考国家标准 GB/T 32422—2015。

软件错误无法完全消除，处理软件缺陷的方法主要包括：避免缺陷、检测缺陷、容忍缺陷，其中软件测试是检测缺陷的主要技术，详情如图 1-3 所示。

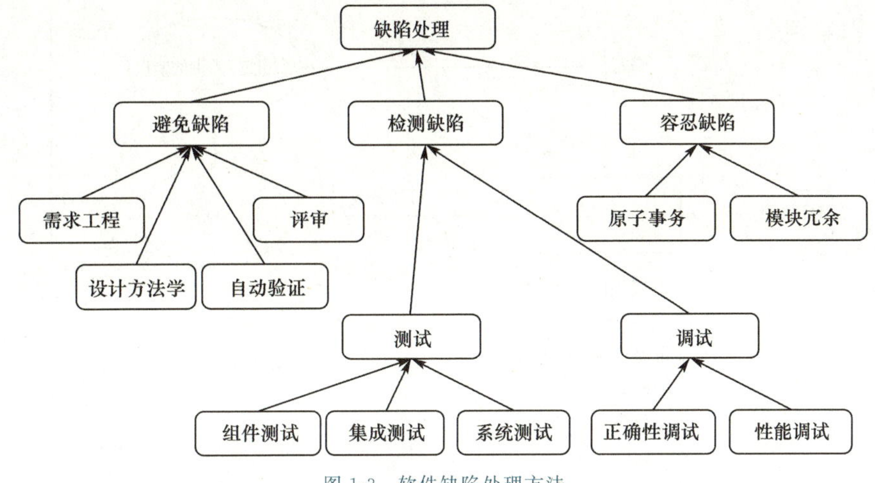

图 1-3 软件缺陷处理方法

1.4 软件失效模型

错误 Error：人为因素产生不正确结果的行为。同义词 mistake，见国际标准化组织标准 ISO 24765。

缺陷 Fault：工作产品中不符合要求或规格的缺陷或不足。同义词 bug、defect，见国家标准 GB/T 11457、美国电气与电子工程师协会标准 IEEE 1044、国际软件测试认证委员会文件 ISTQB 术语对照表。

失效 Failure：组件或系统在指定范围内未执行所需功能的事件，见国际标准化组织标准 ISO 24765、国家标准 GB/T 11457、国际软件测试认证委员会文件 ISQTB 术语对照表。

软件失效模型如图 1-4 所示。

程序员根据需求编写程序，当理解有误或编码出错时使得代码存在缺陷，进而导致程序发生失效。

1.5 RIPR 模型

如图 1-5 所示为 RIPR 模型。其中，Reachability（R）为可达性，Infection（I）为感染性，Propagation（P）为传播性，Revealability（R）为可揭示性，RIPR 模型揭示了软件测试识别缺陷的基本原理。

测试应使得程序执行到达存在缺陷的位置，缺陷应感染程序使之出现不正确状态，该状态应被传播并影响程序最终状态，测试预言应能揭示不正确的最终状态。

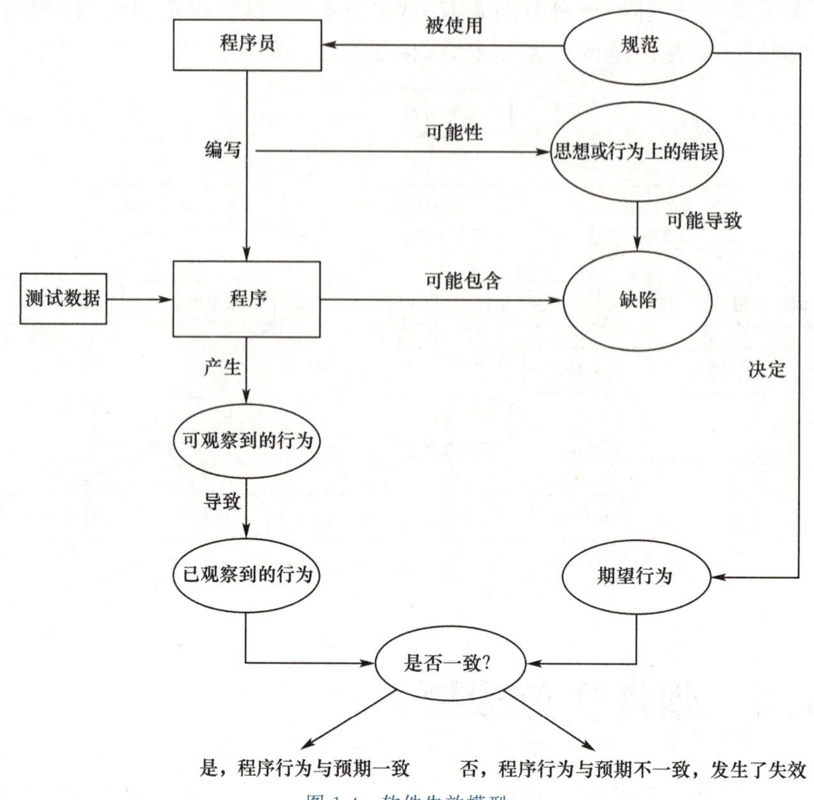

图 1-4　软件失效模型

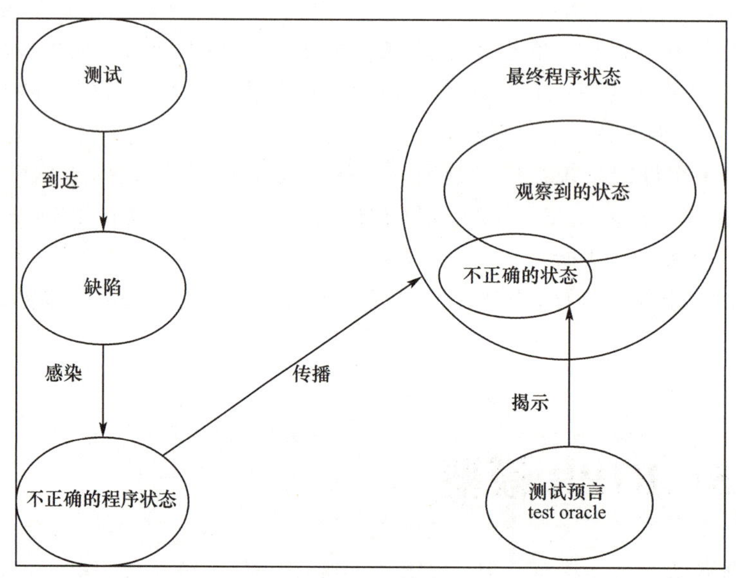

图 1-5　RIPR 模型

综上，不仅测试数据和测试脚本要保证能触发缺陷，而且测试预言也要具备特定失效的揭错能力，同时，错误要能够影响程序的最终状态，因此，通过测试揭示错误是一个充满挑战的过程。图 1-6 描述了这一现象，待测项目众多，其中少部分存在缺陷，虽然系统性的测试理论、方法和技术能显著提高发现缺陷的可能性、提高测试效率，然而，测试资源有限，即使测试没有报告缺陷，也不能认为软件不存在错误。

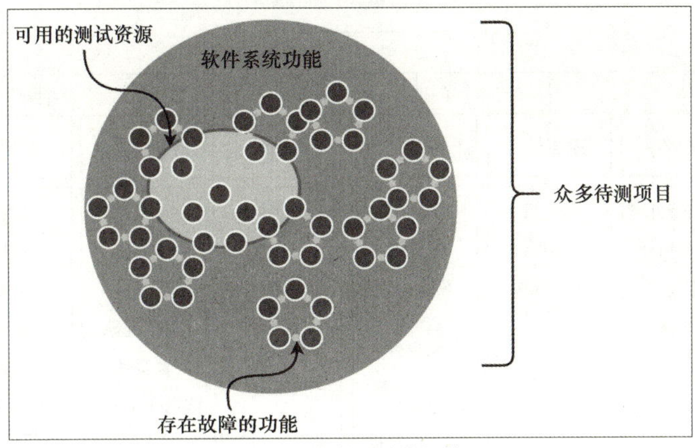

图 1-6 软件测试的困境

1.6 软件质量

软件测试是保证软件质量的一个关键步骤。要讨论软件测试，首先需要了解软件质量的基本内涵。1983 年，ASNI/IEEE STD729 给出了软件质量定义，软件质量是软件产品满足规定的和隐含的与需求能力有关的全部特征和特性，它包括(1)软件产品质量满足用户要求的程度；(2)软件各种属性的组合程度；(3)用户对软件产品的综合反应程度；(4)软件在使用过程中满足用户要求的程度。根据 GB/T 25000.10—2016《系统与软件质量模型》，软件质量是指在规定条件下使用时，软件产品满足明确和隐含要求的能力。

ISO/IEC 2501n 质量模型分别定义了系统与软件的产品质量、使用质量和数据质量共 3 个模型，它们分别由 8 个、5 个和 15 个质量特性组成。软件质量可以通过测量被测软件满足这些质量特性的程度来获取。

本书使用 GB/T 25000.10－2016 软件产品质量模型定义，八大质量特性：功能性、性能效率、兼容性、易用性、可靠性、信息安全性、维护性、可移植性。每个特性都有其对应的子特性集。如图 1-7 所示。

(1)功能性：是指当软件在指定条件下使用，软件产品满足明确和隐含要求功能的能力。

(2)性能效率：是指在规定条件下，相对于所用资源的数量，软件产品可提供适当的性能的能力。

(3)兼容性：整个软件或其中一部分能作为软件包而再利用的程度。

(4)易用性：在指定条件下使用时，软件产品被理解、学习、使用和吸引用户的能力。

(5)可靠性：在指定条件下使用时，软件产品维持规定的性能级别的能力。

(6)信息安全性：为了防止意外和人为破坏，软件应具备的自身保护能力。

(7)维护性：是指软件产品可被修改的能力，修改可能包括修正、改进或软件适应环境、需求和功能规格说明中的变化。

(8)可移植性：是指软件产品从一种环境迁移到另一种环境的能力。

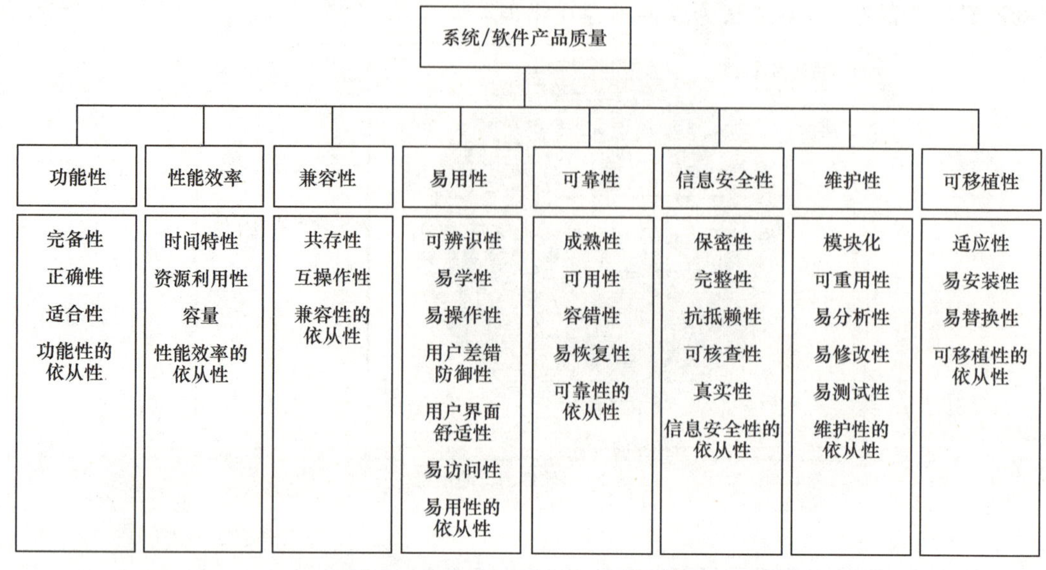

图 1-7　GB/T 25000.10 2016 质量模型

因此，从质量度量角度而言，软件测试是采集客观证据以证明系统或软件对产品质量特性满足程度的过程，如某款 App 在五款主流手机上的测试结果表明，其中在两款手机上 App 未能完整执行核心功能，所以，该 App 兼容性的满足程度为中等。

1.7　软件测试的形式化定义

设程序 P 的输入域范围为 Domain 和 Range，P 是 D→R 的函数，OR 表示期望输出值 ORacle，对于所有 d∈D，如果 P(d)满足 OR，则称 P 是正确的，否则，P 存在失效 Failure。测试用例由输入值 d 和期望输出值 OR 组成，后者指给定 d 时 P 的输出。

测试充分性准则 Criterion 是指以 D 的大小为目标的测试集。

例 1　定义程序模型 M 的准则 C 如下：

M：函数的控制流图 Control Flow Graph，CFG

C：CFG 所有边的集合

形式化定义：测试充分性准则 C 是 P_D 的子集，其中 P_D 是 D 的所有有限子集的集合，以 P_D 为目标来设计测试集。

测试集 T 的覆盖率是 C 所定义的 M 中的元素被给定测试集 T 覆盖的比例。

对于准则 C，当覆盖率达到 100%时，称测试集 T 对于 C 来说是充分的，或者简称为 C-充分的。

理想测试集：每当 P 不正确时，总存在一个 d∈T，使得 P 对于 d 而言是不正确的，即 P(d)不满足 OR，则称 T 为理想测试集。如果 T 是一个理想测试集，并且 T 对 P 而言是成功的，那么 P 是正确的。如果 T 的输入值属于 C，则 T 满足测试充分性准则 C。

例 2　对于求解向上取整函数的程序 ceil，实现对输入值的向上取整，其源代码及控制流图如图 1-8、图 1-9 所示。

```
public static double ceil(double number) {
  if (number - (int) number == 0) {
    return number;
  } else if (number - (int) number > 0) {
    return (int) (number + 1);
  } else {
    return (int) number;
  }
}
```

图 1-8 ceil 程序源代码

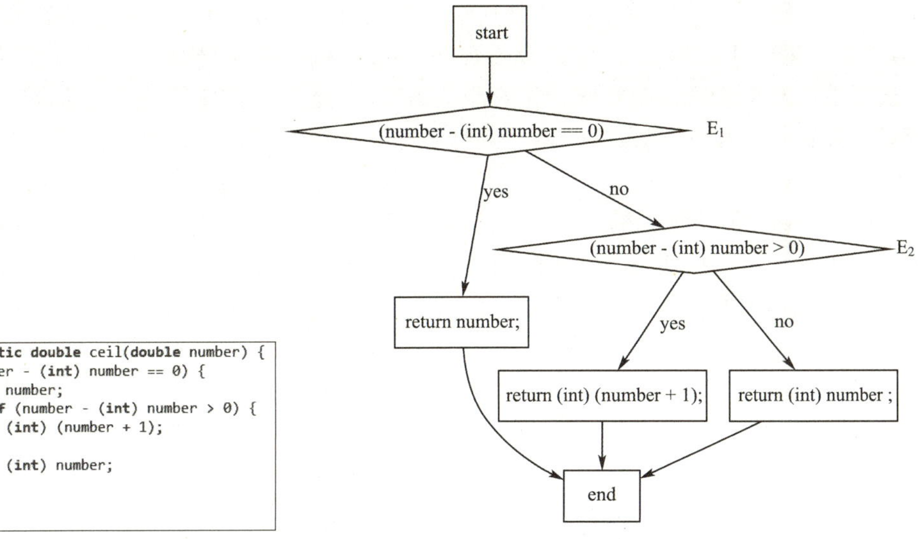

图 1-9 ceil 程序控制流图

测试准则取判定覆盖，即每个判定节点至少取一次 True 和 False。设 E 表示判定节点，C 表示条件表达式，* 表示 C 取任意值。满足准则的判定节点取值如表 1-1 所示，依据表 1-1，测试集设计结果如表 1-2 所示。

表 1-1 判定节点取值

序号	E_1	E_2
1	TRUE	*
2	FALSE	TRUE
3	FALSE	FALSE

表 1-2 测试集设计结果

序号	d	OR
1	4.0	4.0
2	3.5	4
3	−3.5	−3

测试充分性准则的一致性与完备性：对于满足 C 的任意一对测试集 T1 和 T2，当且仅当 T2 成功时 T1 也是成功的，则称测试充分性准则 C 是一致的。每当 P 不正确时，存在一个满足 C 的不成功的测试集，则称测试充分性准则 C 是完备的。如果 C 是一致的且完备的，满足 C 的任一测试集 T 是理想的，能够用来决定 P 的正确性。

问题在于，通常不可能获得一个算法，帮助决定测试充分性准则、测试集或程序是否具有上述属性，它们是不可判定问题。

综上，软件测试的两个核心问题：测试用例的完备性以及程序正确性判定机制。

1.8 软件测试基本术语

测试用例 test case：测试数据、测试程序(测试脚本)和期望结果的集合。一个测试用例验证一个或多个系统需求，并生成通过 pass 或失败 fail 的结论。测试集 T 是测试用例的有限集合，又名测试套件 test suite。

测试套件 test suite：为达成同一测试目标，相关的或相互协作的测试用例的集合。

测试预言 test oracle:决定被测软件是否正确的判定机制。

测试预言通常采用实际结果与预期结果直接对比的方式,也可采用模型或算法属性间接检验程序正确性,如对于求解组合数程序 C(n,k),可使用属性 C(n,k)≥1 作为测试预言,还可采用模型或算法基本理论作为测试预言,如能量守恒、质量守恒、动量守恒、周期性、单调性、旋转不变性等,仍以 C(n,k)为例,通过检查多次运行结果 C(n,k)与 C(n,n−k)是否相等来检验其正确性。

断言 assert:测试预言的实现手段之一,是程序中的一阶逻辑,目的是验证被测程序正确性,当实际输出与预期结果一致时断言为“真”,测试通过 pass,否则,断言为“假”,测试失败 fail。测试库通常封装了一组断言,如 JUnit 的库 org. junit. jupiter. api. Assertions 提供了 assertEquals、assertTrue 等断言。

测试桩 test stub:用于隔离被测单元与其他组件之间的依赖关系,是被依赖组件的替身,如:被测单元依赖于数据库访问组件 Dao,可针对数据访问接口构建测试专属实现 TestDao 作为 Dao 的替身,达成与数据库解耦、隔离被测组件的目的。如图 1-10 所示。

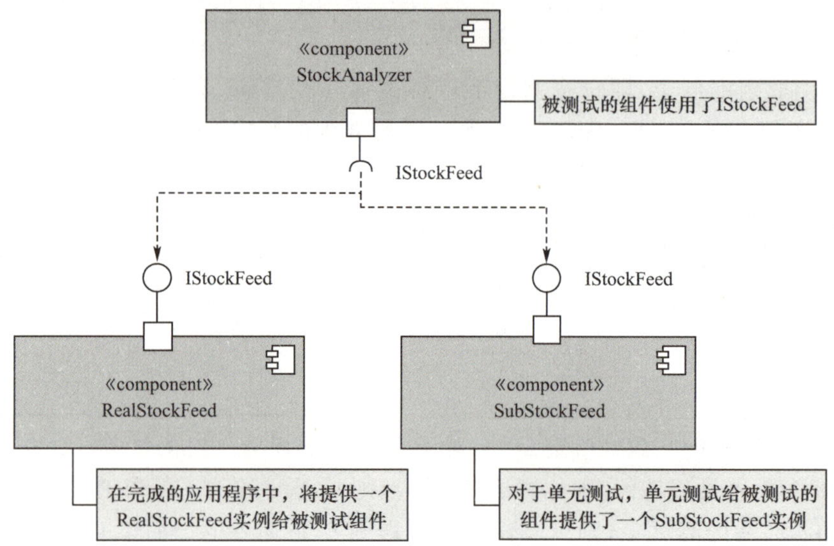

图 1-10 测试桩的工作原理

测试驱动器 test driver:依赖被测单元的组件的部分实现。通常用于驱动被测单元执行,以获取实际结果或观察程序行为,如:被测单元为实现加法的函数 add(int x, int y),测试驱动器可通过 actual = add(1, 2)调用 add。

测试库都实现了测试驱动器,如单元测试库 Java 的 JUnit、C/C++的 gtest、C#的 MSTest,系统测试库 web 应用的 Selenium、PlayWright,性能测试库 JMeter、LoadRunner、K6 等。

测试夹具 test fixture:前置条件与后置条件,如 JUnit 的 Setup 与 Teardown,前者会先于测试用例执行,通常用于初始化测试环境,如测试数据库时创建事务 transaction;后者会在测试用例结束后执行,一般用于清理现场,如回滚事务以清除测试用例向数据库中写入的脏数据。测试库都实现了测试夹具,如 Python 的 pytest 与 unittest、Java 的 JUnit 等。

测试用具 test harness:自动测试环境,不仅具备测试库,通常还包括测试管理、输入输出、比较器、报表生成器。商业测试软件大多提供测试用具,如白盒测试软件 Parasoft C++

Test、集成测试软件 VectorCAST、性能测试软件 LoadRunner 等，如图 1-11 所示。

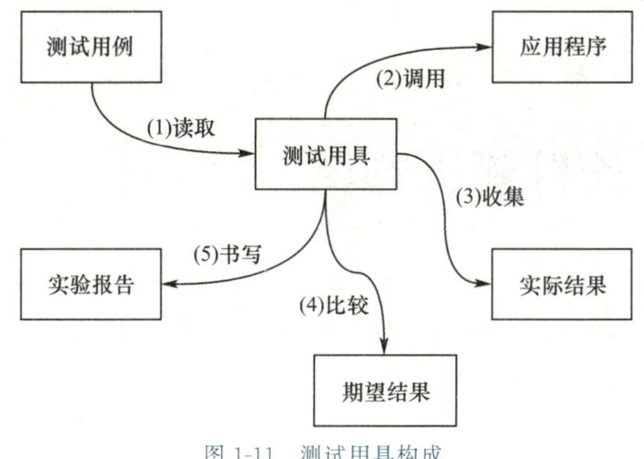

图 1-11 测试用具构成

1.9 软件测试用例执行过程

软件测试用例执行过程如图 1-12 所示。首先，依据软件描述，如模型、需求等，获取预期结果或属性，设计测试预言 test oracle，同时，根据描述生成测试用例 test case，使用测试用例驱动被测程序执行得到测试结果，再对比测试预言与测试结果，最终，给出测试结论。

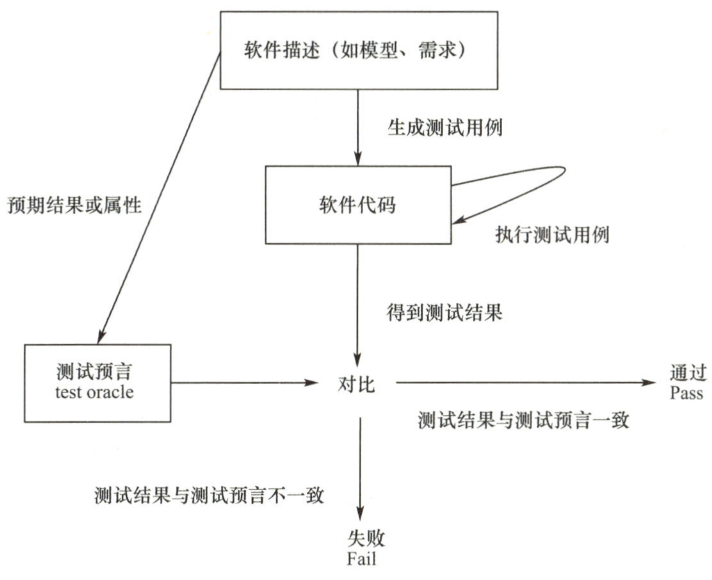

图 1-12 软件测试用例执行过程

软件测试的核心活动包括生成测试用例、执行测试用例、判定程序正确性。读者往往以为自动化测试就是将上述测试活动自动完成，事实上，大部分测试用具只实现了测试用例的自动执行，少数支持测试用例自动生成。主要原因是这些用具提供的是通用功能，测试用例生成、选取，以及程序正确性判定机制不仅与采用的测试充分性准则、测试方法、测试技术密切相关，而且与被测程序的业务场景有关，不存在一般意义上的通用方法。因此，根据被测程序、测试预言、业务背景等约束条件，基于通用测试用具的二次开发是有可能构建专用自动化测试用具的，如高德的 TestPG、字节跳动的 Rhino，以及阿里巴巴的 AMAZON、PTS 和 JVM-SANDBOX 平台。

1.10 软件测试方法

软件测试的核心任务是生成测试用例、评估软件质量特性。大部分软件测试方法聚焦于系统化创建测试用例，如组合测试；部分方法着眼于测试用例有效性，如变异测试，部分方法关注程序正确性判定机制，如蜕变测试。

将测试方法分为四类，分别为：开发方式和应用场景、质量特性和方面、开发阶段、特殊方法等，表 1-3 列出了一些主要的测试分类。

表 1-3　软件测试方法分类

针对不同开发方式和应用场景的软件测试方法									
面向对象软件测试	面向方面软件测试	面向服务软件测试	基于构件软件测试	嵌入式软件测试	普适环境软件测试	云计算软件测试	Web 应用软件测试	网构软件测试	其他新型软件测试
针对软件不同质量特性和方面的软件测试方法									
负载测试	压力测试	性能测试	安全性测试	安装测试	可用性测试	稳定性测试	配置测试	文档测试	兼容性测试
针对不同开发阶段的软件测试方法									
单元测试	集成测试	系统测试	验收测试	回归测试	验证测试	确认测试	Alpha 测试	Beta 测试	Gamma 测试
针对特殊的软件测试方法									
组合测试	蜕变测试	变异测试	演化测试	FUZZ 测试	基于性质的测试	基于故障的测试	基于模型的测试	统计测试	逻辑测试

国际软件测试认证委员会 ISTQB 将测试方法分为七类，如表 1-4 所示。

表 1-4　测试方法

序号	类型	方法
1	基于分析	基于风险、需求、规格说明、结构
2	基于模型	基于故障分布、可靠性增长、运行概况、测试人力
3	基于方法	错误推测法、缺陷攻击法、检查表、质量属性
4	基于标准和过程	IEEE 829、DO-178、CMMI、ISO 29119
5	动态和启发式	基于经验、探索性测试、启发式评估
6	面向可重用	测试套件、自动化回归测试、关键字驱动、数据驱动、行为驱动
7	基于专家	专家意见

1.11 软件测试与其他开发活动的关系

人们普遍认为软件测试贯穿整个生命周期。在需求阶段，测试人员通过对需求定义的阅读、讨论和审查，发现需求定义的问题，同时通过需求了解产品的设计特性、用户的真实需求，从而确定测试目标，准备验收测试标准并策划测试活动。在软件设计阶段，软件测试人员可以了解系统实现过程、构建平台等各方面的问题，从而衡量系统的可测试性，检查系统的设计是否符合系统的可靠性要求。软件测试和软件开发在整个软件开发生命周期中交互协作，共同致力于能够按时并且高质量地完成项目的目标。

W 模型如图 1-13 所示，说明软件测试活动和项目是同时启动的，软件测试的工作很早就开始了，并不是等到代码完成以后才进行。在 W 模型中可以相对准确反映测试与开发之间的关系。W 模型的一条工作路线是软件构建过程，包括分析、设计和编码，另一条工作路线是对应构建过程产生的需求进行验证的过程，测试与开发有一对一的关系。需求验证对应验收测试和用户需求的确认测试，系统架构设计的验证对应系统测试，产品详细设计的验证对应特征测试，代码的验证对应单元测试和集成测试。

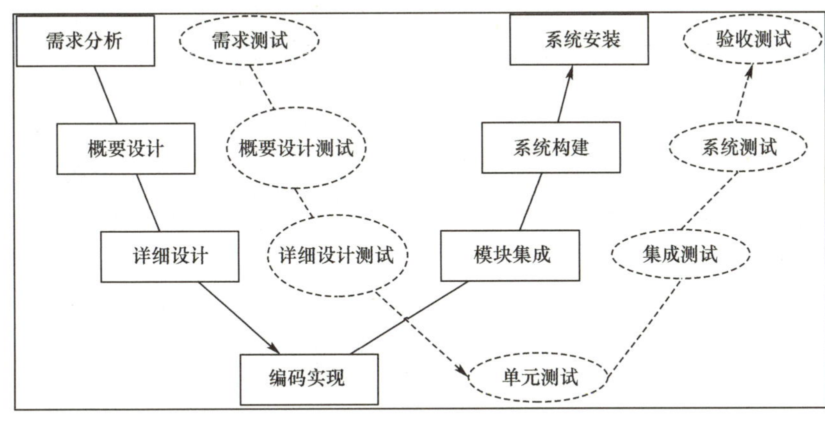

图 1-13 W 模型

1.12 软件测试阶段

通过对大量工程项目的观察发现：(1)缺陷在软件研发初期就已经产生，而且修复越晚，成本越高；(2)需求、设计阶段的缺陷数量比编码阶段更多。因此，软件测试应尽早介入，测试应采用系统方法指导。之所以出现编码阶段产生的缺陷比较多的错觉，是因为应用了系统性测试方法，如果需求、设计阶段运用系统的测试方法，识别的缺陷数量也会增加。

从软件生命周期视角，测试可分为单元测试、集成测试、系统测试和验收测试等阶段。每个测试阶段相对独立，又相互影响，如充分的单元测试是良好集成测试的前提。这些测试阶段并非僵化、固定不变，根据实践条件，可以进行裁剪、合并或拆分、细化，同时，测试阶段可以验证多个质量特性，比如单元测试与集成测试合并，系统测试细化为 UI 功能测试、性能测试、接口测试、安全测试等。

(1)单元测试

高可靠性的单元是组成可靠系统的坚实基础，单元测试在质量保证活动中举足轻重。单元测试是针对程序系统中的最小单元——模块或组件进行测试，一般和编码同步进行。主要采用白盒测试方法，从程序的内部结构出发设计测试用例，检查程序模块或组件的已实现的功能与定义的功能是否一致，以及编码中是否存在错误。

单元测试是测试执行的开始阶段，而且与程序设计和实现有非常紧密的关系，所以单元测试一般由编程人员完成。在单元测试中常用的测试方法在后续章节中会详细介绍。

(2)集成测试

集成测试也称为组装测试、联合测试，是在单元测试的基础上，将模块按照设计要求组装起来同时进行测试，主要目标是发现与接口有关的模块之间的问题，如接口参数不匹配、接口数据在传输中丢失、数据误差不断累积等问题。

集成测试需要关注选择什么样的方式把单元组装起来形成集成测试的对象，通常有两种集成方式：一次性集成方式和渐增式集成方式。集成方式会直接影响测试成本、测试计划、测试用例的设计和测试工具的选择等。

(3)系统测试

系统测试一般在完成集成测试后进行，是针对应用系统进行测试。包括系统功能测试和非功能测试。

系统功能测试是基于产品功能说明书，针对产品所实现的功能，从用户角度来进行功能验证，以确认每个功能是否都能正常使用。在测试时不考虑程序内部结构和实现方式，只检查程序功能是否按照需求规格说明书的规定正常使用，功能测试包括用户界面、各种操作、不同的数据输入输出和存储等测试。

系统非功能测试是将软件放在整个实际运行环境(包括软硬件平台、某些支持软件和数据等)或模拟实际运行环境之上，针对系统的非功能性进行测试，包括性能测试、安全性测试、可靠性测试、兼容性测试等。

(4)验收测试

验收测试的目的是业务用户表明系统能够像预订要求那样工作，验证软件的功能和性能如同用户所合理期待的那样。基于需求规格说明书和用户信息，验证软件的功能和性能及其他特性。验收测试一般要求在实际的用户环境上进行，并和用户共同完成。

1.13 软件测试技术

依据国家标准 GB/T 38634.4—2020《系统与软件工程 软件测试 第 4 部分：测试技术》，测试技术分类为基于结构的测试、基于规格说明的测试、基于经验的测试，如图 1-14 所示。基于结构的测试技术对应于传统分类的白盒测试，它利用测试对象的结构(如控制流、数据流、依赖图等)指导测试用例的设计。基于规格说明的测试技术对应传统分类的黑盒测试，测试依据(如需求、规格说明、模型或用户需求)是设计测试用例的首要信息来源。

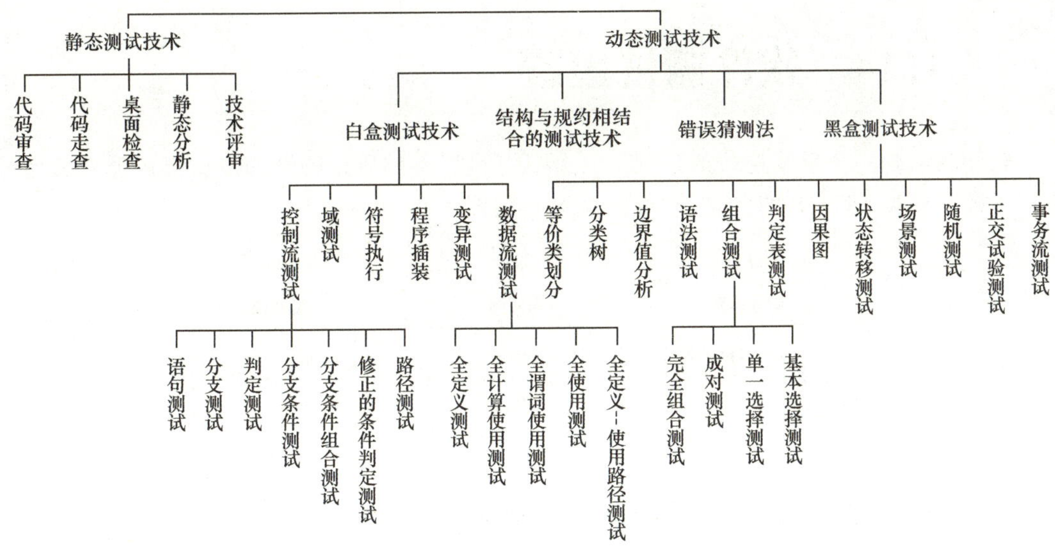

图 1-14 软件测试技术分类

基于结构的测试技术是利用代码结构信息来设计测试用例，基于规格说明的测试技术则是运用规格说明信息来设计测试用例。两者对比如图 1-15 所示。

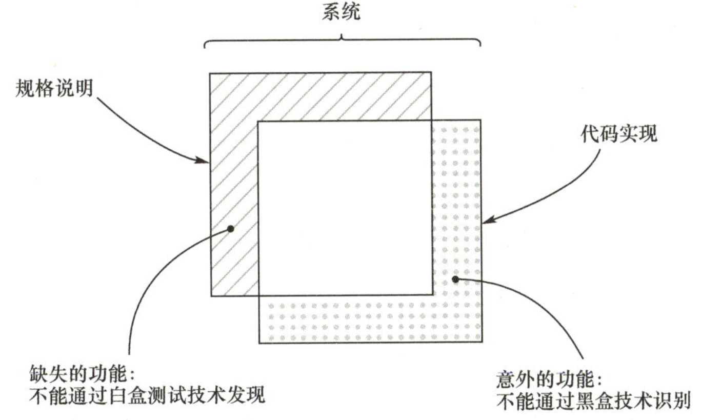

图 1-15 两类测试技术对比

基于结构的测试技术的优点：基于控制流图或数据流图等代码逻辑结构信息设计测试用例，可以发现逻辑缺陷，如不可达代码、逻辑错误等，运用覆盖率量化测试充分性；不足：测试用例难以扩展，主要适用于单元测试与集成测试阶段，无法发现功能缺失，如教务系统的成绩复核不仅有正常流程，也有异常流程，基于结构的测试技术难以发现未实现的业务流程。

基于规格说明的测试技术的优点：基于规格说明中功能需求与非功能需求设计测试用例，不受实现技术影响，可以扩展，可以发现功能缺失，使用需求覆盖率量化测试充分性；不足：依赖规格说明的质量，如需求描述的详细程度、需求描述是否可度量等，主要适用于系统测试与验收测试阶段，难以准确地掌握软件正被测试的比例，无法识别意料之外的功能，如恶意代码、后门、安全漏洞、潜在污点、逻辑炸弹等未出现在规格说明的功能。

综上，为提高测试有效性，应综合运用多种测试技术。

1.14 软件测试过程

软件测试是一个反复迭代的过程，不同测试阶段、不同质量特性的测试都遵循着相似的测试过程。根据 ISTQB 的定义，软件测试流程如图 1-16 所示。

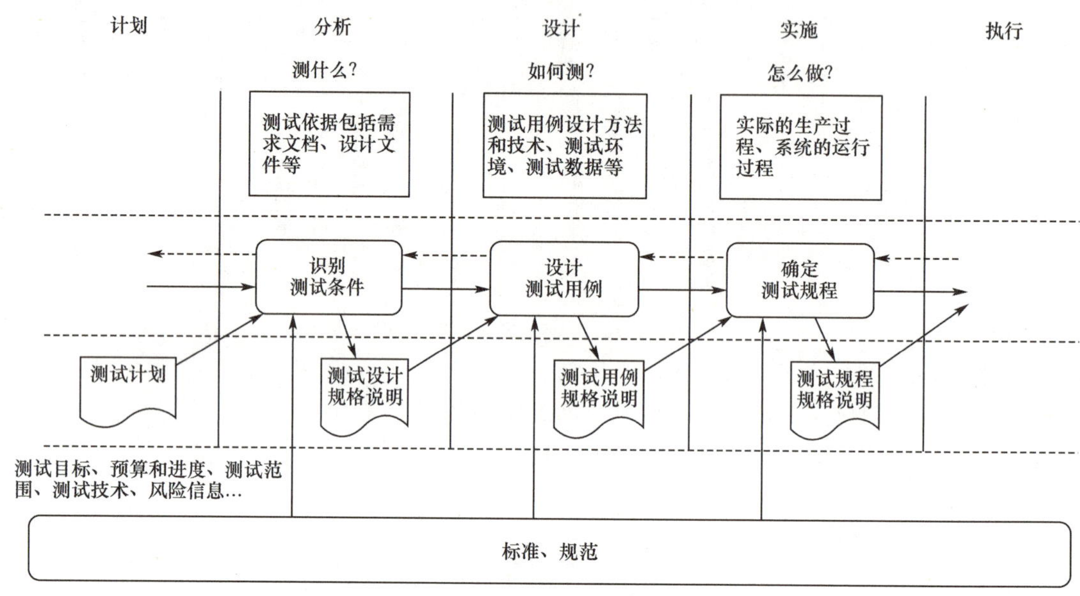

图 1-16　软件测试流程图

(1)测试计划

测试计划是为了高效、高质量地完成测试任务而做的准备工作，内容主要包括测试项目的背景、测试目标和范围、测试方式、资源配置、人员分工、进度安排，以及与测试有关的测试风险识别与分析。

(2)测试分析

测试分析是解决“测什么”的问题，需要完成明确测试范围，界定项目的测试边界，针对测试范围进行分解，分解成为测试项、测试点等任务。确定哪些测试项要测试、哪些测试项不需要测试，要完成哪些相应的测试任务才能确保目标的实现。此外还需要分析测试项的测试风险，测试目标优先级等问题。

测试需求分析是测试设计和开发测试用例的基础，测试需求分析越细致，对测试用例的设计质量帮助越大，详细的测试需求还是衡量测试覆盖率的主要依据。

(3)测试设计

测试设计是解决“如何测”的问题，可以分为测试总体设计和测试详细设计。测试总体设计主要指测试方案的设计、测试结构的设计；测试详细设计主要指测试用例和测试数据的设计。

在测试方案的设计中，测试工作涉及的范围比较大，包括选择测试方法、明确测试策略、设计测试技术路线、选择测试工具和规划测试环境等。通常依据实际生产过程、系统的运行过程，结合测试团队的技术基础，规划测试环境，包括操作系统、测试工具、依赖库、脚本语言、测试数据格式等。例如,被测程序为 Web 应用,客户端支持 Windows 10 及以上,浏览器支持 Chrome 120.0.6099.109 及以上版本,测试团队熟悉 Java,那么设计对应的测试执行环境,操作系统为 Windows 10 的 64 位版本,集成开发环境是 Eclipse,单元测试框架为 JUnit 5,测试脚本编写语言为 Java,浏览器为 Chrome 120.0.6099.109,浏览器驱动为 ChromeDriver 120.0.6099.109,Web 测试框架客户端为 Selenium Java 4.16 等。

测试用例是测试过程中的重要参考依据,良好的测试用例将有助于节约测试时间,提高测试效率,使得测试过程事半功倍。具体的测试用例设计方法在接下来的章节中会进行详细的介绍。

(4)测试实施

测试实施是处理“怎么做”的问题。根据测试用例规格说明书,搭建测试环境,编写测试脚本,创建测试数据,满足进入测试执行前的各项要求。工作产品为测试规程规格说明书。

(5)测试执行

测试执行是执行测试规程、收集测试数据的过程。测试执行一般分为人工执行和自动化执行。人工执行是测试员执行测试用例的各项操作步骤。人工测试也可以在没有测试用例的情况下依据经验实施探索式测试,如测试资源有限,但是项目临近发布时间节点,通常针对核心功能、高风险项开展人工测试。

自动化执行是指采用测试工具来完成测试用例的操作步骤,一般需要自动化测试工具支持,如 Web 测试的 Selenium,性能测试的 JMeter 等,后续的实践章节中会进行详细讨论。

(6)测试结果和过程评价

收集的测试数据需要进行分析,如代码的判定覆盖率,用于评价测试是否充分;能够分析缺陷的分布特征和可靠性趋势,了解高严重等级缺陷是否得到有效遏制,评估被测对象的质量是否满足测试需求。

除了对测试结果进行分析外,还需要对测试过程进行评估,了解测试过程是否存在问题、是否达到测试目标等,通过测试过程分析来决定是否要冻结、追加或补充测试用例,高风险项是否得到有效遏制,测试方法是否适用,测试人员能力是否满足要求,测试资源是否充分等。

测试过程评估需要结合测试计划来进行评审,相当于把计划的测试活动作为基准,使用实际执行的活动与之进行比较,了解测试计划执行的情况和效果是否与计划一致,及早发现问题,及时制定措施加以纠正、改进。

1.15 软件测试原则

从理论角度来看,确定或找到同时满足一致性和完备性的测试充分性准则是一项不可能完成的任务。同时,实践上也无法执行耗尽测试。一个有意义的测试用例是具有高错误检测概率的,执行它能够增加我们对程序正确性的信心。测试目标是运行足够数量的有意义的测试用例,并且测试用例数量应该尽可能少,以节省成本。因此,需要应用经过实践检验证明有效的测试原则。

(1)无错误、谬论,任何一款软件在开发时都存在错误。

(2)即使测试没有报告缺陷,也不能认为软件不存在错误。

(3)穷尽测试是不可能的,测试数据、计算选项、约束条件和业务场景的组合不可能全部列举,并且,测试受限于成本。

(4)测试应及早介入。缺陷修复成本与其发现时间成正比,缺陷发现的越晚其修复成本越高,通常以指数增长。

(5)测试应持续进行。

(6)杀虫剂悖论,重复执行同一个测试用例是不能识别“新”缺陷的。

(7)缺陷具有集群性。某些模块发现的缺陷越多,表明该模块隐藏的错误越多,应增加测试强度。

(8)测试是上下文相关的,对于同一功能的不同测试阶段、不同质量特性,需采用不同的测试方法。

(9)测试用例应通过评审。

(10)缺陷应能复现。

(11)避免测试自己编写的程序,可采用结对编程、交叉检查或第三方测试。

(12)所有测试均应追溯到用户需求,构建“测试需求——测试用例——缺陷”的关联矩阵,做到需求不遗漏、缺陷不放过。

(13)监控测试过程,不仅收集被测软件的测试结果,还要汇总测试过程信息,而且应对这些数据进行统计、分析及可视化,客观公正评价被测软件,持续有效改进测试过程。

1.16 软件质量度量

软件质量的度量就是采集客观证据,运用定性和定量方法综合评价软件产品与质量特性的偏离程度。度量指标不仅有定性项还有定量项,并且,通常还需综合考虑应用场景、行业关切、软件形态等因素,同时,还需结合当前测试阶段及相关技术条件。

以能源行业为例,安全分析软件用于验证设计方案、分析事故影响,常用 C/S 架构,关注结果准确度、模型不确定性、参数敏感性;电厂工业控制系统 DCS 负责收集数据、控制生产工艺,多用组态软件、工业控制总线,强调可靠性、性能效率;应急监控软件实现跨地理区域、多厂区可视化,采用 B/S 架构,重视兼容性与信息安全等。

下面以科学计算类软件为例,仅从功能性维度探讨质量度量。

(1)静态分析

本阶段主要检查文档与源代码的规范性。文档分析重点检查需求是否清晰、无二义性并且具备可测试性,软件设计是否覆盖需求,术语是否统一规范,文档是否自洽,文档与代码是否一致等;代码分析主要检查注释率、命名规范、编码规范、类继承深度、循环迭代深度、函数圈复杂度、单个函数最大代码数、冗余代码、不可达路径等。

文档分析定性项较多,通常采用主观判定,要求测试人员具备较丰富的经验。代码分析定量项较多,多借助工具,如 C/C++语言可使用 Parasoft C++ Test、VectorCAST、开源 Clang-Tidy,多语言支持可用 SciTools 的 Understand、开源 PMD 等。

建立量化评价模型，如文档质量得分 $Score_{Document}=weight_1\times$需求清晰$+weight_2\times$无二义性$+weight_3\times$可测试性$+weight_4\times$覆盖需求$+weight_5\times$术语统一规范$+weight_6\times$文档逻辑自洽$+weight_7\times$文档与代码一致，依据测试项特点可选绝对值或相对值，如需求清晰得分=清晰的需求数量/需求项总数。权重可依据核心关切点调整，如清晰、无二义性、覆盖需求、术语统一规范的优先级高，权重可设为2，其他测试项可设为1。满足程度采用五分制。最终，给出评价结论。同理，可建立各测试阶段评价模型，不再赘述。

（2）单元测试

本阶段主要检查程序行为，通常需要执行被测代码。求解过程是否会发散，数值解的误差趋势是否满足理论收敛阶，准确度与理论精度阶是否一致，是否满足理论边界条件，程序对异常输入是否给出明确清晰的提示信息、程序行为是否可预期等。

（3）集成测试

本阶段重点检查子模块或求解器的正确性，是否符合守恒性、对称性、坐标不变性等基本理论，网格划分是否满足计算精度要求，接口调用是否正常、报文格式与内容是否与设计一致，计算选项是否正常执行、输出结果是否符合设计文档，数据库HDF5、并行计算库MPI或OpenMP、科学计算库Blas或Lapack等中间件是否能正常调用，计算环境、网络环境是否正常，是否具备容错机制，对于异常输入是否能给出准确的提示信息、崩溃后是否能自行恢复。

（4）系统测试

本阶段关键评价软件是否满足业务需求，点源、平板、圆柱、球等几何构型是否覆盖计算范围，边界条件是否符合计算要求，输入与输出是否满足阈值需求，当数值位数、格式、数据类型等有误时是否给出提示、提示信息是否说明可能原因与排查措施，是否覆盖全部计算选项，生成文件的命名、内部结构、格式、内容是否与设计一致，界面显示与原始数据是否一致，界面风格是否统一，元素布局是否合理，操作动线是否能减少错误发生，是否覆盖主要功能点等。

（5）验收测试

本阶段主要评估仿真生产环境下软件是否能满足用户业务需求。如根据反应堆组件布置，输出是否符合需求；根据堆芯组件布置及屏蔽设计，输出是否符合需求；换料后计算结果是否符合需求；调节控制棒计算结果是否符合需求；出现破口后计算结果是否满足需求等。

通常测试对象越位于软件底层，定量评价项占比越高，反之，定性项越多，越依赖测试人员的经验，甚至所在行业的领域知识，如反应堆安全分析软件需要核能行业的反应堆物理、辐射屏蔽、热工水力等领域知识。

1.17 推荐阅读资源

期刊：

- IEEE Transactions on Software Engineering
- ACM Transactions on Software Engineering and Methodology

- Software Testing, Verification and Reliability (Wiley)
- Journal of Systems and Software (Elsevier)
- Journal of Software Practice and Experience (Wiley)
- Empirical Software Engineering (Springer)

会议：

- IEEE International Conference on Software Testing, Verification and Validation (ICST)
- IEEE International Symposium on Software Reliability Engineering (ISSRE)
- ACM International Symposium on Software Testing and Analysis(ISSTA)
- International Conference on Software Engineering (ICSE)

习题1

❶ 列举 1～3 项你在日常生活中遇到的软件质量问题？

❷ 试说明软件验证与软件确认的区别，以及软件验证与软件测试的联系。

❸ 软件测试与软件开发的关系是什么？如何协调两者的关系？

❹ 常用的软件测试过程模型有哪些？哪个模型强调每个开发活动都要有对应的测试活动？哪个模型软件测试与软件开发同等重要？

❺ 请结合测试目标分析单元测试、集成测试、系统测试的测试方法。

❻ 从软件开发技术以及被测软件两个维度，探讨未来软件测试的发展趋势，如基于大模型的软件开发技术，混合现实 Mixed Reality 软件。

第 2 章　基于结构的测试

基于结构的测试主要以代码结构信息作为测试用例的首要依据，如控制流、数据流等。本章主要从基于结构测试的定义、方法与技术和测试过程等方面进行介绍和讨论。

掌握具体的测试方法，有助于实现测试(用例)的设计，但在实际的测试的过程中应该依据待测试对象的不同特点，采用不同的测试方法和技术，达到期望的测试目标。

2.1　静态测试

静态测试是不运行被测程序，而只是分析或检查程序代码、界面或文档中可能存在的错误，收集度量数据的过程。

静态测试包括对产品需求规格说明书和软件设计说明书的评审，对源代码做结构分析、流程图分析、符号执行等，找出欠缺和可疑之处。静态测试借助专用的软件测试工具评审软件文档或程序，度量程序静态复杂度，检查软件是否符合编程标准。静态测试的目的是纠正软件系统的描述、表示和规格上的错误，也是进一步执行其他测试的前提。

软件工作产品可以通过不同的静态技术进行检查来评估工作产品的质量。它可以由人工进行，充分发挥人的逻辑思维优势，也可以借助软件工具自动进行。据此，静态测试可分为评审和工具支持的静态测试技术。相对于动态测试而言，静态测试成本更低，效率较高，更重要的是可以在软件开发生命周期早期就发现缺陷和问题。

代码级别的静态测试，适用于新开发的和重用的代码，是非常重要的测试手段之一。通过代码检查可以直接查看源代码，检查代码的规范性，并对照函数功能查找代码的逻辑缺陷、内存管理缺陷、数据定义和使用缺陷等，也可以通过分析程序结构，根据函数调用图、算法流程图等反映程序设计的相关图表，找到程序设计的缺陷，或评价程序的执行效率，以利于程序的结构优化。

2.1.1 代码检查

代码检查能够有效地发现代码中的缺陷，而且能够为缺陷预防获取各种经验。代码检查包括桌面检查、代码审查和走查等，主要检查代码和设计的一致性，代码对标准的遵循，代码的可读性，代码逻辑表达的正确性，代码结构的合理性等方面；发现违背程序编写标准的问题，程序中不安全、不明确和模糊的部分；找出程序中不可移植部分，违背程序编程风格的问题，包括变量检查、命名和类型审查、程序逻辑审查、程序语法检查和程序结构检查等内容。

代码检查一般在编译和动态测试之前进行，在检查前要准备好需求描述文档、程序设计文档、程序的源代码清单、代码编码标准和代码缺陷检查表等。在实际使用中，代码检查能快速找到缺陷，发现30%～70%的逻辑设计和编码缺陷，而且看到的是问题本身而非征兆。但是代码检查非常耗费时间，且需要知识和经验的积累。

代码检查可以使用测试软件进行自动化测试，以利于提高测试效率，降低劳动强度，或者使用人工进行测试，以充分发挥人力的逻辑思维能力。

(1)代码检查方法

①桌面检查

桌面检查可视为由单人进行的代码检查或代码走查，由一个人阅读程序，对照错误列表检查程序，对程序推演测试数据。

桌面检查一般效率比较低，主要因为桌面检查基本没有约束，它违反了程序员不能检查自己程序的原则。改进的桌面检查由程序员之间交互检查程序，但即使是这样，其效果不如代码审查或代码走查。

②代码审查

代码审查是指由若干程序员和测试人员组成的一个审查小组，依照程序所使用的语言和编码规范，对照经过评审和确认的检查单，通过阅读、讨论等方式对程序进行静态分析的过程。这种方法主要是为了检测代码设计的一致性和标准是否按照约定的标准在执行，代码的逻辑表达是否正确、代码的结构是否合理、代码本身的可读性等方面。同时也可以使程序员在讨论过程中发现许多原来自己没有发现的错误，通过成员们的讨论和自己的讲解促进问题的暴露。

③代码走查

代码走查与代码审查类似，但是不同的地方在于，走查不是简单地读程序和对照错误检查表进行检查，而是需要让测试组成员为所需程序准备一批有代表性的测试用例，集体扮演计算机的角色，沿程序的逻辑查找被测代码的缺陷。

(2)编码规范

编码规范是程序编写过程中需要遵循的规则，主要是对代码的语法规则、语法格式等进行规定。开发人员根据统一规范，统一代码风格，可以方便代码的阅读、维护。

在代码检查中，需要根据被测软件的特点，选用适当的标准与规则规范。在使用自动化测试软件进行自动化代码检查时，测试工具一般会内置许多的编码规则，比如在静态测试工具 Understand 中提供了多个规则集，包含已发布的编码标准，也可以自定义标准，如图 2-1 所示。Understand 工具的使用实例见第 7 章详细描述。

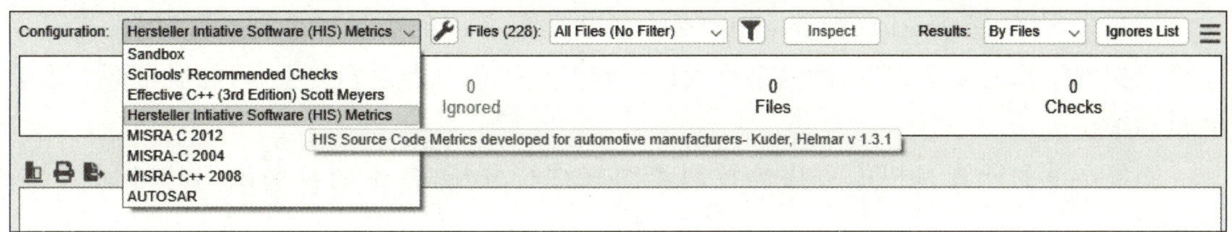

图 2-1 Understand 中选择规则集

2.1.2 静态结构分析

程序的结构形态是对源代码进行分析的主要依据，静态结构分析是通过引入多种形式的图表(如函数调用关系图、模块控制流图等)，帮助人们快速了解程序设计和结构，更好地理解源代码，以及找到程序设计缺陷和代码优化的方向。

函数调用关系图能够展示应用程序中各个函数之间的调用关系，如图 2-2 所示。函数调用关系图能帮助分析人员了解系统的结构，重点分析函数之间的调用关系是否符合要求，是否存在递归调用，函数调用层次是否太深，是否存在孤立的函数。根据分析决定是优先测试叶子节点还是优先测试根节点，那些接口数量多的节点是否需要增加测试资源等。

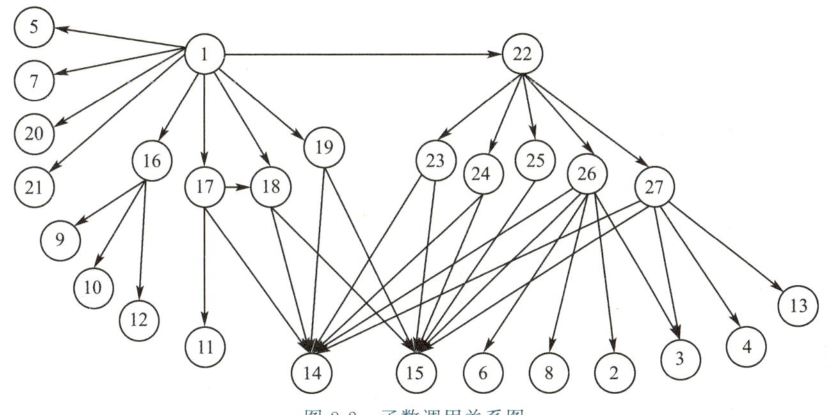

图 2-2 函数调用关系图

模块控制流图如图 2-3 所示，是与程序流程图类似的由节点和连接节点的边组成的图形，图形中的一个节点代表一条或数条执行语句，边表示节点之间的控制流向，它帮助分析人员了解函数内部的逻辑结构，重点分析函数是否存在多出口情况，是否存在孤立的语句，圈复杂度是否太大，是否存在非结构化的设计等方面的问题。

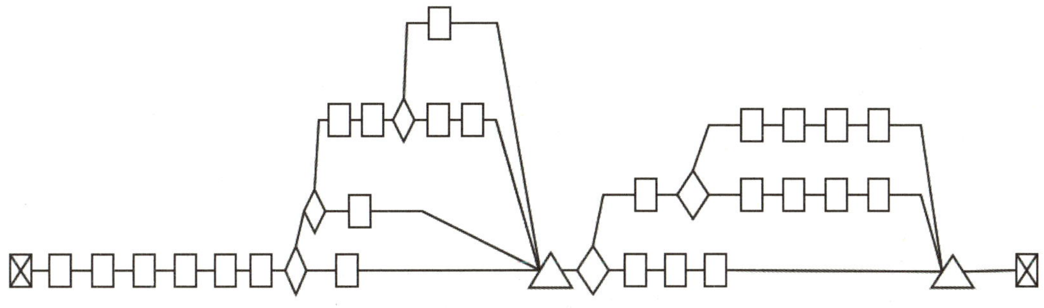

图 2-3 模块控制流图

圈复杂度(Cyclomatic Complexity)是一种代码复杂度的衡量标准,它可以用来衡量一个模块控制结构的复杂程度,圈复杂度大说明程序代码的判断逻辑复杂,可能质量低且难于测试和维护。

圈复杂度的计算是根据程序的控制流图来进行分析,基本的控制流图符号如图 2-4 所示。

在图 2-4 所示的图形符号中,圆圈称为控制流图的一个节点,它表示一个或多个无分支的语句或源程序语句。

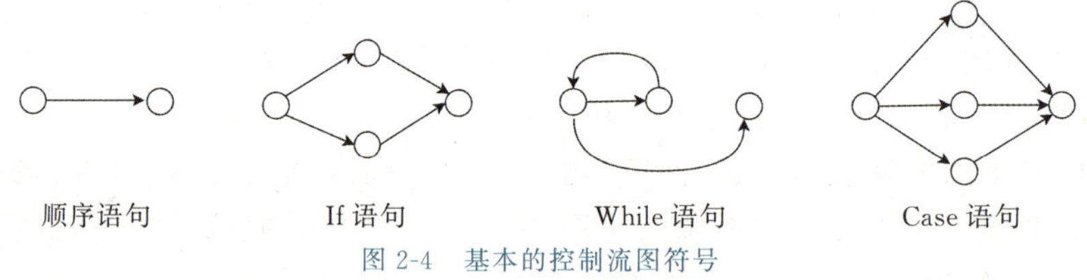

图 2-4 基本的控制流图符号

如图 2-5 所示为一个程序流程图,它可以映射成如图 2-6 所示的控制流图。

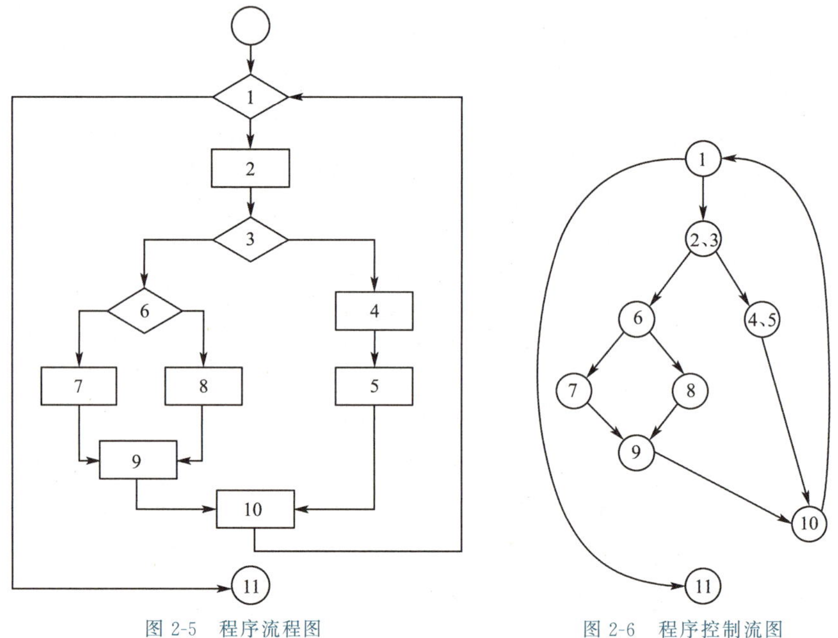

图 2-5 程序流程图　　图 2-6 程序控制流图

程序的圈复杂度 V(G)的计算公式如下:

V(G)=区域数量(由节点、连线包围的区域,包括图形外部区域)

V(G)=连线数量-节点数量+2

V(G)=谓词节点数+1

计算如图 2-6 所示程序控制流图的圈复杂度可得 V(G)=4。一般来说,圈复杂度在 4 以内是低复杂度,5 到 7 是中复杂度,8 到 10 是高复杂度,11 以上时复杂度就非常高了,这时需要考虑重构,否则会因为测试用例的数量过高而难以维护。

2.2 控制流分析

动态测试是指在运行被测程序的情况下，通过对程序的输入和输出进行验证，检查程序的正确性和稳定性的过程。动态测试的主要优点是可以直接验证程序的实际运行效果，发现隐藏的错误，同时也可以验证程序是否符合需求规格说明书的要求。基于结构的动态测试方法主要有控制流分析、数据流分析、变异测试等。

基于控制流设计用例，是通过对程序控制流所表达出来的逻辑结构的遍历，实现对不同程序的覆盖，并认为当所选择的用例能达到对应程度的覆盖时，执行这些用例能够达到的期望的测试效果。从覆盖的源程序的详尽程度分析，包括以下不同的覆盖标准：语句覆盖、判定覆盖、条件覆盖、条件/判定覆盖、条件组合覆盖、修正的条件/判定覆盖和路径覆盖。

为便于理解，使用一个简单程序进行示例分析，示例代码如图 2-7 所示，得到这段代码的程序流程图如图 2-8 所示。

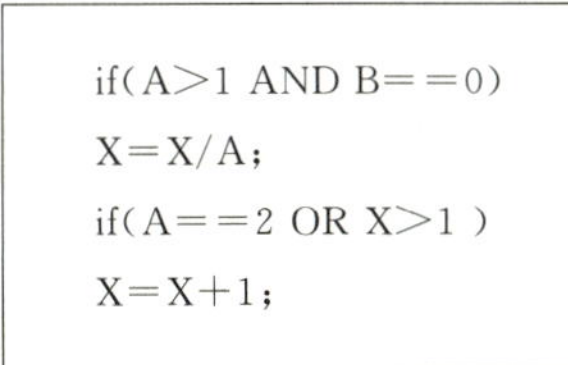

```
if(A>1 AND B==0)
X=X/A;
if(A==2 OR X>1 )
X=X+1;
```

图 2-7 示例代码

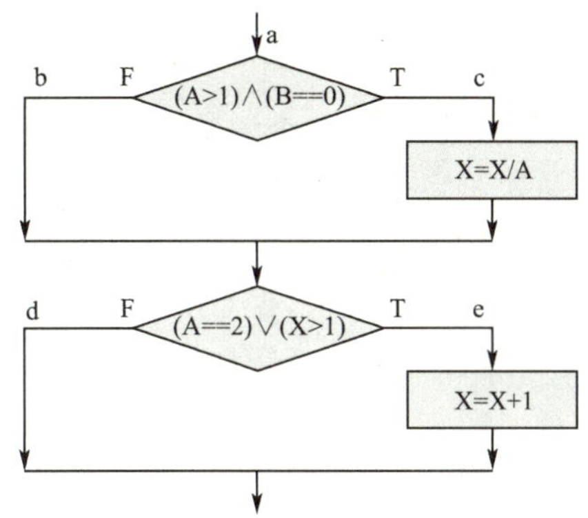

图 2-8 示例代码的程序流程图

分析该流程图可以得到，该程序有两个判断语句：(A>1)∧(B==0)、(A==2)∨(X>1)和四个可执行语句：(A>1)∧(B==0)、X=X/A、(A==2)∨(X>1)和 X=X+1。每个判断语句有两条分支，两个判断语句共产生四条路径(后文中统一用 P 来代表路径)。分别是(a→c→e)【P1】、(a→b→d)【P2】、(a→b→e)【P3】、(a→c→d)【P4】。

2.2.1 语句覆盖

语句覆盖是设计若干个测试用例，运行被测程序，使程序中每个可执行语句至少执行一次。语句覆盖直接从源代码得到测试用例，不细分每个判定表达式，因此，一般认为语句覆盖是很不充分的一种测试，是最弱的逻辑覆盖准则。

通过对示例程序的流程图分析可知，所有的可执行语句都在路径 P1 上，所以选择路径 P1 来设计测试用例，就可以覆盖所有的可执行语句。

测试用例的设计格式：【输入的(A,B,x)，输出的(A,B,x)】

为设计满足覆盖(a→c→e)【P1】路径的语句覆盖的测试用例是：【(2,0,4)，(2,0,3)】，使程序中四个可执行语句(A>1)∧(B==0)、(X=X/A)、(A==2)∨(X>1)和(X=X+1)各执行一次。

2.2.2 判定覆盖

判定覆盖又称分支覆盖，是设计若干个测试用例，运行所测程序，使得程序中每个判断的取真分支和取假分支至少经历一次。判定覆盖是比语句覆盖稍强的覆盖准则，也是在单元测试中很常用的一类覆盖。

通过对示例程序的流程图分析可知，要覆盖示例程序的两个判定①(A>1)∧(B==0)②(A==2)∨(X>1)取真和取假的分支，可分别选择路径 P1 和 P2 或路径 P3 和 P4 设计测试用例。

如果选择路径 P1 和 P2，就可得满足要求的测试用例：

【(2,0,4),(2,0,3)】，覆盖(a→c→e)【P1】① T ② T

【(1,1,1),(1,1,1)】，覆盖(a→b→d)【P2】① F ② F

如果选择路径 P3 和 P4，还可得另一组可用的测试用例：

【(2,1,1),(2,1,2)】，覆盖(a→b→e)【P3】① F ② T

【(3,0,3),(3,1,1)】，覆盖(a→c→d)【P4】① T ② F

2.2.3 条件覆盖

条件覆盖就是设计若干个测试用例，运行所测程序，使得程序中每个判断条件的可能取值至少执行一次。完全的条件覆盖不一定能保证代码行被全覆盖，也不一定能满足完全的判定覆盖，这说明条件覆盖的测试不一定比语句覆盖和判定覆盖强。

通过对示例程序的分析，先对所有条件的取值加以标记。

对于第一个判断：条件 A>1 取真值为 T1，取假值为 F1；条件 B==0 取真值为 T2，取假值为 F2；

对于第二个判断：条件 A==2 取真值为 T3，取假值为 F3；条件 X>1 取真值为 T4，取假值为 F4。

根据这 8 个条件取值，可分别设计如下两组测试用例。如表 2-1、表 2-2 所示。

表 2-1　第一组用例表

测试用例	通过路径	条件取值	覆盖分支
【(2,0,4),(2,0,3)】	(a→c→e)【P1】	T1 T2 T3 T4	c,e
【(1,0,1),(1,0,1)】	(a→b→d)【P2】	F1 T2 F3 F4	b,d
【(2,1,1),(2,1,2)】	(a→b→e)【P3】	T1 F2 T3 F4	b,e

表 2-2　第二组用例表

测试用例	通过路径	条件取值	覆盖分支
【(1,0,3),(1,0,4)】	(a→b→e)【P3】	F1 T2 F3 T4	b,e
【(2,1,1),(1,0,1)】	(a→b→e)【P3】	T1 F2 T3 F4	b,e

2.2.4 条件/判定覆盖

条件/判定覆盖实际上是判定覆盖和条件覆盖两种方法结合起来的一种设计方法，设计若干测试用例，运行被测程序，使得每个条件的可能取值至少执行一次，同时，每个判定的可能取值至少执行一次。

根据条件/判定覆盖的定义，分析示例程序，只需设计下面两个测试用例就可以覆盖示例程序的 8 个条件取值以及 4 个判定分支，如表 2-3 所示。

表 2-3 条件/判定覆盖测试用例

测试用例	通过路径	条件取值	覆盖分支
【(2,0,4),(2,0,3)】	(a→c→e)【P1】	T1 T2 T3 T4	c,e
【(1,1,1),(1,1,1)】	(a→b→d)【P2】	F1 F2 F3 F4	b,d

2.2.5 条件组合覆盖

条件组合覆盖是设计足够的测试用例，使得所有可能的条件取值组合至少执行一次。

根据判定条件覆盖的定义，对于示例程序，具有 8 种条件组合方式，如表 2-4 所示。并且设计 4 个测试用例，就可覆盖这 8 种条件组合方式，如表 2-5 所示。

表 2-4 条件组合覆盖测试用例

用例组号	判断条件	A、B 取值	解释
1	A>1,B=0	T1 T2	属第一个判断的判定的取真分支；
2	A>1,B≠0	T1 F2	属第一个判断的判定的取假分支；
3	A≯1,B=0	F1 T2	属第一个判断的判定的取假分支；
4	A≯1,B≠0	F1 F2	属第一个判断的判定的取假分支；
5	A=2,x>1	T3 T4	属第二个判断的判定的取真分支；
6	A=2,x≯1	T3 F4	属第二个判断的判定的取真分支；
7	A≠2,x>1	F3 T4	属第二个判断的判定的取真分支；
8	A≠2,x≯1	F3 F4	属第二个判断的判定的取假分支；

表 2-5 条件组合测试用例

测试用例	通过路径	条件取值	覆盖分支
【(2,0,4),(2,0,3)】	(a→c→e)【P1】	T1 T2 T3 T4	1,5
【(2,1,1),(2,1,2)】	(a→b→e)【P3】	T1 F2 T3 F4	2,6
【(1,0,3),(1,0,4)】	(a→b→e)【P3】	F1 T2 F3 T4	3,7
【(1,1,1),(1,1,1)】	(a→b→d)【P2】	F1 F2 F3 F4	4,8

2.2.6 修正的条件/判定覆盖(MC/DC 覆盖)

设计测试用例让每个条件变量独立改变判定语句的真假值，需满足以下 3 个条件：

(1)每个判定至少取所有可能的输出值一次；

(2)判定中的每个条件至少取所有可能的输出一次；

(3)判定中的每一个条件可以独立影响判定的输出。

考虑一个简单的仅包含一个布尔操作符的布尔表达式“A and B”，其中 A 和 B 均为布尔变量，取值为{0,1}。

(1)“A and B”完备的测试用例集，如表 2-6 所示。

表 2-6　　"A and B"完备的测试用例集

用例组号	A	B	结果
1	1	1	1
2	0	1	0
3	1	0	0
4	0	0	0

表中的第 1、2 组测试用例：条件 A 的所有取值均出现一次；判定"A and B"的所有可能结果出现一次；条件 A 在条件 B 不变的情况下独立地影响判定的结果。

表中的第 1、3 组测试用例：条件 B 的所有取值均出现一次；条件 B 在条件 A 不变的情况下独立地影响判定的结果。

(2)"A and B"满足 MC/DC 测试用例集，如表 2-7 所示。

表 2-7　　"A and B"满足 MC/DC 测试用例集

用例组号	A	B	结果
1	1	1	1
2	0	1	0
3	1	0	0

布尔表达式"A or B"完备的测试用例集中的条件组合与"A and B"相同。参照上面的分析，可以得出满足 MC/DC 准则的测试用例集。

(3)"A or B"满足 MC/DC 测试用例集，如表 2-8 所示。

表 2-8　　"A or B"满足 MC/DC 测试用例集

用例组号	A	B	结果
1	1	0	1
2	0	0	0
3	0	1	1

已知对于具有 N 个条件的布尔表达式，其完备的测试用例有 2N 组。当 N 的取值比较大时，若还是采取先列出完备的测试用例集，然后再选出适合 MC/DC 的组合的方法，则此方法不仅烦琐而且耗时。Chilenski 研究发现，对于一个具有 N 个条件的布尔表达式，满足 MC/DC 准则的测试用例至少有 N+1 组。为此，将满足 MC/DC 准则的 N+1 组测试用例集合称为最小测试用例集。下面给出一种最小测试用例集的快速设计方法。

针对一个相对复杂的布尔表达式，如"(A or B) and (C or D)"，首先按照自左向右的顺序，分别列出布尔表达式中的每个条件。针对第一个条件 A，任取其一个可能值，比如 1，并让其直接作用到结果 1。为此将 B 设为 0(此处使用"A or B"表中的测试用例设计思路)，将 (C or D)设为 1(此处使用"A and B"表中的测试用例设计思路)，再次使用"A or B"表中的测试用例设计思路将条件 C 和 D 设为(1,0)或(0,1)，在此我们选用(1,0)，至此完成第 1 组测试用例的设计，如表 2-9 所示。

表 2-9 第 1 组测试用例设计

用例组号	A	B	C	D
1	1	0	1	0

继续针对第一个条件 A,取其另一可能值 0,不改变其他所有条件的值,并且条件 A 直接作用到结果 0。第 2 组测试用例的设计如表 2-10 所示。

表 2-10 第 2 组测试用例设计

用例组号	A	B	C	D
1	1	0	1	0
2	0	0	1	0

完成条件 A 的所有取值后,针对第二个条件 B,在前面已设计的测试用例中,选取条件 B 的取值直接作用到结果的测试用例作为参照对象(此处为第 2 组测试用例),改变条件 B 的取值 1,同时保持其他所有条件的值不变,此时条件 B 的取值直接作用到结果 1。第 3 组测试用例的设计如表 2-11 所示。

表 2-11 第 3 组测试用例设计

用例组号	A	B	C	D
1	1	0	1	0
2	0	0	1	0
3	0	1	1	0

依照上述方法,最小测试用例集合中的第 4、5 组测试用例设计如表 2-12 所示。

表 2-12 第 4、5 组测试用例设计

用例组号	A	B	C	D
1	1	0	1	0
2	0	0	1	0
3	0	1	1	0
4	0	1	0	0
5	0	1	0	1

2.2.7 路径覆盖

路径覆盖是设计足够的测试用例,覆盖程序中所有可能的路径。

根据路径覆盖的定义,分析示例程序,共有 4 条路径。设计 4 个测试用例,就可覆盖这 4 条路径,如表 2-13 所示。

表 2-13 路径覆盖测试用例

测试用例	通过路径	条件取值	覆盖分支
【(2,0,4),(2,0,3)】	(a→c→e)【P1】	T1 T2 T3 T4	c,e
【(2,1,1),(2,1,2)】	(a→b→d)【P2】	F1 F2 F3 F4	b,d
【(1,0,3),(1,0,4)】	(a→b→e)【P3】	F1 F2 F3 T4	b,e
【(3,0,3),(3,0,1)】	(a→c→d)【P4】	T1 T2 F3 F4	c,d

2.2.8 基本路径覆盖

路径测试是穷举被测代码中的所有路径，在实际测试过程中存在很大难度。基本路径测试法是在程序控制流图的基础上，通过分析控制构造的圈复杂性，导出基本可执行路径集合，设计足够多的测试用例，覆盖程序中所有可能的、独立的执行路径。圈复杂度 V(G)的计算方法在 2.1.2 小节中已经详细介绍，通过 V(G)的数量可以得到构成基本路径集的独立路径数的上界。

基本路径覆盖设计的基本流程如下：

(1)依据代码绘制流程图；

(2)确定流程图的圈复杂度 V(G)；

(3)确定线性独立路径的基本集合；

(4)设计测试用例覆盖每条基本路径。

根据基本路径覆盖的设计流程，分析示例程序如图 2-7 所示。

(1)根据图 2-8 的程序流程图，得到程序的控制流图如图 2-9 所示。

(2)计算程序的圈复杂度 V(G)。根据 2.1.2 小节介绍的 3 种计算方法可以得到该示例程序的 V(G)＝ 3，也就是该程序有 3 条基本路径。

(3)确定基本路径集合。第(2)步确定了示例程序的基本路径有 3 条，在一个基本路径集合里，每条路径是唯一的，但是要注意的是基本路径集并不是唯一的。根据图 2-9 所示的控制流图，得到该程序的基本路径组如下：

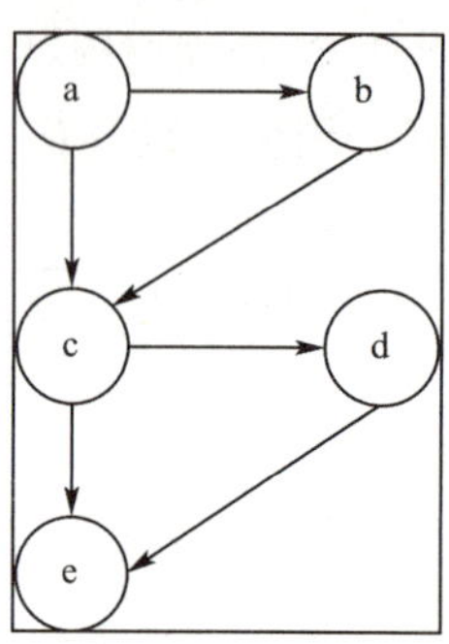

图 2-9　示例程序控制流图

①P1：a—c—e

②P2：a—b—c—e

③P3：a—b—c—d—e

(4)准备测试用例，确保基本路径组中的每一条路径被执行一次。

①【(－1，－2，－3)，(－1，－2，－5)】，覆盖 P1

②【(1，1，－3)，(1，1，－2)】，覆盖 P2

③【(2，1，6)，(2，1，5)】，覆盖 P3

2.3 数据流分析

基于数据流分析的测试设计用例方法是通过选择的定义-使用的覆盖率来导出测试用例集，以覆盖测试项中变量定义和使用的路径(就是对变量从定义到使用的相关子路径的覆盖进行测试)。

数据流分析是一组测试策略，用于检查程序的控制流程，收集有关变量如何在程序中流动数据的过程，以便根据事件的顺序探索变量的顺序。它主要关注分配给变量的值和通过集中在两个点上使用这些值的点，可以测试数据流。

数据流分析相关的术语定义如下：

(1)数据定义，即变量赋值语句，也被称为变量定义。

给变量赋一次值，叫作定义一次，也就是说在程序的运行过程中对一个变量可能会进行多次定义，定义可能是给了变量一个新的值，也有可能等于原来的值。

(2)使用，是指在程序中用到了这个变量，但并没有给这个变量赋值的过程叫作使用。分为计算使用和谓词使用。

计算使用，是指一个变量作为其他变量定义或者输出的计算输入。

谓词使用，是指用变量作为判定条件(谓词)的结果。

(3)数据定义-使用对 (data definition-use pair)

数据定义和后续的数据使用，其中数据使用是使用数据定义中定义的值。测试条件是代码中的定义-使用对。

数据流分析对应的测试方法主要包括：全定义测试、全计算使用测试、全谓词使用测试、全使用测试、全定义-使用路径测试。

为便于理解，我们以二进制数转换为八进制字符串的程序 convertBinaryToOctal 为例，如 1010→12，输入二进制整型数据 1010，输出为八进制字符串 12。程序如图 2-10 所示。

```
public static String convertBinaryToOctal(int binary) {      --0
   String octal = "";                                          --1
   int currBit = 0, j = 1;                                     --2
   while (binary != 0) {                                       --3
     int code3 = 0;                                            --4
     for(int i=0; i < 3; i++){                                 --5
         currBit = binary % 10;                                --6
         binary = binary / 10;                                 --7
         code3 += currBit * j;                                 --8
         j *= 2;                                               --9
     }
     octal = code3 + octal;                                    --10
     j = 1;                                                    --11
   }
   return octal;                                               --12
}
```

图 2-10 convertBinaryToOctal 示例程序

分析程序，可以得到程序中出现的变量、变量分类和定义，具体结果如表 2-14、表 2-15 所示。

表 2-14 convertBinaryToOctal 程序中出现的变量及其分类表

行号	类别		
	定义 definition	计算使用 c-use	谓词使用 p-use
0	binary		
1	octal		
2	currBit，j		
3			binary
4	code3		
5			
6		binary	

（续表）

行号	类别		
	定义 definition	计算使用 c-use	谓词使用 p-use
7		binary	
8		currBit，j	
9		j	
10		code3，octal	
11			
12			

表 2-15　convertBinaryToOctal 程序的定义-使用对

definition (start line → end line)	variable(s)	
	c-use	p-use
0 → 3		binary
0 → 6	binary	
0 → 7	binary	
2 → 8	currBit，j	
2 → 9	j	
1 → 10	octal	
4 → 10	code3	

2.3.1　全定义测试

全定义测试(All Definitions Testing)是一种测试软件程序的方法，其目的是执行程序中所有可能的数据使用情况，从而发现潜在的程序错误。它通过识别程序中所有定义(Def)和使用(Use)变量的数据流，并将其组合成所有可能的路径来实现测试。

全定义测试的基本流程是：

(1)定义：首先识别程序中的所有变量，并标识它们的定义和使用；

(2)数据流分析：数据流分析用于分析程序中变量的使用情况，并确定所有的数据流。这一步需要检查所有的变量定义，找出变量在程序中的使用情况，识别数据流和所有可能的数据路径；

(3)路径识别：通过所有可能的数据路径来识别程序中的所有可能执行路径，这是全定义测试的关键步骤；

(4)测试用例生成：根据上一步骤中识别的所有可能路径，生成测试用例，以覆盖程序中的所有可能情况；

(5)执行测试：执行测试用例并记录测试结果；

(6)检查结果：检查测试结果，如果发现错误，就需要修复程序，并重新执行测试，直到程序达到预期的质量要求为止。

分析 convertBinaryToOctal 程序，运用全定义测试方法得到具体用例设计如表 2-16 所示。

表 2-16 全定义测试用例表

	All Definitions			INPUTS	EXPECTED OUTCOME
test case	variable(s)	du-pair	subpath	binary	octal
1	binary	0 → 6	0—3—6	1001	11
2	octal	1 → 10	1—3—10	10	2
3	currBit	2 → 8	2—3—8	1001	11
4	j	2 → 9	2—3—9	1001	11
5	code3	4 → 10	4—10	10	2

2.3.2 全计算使用测试

全计算使用测试(All Calculate Uses Testing)是一种测试技术，它基于程序中数据的流向和使用情况，通过遍历程序的所有执行路径来测试程序的正确性。

全计算使用测试的基本流程如下：

(1)收集程序的数据流信息：从程序源代码中分析出变量和常量的定义、赋值和使用情况，形成程序的数据流信息；

(2)构建数据流图：根据程序的数据流信息，构建数据流图。数据流图是一个有向图，节点表示变量或常量的定义或使用，边表示数据流的流向，即从一个节点到另一个节点的路径上存在数据流；

(3)确定测试用例：在数据流图上执行全路径遍历，生成所有可能的执行路径。然后针对每个路径设计相应的测试用例，以覆盖所有程序的执行路径；

(4)执行测试用例：执行测试用例，检查程序的输出是否符合预期结果。

分析 convertBinaryToOctal 程序，运用全计算使用测试方法得到的具体用例设计如表 2-17 所示。

表 2-17 全计算使用测试用例表

	All-c-uses			INPUTS	EXPECTED OUTCOME
test case	variable(s)	du-pair	subpath	binary	octal
1	binary	0 → 6	0—3—6	1001	11
2	binary	0 → 7	0—3—7	1001	11
3	currBit, j	2 → 8	2—3—8	1001	11
4	j	2 →9	2—3—9	1001	11
5	octal	1 → 10	1—3—10	10	2
6	code3	4 → 10	4—10	10	2

2.3.3 全谓词使用测试

全谓词使用测试(All Predicate Uses Testing)其目标是验证程序中所有谓词的正确性，以发现潜在的错误和缺陷。谓词是程序中的逻辑表达式，包含关系运算符和逻辑运算符，用于决定程序中执行的路径和结果。

全谓词使用测试的具体流程如下：

(1)确定程序中所有谓词；

(2)根据谓词生成测试用例，使得每个谓词的取值至少被测试一次；

(3)执行测试用例，检查程序是否正确执行。

分析 convertBinaryToOctal 程序，运用全谓词使用测试方法得到的具体用例设计如表 2-18 所示。

表 2-18　全谓词使用测试用例表

	All-p-uses			INPUTS	EXPECTED OUTCOME
test case	variable(s)	du-pair	subpath	binary	octal
1	binary	0 → 3	0—3	0	" "

2.3.4　全使用测试

全使用测试(All Uses Testing)技术旨在检测软件程序中所有对于数据变量的使用情况，以此提高测试用例的覆盖率和代码质量。

全使用测试分析的流程如下：

(1)分析程序中的数据流：分析程序的源代码，确定程序中的数据流，包括变量的定义、赋值和使用等情况；

(2)生成测试用例：根据数据流分析结果，生成测试用例，覆盖所有的数据使用情况，包括变量定义、赋值和使用等情况。为了覆盖所有的数据使用情况，测试用例需要包括所有分支情况和边界情况；

(3)执行测试用例：执行测试用例，并记录测试结果；

(4)检查测试结果：检查测试结果，验证程序的正确性和稳定性。

分析 convertBinaryToOctal 程序，运用全使用测试方法得到的具体用例设计如表 2-19 所示。

2.3.5　全定义-使用路径测试

全定义-使用路径测试(All Definition Uses Paths Testing)其目的是在测试程序中的每个数据定义和使用关系路径。它的主要思想是找出所有程序中定义和使用变量的路径，然后测试每个路径以确保程序可以按照预期工作。该技术通常用于测试数据相关性问题的软件程序，例如复杂的算法或数据结构。

全定义-使用路径测试的流程是：

(1)确定程序中的所有数据定义和使用关系；

(2)根据数据定义和使用关系，确定程序中所有可能的路径；

(3)对于每个路径，构造测试用例以检查程序是否按照预期工作；

(4)运行测试用例，并记录测试结果；

(5)分析测试结果以确定程序中存在的错误和缺陷。

分析 convertBinaryToOctal 程序，运用全定义-使用路径测试方法得到的具体用例设计如表 2-19 所示。

表 2-19 全使用和全定义-使用路径测试用例表

	All-uses / All du-paths			INPUTS	EXPECTED OUTCOME
test case	variable(s)	du-pair	subpath	binary	octal
1	binary	0 → 3	0—3	0	""
2	binary	0 → 6	0—3—6	1001	11
3	binary	0 → 7	0—3—7	1001	11
4	currBit, j	2 → 8	2—3—8	1001	11
5	j	2 → 9	2—3—9	1001	11
6	octal	1 → 10	1—3—10	10	2
7	code3	4 → 10	4—10	10	2

2.4 Mock 模拟对象

第 1 章简要介绍了 Stub 与 Mock，本章将进一步探讨 Mock 的应用场景。

模拟对象(Mock Object)是以可控的方式模拟真实对象行为的假的对象。在面向对象程序设计中，模拟对象通常用于单元测试，以隔离待测试的单元并对其进行独立的、可重复的测试。通过将待测试单元所依赖的其他组件替换为模拟对象，可以专注于待测试单元的行为，而不必担心其依赖的其他组件。

模拟对象可以提供一种有效的方法来控制测试环境的复杂性，同时能够模拟真实对象的行为和状态，以便进行测试并验证待测试单元的正确性。在测试过程中，可以对模拟对象进行配置，以设定其预期行为和返回值，从而满足测试的需求。此外，还可以验证模拟对象的方法是否被正确调用、调用时传入的参数、调用次数、调用先后次序等。总之，模拟对象是一种强大的测试工具，可以帮助开发人员提高代码的质量和可靠性，减少测试的时间和成本。

桩函数(Stub)和模拟对象(Mock)是两种常用的隔离技术，Stub 主要验证状态，而 Mock 不仅可验证状态，还可验证行为。Stub 与 Mock 的工作原理如图 2-11 所示。

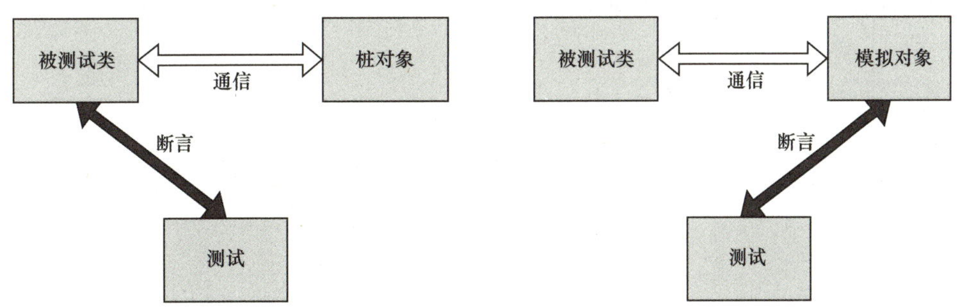

图 2-11 Stub 与 Mock 的工作原理

相同点：两者都是为了在测试过程中替换真实的依赖对象，以实现对被测试功能的隔离测试。两者都是通过替换的方式来实现，被测试的函数中的依赖关系。

不同点：

(1)实现方式不同：Stub 是采用函数替代的方式，而 Mock 则是采用接口替换的方式，即在测试中使用一个模拟对象来替换真实的依赖对象，这个模拟对象通常会实现真实的接口，但会忽略某些方法的实现，以达到模拟的效果。由于模拟库实现技术不同，使得其模拟能力存在差异，如 Mockito 采用继承的方式实现 Mock，通过在子类 subclass 中覆写依赖方法实现替换，因为 static 方法不能被子类覆盖，所以 Mockito 无法模拟静态方法，PowerMock 在字节码 bytecode 上做模拟，所以它可以模拟静态方法。

(2)对代码的影响不同：Stub 的侵入性比较强，它在实现功能函数的时候，需要为测试设置一些回调函数，这就意味着需要在被测试代码中加入一些额外的代码，可能会对代码的结构和逻辑产生一定的影响。而 Mock 的侵入性相对较小，它只需要在测试代码中引入一个模拟对象，不需要对被测试代码进行修改，因此对代码的影响较小。

(3)应用场景不同：Stub 通常用于具有返回值的方法，如指定返回值、抛出某个异常，然而，Mock 还可用于无返回值的方法，测试程序的交互行为，如是否被调用、调用时的参数、调用次数、方法被调用次序等。

(4)使用范围不同：由于 Stub 需要对被测试代码进行修改，因此它通常适用于一些比较简单、独立的功能模块，常用于单元测试、集成测试阶段。而 Mock 则可以适用于更复杂、集成度更高的系统，特别是在使用依赖注入(DI)等设计模式的情况下，Mock 可以更好地模拟真实的依赖关系，实现更加灵活的测试，与 Stub 比较，Mock 使用范围更广，不仅可用于单元测试、集成测试，还用于系统测试、性能测试、自动化测试、网络接口测试、代码重构与迁移测试等。

(5)性能影响不同：由于 Stub 需要在被测试代码中加入一些额外的代码，可能会对性能产生一定的影响。而 Mock 则因为不需要对被测试代码进行修改，因此对性能的影响较小。

综上所述，Stub 和 Mock 都是在软件测试中常用的技术，如 Java 单元测试的 PowerMock、Mockito 等，面向网络 API 的 MockServer、WireMock、Hoverfly 等。有些测试库还集成了 Mock，如 Java 的 Spock。选择使用哪种方式取决于具体的测试需求和被测试代码的特性。

Mockito 库是 Java 常用的 Mock 库之一，以下给出 6 个 Mock 常用场景的示例，包括基于状态的测试，设定返回值、抛出异常以及基于行为的测试，包括调用方法、传入参数、调用次数、调用次序。其他编程语言模拟库通常也支持上述场景，只是 API 略有不同，使用时参阅官方文档了解详情。

示例 1： 设定返回值。

```
    @Test
void test_returnValue() {
    // arrange
    int[] number = { 4, 0 };
    int returned = 15;
    // act
    // the real implementation
    int real = GCD.gcd(number[0], number[1]);
```

```
        // configure the mock
        try (MockedStatic<GCD>mocked = mockStatic(GCD.class)) {

            // configure the mock method and return value
            mocked.when(() -> GCD.gcd(anyInt(), anyInt())).thenReturn(returned);

            // invoking the mock object
            int actual = GCD.gcd(number[0], number[1]);

            // invoking the method unmocked
            // int actual_2 = GCD.gcd(number);

            // verify return value whether under control
            // the real implementation should return 4
            // the mock object will return 15
            assertEquals(returned, actual);

            // contrast between the real implementation and the mock object
            assertNotEquals(real, actual);
        }
    }
```

示例 2: 抛出异常。

```
@Test
void test_exception() {
    // arrange
    int[] number = { 4, 0 };
    // act

    // configure the mock
    try (MockedStatic<GCD>mocked = mockStatic(GCD.class)) {

        // configure the mock method and return value
        mocked.when(() -> GCD.gcd(anyInt(), anyInt()))
        .thenThrow(ArithmeticException.class);

        // verify method throws the particular exception
        assertThrows(ArithmeticException.class, () -> {
            GCD.gcd(number[0], number[1]);
        });
    }
}
```

示例 3： 验证方法被调用。

```
@Test
void test_invoking() {
    // arrange
    int[] number = { 4, 0 };
    int returned = 99;
    // act
    // the real implementation
    int real = GCD.gcd(number[0], number[1]);

    // configure the mock
    try (MockedStatic<GCD>mocked = mockStatic(GCD.class)) {
        // configure the mock method and return value
        mocked.when(() → GCD.gcd(anyInt(), anyInt())).thenReturn(returned);

        // invoking the mock method
        int actual = GCD.gcd(number[0], number[1]);

        // verify return value whether under control
        // the real implementation should return 4
        // the mock object will return 99
        assertEquals(returned, actual);

        // Verify method was invoked N times
        mocked.verify(() → GCD.gcd(number[0], number[1]), times(1));

        // contrast between the real implementation and the mock object
        // assertNotEquals(real, actual);
    }
}
```

示例 4： 验证调用方法时传入参数。

```
@Test
void test_arguments() {
    // arrange
    int[] number = { 4, 0 };
    int returned = 99;

    // captor and data type
    ArgumentCaptor<Integer>firstCaptor = ArgumentCaptor.forClass(Integer.class);
    ArgumentCaptor<Integer>secondCaptor = ArgumentCaptor.forClass(Integer.class);

    // act
```

```
        int real = GCD.gcd(number[0], number[1]);

        // configure the mock object
        try (MockedStatic<GCD>mocked = mockStatic(GCD.class)) {

            // configure the mock method and return value
            mocked.when(() -> GCD.gcd(anyInt(), anyInt())).thenReturn(returned);

            // invoking the mock object
            int actual = GCD.gcd(number[0], number[1]);

            // capture the argument values
            mocked.verify(() -> GCD.gcd(firstCaptor.capture(), secondCaptor.capture()), times(1));

            // verify the argument values
            assertEquals(number[0], firstCaptor.getValue());
            assertEquals(number[1], secondCaptor.getValue());
        }
    }
```

示例 5: 验证方法被调用的次数。

```
    @Test
    void test_times() {
        // arrange
        int[] number_1 = { 4, 16 };
        int[] number_2 = { 4, 32 };
        // act

        // configure the mock object
        try (MockedStatic<GCD>mocked = mockStatic(GCD.class)) {

            // invoking the mock object
            int actual_1 = GCD.gcd(number_1);
            int actual_2 = GCD.gcd(number_2);

            // verify method was invoked N times
            mocked.verify(() -> GCD.gcd(any(int[].class)), atLeast(2));
            mocked.verify(() -> GCD.gcd(anyInt(), anyInt()), never());
        }
    }
```

示例 6: 验证方法被调用的次序。

```
    @Test
    void test_sequences() {
```

```
    // arrange
    int[] number_1 = { 4, 16 };
    int[] number_2 = { 4, 32 };
    // act

    // configure the mock object
    try (MockedStatic<GCD>mocked = mockStatic(GCD.class)) {

        // invoking methods by order
        int actual_1 = GCD.gcd(number_1);
        int actual_2 = GCD.gcd(number_2);
        int actual_3= GCD.gcd(number_1[0],number_1[1]);

        // mockito InOrder
        InOrder order = inOrder(GCD.class);
        // assert the invoking order, involving methods and arguments
        order.verify(mocked, ()->GCD.gcd(number_1), times(1));

        order.verify(mocked, ()->GCD.gcd(number_2));

        order.verify(mocked, ()->GCD.gcd(number_1[0], number_1[1]));

    }
}
```

2.5 数据驱动测试

开发测试规程时会发现，有些测试脚本非常类似，仅仅测试输入与预期值不同，其他内容完全一致。对于这种情况，可采用数据驱动测试技术，将测试执行脚本与测试数据分离，测试数据较多时，可存储于单独数据文件。工作原理如图 2-12 所示。

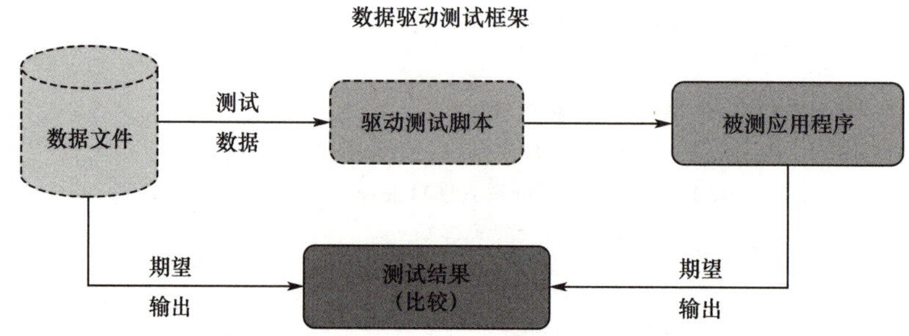

图 2-12 数据驱动测试工作原理

仍使用向上取整函数 ceil 为例，将测试集编码为逗号分隔的键值对，如“4.0,4.0”“3.5,

4”“－3.5,－3”,每对数据对应测试输入与预期结果,改写代码如图 2-13 所示。

```
@ParameterizedTest
@CsvSource({"4.0,4.0","3.5,4","-3.5,-3"})
void test04(double num,double expected) {
    double actual = Ceil.ceil(num);
    assertEquals(expected,actual);
}
```

图 2-13 数据驱动示例代码

本质上,数据驱动测试采用变量来替代具体取值,因此也称为参数化测试。依据应用场景又可细分为值参数化和类型参数化,前者允许开发人员为不同的输入值集合使用相同的测试代码,如 JUnit5 的 ParameterizedTest 与 xxxSource,后者允许开发人员为不同的数据类型使用相同的测试代码,如 GoogleTest 的 TypedTest 与 Type-Parameterized Test。

2.6 变异分析

变异分析是一种评价测试用例集合有效性的技术。该方法基于大量软件错误的归因分析,即程序员难免犯错,但是不会出现原则性大错误,通常只是微小错误。基于上述观察,提出变异分析技术。具体地,通过修改源代码模拟人为错误,如果测试用例集未能识别该错误,则设计“新的”测试用例,直到检出错误。变异分析建立起了逻辑覆盖与测试用例的错误检测有效性之间的桥梁,不仅增强了对测试用例的信心,而且促进了对源代码的深入理解。

核心概念:变异算子、变异体、等价变异体、变异得分。

2.6.1 变异算子

变异算子是指应用于原始程序以生成变异体的操作,常用分类包括:常量替代(CRP)、变量替代(SVR)、算术运算符替代(AOR)、关系运算符替代(ROR)、语句删除(SDL)、变量替代常量(SCR)和插入绝对值符号(ABS)等。

变异工具 Pitest 将变异算子分成算术 Math、条件边界 ConditionalsBoundary、负号取反 InvertNegatives、条件取反 Negate Conditionals 等 20 多类。具体变异描述如表 2-20 所示。

表 2-20 变异算子描述

<table>
<tr><th>变异算子</th><th>原始条件</th><th>变异后条件</th><th>原始代码</th><th>变异代码</th></tr>
<tr><td rowspan="8">算术</td><td>+</td><td>−</td><td>int a = b + c</td><td>int a = b − c</td></tr>
<tr><td>−</td><td>+</td><td></td><td></td></tr>
<tr><td>*</td><td>/</td><td></td><td></td></tr>
<tr><td>/</td><td>*</td><td></td><td></td></tr>
<tr><td>%</td><td>*</td><td></td><td></td></tr>
<tr><td>&</td><td>|</td><td></td><td></td></tr>
<tr><td>|</td><td>&</td><td></td><td></td></tr>
<tr><td>^</td><td>&</td><td></td><td></td></tr>
</table>

（续表）

变异算子	原始条件	变异后条件	原始代码	变异代码
算术	<<	>>		
	>>	<<		
	>>>	<<		
条件边界	<	<=	if (a < b)	if (a <= b)
	<=	<		
	>	>=		
	>=	>		
负号取反			−i	i
条件取反	==	! =	a == b	a ! = b
	! =	==		
	<=	>		
	>=	<		
	<	>=		
	>	<=		

2.6.2 变异体类型

一阶变异体：在原有程序 p 上执行单一变异算子并形成变异体 p′，则称 p′为 p 的一阶变异体。

高阶变异体：在原有程序 p 上依次执行多次变异算子并形成变异 p′，则称 p′为 p 的高阶变异体。若在 p 上依次执行 k 次变异算子并形成变异体 p′，则称 p′为 p 的 k 阶变异体。

可杀除变异体：若存在测试用例 t，在变异体 p′和原有程序 p 上的执行结果不一致，则称该变异体 p′相对于测试用例集 T 是可杀除变异体。

可存活变异体：若不存在任何测试用例 t，在变异体 p′和原有程序 p 上的执行结果不一致，则称该变异体 p′相对于测试用例集 T 是可存活变异体。一部分可存活变异体通过设计新的测试用例可以转化成可杀除变异体，剩余的可存活变异体则可能是等价变异体。

等价变异体：若变异体 p′与原有程序 p 在语法上存在差异，但在语义上与 p 保持一致，则称 p′是 p 的等价变异体。等价变异体是指在语法上变异了，但是在语义上依然和源程序等价的变异体。

如图 2-14 所示为变异算子示意图，为原始程序和 3 个变异体。对于测试用例 TC1：{输入(x=1,y=1)，预期值 True}，因为前两个变异体的实际输出与预期值不同，所以该用例可以杀死它们。然而，3 号变异体的输出结果与预期值一致，TC1 无法杀死它。

分析可知 3 号变异体与原始程序在语义上并不等价，属于可杀除变异体，因此，设计新测试用例 TC2：{输入(x = 1,y = 2)，预期值 False}与 TC3：{输入(x = 2,y = 1)，预期值 False}，原始程序分别返回{False,False}，3 号变异体返回{True,True}，因此，3 号变异体被杀死。

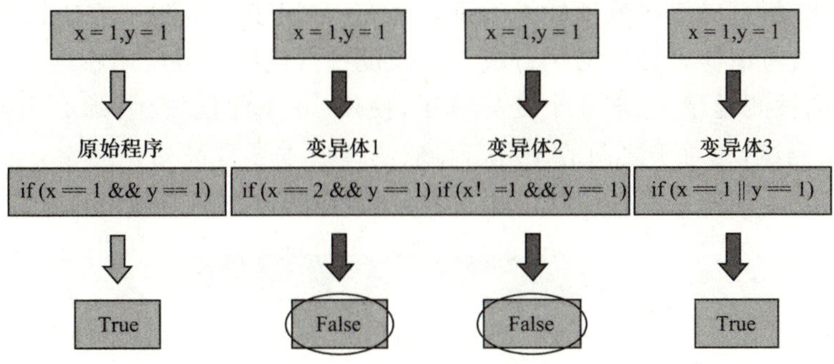

图 2-14 变异算子示意图

如图 2-15 中示例的代码，对于存活的变异体，识别等价变异体 2 个。

```
18 public static int gcd(int num1, int num2) {
19   if (num1 < 0 || num2 < 0) {
20     throw new ArithmeticException();
21   }
22
23   if (num1 == 0 || num2 == 0) {
24     return Math.abs(num1 - num2);
25   }
26
27   while (num1 % num2 != 0) {
28     int remainder = num1 % num2;
29     num1 = num2;
30     num2 = remainder;
31   }
32   return num2;
33 }
```

图 2-15 源码示意图

分析：第一个变异体位于源代码 19 行，变异算子为 Conditional boundary，将 if(num1<0 ‖ num2<0)替换为 if(num1<=0 ‖ num2<=0)。对于测试用例 TC1：{输入 num1 = −1，预期值为 ArithmeticException} 与 TC2：{输入 num2 = −1，预期值为 ArithmeticException}，原始程序判定表达式(num1<0 ‖ num2<0)为 True，变异体判定表达式(num1<=0 ‖ num2<=0)同样为 True，两者均抛出异常，所以该变异体与原始程序语义等价，属于等价变异体。

第二个变异体位于源代码 24 行，变异算子为 Math，将 return Math. abs(num1 − num2)替换为 return Math. abs(num1 + num2)。对于测试用例 TC3：{输入(num1=0，num2=3)，预期值为 3}、TC4：{输入(num1=3，num2=0)，预期值为 3}以及 TC5：{输入(num1=0，num2=0)，预期值为 0}，原始程序分别返回{3，3，0}，变异体返回{3，3，0}，所以该变异体与原始程序语义等价，属于等价变异体。

2.6.3 变异得分

变异分析是评估方法，对应的评估指标是变异得分。Score = 杀死的变异体数量 /（总的变异体数量 − 等价变异体数量）。

变异得分(Mutation Score)是一种评价测试用例集错误检测的有效指标。变异得分的值介于 0 与 1 之间，数值越高，表明被杀死的变异程序越多，测试用例集的错误检测能力越强，反之则越低。

当值为 0 时，表明测试用例集没有杀死任何一个变异程序。

当值为 1 时，表明测试用例集杀死了所有非等价的变异程序。

综上，变异分析是对经典测试技术的重要补充，常用于评价测试方法揭示错误的能力。然而，实践中需要考虑变异分析的执行成本。假设每行代码均可应用所选变异算子，对于具有 100 行代码的被测程序，选定 5 个变异算子，使用 10 条测试用例，那么需要执行 100×5×10=5 000 次测试，相对于之前的 10 次，显然测试成本异常高昂。通常，当测试时间较为宽裕时，可对中高风险函数或代码块应用变异分析，以提升测试有效性。

习题2

❶ 代码检查可以采用哪些手段？静态与动态方法分别有哪些优势与限制？

❷ 逻辑覆盖法是设计白盒测试用例的重要方法，针对下面的代码段，采用语句覆盖法和分支覆盖法设计测试用例。

语句段：

```
if (A && (B || C)) x=1;
else x=0;
```

❸ 测试人员正在测试一个路口违反交通规章事件的取照系统，简称违章取照系统。在满足如下两个条件的情况下系统会进行违章取照：交通灯是红灯并且在直行车道上的汽车前轮压到了路口的停车线（压线）。

考虑各种可能的情况：

```
    ①红灯＋压线；②红灯＋没压线；③不是红灯＋压线；④不是红灯＋没压线
IF ((红灯 OR 超速) AND 压线)THEN
    违章拍照
ELSE
    不需拍照
```

根据这些信息，设计一个能实现 100% 判定/条件覆盖的最小测试集。

❹ 下面是一个用于计算和打印销售佣金的程序的伪代码：

```
program CalculateCommission
total, number :integer
commission_hi, commission_lo :real
begin
read ( number)
while number ≠ −1 loop
total = total + number
read ( number)
end loop
if total > 1000 then
 commission_hi = 100 + 0.2 * ( total − 1000)
 else
 commission_lo = 0.15 * total
 end if
 write ( "This salesman's commissionis:")
 write ( commission_hi)
 end program CalculateCommission
```

该代码的第 6 行和第 12 行中含有数据流异常(加粗文本),那么在这两行代码中可以找到哪些数据流异常的实例?

❺ 据以下变异测试结果,试完成:

(1)分析如图 2-16 所示对象的变异得分及原因。

```
Problems  Javadoc  Declaration  Console  PIT Mutations  PIT Summary
<terminated> usc.svv.mut [PIT Mutation Test] C:\Program Files\Java\jdk1.8.0_333\bin\javaw.exe (2023年7月10日 下午9:32:50 – 下午9:32:55)
================================================================================
- Timings
================================================================================
> pre-scan for mutations : < 1 second
> scan classpath : < 1 second
> coverage and dependency analysis : 1 seconds
> build mutation tests : < 1 second
> run mutation analysis : 1 seconds
--------------------------------------------------------------------------------
> Total  : 3 seconds
--------------------------------------------------------------------------------
================================================================================
- Statistics
================================================================================
>> Line Coverage: 13/18 (72%)
>> Generated 13 mutations Killed 11 (85%)
>> Mutations with no coverage 0. Test strength 85%
>> Ran 24 tests (1.85 tests per mutation)
```

图 2-16　Console 视图

(2)识别图 2-17 至图 2-19 中的等价变异体,说明理由。

```
Problems  Javadoc  Declaration  Console  PIT Mutations  PIT Summary
SURVIVED (2)
  usc.svv.mut (2)
    Maths (2)
      Maths.GCD (2)
        24: Replaced integer subtraction with addition
        43: negated conditional
KILLED (11)
  usc.svv.mut (11)
    Maths (11)
      Maths.GCD (11)
        19: changed conditional boundary
        19: changed conditional boundary
        19: negated conditional
        19: negated conditional
        23: negated conditional
        23: negated conditional
        27: Replaced integer modulus with multiplication
        27: negated conditional
        28: Replaced integer modulus with multiplication
        43: Changed increment from 1 to -1
        43: changed conditional boundary
```

图 2-17　PIT Mutations 视图

```
GCD.java
21      }
22
23      if (num1 == 0 || num2 == 0) {
24        return Math.abs(num1 - num2);
25      }
26
27      while (num1 % num2 != 0) {
28        int remainder = num1 % num2;
29        num1 = num2;
30        num2 = remainder;
31      }
```

```
Problems  Javadoc  Declaration  Console  PIT Mutations  PIT Summary
SURVIVED (2)
  usc.svv.mut (2)
    Maths (2)
      Maths.GCD (2)
        24: Replaced integer subtraction with addition
        43: negated conditional
```

图 2-18　等价变异体分析

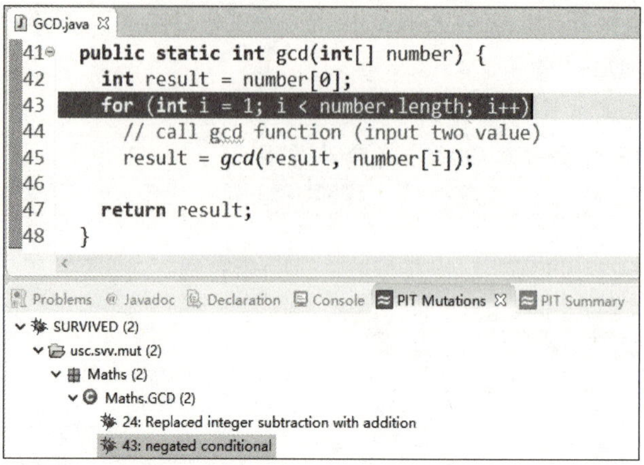

GCD.java

```
41  public static int gcd(int[] number) {
42      int result = number[0];
43      for (int i = 1; i < number.length; i++)
44          // call gcd function (input two value)
45          result = gcd(result, number[i]);
46
47      return result;
48  }
```

Problems　Javadoc　Declaration　Console　PIT Mutations　PIT Summary

- SURVIVED (2)
  - usc.svv.mut (2)
    - Maths (2)
      - Maths.GCD (2)
        - 24: Replaced integer subtraction with addition
        - 43: negated conditional

图 2-19　未杀死变异体原因分析

(3)对于非等价变异体设计新测试用例,提高变异得分。

第 3 章　基于规格说明的测试

第 2 章详细介绍了基于 GB 38634.4 测试技术分类中的结构测试相关的方法，本章的重点是介绍基于规格说明的测试技术。基于规格说明的测试技术可对应到软件测试传统分类中的黑盒测试，主要利用规格说明来指导测试用例的设计。该测试技术的主要依据是软件规格说明书，包括需求规格说明书、设计规格说明书等，分析测试目标，根据质量要求运用测试方法设计测试用例。

对于复杂软件，仅仅采用一种测试方法是难以构建理想的测试用例集的，通常需要综合运用多种设计技术来设计测试用例。

3.1　等价类划分法

数据测试是功能测试最主要的一种手段之一，借助数据的输入/输出来判断功能是否正常，用穷举法把所有可输入的数据值都尝试一次，是不现实的。大家期望有一些方法能帮助测试人员选取少量有代表性的输入数据来暴露较多的软件缺陷。等价类划分的基本思想就是设想可以用一组有限的数据代表近似无限的数据，将漫无边际的随机测试变为具有针对性的测试。

等价类是指某个输入域的特定的子集合，在该子集合中各个输入数据对于暴露程序中的错误都是等效的。等价类划分测试方法是把所有可能的输入数据，即程序的输入域划分成若干等价类，然后从每个等价类中选取少数有代表性的数据作为测试用例。

针对软件不同的规格说明可能使用不同的等价类划分方法，测试用例的质量受到等价类划分的影响，通常也跟测试人员的经验相关。在划分等价类时，常用的等价类划分规则如下：

(1)如果输入条件规定了一个取值范围，那么就应确定一个有效等价类，以及两个无效等价类。举例来说，如果输入值是学生成绩，范围是 0～100，得到有效等价类为①0≤成绩≤100；无效等价类为①成绩＜0②成绩＞100。

(2)如果输入条件规定了取值的个数，那么就应确定一个有效等价类和两个无效等价类。举例来说，一个学生每学期只能选修 1～3 门课程，得到有效等价类为①选修 1～3 门课程；无效等价类为①不选任何课程②选修超过 3 门课程。

(3)如果输入条件规定了一个输入值的集合，而且程序会对每个值进行不同处理，那么就应为每个输入值确定一个有效等价类和一个无效等价类。举例来说，输入条件说明学历可为专科、本科、硕士、博士四种之一，得到有效等价类为①专科②本科③硕士④博士；无效等价类：其他任何学历。

(4)如果存在输入条件规定了“必须是”的情况，那么就应确定一个有效等价类和一个无效等价类。举例来说，校内电话号码拨外线为 9 开头，得到有效等价类：9＋外线号码；无效等价类为①非 9 开头＋外线号码②9＋非外线号码。

(5)如果存在输入条件是一个布尔量，则可以确定一个有效等价类和一个无效等价类。举例来说，某程序规定有效输入为布尔真值，得到有效等价类为布尔真值 true；无效等价类为布尔假值 false。

等价类划分测试用例设计方法的具体设计流程如下：

(1)对每个输入或外部条件进行等价类划分，形成等价类表，为每一等价类规定一个唯一的编号。

(2)设计一个测试用例，使其尽可能多地覆盖尚未覆盖的有效等价类，重复这一步骤，直到所有有效等价类均被测试用例所覆盖。

(3)设计一个新测试用例，使其只覆盖一个无效等价类，重复这一步骤直到所有无效等价类均被覆盖。

举例来说，学院要打印 2018—2023 年的学生成绩表，其中打印日期为 6 位数字组成，前 4 位为年份，后 2 位为月份。根据上述测试用例设计流程。

第一步进行等价类划分，划分的结果如表 3-1 所示。

表 3-1　等价类划分结果

输入及外部条件	有效等价类	无效等价类
报表日期的类型及长度	6 位数字字符　①	有非数字字符　④ 少于 6 个数字字符　⑤ 多于 6 个数字字符　⑥
年份范围	2018—2023 年　②	小于 2018　⑦ 大于 2023　⑧
月份范围	1～12　③	小于 1　⑨ 大于 12　⑩

第二步为有效等价类设计测试用例，对表中编号①②③的 3 个有效等价类用一个测试用例覆盖，如表 3-2 所示。

表 3-2　测试用例覆盖有效等价类

测试数据	期望结果	覆盖范围
201905	输入有效	等价类①②③

第三步为无效等价类设计测试用例，要为每一个无效等价类至少设计一个测试用例，如表 3-3 所示。

表 3-3　测试用例覆盖无效等价类

测试数据	期望结果	覆盖范围
007KKK	输入无效	等价类④

（续表）

测试数据	期望结果	覆盖范围
20012	输入无效	等价类⑤
2018001	输入无效	等价类⑥
201001	输入无效	等价类⑦
202501	输入无效	等价类⑧
201900	输入无效	等价类⑨
201913	输入无效	等价类⑩

3.2 边界值分析法

实践证明，考虑了边界条件的测试用例与其他没有考虑边界条件的测试用例相比，具有更高的测试回报率。边界值分析法可以和等价类划分法结合起来使用，在划分等价类的基础上，选择输入和输出等价类中那些恰好处于边界、或超过边界、或在边界以下的数据。边界值分析方法与等价划分方法存在两方面的不同：

（1）与从等价类中挑选出任意一个元素作为代表不同，边界值分析需要选择一个或多个元素，以便等价类的每个边界都经过一次测试。

（2）与仅仅关注输入条件（输入空间）不同，还需要考虑从结果空间（输出等价类）设计测试用例。

边界值不仅是指数据取值的边界，还可以是数据的个数、文件的个数、记录的条数等。软件测试的边界条件类型有很多种，比如数字、字符、位置、大小、速度、方位、尺寸、空间等，边界值就可以对应为最大/最小、首位/末位、上/下、最大/最小、最快/最慢、最高/最低、最短/最长、空/满等。常用的边界值分析法的原则有以下几个：

（1）如果输入条件规定了一个输入值范围，那么应针对范围的边界设计测试用例，针对刚刚越界的情况设计无效输入测试用例。

（2）如果输入条件规定了输入值的数量，那么应针对最小数量输入值、最大数量输入值，以及比最小数量少一个、比最大数量多一个的情况设计测试用例。举例来说，如果某个输入文件可容纳 1～255 条记录，那么应根据 0、1、255 和 256 条记录的情况设计测试用例。

（3）如果输出条件规定了取值范围、输出条件的数量，那么也要分别使用上述两条原则。

（4）如果程序的规格说明给出的输入域或输出域是有序集合，则应选取集合的第一个元素和最后一个元素作为测试用例。

（5）如果程序中使用了一个内部数据结构，则应当选择这个内部数据结构的边界上的值作为测试用例。

（6）如果程序的输入或输出是一个有序序列（例如顺序的文件、线性列表或表格），则应特别注意该序列的第一个和最后一个元素。

要说明的是第（3）条针对输出边界值的分析，除了遵循输入边界分析的规则外，还需要考虑如何选择合适的输出域来寻找边界点，如何限定边界点附近邻域的大小，是否可简单地按照一个单位长度来限定，以及针对边界值附近邻域内选中的测试数据，是否可以顺利确定对应的测试用例等问题。

在等价类划分法一节设计例子中得到了表 3-1 等价类划分结果，在等价类划分结果中以报表日期长度来举例，分析边界值可以得到表 3-4。

表 3-4 边界值分析表

边界值分析项	确定边界	边界值选择
报表日期的长度	6 位数字字符	5 位数字字符 ① 6 位数字字符 ② 7 位数字字符 ③

结合等价类分析法，根据表 3-4 边界值分析表，可以得到部分边界值测试用例，如表 3-5 所示。

表 3-5 边界值测试用例表

测试数据	期望结果	覆盖边界
20012	输入无效	边界值 ①
201905	输入有效	边界值 ②
2018001	输入无效	边界值 ③

边界值分析法通常作为等价类方法的补充，方法本身是基于独立性假设和单缺陷假设，同时边界值测试关注的是系统边界，并不关注系统对不同类型数据的处理规律，因此，使用该法设计的测试用例往往具有较大的系统冗余与漏洞，但这并不影响该法的有效性。

3.3 判定表方法

等价类划分法和边界值分析法是用于单因素和单变量的数据分析，但是在实际应用中，许多输入由多个因素构成，而不是单一因素，这时就需要考虑多因素组合分析。检验各种输入条件的组合并不是一件容易的事情，因为即使将所有的输入条件划分成等价类，它们之间的组合情况也是非常多的。常用的组合分析方法有判定表方法、因果图法、两两组合测试法和正交试验法，本节主要介绍判定表方法。

判定表是分析和表达多因输入和输出的工具，它借助表格方式完成对输入条件的组合设计，因为判定表以输入条件的完全组合来满足测试的覆盖率要求，所以它具有很严格的逻辑性，基于判定表的测试用例设计方法是最严格的组合设计方法之一，借助其产生的测试用例具有良好的完整性。

要构建一个判定表，需要了解 5 个要素，条件桩、动作桩、条件项、动作项和规则。

(1)条件桩：列出问题的所有条件。

(2)动作桩：列出可能针对问题所采取的操作。

(3)条件项：针对所列条件的具体赋值。

(4)动作项：列出在条件项(各种取值)组合情况下应该采取的动作。

(5)规则：任何一个条件组合的特定取值及其相应要执行的操作。

举例来说，判断三条边是否能组合成三角形，可以构造如表 3-6 所列的判定表。

表 3-6 判定表示例

序号		1	2	3	4	5	6	7	8
条件项	$a+b>c$	1	0	1	1	0	0	1	0
	$a+c>b$	1	1	0	1	0	1	0	0
	$b+c>a$	1	1	1	0	1	0	0	0
动作项	三角形	√	×	×	×	×	×	×	×
	非三角形	×	√	√	√	√	√	√	√

使用判定表设计测试用例的流程如下：

(1)列出条件桩。

(2)列出动作桩。

(3)输入条件项及其组合。

(4)输入动作项，制定初始判定表。

(5)简化、合并相似规则或者相同动作。

(6)根据判定表设计测试用例。

在构造判定表时要根据不同的业务需求考虑构造细节。例如，如果条件项不是布尔值，条件项的数据可以基于等价类划分确定，如果输入条件桩的条件项组合过多，要考虑是否使用判定表方法。在多个条件桩对应不同的动作桩时，动作桩的输出规则需要分析需求中各个条件桩影响的优先级来确定规则对应相应的动作输出。

举例来说，测试打印机打印业务执行的功能。打印机执行打印任务受到驱动程序、打印纸张、打印机墨粉三个条件的影响，打印机打印时可能会产生完成打印内容、提示驱动程序不对、提示没有纸张、提示没有墨粉四个结果。本示例中需求的条件的优先级分别为最先检查纸张条件，然后检查墨粉条件，最后检查驱动程序条件。同时，没有纸张和没有墨粉、没有纸张和打印驱动程序有问题或者三个条件都不满足时程序优先提示没有纸张。分析后得到初始判定表，如表 3-7 所示。

表 3-7 初始判定表

序号		1	2	3	4	5	6	7	8
条件	驱动程序是否正确	1	0	1	1	0	0	1	0
	是否有纸张	1	1	0	1	0	1	0	0
	是否有墨粉	1	1	1	0	1	0	0	0
动作	完成打印内容	1	0	0	0	0	0	0	0
	提示驱动程序问题	0	1	0	0	0	0	0	0
	提示没有纸张	0	0	1	0	1	0	1	1
	提示没有墨粉	0	0	0	1	0	1	0	0

对初始判定表进行简化，得到简化后的判定表如表 3-8 所示。

表 3-8　　简化后的判定表

序号		1	2	4/6	3/5/7/8
条件	驱动程序是否正确	1	0	—	—
	是否有纸张	1	1	1	0
	是否有墨粉	1	1	0	—
动作	完成打印内容	1	0	0	0
	提示驱动程序问题	0	1	0	0
	提示没有纸张	0	0	0	1
	提示没有墨粉	0	0	1	0

最后根据简化后的判定表进行测试数据的设计。

用例 1:在驱动程序正确、有纸张、有墨粉的条件下打印。预期结果:打印成功。

用例 2:在驱动程序错误、有纸张、有墨粉的条件下打印。预期结果:提示驱动程序问题。

用例 3:在有纸张、没有墨粉的条件下打印。预期结果:提示没有墨粉。

用例 4:在没有纸张的条件下打印。预期结果:提示没有纸张。

3.4　场景法

对于复杂的软件系统,不仅要对单个功能点进行测试,还需要从全局把握整个系统的业务流程,在存在多个功能点的交叉和存在复杂约束的情况下,测试可以充分覆盖软件运行的各种情况。

场景法是通过分析软件运用场景对系统功能点或业务流程进行覆盖的测试用例设计方法。对于软件中用事件来触发控制流程的,场景法中把事件流分成基本流和备选流。基本流是指从系统的某个初始状态开始,经过一系列状态变化后到达终止状态的过程中一个主要的业务流程;备选流是以基本流为基础,在经过基本流上每个判定节点(包括条件判定和循环判定)处满足不同的触发条件,而导致的其他事件流。如图 3-1 所示,程序只有一个基本流,备选流可以有多个。

从基本流开始,通过描述经过的路径可以确定某个场景,场景是事件流的一个实例,一个场景对应一个用户执行的操作序列。

场景描述的基本原则如下:

(1)最少的场景数等于事件流的总数,即基本流与备选流的总数。图 3-1 中的最少场景数为 1 个基本流+5 个备选流=6。

(2)有且唯有一个场景仅包含基本流。

(3)对应某个备选流,至少应有一个场景覆盖该备选流,且在该场景中应尽量避免覆盖其他的备选流。

由图 3-1 可得到如下场景:基本流、基本流+备选流 1、基本流+备选流 2、基本流+备选流 2+备选流 4、基本流+备选流 2+备选流 4+备选流 5、基本流+备选流 5……

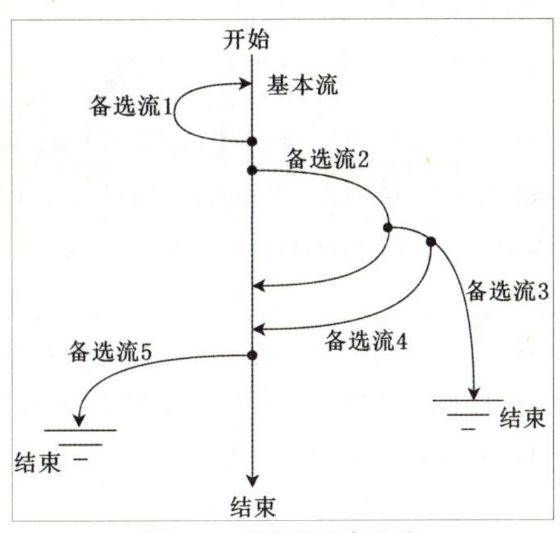

图 3-1 基本流和备选流

场景法的主要难点在于如何根据业务实际提炼出基本流,如何很好地控制备选流的数量,以及如何从无穷尽的场景中选择少量典型场景进行测试,因此,需要测试人员深入理解业务,把握用户的需求,从用户的角度多思考。

场景法测试用例设计的步骤如下:

(1)根据软件需求规格说明,分析描述基本流和各项备选流。

(2)根据基本流和备选流构建场景。

(3)对每个场景设计测试用例。

(4)对生成的测试用例进行复审,确定最终的测试用例,对每个测试用例确定测试数据。

以 ETC 收费系统场景法用例设计试题为例。

(1)详细分析系统的需求规格说明,得到如表 3-9 所列的 ETC 收费系统基本流和表 3-10 所示的 ETC 收费系统备选流。

表 3-9 ETC 收费系统基本流

编号	步骤描述
A1	用例开始,ETC 准备就绪,自动栏杆放下
A2	ETC 与车辆通信,读取车辆信息
A3	对车辆拍照
A4	根据公式计算通行费用
A5	查找关联账户信息,确认账户余额大于通行费用
A6	从账户中扣除该费用
A7	显示费用信息
A8	自动栏杆打开
A9	车辆通过
A10	自动栏杆放下,ETC 回到就绪状态

表 3-10 ETC 收费系统备选流

编号	步骤名称	步骤描述
B	读取车辆信息出错	在基本流 A2 步骤,ETC 读取车辆信息错误(重复读取 5 次),不够 5 次则返回 A2;否则显示警告信息后退出基本流

（续表）

编号	步骤名称	步骤描述
C	账户不存在	在基本流 A5 步骤，银行系统中不存在该账户信息，退出基本流
D	账户余额不足	在基本流 A5 步骤，账户余额小于通行费用，显示账户余额不足警告，退出基本流
E	账户状态异常	在基本流 A5 步骤，账户已销户、冻结或由于其他原因而无法使用，显示账户状态异常信息，退出基本流

（2）构建测试场景。根据第一步对基本流和备选流分析的结果，测试场景最少需要5个，为了说明在实际测试场景构建过程中的难点，示例中会增加部分其他场景，场景构建没有完全唯一的答案。测试场景列表如表3-11所示。

表 3-11　测试场景列表

场景编号	场景	场景描述
01	A	系统扣费成功，车辆顺利通过
02	A、B	车辆信息读取错误，未到5次重新读取车辆信息，出错达到5次不通过
03	A、C	银行系统不存在该ETC账户，不通过
04	A、D	账户余额小于通行费用，不通过
05	A、E	账户有销户、冻结等异常情况，不通过
06	A、B、C	多次读取车辆信息，最终成功；银行系统不存在该ETC账户，不通过
07	A、B、D	多次读取车辆信息，最终成功；账户余额小于通行费用，不通过
08	A、B、E	多次读取车辆信息，最终成功；账户有销户、冻结等异常情况，不通过

（3）根据第（2）步中分析确定的每个测试场景设计测试用例，如表3-12所列，此时得到的测试用例表中不包含实际的测试数据，而是测试执行数据的设计依据。主要是分析输入项（系统输入或者系统状态）和预期结果对应关系，表中的V表示有效数据元素，I表示无效数据元素，n/a表示不适用。

表 3-12　测试用例表

测试用例编号	场景	初次读取车辆信息	最终读取车辆信息	账户号码	账户余额	账户状态	预期结果
T01	A	V	n/a	V	V	V	扣除通行费，车辆顺利通过，用例结束
T02	A、B	I	I	n/a	n/a	n/a	连续5次读取失败，显示警告信息，用例结束
T03	A、C	V	n/a	I	n/a	n/a	账户不存在，提示警告信息，用例结束
T04	A、D	V	n/a	V	I	n/a	账户余额不足，提示警告信息，用例结束
T05	A、E	V	n/a	V	V	I	账户状态异常，提示警告信息，用例结束
T06	A、B、C	I	V	I	n/a	n/a	多次读取车辆信息，最终成功；账户不存在，提示警告信息，用例结束
T07	A、B、D	I	V	V	I	n/a	多次读取车辆信息，最终成功；账户余额不足，提示警告信息，用例结束
T08	A、B、E	I	V	V	V	I	多次读取车辆信息，账户状态异常，提示警告信息，用例结束

（4）复核并确定测试用例，设计最终执行的测试数据，每个测试场景中的输入项测试数据选择时还可以结合等价类、边界值等方法，此处不再赘述。

3.5 状态转换测试

状态转换测试是基于产品的规格分析，通过引入状态图来描述测试对象和测试数据、对象状态之间的关系，对系统的每个状态及与状态相关的函数进行测试，通过不同的状态验证程序的逻辑流程。状态转换测试用于测试被测对象通过有效转换，进入和退出已定义状态的能力，以及尝试进入无效状态或覆盖无效转换的能力。

事件导致测试对象从一个状态转换到另一个状态，并执行操作。事件可以通过影响转换路径的条件(有时称为守卫条件或转换监控)来限定。例如，使用有效用户名/密码的登录事件与使用无效密码的登录事件会产生不同的转换。该信息会在状态转换图或状态转换表中显示(也可能包括状态之间潜在的无效转换)。

状态转换测试适用于任何有状态定义并让状态之间因事件发生转换的软件(例如屏幕变化)。状态转换测试可以在任何测试级别上使用。嵌入式软件、Web 软件和任何状态转换类软件都适合进行此类测试。

除了状态本身之外，状态转换测试的基本单元是单个转换。简单地测试所有的单个转换将发现一些状态转换缺陷，但是通过测试状态转换序列可能会发现更多的缺陷。单个转换序列被称为 0-切换(0-switch)，两次连续的转换序列称为 1-切换(1-switch)，三次连续的转换序列称为 2-切换(2-switch)，依此类推。通常，N 切换(N-switch)表示 $N+1$ 次连续切换。随着 N 的增大，N 切换的数量增长非常快，从而难以通过合理的少量测试来实现 N 切换的覆盖。

与其他类型的测试技术一样，状态转换覆盖率有一个层次结构。可接受的最低覆盖率是指到达过每个状态和遍历过每个状态转换至少一次。100%的转换覆盖(100%的 0-切换覆盖率)将保证到达过每个状态和遍历过每个状态转换，除非系统设计或状态转换模型(图或表)有缺陷。根据状态和转换之间的关系，为了执行某个转换一次，可能需要多次遍历某些转换。

术语“N-切换覆盖率”是指长度为 $N+1$ 的转换所覆盖的数量，占该长度的转换总数的百分比。例如，要实现 100%的 1-切换覆盖率，每个有效序列需要至少测试两次连续的转换。“往返覆盖”适用于转换序列形成循环的情况。实现 100%往返覆盖意味着已经测试了从任何状态出发又回到原来相同状态的所有循环。此循环不包含任何特定状态(初始/最终状态)的多次出现。

使用状态转换测试的用例设计流程如下：

(1)分析需求规格说明，提取状态。

(2)绘制状态转换图，确定开始状态，输入、输出及结束状态。

(3)确定测试强度，通过状态图得到状态树。

(4)选取测试数据，设计测试用例。

以 ISTQB(国际软件测试认证委员会)高级测试分析师认证的练习题为例。

(1)提取购物系统交易过程的需求。提取浏览商品、选择、登录、交易、已经确认、退出这 6 个用户状态，绘制状态图，如图 3-2 所示。

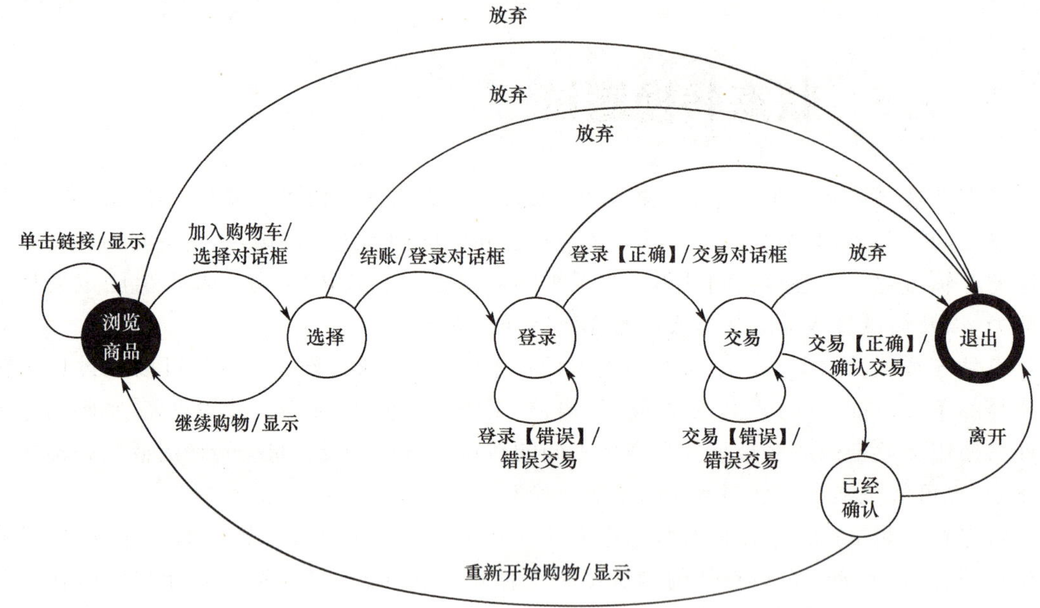

图 3-2 购物系统交易过程状态图

(2)将状态图转换为状态树,如图 3-3 所示。确定覆盖强度到过每个状态和遍历过每个转换至少一次,100%的 0-切换覆盖。

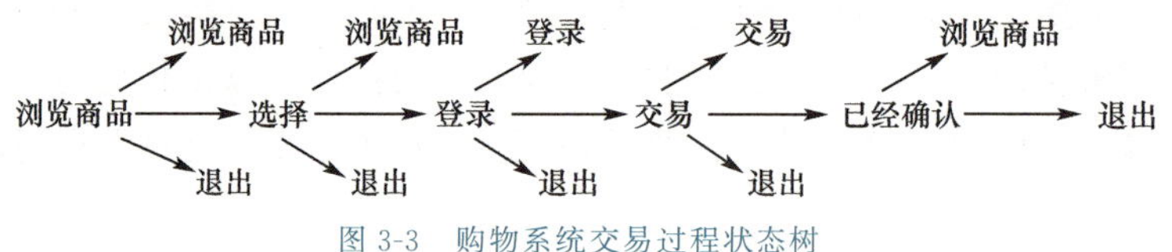

图 3-3 购物系统交易过程状态树

(3)从起始状态"浏览商品"开始寻找它的下一个状态,确认 0-切换是否已经覆盖,如果没有则继续遍历,得到测试路径如下:

路径 1:"浏览商品"→"退出"。

路径 2:"浏览商品"→"浏览商品"。

路径 3:"浏览商品"→"选择"→"退出"。

路径 4:"浏览商品"→"选择"→"浏览商品"。

路径 5:"浏览商品"→"选择"→"登录"→"退出"。

路径 6:"浏览商品"→"选择"→"登录"→"登录"。

路径 7:"浏览商品"→"选择"→"登录"→"交易"→"退出"。

路径 8:"浏览商品"→"选择"→"登录"→"交易"→"交易"。

路径 9:"浏览商品"→"选择"→"登录"→"交易"→"已经确认"→"浏览商品"。

路径 10:"浏览商品"→"选择"→"登录"→"交易"→"已经确认"→"退出"。

(4)以上每条测试路径为 1 条测试用例,对每条路径进行覆盖测试即可。

因为软件开发技术在快速发展,也要求测试技术不断进步。虽然前面介绍了经典测试方法,但是实践中还是不够用的,本节探讨一些易于理解且实用效果好的特殊测试方法。

3.6 随机测试

随机测试(RandomTesting,RT)是一种选择测试用例的策略。相对于人工设计的测试用例,RT 客观、公平。

为便于后续讨论,给出以下定义。

SUT:Software Under Test,被测软件。

S:用于 SUT 的全部可能测试用例的集合。

$|S|$:集合 *S* 的基数。

F:*S* 的子集,测试失败 Failure 的测试用例集合,测试失败表明发现了软件失效。

FR:Failure Rate,失败比率,$\text{FR} = |F| / |S|$,表示在均匀选择的情况下,随机测试发现失效的可能性。

示例:

```
1  int abs(int x)
2  {
3     if(x>0) return x;
4     else return x; //应该返回 -x
5  }
```

代码第 4 行存在缺陷,应为 else return -x;。

断言 assertEquals(actual = SUT(x), expected),其中 x 为输入值,actual 是实际输出。对于本示例,当输入取-3、预期值为 3,可表示为 assertEquals(abs(-3), 3),使用该断言可以检出缺陷。随机选择输入是生成 x 的一种策略。

因为基于代码结构和基于规格说明的测试成本非常昂贵。RT 不仅实现成本低廉,而且易于理解,得以在工业界实际应用。然而,“真正的”随机数获取成本是非常昂贵的,如利用空气噪声。实践中大多采用伪随机数生成器,如 java. util. Random 使用的线性同余法(Linear Congruential Generator, LCG),其随机性依赖采样值序列的长度,因为相同数值序列间隔非常大,所以大部分场景下伪随机数还是适用的。

因为 RT 取样采用均匀分布,所以每个测试用例被选中的机会是相同的,即 $P=1/|S|$。能完美应用于数值型数据,例如:$0<x<100$, $P=0.01$。但是,实践中仍存在一些限制,例如:(1)对于树、数组、图等复杂数据结构,如何确保均匀采样;(2)样本空间很大时,如何限制内存/时间消耗;(3)如何获得不同长度的测试数据,如假设二进制字符串长度为 *L*,则存在 2^L 个字符串序列,数量比长度短于 *L* 的字符串序列的总和还多,如 $2^3 = 8 > 2^2 + 2^1 = 6$,因为绝大部分采样字符串长度为 *L*,很难获得短字符串,此时均匀分布就不是一个好策略。对于示例,一种可行的解决方案:先随机确定字符串长度,然后生成该长度的随机字符串。

RT 主要应用场景包括:(1)触发失效以检验 SUT 是否具有缺陷;(2)提高某种覆盖率,如语句覆盖。(3)评估 SUT 的可靠性。

1. RT 概率分布

RT 可看作在同样条件下重复地、相互独立地进行的一组随机试验,结果只有两种,发现失效或未发现失效。显然，RT 属于伯努利试验，假设每次测试发现失效的概率为 FR，未发现失效的概率为 1－FR。

定义：随机变量 X 为发现失效所需执行测试的次数，X 取值范围为{1，2，3，…}，假设第 k 次发现失效，$k \geqslant 1$，之前的 $k-1$ 次均未发现失效，所以如果 $k-1$ 次未发现失效，那么第 k 次发现失效的概率 $P(X=k) = (1-\text{FR})^{k-1} * \text{FR}$，服从几何分布，期望 Mean＝1/FR，方差 Variance＝(1－FR)/FR^2。FR 分别取 0.2 与 0.01 时 $P(X=k)$ 的概率分布如图 3-4 所示。

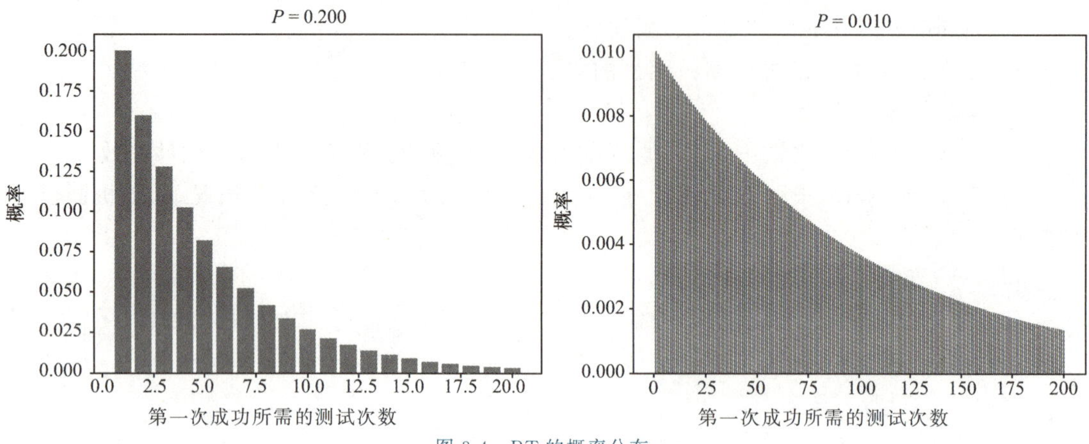

图 3-4　RT 的概率分布

随着未发现失效的测试次数增加，RT 发现失效的概率快速下降。Mean 次测试发现失效的概率 $P(X=1/\text{FR})=(1-\text{FR})^{(1/\text{FR}-1)} \cdot \text{FR}$，当 FR＝0.2，期望 Mean＝5，$P(X=5)=$ 0.08。综上，$k=1$ 时发现失效的概率最高，因此，RT 通常用于首次测试。

假设代码存在一个缺陷，S 中至少有一条测试用例能触发失效，执行 k 次测试触发失效的概率为 $P(\text{failure})$，因为未触发失效的概率 $P(\text{pass})=(1-\text{FR})^k$，那么 $P(\text{failure})=1-P(\text{pass})=1-(1-\text{FR})^k$。FR 分别取 0.2 与 0.01 时的 $P(\text{failure})$ 概率分布如图 3-5 所示，即 RT 累积概率。随着测试次数不断增加，发现失效的概率也随之增大。该性质可用于估计 RT 所需测试用例的数量。

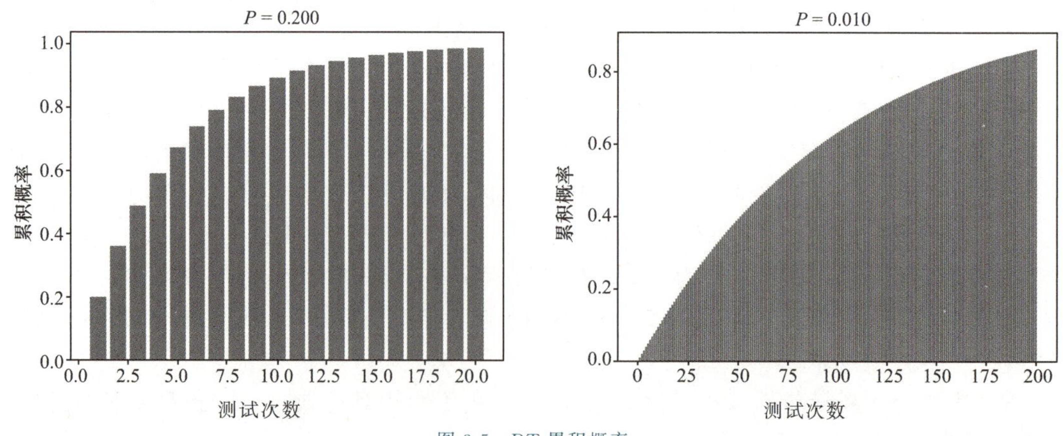

图 3-5　RT 累积概率

通常测试之前，失效比率 FR 是未知的，可通过已有项目测试信息、文献、被测软件类型等进行评估，然后根据 RT 的数学性质估计测试用例数量。

2. RT与覆盖率

假设存在 n 个可达成目标 $T=\{T_1, T_2, T_3, \cdots, T_n\}$，$m$ 个不可达成目标 $U=\{U_1, U_2, U_3, \cdots, U_m\}$，测试用例满足目标 T_i 的可能性为 $t_i=|S(T_i)|/|S|$，其中 $S(T_i)$ 表示满足 T_i 的测试用例集合。目标可以是覆盖率，如语句覆盖、分支覆盖、路径覆盖等，也可以是发现某一类型失效 Failure 的失败 Fail 的断言，如 assertTrue(list. size() == 1); assertTrue(list. contains(8))；RT 用于覆盖目标时，最重要的假设是目标 T 是不相交的，即一条测试用例仅能达成一个目标 T_i，这对于路径覆盖和发现失效类型是没有问题的，但是，分支覆盖目标是相交的。

根据彩票收集问题(Coupon Collector's Problem)可知，如果目标的基数为 $|T|=n$，那么达成所有目标平均需要 $k=n \cdot \log(n)$ 条测试用例，例如 $n=10$，则 $k=10 \cdot \log(10)=23$。

还需要考虑 t_i，最简单的场景是所有目标 T_i 的达成可能性 t_i 均相等，也可以各不相同，更复杂的情况需要求解方程才能获得 t_i。同时，注意不可达成目标的数量 m 与 k 是无关的。

测试过程：①随机生成样本测试用例；②执行测试；③检查覆盖指标，如分支覆盖；④再次采样，重复①～③，直到满足覆盖指标。

3. 何时使用 RT

(1)自动测试预言。测试用例由输入与测试预言 test oracle 组成，因为 RT 只生成了输入，所以执行 RT 需要自动生成测试预言。

例如：SUT 为求解组合数 Combinations 的程序 $C(n, k)$，其中 n 为样本总数，k 为取样次数。对于基于属性的测试，运用 assertTrue($C(n, k) \geqslant 1$)实现自动测试预言。对于蜕变测试，使用 assertEqual($C(n, k)$,$C(n, n-k)$)实现自动测试预言。

(2)复杂问题。系统测试比单元测试要复杂得多，可优先考虑使用 RT。

(3)经验分享：首轮测试应用 RT，监控覆盖指标或测试目标，然后运用更复杂或有针对性的技术。例如：充分性准则为分支覆盖，对 RT 未覆盖的逻辑分支采用人工设计测试用例。

(4)可靠性评估。根据用户的操作习惯，建立使用模型，然后以此作为 RT 的概率分布，而不再使用均匀分布。已有不少成功的真实应用，2007 年测试用于太空任务的文件系统，是一个非常复杂的系统，形式化技术失败了，但是 RT 找到了一些缺陷，将文件系统引用作为测试预言，使得 RT 能够自动执行。

4. 改进 RT

考虑如下两个具有相同样本数量的测试套件，$X=\{1,2,3,4,5,6,7,8,9,10\}$，$Y=\{-2\ 345,12,342,-4\ 443,2,3\ 495\ 437,-222\ 223,24,99\ 343\ 256,-524\ 474\}$，哪一个发现缺陷的可能性更大？如果不做任何假设，它们发现失效的概率是相同的。

某些测试用例可能更容易揭示缺陷。根据观察，假设测试用例越具有多样性，发现缺陷的可能性越高，当然，其他假设可能也是有效的。基于该假设，Y 比 X 更具多样性，所以，Y 更有可能识别缺陷。

软件测试实践发现，触发缺陷的测试用例通常具有聚集效应。假设图 3-6 中阴影区域能触发缺陷，同样数量的测试用例，显然在右侧图测试用例的分布比左侧图更具多样性，因此具有更高的发现缺陷的可能性。

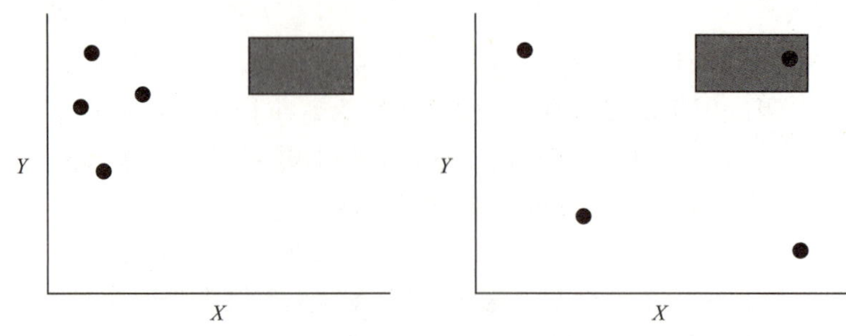

图 3-6 测试用例多样性

常使用距离作为度量测试用例多样性的指标。假设 Distance($tc1$, $tc2$)是测试用例 $tc1$ 与 $tc2$ 之间的距离，如果 $tc1==tc2$，则 Distance($tc1$, $tc2$)$=0$。如果输入数据恰好是整型，对于 SUT：void *foo*(int x) { … }，Distance($tc1$, $tc2$)$=|x1-x2|$，例如 Distance(-3, 4)$=7$，其中 $x1$、$x2$ 是测试用例 $tc1$ 与 $tc2$ 的输入数据。

然而，数据结构可能会比较复杂，如数组、集合、函数调用序列等。对于数值型数据，多样性指标常用欧几里得距离 Euclidean Distance，Distance($tc1$, $tc2$) $=\sqrt{\sum(v1,v2)^2}$，v 是测试用例 tc 的取值。假设 SUT：void *foo*(int x, int y, int z) { … }，测试用例 $tc1=(x1, y1, z1)$ 和 $tc2=(x2, y2, z2)$，Distance($tc1$, $tc2$) $=\sqrt{(x1-x2)^2+(y1-y2)^2+(z1-z2)^2}$。

字符型数据可采用汉明距离 Hamming Distance。函数调用序列可先编码为字符串，然后使用汉明距离度量多样性。综上，假设 G 是 S 的子集，多样性度量函数 diversity，G 中的所有测试用例对($g1$, $g2$)的多样性可表示为 Diversity(G)$=\sum$diversity($g1$, $g2$)。

自适应随机测试(Adaptive Random Testing，ART)是 RT 的一种改进。RT 直接使用随机生成样本，ART 则是挑选相对于已有测试用例集 G 最多样化的数据作为候选输入。通用算法如下：①随机生成一组输入 Z；②如果 G 为空，则将 Z 放入 G；③如果 G 不为空，计算 Z 中每个数据与 G 的多样性，挑选得分最高的数据作为候选项放入 G。

如图 3-7 所示 ART 过程，深色圆点为 G 的成员，浅色圆点为 Z 的成员，采用距离度量多样性。

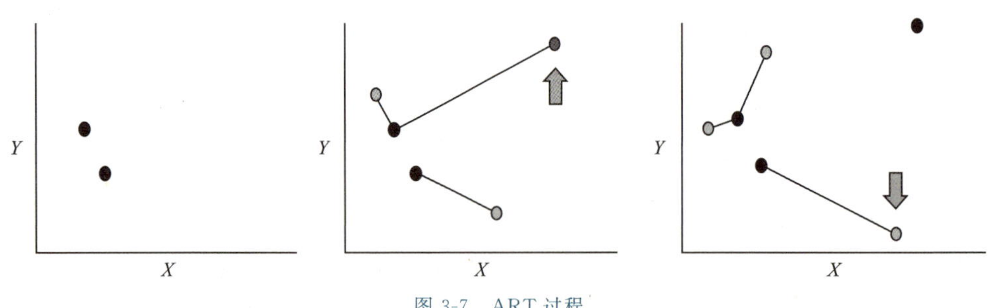

图 3-7 ART 过程

(1)G 中有两个数据；

(2)随机生成了三个数据，计算它们到 G 中各点的距离，将距离最大的点放入 G 中；

(3)重复(2)。

假设需要 k 个测试用例，距离的计算次数 $N=0+|Z|+2|Z|+\cdots+(k-1)|Z|=|Z|$

$k(k-1)/2$，如果$|Z|$是常数，上式计算复杂度为$O(k^2)$。事实上，当k较大或输入维度较高时，距离计算可能非常耗时。

ART 实现容易，关键问题是定义合适的多样性度量函数，如欧几里得距离、汉明距离等，不仅限于距离。通常，ART 显著优于 RT。目前，ART 工业应用较少。

综上，RT 是有效的、实现成本低廉的测试技术，常用于首轮测试，因 RT 有效性容易钝化，必须与其他测试技术一起使用以提高测试整体的有效性。如果打算在自动化测试使用 RT 作为测试输入的生成器，那么需要考虑引入自动测试预言，如基于属性的测试、蜕变测试等，否则难以自动执行。

3.7 基于属性的测试

测试用例由输入、预期值和业务流程组成。对于自动化测试，需要处理输入与测试预言的自动生成。RT 是一种生成输入的廉价技术，基于属性的测试(Property-Based Testing，PBT)是一种 RT 的变体，属性 Property 是指程序单次执行过程中不变的输出性质，如绝对值函数 abs 的结果不小于零，向上取整函数 ceil 的输出不小于输入等，PBT 通过检查属性是否保持来判定程序正确性。

PBT 的一般步骤：①识别属性；②随机生成输入值，执行被测程序；③属性保持，则测试通过；存在反例，则测试不通过。

与经典测试比较，PBT 具有以下优点：①减少编写测试代码的时间，一条 PBT 测试用例相当于多条人工编写的测试用例；②提高发现缺陷的可能性，PBT 输入样本数量更多、范围更广，对于多个输入参数，可以产生多种参数组合；③评定错误耗时更短，如果存在违例，PBT 将给出触发反例的最小输入值。

PBT 比较经典的框架是 QuickCheck，1999 年由 Koen Claessen 和 John Hughes 开发，最初版本为 Haskell 语言。根据维基百科，如图 3-8 所示，现在已经移植到许多其他编程语言中了。

- C[2][3][4]
- C++[5][6][7]
- Chicken[8]
- Clojure[9][10]
- Common Lisp[11]
- Coq[12]
- D[13]
- Elm[14]
- Elixir[15][16]
- Erlang[17]
- F#, and C#, Visual Basic .NET (VB.NET)[18]
- Factor[19]
- Go[20]
- Io[21]
- Java[22][23][24][25][26][27][28]
- JavaScript[29][30][31][32]
- Julia[33]
- Logtalk[34]
- Lua[35]
- Mathematica[36]
- Objective-C[37]
- OCaml[38]
- Perl[39]
- Prolog[40][41]
- PHP[42]
- Pony[43]
- Python[44]
- R[45]
- Racket[46]
- Ruby[47]
- Rust[48][49]
- Scala[50][51][52]
- Scheme[53]
- Smalltalk[54]
- Standard ML[55]
- Swift[56]
- TypeScript[57]
- Whiley[58]

图 3-8 实现了 QuickCheck 的编程语言

即使在同一种编程语言环境中，也可能存在多种实现变体，如 Java 社区的 JUnit Quickcheck、jqwik、QuickTheories、FunctionalJava、JCheck 等。接下来，使用 JUnit Quickcheck 展示 PBT 的工作过程，被测函数为组合数求解函数 combinations，两个输入数据类型为 int，假设样本数量 n 与参与组合的样本数量 k 的输入域均为[1, 30]，属性为 C(n, k) ≥ 1，测试脚本如图 3-9 所示。

```
@RunWith(JUnitQuickcheck.class)
public class Combinations_AutoTests {
    //收缩模式
    @Property(shrink = true)
    public void testShrink(@InRange(min = "1", max = "30") int n, @InRange(min = "1", max = "30") int k) throws Exception {
        // arrange，由InRange，assumeThat完成n，k的设定
        // n，k 的范围限定在1到30之间，且k 小于 n
        assumeThat(k, lessThan(n));
        // act
        // 取n与k的组合数
        long actual_k = Combinations.combinations(n, k);
        // 打印随机输入与实际结果
        System.out.print("收缩模式结果输出：");
        System.out.printf("number is [" + n + " ," + k + "]" + " , C(n, k) is " + actual_k + "\n");
        // assert
        // 需满足的属性，即组合的基本性质
        // 以下属性会发现bug，即算术溢出，当n=21时，函数返回负数
        // junit的failure trace中可看到触发该缺陷的输入值
        assertTrue(actual_k >= 1);
    }
```

图 3-9　PBT 脚本示例

脚本标注具体含义如下：

①RunWith，测试运行器，此例使用 JUnitQuickcheck。

②Property，执行选项，控制 JUnitQuickcheck 运行模式，默认为 shrink = true，收缩模式，寻找反例的最小输入集合。

③InRange，生成器，在给定范围内随机抽样。

④assumeThat，参数约束，如参数 k 应小于参数 n。

测试脚本表明采用收缩模式，从输入域[1, 30]中随机生成输入值并赋值给变量 n 与 k，并且 k<n，调用被测函数 combinations(n, k)，得到结果 actual_k，属性 actual_k ≥ 1 作为测试预言，当属性成立则测试通过，否则测试失败。

脚本使用 System. out. print()向控制台 Console 窗口输出 n、k 和 actual_k，如图 3-10 所示。

```
采样模式结果输出：number is [30 ,13] , C(n, k) is 0
采样模式结果输出：number is [15 ,13] , C(n, k) is 105
采样模式结果输出：number is [22 ,13] , C(n, k) is -553
采样模式结果输出：number is [16 ,13] , C(n, k) is 560
采样模式结果输出：number is [19 ,13] , C(n, k) is 27132
采样模式结果输出：number is [20 ,13] , C(n, k) is 77520
采样模式结果输出：number is [21 ,13] , C(n, k) is -16924
采样模式结果输出：number is [16 ,13] , C(n, k) is 560
采样模式结果输出：number is [18 ,13] , C(n, k) is 8568
采样模式结果输出：number is [19 ,13] , C(n, k) is 27132
采样模式结果输出：number is [20 ,13] , C(n, k) is 77520
采样模式结果输出：number is [21 ,1] , C(n, k) is -1
采样模式结果输出：number is [11 ,1] , C(n, k) is 11
采样模式结果输出：number is [16 ,1] , C(n, k) is 16
```

图 3-10　控制台输出

观察图 3-10 可知，combinations 执行结果存在违反属性的情况，如－553、－16924、－1 等，当 JUnitQuickcheck 选用收缩模式时，会尝试寻找违例的最小取值组合，如图 3-11 所示。根据结果可知，存在多个违反属性的输出，最小输入取值为 21 和 1，通过调试、分析源

码可知，引起错误的根本原因是累乘计算结果超出了数据类型 long 的最大取值。

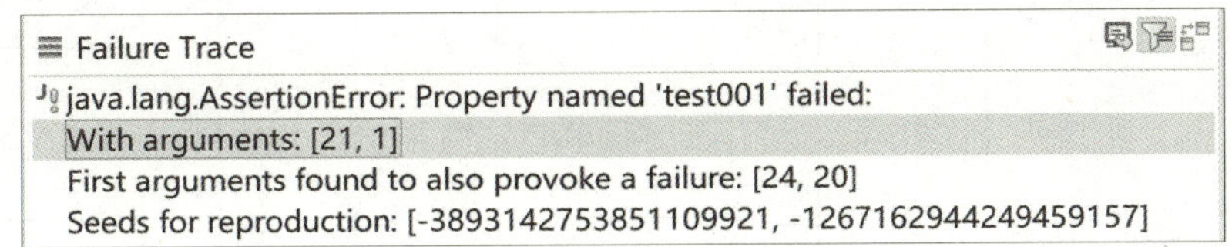

图 3-11　PBT 测试失败

综上，借助 PBT 可基本实现自动化测试，只需定义输入域，识别输出应满足的属性，即可开展测试。同时，错误信息可用于软件调试、定位错误代码位置。

3.8　蜕变测试

讲授测试理论时，假设测试预言（test oracle）是可以获取的，并且通常成本忽略不计，但工程上可没有这么理想化。当预期值难以获取或构造成本极高时，称为测试预言问题。例如：核反应堆仿真、航天飞行器气动仿真等程序就存在测试预言问题。同样，对于行为具有不确定性的软件，如基于概率模型的蒙特卡罗计算程序、基于神经网络的预测算法、生成式人工智能 AIGC 等，也存在测试预言问题。

理论上，测试预言问题无法消除，只能缓解，相关技术主要包括蜕变测试（Metamorphic Testing，MT）、对比测试、差异测试等。

经典测试技术利用的是被测程序单次执行信息，工作原理如图 3-12 所示。假设程序 P 实现了正弦函数 sine，为验证其正确性，构造单次执行的输入 π/2、预期值 1，通过检查 P(π/2)==1 是否成立来验证 P 的正确性。

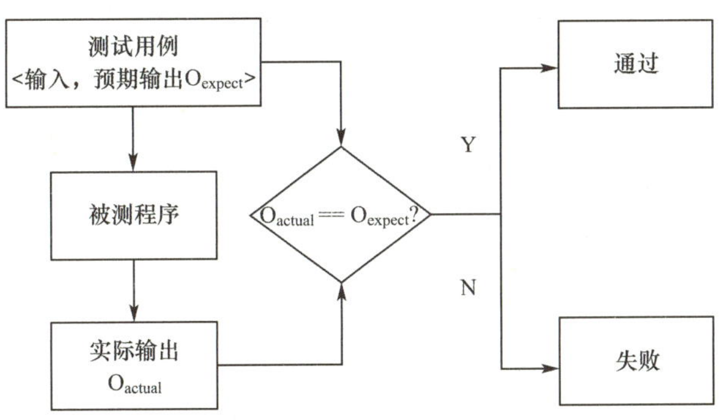

图 3-12　经典测试技术工作原理图

蜕变测试由 T. Y. Chen 于 1998 年提出，他认为执行成功的测试用例并非无用，其中蕴含着目标函数或算法的不变性质，即蜕变关系（Metamorphic Relation，MR）。MT 利用了多次执行信息，工作原理如图 3-13 所示。

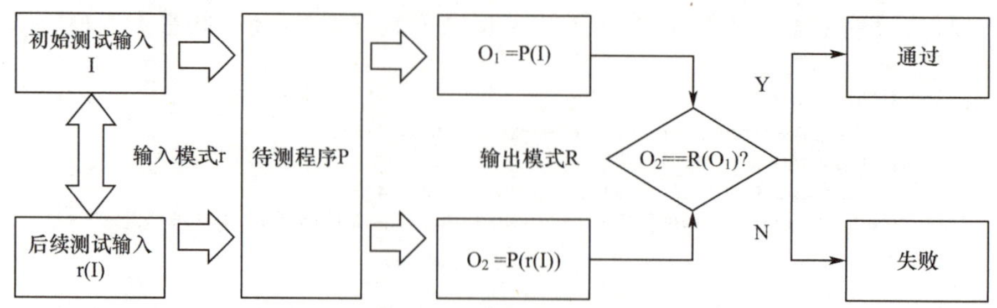

图 3-13　蜕变测试工作原理图

仍以实现正弦函数 sine 的程序 P 为例，利用 sine 的周期性可推导 MR，构造两次执行 x_1 和 x_2 的输入关系 $x_2=x_1+2\pi$，输出关系 $\text{sine}(x_2)=\text{sine}(x_1)$，当给定任意 x 合法取值，通过检查 $P(x_2)==P(x_1)$ 是否成立来验证 P 的正确性。

相对于传统测试技术，MT 站在更高维度观察被测程序，好比二维视角看到的是圆，三维视角可能是球体、圆柱体或圆锥体，因此，MT 能缓解传统测试技术无法处理的测试预言问题。

定义 1(蜕变关系)　假设程序 P 的输入域为 D，X 是输入，输出 $Y=P(X)$，$\forall x_1,x_2,\cdots,x_n\in D$，若 $r(x_1,x_2,\cdots,x_n)$ 为真，则 $R(y_1,y_2,\cdots,y_n)$ 为真，则称 $r(x_1,x_2,\cdots,x_n)\rightarrow R(y_1,y_2,\cdots,y_n)$ 是程序 P 的蜕变关系，记为 $\text{MR}=(r,R)$，其中 r 称为输入模式，R 称为输出模式。

不失一般性，仅考虑程序两次运行之间的蜕变关系，称 x_1 为原始测试用例(Source Test Cases)，x_2 是一个关于输入模式 r 和 I_1 的衍生测试用例(Follow-up Test Cases)。不失一般性，假设输入模式 r 与 x_1 的衍生测试用例只有一个，记为 $r(x_1)$。根据 MR 定义，有 $R(O(x_1),O(r(x_1)))$ 为真。

假设程序 P 实现了正弦函数 sine，输入 x 与输出 y，MT 的测试过程如下：

(1)识别 MR，蜕变关系 $\text{MR}_1=((x_1,x_1+\pi),(y_1,-y_1))$，其中，输入模式 $r=(x_1,x_1+\pi)$，输出模式 $R=(y_1,-y_1)$，当两次输入满足 r，即 $x_2=x_1+\pi$ 时，输出关系满足 R，即 $y_2=-y_1$；

(2)生成原始测试用例，给定 $x_1=1$，依据定义，使用输入模式 r 得到衍生测试用例 $x_2=x_1+\pi=1+\pi$；

(3)使用测试用例 $1,1+\pi$ 执行程序 P，获得相应输出 y_1,y_2；

(4)验证输出关系 R，如果满足 $y_2=-y_1$，则测试通过，否则测试失败，说明被测程序可能存在缺陷。本例测试脚本如图 3-14 所示，因为 $y1$ 与 $y2$ 是浮点数，所以比较时采用 $(y1-y2)<EPS$，其中 EPS 为阈值。

```
@Test
public void test005() {
    // arrange
    // input pattern r: x2 =x1 + PI
    double x1 = Math.PI / 3;
    double x2 = Math.PI + x1 ;
    // act
    double y1 = Math.sin(x1);
    double y2 = Math.sin(x2);
    // assert
    // output pattern R: y2 = -y1
    assertEquals(y2, -y1, EPS);
}
```

图 3-14　测试脚本

虽然MT过程简单直接，但是MR识别并非易事。根据我们在科学计算类程序上的蜕变测试研究发现MR是有层次的。科学计算类程序是用于求解复杂物理现象的一类程序的统称，通常先将现象抽象、简化为数学物理方程，如粒子输运的玻尔兹曼方程，然后对物理量进行离散化，构建数值求解算法，最后将数值求解算法编码得到程序。科学计算类程序MR层次结构模型如图3-15所示。

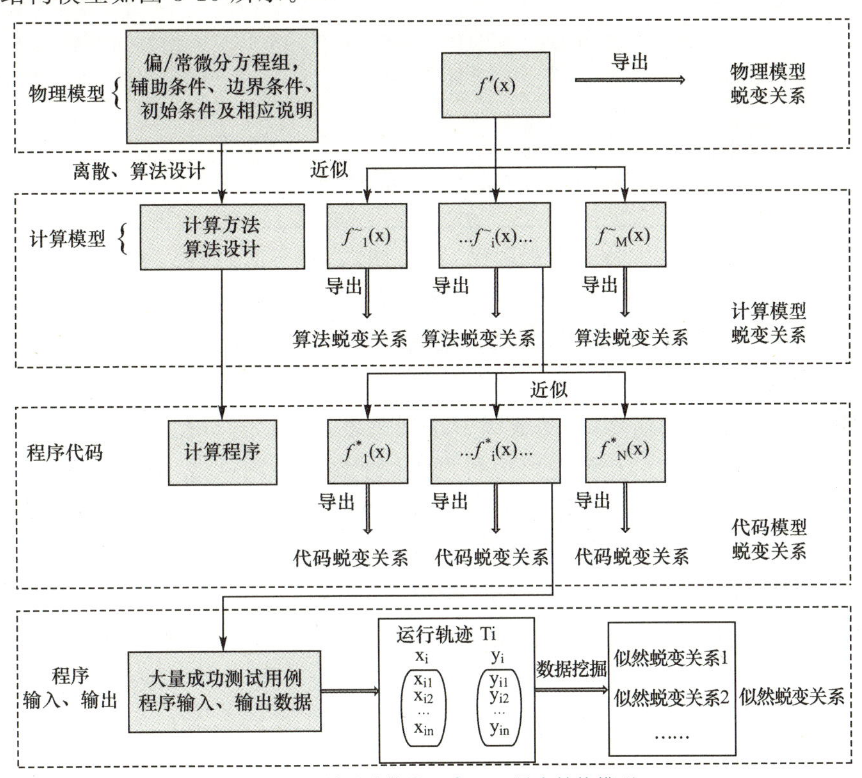

图3-15 科学计算类程序MR层次结构模型

由数学物理方程推导得到的MR称为物理模型MR；由数值算法推导得到的MR称为计算模型MR；由程序设计规格说明书推导得到的MR称为代码模型MR；由程序运行数据得到的MR称为似然MR，因为此类MR仅在当前运行数据上成立，可能是MR，也可能不是，所以称为似然MR。

因计算模型对数学物理模型进行了离散化与简化，所以，物理模型MR不一定是计算模型MR，但是，代码与数值算法是一致的，因此，计算模型MR一定是代码模型MR，同样，代码模型MR也一定是似然MR，反之不然。

MR所属层次越高，其适用范围越广，如依据正弦函数sine周期性推导的物理模型MR，无论数值求解采用泰勒公式、欧拉公式、托勒密定理、和角公式或其他算法，最终程序都应该满足周期性。虽然更低层MR的适用范围窄，但是可用于验证具体程序，也可作为推导更高层MR的启发信息。

MR表征形式直接影响MR构造、选择、测试自动化等，通过分析网站MetWiKi收集的162条MR，形式可分为三类：数值表达式型、谓词表达式型、其他，前者有103条，程序类型主要是几何学、数值程序、算法程序，后两者集中在机器学习、图形图像、优化算法类程序。

MR构造方法可分为人工、自动、半自动，自动方法目前仅支持数值表达式型MR，如

表 3-13 所示。

表 3-13　　MR 构造技术分类

类型＼技术	自动化程度		
	人工	半自动	自动
数值表达式型 MR	基于模式的 MR 识别，MR 复合	METRIC，METRIC＋，μMT，GEP 数据挖掘	基于机器学习的 MR 识别，基于搜索的 MR 推断，基于图核的 MR 预测，似然 MR，似然 MR 动态发现工具
谓词表达式型 MR	基于模式的 MR 识别，MR 组合	METRIC，METRIC＋	无

人工方法依赖领域知识，易受主观影响，随意性大、效率低，因此，半自动、自动方法更具潜力。自动方法主要有机器学习方法和基于搜索的方法，前者抽取代码结构特征建立 MR 模型，将 MR 构造问题转化为基于特征的分类问题，后者将 MR 形式预设为多项式，将 MR 构造问题转化为多项式系数求解问题。我们提出一种基于数据驱动的半自动方法，预设关系库，先使用关系创建测试输入，后从输出中挖掘关系，如图 3-16 所示。

相对于经典测试技术，MT 至少要运行两次被测程序，测试成本显著增加，因此，挑选“好的”MR，在不降低识别缺陷可能性的前提下，减少测试执行次数，提高“成本-效益比”，具有现实意义。已有方法大多利用测试执行信息来度量 MR 质量，如输入域覆盖、执行路径覆盖等，然而，此类方法需要事先执行测试，所以，仅适用于回归测试阶段，无法直接用于首次测试。根据研究，假设 MR 越复杂检错能力越高，我们提出一种基于复杂性的 MR 选择技术。针对数值表达式型 MR，使用规模复杂性与算法复杂性建立 MR 量化模型，指导 MR 选择。该技术不需要执行测试即可实现 MR 筛选，解决了第一条 MR 如何挑选的问题。

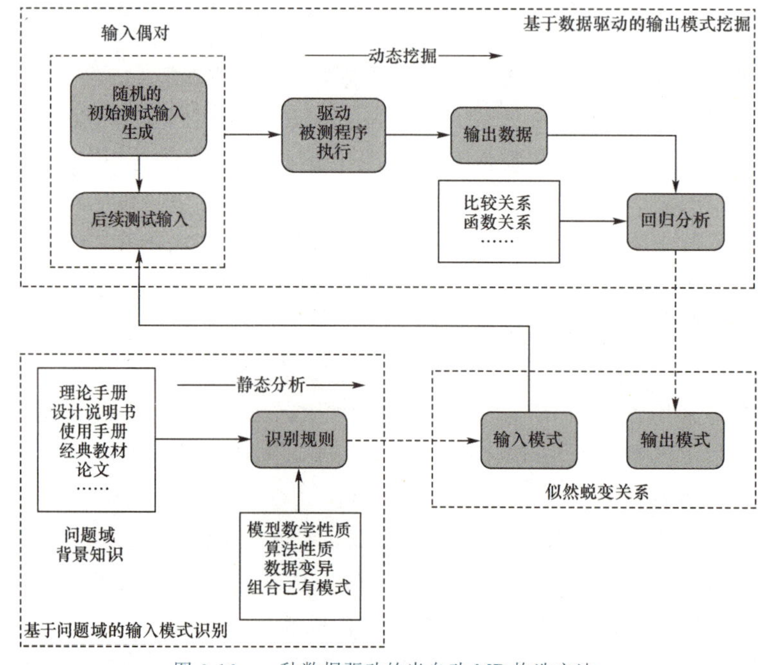

图 3-16　一种数据驱动的半自动 MR 构造方法

面对后续MR如何挑选问题，依据多样性原理，为提高识别缺陷的可能性，候选MR应与已执行MR尽量不同，我们提出一种基于结构相似性的MR选择技术。同样，针对数值表达式型MR，使用结构相似性建立MR量化模型，挑选与已执行MR最不相似的MR执行MT。该技术也不需要事先获取测试执行信息，因此，成本低、效率高。

对于测试用例生成问题，根据多样性原理，我们提出一种基于孤立森林算法的MT用例生成技术，将测试用例多样性问题转化为异常检测问题，根据孤立森林计算的测试用例异常得分指导用例生成。我们知道，使用距离或密度来衡量多样性时，随着输入维度与测试用例数量增加，计算成本将急剧增加，然而，本技术的时间复杂度是线性的且内存需求少，尤其适合样本多、维度高的场景。

MT还可以作为一种测试用例生成技术，例如有效增殖因子 k_{eff} 表示核反应产生与消耗的中子之比，当其等于1时达到平衡，k_{eff} 过大说明反应剧烈可能失去控制。验证安全分析软件需要 $k_{eff}>1$ 的算例时，面临测试预言问题，显然，从真实物理现象中收集数据非常危险，并且代价很高，如果放弃则程序测试不充分，可能隐藏缺陷。运用中子扩散方程的齐次性可推导MR，通过MR可将 $k_{eff}<1$ 的例题转化为 $k_{eff}>1$ 的衍生例题，低成本获取验证例题。

对于科学计算类程序，基于MR可建立两阶段验证流程，如图3-17所示，先依据各专业构建MR库，如反应堆物理、热工水力、源项与屏蔽分析等，然后，使用MT实施定性测试，检验程序对物理模型、计算模型的基本理论的依从性，接下来，使用传统测试技术开展定量测试，评价程序的准确性、精度阶、收敛性、几何适用性、模型不确定性和参数敏感性等特性。

综上，MT不仅是一种缓解测试预言问题的有效技术，而且是一种测试用例扩增技术，更是一种从更高维度俯视程序质量的技术。

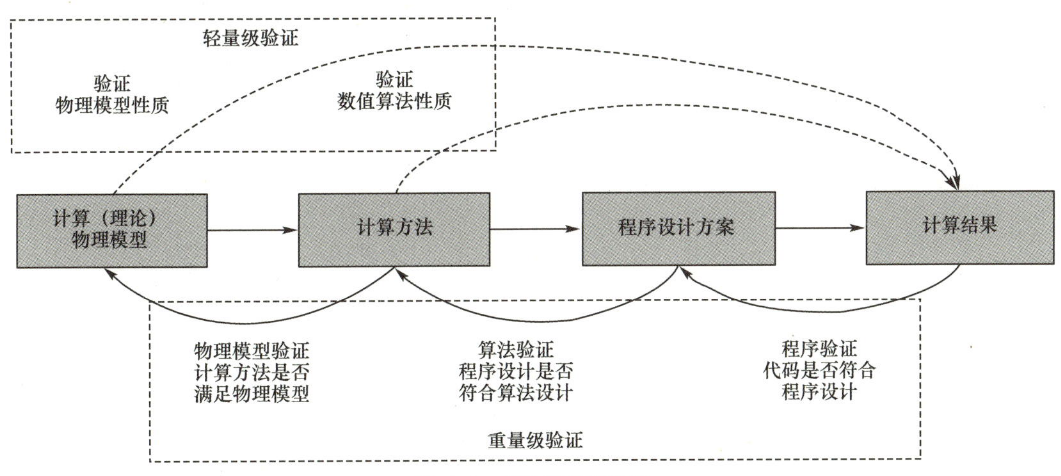

图3-17 两阶段验证模型

习题3

❶ 针对某电子邮箱注册的“用户名”输入域进行测试，“用户名”输入域说明：用户名采用6～12个字符；必须包含字母、数字；不区分大小写。请通过等价类划分法设计相应的测试用例。

❷ 现在为一家餐厅开发顾客忠诚度应用程序。顾客通过花钱买食物获得积分。根据获得的积分，有四类奖励：

生客：1～40 积分

常客：41～150 积分

熟客：151～300 积分

精英：超过 300 积分

现有的测试用例已经涵盖了以下积分值：12、150、151、152 和 301。使用二值边界分析，测试人员需要对“常客”分区和“熟客”分区实现 100%的覆盖，请问现有测试用例的覆盖率是多少？如何设计测试用例可以对四类分区实现 100%的覆盖？

❸ 思考某个火车票应用程序的下列规格说明：

- 如果您想坐上午 9 点后的火车，您可以以“特惠”价格买到车票。
- 如果您想坐早上 6 点前的火车，您可以以“优惠”价格买到车票。
- 一天中的其他时间，您需支付标准价格。
- 如果客户有火车优惠卡，除“特惠”价格外，所有车票均可再享受 25%的折扣。

使用判定表，请问需要多少个测试用例来覆盖所有非冗余且可行的决策规则？

❹ GPRS 移动设备在三种状态下的其中一种运行：空闲、待机和就绪。

处于空闲状态的设备未在网络中注册，因此无法访问。在省电待机状态下，设备定期侦听网络“唤醒”消息，当从网络接收到此类消息时，设备将转换到就绪状态。在这种状态下，设备不断监视空中接口是否有传入的数据包。当有几秒钟没有收到数据包时，设备将返回待机状态以节省电源。

此设备的状态转换图如图 3-18 所示。

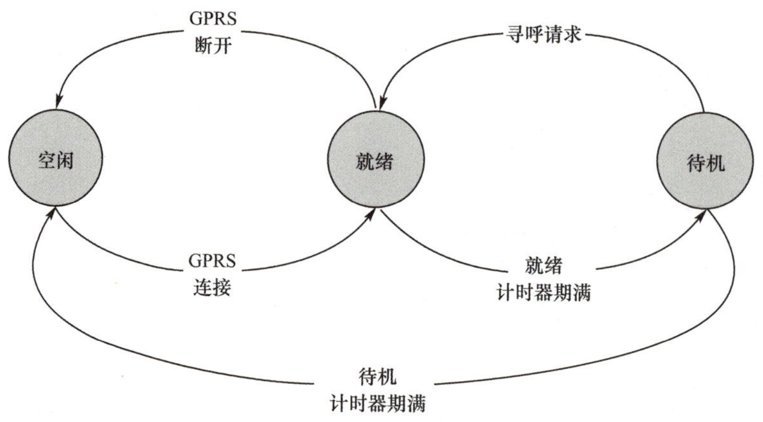

图 3-18　GPRS 移动设备的状态转换图

测试总是在空闲状态下开始和结束，但是达到空闲状态不需要强制停止（测试可以继续）。因此，测试输入由一系列事件（E1、E2、…、En）组成，其中 E1＝“GPRS　连接”和 En 可以是“GPRS 断开”或“待机计时器期满”。

要覆盖最多包含 5 个状态/4 个事件的每个特定序列，最少需要多少个测试？

❺ 测试人员正在测试一款处理信用卡交易的应用软件，由于该应用的特点，对系统的质量要求很高：系统应该正确地工作，考虑该应用处理信用卡需要与规范标准保持一致性。另外，该应用与其他很多系统相连接，因此它们之间的互操作能力是非常关键的，不能存在缺陷。思考测试该应用，选择哪些测试技术比较合适？

第 4 章　基于软件产品质量特性的测试

 4.1　基于软件产品质量特性简介

根据 GB/T 25000.10，软件质量模型包括产品质量、使用质量和数据质量。本书讨论的是软件产品质量模型，如图 4-1 所示，模型分别从用户视角与开发者视角定义了八项质量特性，不仅有功能性，还包括性能效率、信息安全性等。

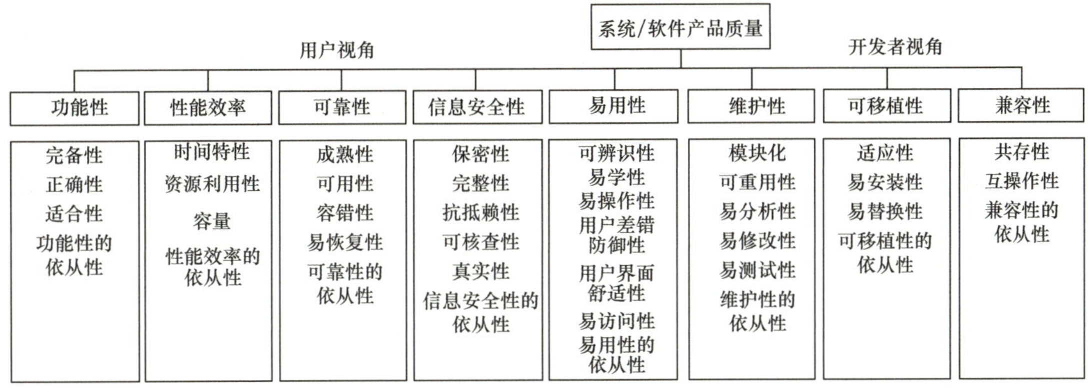

图 4-1　软件产品质量模型

每个质量特性都有依从性，它是指行业标准和法律法规，如对于核动力厂安全分析用软件，其功能性的依从性要求核设计类软件必须实现组件计算、堆芯计算以及中子动力学分析等功能。

大部分非功能性需求通过软件设计来解决，测试驱动着开发人员在设计时将非功能性需求纳入考虑，防止遗漏。非功能性测试常见问题包括：

①风险大，费用高，投入多，设计复杂，环境工具要求高；

②需求往往没有明确定义或难以定义；

③启动测试太晚；

④对质量风险识别和分析不够；

⑤非功能性测试设计和实施跟不上变更和迭代的速度。

为此，非功能性测试的管理要点如下：

①采用基于风险的测试，例如 App 的安全性、易用性；汽车控制系统的可靠性、有效性等；

②充分利用测试人员的专业才能来协助完成测试计划，包括干系人需求（尤其是对不同类型产品的非功能性需求）、测试工具、测试环境、组织因素、安全性等；

③将非功能性测试集成到软件开发生命周期，并优先安排；

④把需要较长时间的测试设计和实现放到迭代周期之外单独管理。

基于质量特性的测试受应用行业、测试对象、运行环境等诸多因素影响，本书仅探讨自动化程度较高的性能效率与信息安全的测试。

4.2 性能效率

性能测试考察软件产品的性能效率质量特性，通过模拟大量用户的复杂行为，从时间特征、资源利用性、容量以及依从性四个子特性检验系统与软件的性能表现。本节先介绍性能测试类型，然后描述性能测度及度量指标，给出常见性能失效模式与可能的缺陷，阐述性能测试核心任务，最后简要说明测试工具。

4.2.1 性能测试类型

根据测试目的可将性能测试划分为多种类型，它们的区别主要集中在负载水平与持续时间。如图 4-2 所示。

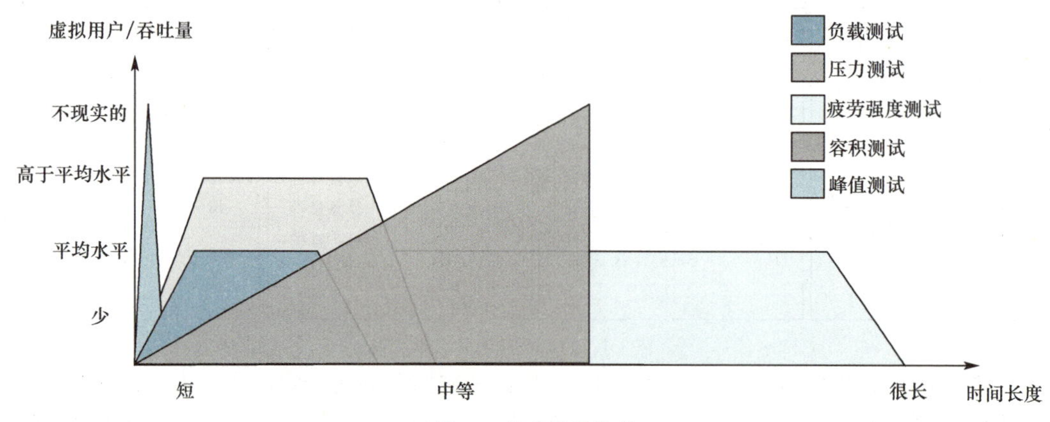

图 4-2 性能测试类型

负载测试 Load：评估系统与软件在预期变化负载下的性能表现，平均负载水平，持续时间中等，一般几十分钟到数小时之间。负载通过可控数量的并发用户或进程来产生，如常见性能测试工具中 JMeter 采用多线程模型、Locust 使用事件循环模型、K6 运用通信顺序进程（Communicating Sequential Process，CSP）模型、Gatling 应用 Actor 模型。

压力测试 stress:评估系统与软件在高于预期或指定容量负载需求条件下的性能表现,较高负载水平,持续时间中等。如设计预期负载为200并发用户,压力测试时给到300并发用户;或者低于最少需求资源条件下的性能表现,如最少需求资源为2路CPU、64 GB内存、100 Mbps带宽,压力测试时采用1路CPU或32 GB内存或50 Mbps带宽。

峰值测试 spike:评估系统与软件在短时间内负载大幅度超出典型负载时的性能表现,极高负载水平,持续时间短,通常低于1小时。如典型负载为200并发用户,3分钟内并发用户暴增至1000,持续1分钟,考察做出正确反应并随后恢复到稳定状态的能力。较高负载水平,持续时间较长,往往数小时。

容积测试 volume:评估系统与软件在吞吐量、存储容量或两者兼考虑的情况下处理指定数据量(通常达到最大指定容量或接近最大值)的能力。较高负载水平,持续时间较长,往往数小时。

疲劳强度测试 endurance:评估系统与软件在指定时间段内,能够持续维持所需的负载的能力,平均负载水平,持续时间很长,一般取24小时,甚至24小时×7天。如挑选CPU运算量大、内存使用多、磁盘读写量大、网络带宽用量高的业务流程,使用200并发用户执行业务,持续运行72小时,验证资源不足问题,如内存泄露、数据库连接超时、连接错误、线程池耗尽等。

扩展性测试 scalability:评估系统与软件适应外部性能需求变化的性能表现。较高负载水平,持续时间中等。例如增加并发用户、增大数据量等,系统是否还能提供合格的性能并无故障正常工作。通常,测试前应确定可伸缩的范围和边界,如20%,一旦确定了扩展性的极限,就可以在生产中设置阈值并实施监控。

4.2.2 性能度量

GB/T 39788 性能测试方法定义了时间特性、资源利用性、容量等质量测度,包括响应时间、吞吐量、CPU/内存/带宽以及I/O设备占用率、用户访问量等。

具体实践中,确定性能度量项应综合考虑测试目标、技术环境、业务环境等约束。显然,教务系统所选度量项与电厂工艺系统的不一样。一般地,可以从开发者与用户两个视角来分析性能度量。

(1)技术环境

从开发者视角,常见的技术环境包括基于Web的应用、移动应用、云端应用、嵌入式应用、虚拟机应用、微服务应用、物联网、桌面应用、服务器端应用、数据库应用等。可能的度量包括:

①响应时间,如事务响应时间、并发用户响应时间、页面加载时间等。

②资源利用率,指服务端硬件资源占用情况,如CPU、内存、JVM栈、磁盘、I/O读写、网络带宽等,通常占用率设有阈值,如CPU取80%、内存取90%。

③任务完成时间,如创建、读取输入卡、执行计算、写入结果等。

④点击率,不仅指客户端点击UI组件,还包括客户端请求服务端资源,如css、js、icon、图片等。

⑤响应数,指客户端发出请求 request 后,服务端的响应 response 数量。

(2)业务环境

从用户视角,可使用下列度量:

①业务处理效率，如一个完整业务过程的处理速度，包括正常业务流程、异常业务流程、备选业务流程等。

②业务执行吞吐量，如 12306 每小时办理成功的订单数、每分钟数据记录行的增加量等。

③事务数，指一组操作组成的业务流程，如 12306 订票业务由选择起点与终点、时间、车次、付款等操作组成，只有以上操作都成功，订票才算成功，此处事务概念与数据库的事务相同。

④用户访问量，指同时办理业务的用户数，如 1 万名学生登录教务系统选课。

常用性能度量指标表如表 4-1 所示。

表 4-1　常用性能度量指标表

序号	类型	度量	单位
1	响应时间	最短、最长、平均	秒(s)
2	吞吐量	最小、最大、平均、总数	每秒比特(bps)
3	点击率	最小、最大、平均、总数	每秒点击数
4	响应数	最小、最大、平均、总数	每秒响应数
5	事务数	总数、通过数、失败数	每秒的计数
6	虚拟用户状态	通过、失败	
7	用户访问量	总数、成功数、失败数	每秒的计数
8	CPU 占用率	最小、最大、平均	使用量占比(%)
9	内存占用率	最小、最大、平均	使用量占比(%)
10	磁盘使用率	最小、最大、平均	读写时间占比(%)

类型 1～4 为时间特性，5～7 为容量，8～10 是资源利用性。数据主要来自性能测试工具、性能监视工具和日志分析工具。

4.2.3　常见性能效率失效模式及可能的缺陷

系统性能受架构、应用和主机环境影响，下面从用户视角讨论失效及缺陷：

(1)所有负载水平下响应缓慢，可能是底层性能问题引起的，如算法复杂度、数据库设计、表索引、磁盘 IOPS、网络延迟和其他后台负载，这些问题可以在功能性和可靠性测试中发现。

(2)中高负载水平下响应缓慢，可能是一个或多个资源的饱和及后台负载变化，这些问题可以使用概要、事件记录、快照等性能信息，通过分段查找定位瓶颈。

(3)随着时间推移响应缓慢，可能的缺陷包括内存泄露、磁盘碎片、文件存储增长、数据库增长、网络负载增长等。

(4)高负载或超高负载下出错处理不充分，可能的缺陷包括资源池不足、队列和堆栈太小以及超时设置太快。

从开发者视角观察架构与性能缺陷，主要包括：

(1)单体架构，指系统与软件运行于一台非虚拟化计算机，缺陷包括过多资源消耗、操作系统配置不当或算法效率低等，如内存泄露、磁盘读写慢、后台活动等。

(2)分层架构，指系统与软件在逻辑上采用分层结构，各组件运行于不同计算机，如应用服务器、数据库服务器、认证服务器、缓存服务器、静态资源服务器等。不但存在单体架构性能缺陷，而且还可能由于不可伸缩的设计、网络瓶颈以及单台机器上带宽或容量不足引发性能失效。

(3)分布式架构，类似分层架构，但是依据业务负载动态调整服务器，如京东会根据用户地理位置转而访问最近的库存数据库。除了分层架构的风险外，还要面对数据传输路径不可预测、不同电信运营商连接或间歇性高负载问题。

(4)其他架构，包括虚拟机系统、微服务架构、云架构、移动应用、嵌入式实时系统、大型机应用程序等，本节不展开讨论，有兴趣的读者可参考 GB/T 39788 的附录，以及 ISTQB 性能测试大纲。

4.2.4 性能测试过程

性能测试过程主要包括测试计划、测试设计、测试执行与测试结束。

(1)测试计划

测试计划主要任务是确定测试目标、搭建测试环境、选择测试工具。

首先，根据合同、需求规格说明书、竞品调研报告等文档分析性能需求，其他需要考虑的需求包括：①数据分布模型，如教务系统课表查询中每学期每周平均课时数，教师为 30 学时，学生为 40 学时，时间均匀分布在周一至周五，节次均匀分布在第 1 节至第 10 节。②用户分布模型，如教务系统课表查询的角色分布为学生 70%、教师 20%、教学管理人员 10%等。③用户典型使用方式，包括业务流程、时间段、用户数量等，如网络课堂周一至周五的 16:00—20:00 访问量最大，用户数 2000，业务流程主要是观看教学视频、参与测验与讨论，期末主要业务流程是提交作业。

定义性能度量指标，如 200 并发用户负载测试的响应时间≤7 s，吞吐量≥20 KBps，CPU 与内存占用率≤80%。

依据使用频率、重要程度或资源占用情况选取业务流程，如教务系统中选课、课表查询属于高频业务，12306 系统中订票属于重要业务，教务系统中排课属于资源占用高的业务。

综合性能需求与业务流程，准备测试数据，如以教务系统课表查询为业务流程，假设性能需求为 200 并发用户，根据用户分布模型需要创建 140 名学生、40 名教师和 20 名教学管理人员的账号，为学生、教师与教学管理人员创建满足数据分布模型的至少 2 个学期的课表数据。

分析系统与软件的运行环境，包括技术架构、通信协议等，如数据库的 ODBC、JDBC，Web 应用的 http、https，Web 服务的 SOAP、Restful，网络的 FTP、IMAP 等。

选择测试工具，所选工具必须与被测系统的通信协议兼容，如 Grafana K6 虽然支持 http、WebSocket、gRPC 协议，但是不支持 TCP，此时，可选 Load Runner、JMeter 等其他工具。

(2)测试设计

设计业务流程与性能测试场景，前者包括业务流程的操作步骤与输入数据，后者包括虚拟用户(Virtual User，VU)初始化、测试持续时间和终止虚拟用户。以航班订票为例，业务流程主要步骤包括输入用户名与密码、登录、选择出发地与目的地、航班、付款、查看订单、退出登录。设计结果如表 4-2 所示。

创建虚拟用户登录所需账号，并存储于数据文件。性能测试场景通常分为初始化、测试、结束三个阶段，初始化：每秒创建 5 个虚拟用户直到 200 个，进行测试：执行业务，持续 10 分钟，结束：每秒终止 10 个虚拟用户直到 0 个，如表 4-3 所示。

表 4-2 业务流程测试用例

序号	说明	前置条件	步骤	预期结果	后置条件
1	正常登录	账号已注册	访问登录页，输入正确的用户名和密码，单击登录按钮	登录成功，跳转到个人中心页	
2	登录异常	账号已注册	访问登录页，输入错误的用户名或密码，单击登录按钮	登录失败，给出错误提示，说明理由	
3	单程票	用户登录，进入个人中心页	跳转订票页面，选择出发地与目的地以及航班，填写人数、乘客信息、支付信息	生成订单，显示单程票订单详情	退出登录
4	往返票	用户登录，进入个人中心页	跳转订票页面，选择出发地与目的地以及往返航班，填写人数、乘客信息、支付信息	生成订单，显示往返票订单详情	退出登录

表 4-3 性能测试场景

序号	说明	场景设计	并发用户
1	登录基准测试	选取业务 1 登录 初始化，每秒创建 5 个 VU，直到 10 个 VU；持续 10 分钟；每秒终止 10 个 VU，直到 0 个	10
2	登录负载测试	选取业务 1 登录 初始化，每秒创建 5 个 VU，直到 200 个 VU；持续 10 分钟；每秒终止 10 个 VU，直到 0 个	200
3	订票基准测试	选取业务 3 单程票 初始化，每秒创建 5 个 VU，直到 10 个 VU；持续 10 分钟；每秒终止 10 个 VU，直到 0 个	10
4	订票负载测试	选取业务 3 单程票 初始化，每秒创建 5 个 VU，直到 200 个 VU；持续 10 分钟；每秒终止 10 个 VU，直到 0 个	200

(3)测试执行

根据测试设计，准备用户账号、业务记录等数据，备份数据库；配置测试环境，如交换机允许客户机访问服务器，WAF 放行性能测试引起的异常流量等；依据通信协议，使用测试工具编写业务流程脚本与性能测试脚本；配置测试工具采集性能度量指标；执行测试脚本；保存测试数据。

(4)测试结束

通过虚拟用户状态、事务响应时间、吞吐量、点击数、响应数等测试数据，分析系统和软件的性能表现，对比结果与需求，观察性能变化趋势，识别错误，验证组件是否正常运行，撰写总结报告。

组织评审会议，研判性能失效可能的原因，制定改进措施。同时，将测试用例、执行脚本、输入数据等数字资产放入配置管理，形成基线。

4.2.5 测试工具

生成负载的代价是非常昂贵的，通常使用工具来协助完成测试任务，GB/T 39788 描述了性能测试工具的通用结构，如图 4-3 所示。

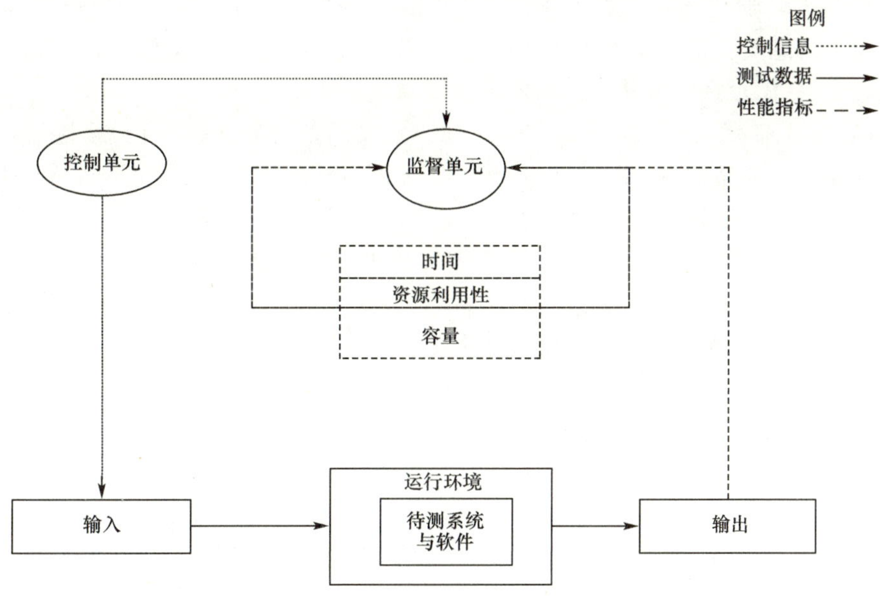

图 4-3　性能测试执行框架

输入、运行环境和输出是所有测试都具备的组件，控制单元和监督单元是性能测试所特有的。控制单元生成虚拟用户、发起并发请求，依据思考时间、集合点等控制执行步骤；监督单元采集客户端的时间特性，监视服务端的资源利用以及给定容量的性能表现。

依据是否需要付费，性能测试工具可分为商业工具和免费工具，前者主要有 Micro Focus 的 Load Runner、IBM 的 Rational Performance Tester、Borland 的 Silk Performancer 等，免费工具主要有 Apache 的 JMeter、Grafana 的 K6，以及 Gatling、Locust、wrk、WebLoad 等。

选取工具时，除了要考虑支持的通信协议、运行环境、部署方式等因素外，还需要考虑支持的脚本语言、学习曲线、文档资源、并发模型、是否支持分布式执行、性能指标采集、数据可视化、定制报表等条件。如果计划将工具集成进已有测试工具链，必须评估开发与维护成本及风险，尤其是开源工具，可能存在因测试开发人员离职致使工具缺乏维护，导致投资损失的风险。

性能效率测试通常在系统测试或单元测试阶段实施。为了尽早发现性能瓶颈，控制项目风险，应尽早进行第一个性能测试。如果性能是强制性需求，则在单元测试时就要对关键组件进行性能测试。性能监控是一个反复迭代过程，因此应认真做好测试结束任务。性能测试尽量不要在生产环境执行，它可能会干扰正常业务，污染业务数据。同时，测试结果也可能失真。

4.3　信息安全测试

C. E. Shannon 认为信息是用来消除随机不确定性的事物。信息是有用的数据。安全是指没有危险、不受威胁、不受危害、不受损失的一种可接受状态。Safety 与 Security 是经常用到又容易混淆的两个概念，前者指外因引起的意外伤害，如桥梁安全；后者指人为导致的有意威胁，如信息安全。

当今数字化社会，信息安全对组织具有重要价值。对组织内信息安全管理能够实现：保护关键信息资产和知识产权，维持竞争优势；在系统受侵袭时，确保业务持续开展、降低损失等。对组织外信息安全管理能够实现：使得各利益相关方对组织充满信心，提高公信度；符合法律法规要求；满足客户或其他组织的审计要求。

《信息安全技术 术语》(GB/T 25069—2022)定义的信息安全是保护、维持信息的保密性 Confidentiality、完整性 Integrity 和可用性 Availability(信息安全三元组 CIA)，也可包括真实性、可核查性、抗抵赖性、可靠性等性质。

《系统与软件工程 系统与软件质量要求和评价(SQuaRE)》(GB/T 25000.10—2016)定义了 6 个信息安全子特性。

- 保密性是确保数据只有在被授权时才能被访问的程度。
- 完整性是防止未授权访问、篡改计算机程序或数据的程度。
- 真实性是对象或资源的身份标识能够被证实符合其声明的程度。
- 可核查性是实体的活动可以被唯一地追溯到该实体的程度。
- 抗抵赖性是活动或事件发生后可以被证实且不可被否认的程度。
- 依从性是产品或系统遵循与信息安全相关的标准、约定或法规以及类似规定的程度。

信息安全标准是开展相关工作的重要指导性文件，主要包括：①国际标准：ISO/IEC 27001:2022《信息安全管理体系》，也是安全认证体系；②国家标准：GB/T 22080—2016《信息安全管理体系要求》提出了整体要求，以 GB/T 22239—2008《信息系统安全等级保护基本要求》为核心，包括 GB/T 25058—2010《信息系统安全等级保护实施指南》等一批技术类、管理类和产品类标准组成的网络安全等级保护标准族为主体，以及 GB/T 20984—2022《信息安全风险评估方法》和 GB/T 39412—2020《代码安全审计规范》，软件安全开发标准 GB/T 38674—2020《软件安全编程》等作为补充。

OWASP 是开放式 Web 应用程序安全项目(Open Web Application Security Project)的缩写，这是一个国际性的非营利组织，致力于提高软件安全质量，减少安全风险。OWASP 通过发布免费的安全指南，提供安全培训，创建开源的 Web 应用安全工具，帮助开发者进行安全测试和漏洞扫描。OWASP Top 10 描述了 Web 应用程序中常见的 10 个安全风险，这份报告对于理解和防范网络安全漏洞有着重要的参考价值，2021 年报告如图 4-4 所示。

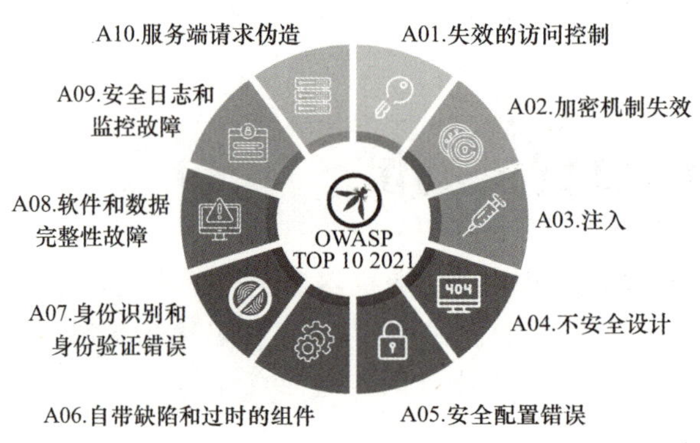

图 4-4 OWASP Top 10 安全漏洞

A01:失效的访问控制(Broken Access Control):从第5位上升成为Web应用程序安全风险最严重的类别。相关数据表明,平均3.81%的测试应用程序具有一个或多个CWE,且此类风险中CWE总发生漏洞应用数超过31.8万次。在应用程序中出现的34个匹配为"失效的访问控制"的CWE次数比任何其他类别都多。

A02:加密机制失效(Cryptographic Failures):排名上升一位。其以前被称为"A03:2017—敏感数据泄露(Sensitive Data Exposure)"。敏感信息泄露是常见的症状,而非根本原因。更新后的名称侧重于与密码学相关的风险,即之前已经隐含的根本原因。此类风险通常会导致敏感数据泄露或系统被攻破。

A03:注入(Injection):排名上升四位。94%的应用程序进行了某种形式的注入风险测试,发生安全事件的最大概率为19%,平均概率为3.37%,匹配到此类别的33个CWE共发生27.4万次,是出现第二多的风险类别。原"A07:2017—跨站脚本(XSS)"在2021年版中被纳入此风险类别。

A04:不安全设计(Insecure Design):2021年版的一个新类别,其重点关注与设计缺陷相关的风险。如果我们真的想让整个行业"安全左移",需要更多的威胁建模、安全设计模式和原则以及参考架构。不安全设计是无法通过完美的编码来修复的,因为根据定义,所需的安全控制从来没有被创建出来以抵御特定的安全攻击。

A05:安全配置错误(Security Misconfiguration):排名下滑一位。90%的应用程序都进行了某种形式的配置错误测试,平均发生率为4.5%,超过20.8万次的CWE匹配到此风险类别。随着可高度配置的软件越来越多,这一类别的风险也开始上升。原"A04:2017—XML External Entities(XXE) XML外部实体"在2021年版中被纳入此风险类别。

A06:自带缺陷和过时的组件(Vulnerable and Outdated Components):排名上升三位。在社区调查中排名第二。同时,通过数据分析也有足够的数据进入前十名,是我们难以测试和评估风险的已知问题。它是唯一一个没有发生CVE漏洞的风险类别。因此,默认此类别的利用和影响权重值为5.0。原类别命名为"A09:2017—Using Components with Known Vulnerabilities 使用含有已知漏洞的组件"。

A07:身份识别和身份验证错误(Identification and Authentication Failures):排名下滑五位。原标题"A02:2017—Broken Authentication 失效的身份认证"。现在包括了更多与识别错误相关的CWE。这个类别仍然是Top 10的组成部分,但随着标准化框架使用的增加,此类风险有减少的趋势。

A08:软件和数据完整性故障(Software and Data Integrity Failures):2021年版的一个新类别,其重点是:在没有验证完整性的情况下做出与软件更新、关键数据和CI/CD管道相关的假设。此类别共有10个匹配的CWE类别,并且拥有最高的平均加权影响值。原"A08:2017—Insecure Deserialization 不安全的反序列化"现在是本大类的一部分。

A09:安全日志和监控故障(Security Logging and Monitoring Failures):排名上升一位。来源于社区调查(排名第三)。原名为"A10:2017—Insufficient Logging & Monitoring 不足的日志记录和监控"。此类别现已扩大范围,包括更多类型的、难以测试的故障。此类别在CVE/CVSS数据中没有得到很好的体现。但是,此类故障会直接影响可见性、事件告警和取证。

A10:服务端请求伪造(Server-Side Request Forgery):2021年版的一个新类别,来源于

社区调查(排名第一)。数据显示发生率相对较低,测试覆盖率高于平均水平,并且利用和影响潜力的评级高于平均水平。加入此类别风险是说明:即使目前通过数据没有体现,但是安全社区成员告诉我们,这也是一个很重要的风险。

对于这十大漏洞,建议采取以下措施来保护应用程序和用户的数据安全:

①安全扫描(Security Scanning)。作为所有安全解决方案的基础,安全扫描提供了至关重要的监督。这是第一道防线,因为它揭示了主要漏洞的存在以及是否有任何紧急威胁需要解决。

②加密(Encryption)。强大的加密需求怎么强调都不过分。毕竟,OWASP Top 10 的最新版本包括了一个专门针对密码学失败的修订类别。SSL 证书仍然是客户端和服务器之间产生加密链接的标准。

③日志文件(Logfiles)。OWASP 将安全日志列为验证当前安全性并对未来增强保护最具影响力的策略之一。日志可用于各种设备,从网络设备和 Web 服务器到数据库服务器,甚至自定义应用程序事件。这些日志对于识别和监控安全事件及策略违规尤其有价值。

④授权(Authorization)。由美国国家标准技术研究所(NIST)将授权定义为"验证所请求的操作或服务是否已为特定实体批准的过程",授权不应与身份验证相混淆。前者只是表明用户是否有访问权限。这里必须实施默认拒绝的原则。简而言之,这意味着所有未明确允许的流量都必须被拒绝。

⑤身份验证(Authentication)。确认所有个人或实体实际上是他们声称的身份,身份验证过程验证身份,理想情况下将确保最成问题的各方被拒绝访问。用户 ID 和密码是现代身份验证的核心组件。OWASP 还推荐使用传输层安全性(TLS)进行登录页面,以及重新进行身份验证以防止会话劫持或跨站点请求伪造。

4.3.1 保障体系

国家注册信息安全专业人员(Certified Information Security Professional,CISP),是我国信息安全行业权威的资格认证。CISP 设定的信息安全保障体系如图 4-5 所示。

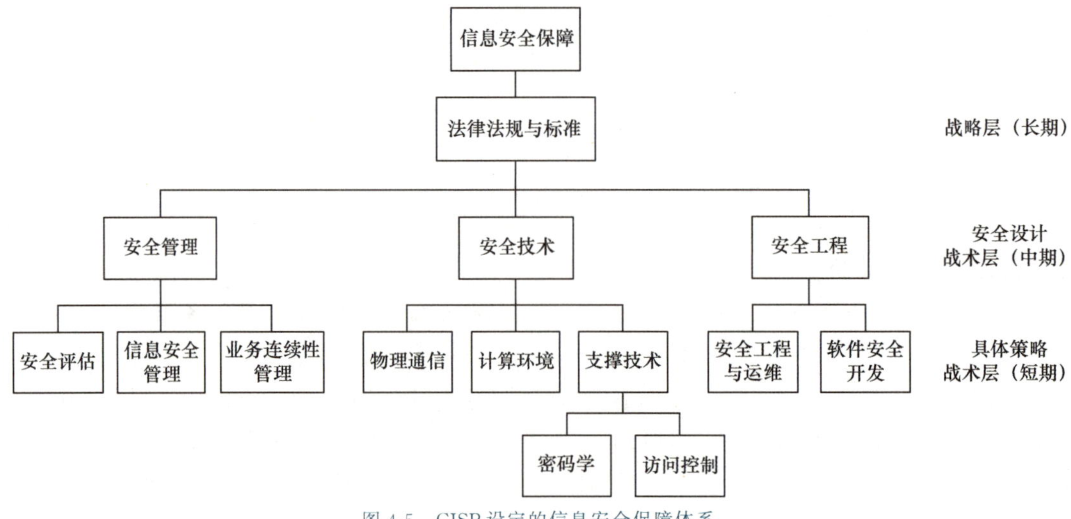

图 4-5 CISP 设定的信息安全保障体系

由信息安全特性和信息安全保障体系可知，信息安全测试关注的是安全技术。根据 GB/T 20984—2022《信息安全风险评估方法》，脆弱性识别对象主要有物理环境、网络结构、系统软件、应用中间件、应用系统。软件信息安全测试是通过模拟用户攻击行为，检验系统软件、应用中间件、应用系统的脆弱性，评估信息系统、数据资源对信息安全特性满足程度的过程。

4.3.2 安全漏洞发布平台

通用缺陷枚举(Common Weakness Enumeration，CWE)是漏洞类型数据库，目前收录了 716 类安全缺陷。通用漏洞和披露(Common Vulnerabilities & Exposures，CVE)是漏洞数据库，它为同一漏洞提供唯一而权威的编号以消除命名混乱。通用漏洞评分系统(Common Vulnerability Scoring System，CVSS)为漏洞的严重程度提供量化方法。一个 CWE 类型可能存在多个 CVE 漏洞，每个漏洞对应一个 CVSS 得分。通常，安全检测工具使用 CWE 作为基准，工具覆盖的漏洞类型越多表明其检测能力越强；系统或软件的补丁以 CVE 为参照，系统或软件已修复的漏洞越多说明其越安全；修补安全漏洞时，优先处理 CVSS 严重程度高的漏洞。

CWE Top 25 是通过分析美国国家标准与技术研究所(NIST)、美国国家漏洞数据库(NVD)中的公共漏洞数据来计算的，以获取前两个日历年 CWE 弱点的根本原因映射。这些弱点会导致软件中的严重漏洞。攻击者通常可以利用这些漏洞来控制受影响的系统、窃取数据或阻止应用程序运行。

2023 年 CWE Top 25 通过分析 2021 到 2022 年报告的 43 996 个 CVE 漏洞，包含 CVE 记录的更新弱点数据，这些数据是美国网络安全和基础设施安全局(Cybersecurity and Infrastructure Security Agency，CISA)已知被利用漏洞(Known Exploited Vulnerabilities，KEV)目录的一部分，最终，得到了 2023 年最具威胁的 25 种漏洞，如表 4-4 所示。对此类漏洞数据进行趋势分析使组织能够在漏洞管理方面做出更好的投资和政策决策，CWE Top 25 是帮助降低风险的实用且方便的资源。

表 4-4　CWE Top 25

排行	CWE	得分	CVE in KEV	变动
1	CWE-787：跨界内存写	63.72	70	0
2	CWE-79：在 Web 页面生成时对输入的转义处理不恰当(跨站脚本)	45.54	4	0
3	CWE-89：SQL 命令中使用的特殊元素转义处理不恰当(SQL 注入)	37.27	6	0
4	CWE-416：释放后使用	16.71	44	▲ +4
5	CWE-78：OS 命令中使用的特殊元素转义处理不恰当(OS 命令注入)	15.65	23	▲ +1
6	CWE-20：输入验证不恰当	15.50	35	▼ −2
7	CWE-125：跨界内存读	14.6	2	▼ −2
8	CWE-22：对路径名的限制不恰当(路径遍历)	14.11	16	0

（续表）

排行	CWE	得分	CVE in KEV	变动
9	CWE-352:跨站请求伪造(CSRF)	11.73	0	0
10	CWE-434:危险类型文件的不加限制上传	10.41	5	0
11	CWE-862:授权机制缺失	6.90	0	▲ +5
12	CWE-476:空指针解引用	6.59	0	0
13	CWE-287:认证机制不恰当	6.39	10	▲ +1
14	CWE-190:整数溢出或超界折返	5.89	4	▼ −1
15	CWE-502:不可信数据的反序列化	5.56	14	▼ −3
16	CWE-77:在命令中使用的特殊元素转义处理不恰当(命令注入)	4.95	4	▲ +1
17	CWE-119:内存缓冲区边界内操作的限制不恰当	4.75	7	▲ +2
18	CWE-798:使用硬编码的凭证	4.57	2	▼ −3
19	CWE-918:服务端请求伪造(SSRF)	4.56	16	▲ +2
20	CWE-306:关键功能的认证机制缺失	3.78	8	▼ −2
21	CWE-362:使用共享资源的并发执行不恰当同步问题(竞争条件)	3.53	8	▲ +1
22	CWE-269:特权管理不恰当(Improper Privilege Management)	3.31	5	▲ +7
23	CWE-94:对生成代码的控制不恰当(代码注入)	3.30	6	▲ +2
24	CWE-863:授权机制不正确(Incorrect Authorization)	3.16	0	▲ +4
25	CWE-276:缺省权限不正确	3.16	0	▼ −5

除了CVE，国内漏洞发布平台主要有中国国家漏洞库CNNVD、中国国家信息安全漏洞共享平台CNVD、工业和信息化部网络安全威胁和漏洞信息共享平台CSTIS、乌云安全漏洞报告平台WooYun等，国外的主要包括美国国家安全漏洞库NVD、赛门铁克的SecurityFocus、Secunia、开源漏洞库（Open Sourced Vulnerability Database，OSVDB）、Metasploit等。

4.3.3 测试工具

典型软件信息安全攻击包括操作系统漏洞与不安全配置的利用、缓冲区溢出攻击、恶意代码攻击、Web应用漏洞、数据安全漏洞等。由此可知，攻击面主要来自操作系统、中间件以及第三方组件的漏洞、源代码中的恶意代码和应用软件的不安全设计。

与性能测试类似，信息安全测试依赖于测试工具和经验。

①对于恶意代码，主要采用静态分析与动态测试相结合的跨语言缺陷检测，以及模糊测试，工具包括北京大学 CoBot、北京邮电大学 DTS、清华大学 WINGFUZZ、CodeSonar、Veracode、Coverity、Klocwork、AppScan、Testbed 等。Coverity 工具扫描示例如图 4-6 所示。

```
public PairOfSameType<HRegion> stepsBeforePONR(final Server server,
    final RegionServerServices services, boolean testing) throws IOException {
  // Set ephemeral SPLITTING znode up in zk.  Mocked servers sometimes don't
  // have zookeeper so don't do zk stuff if server or zookeeper is null
  1. Condition server != null, taking true branch
  2. alloc_fn: A new resource is returned from allocation method getZooKeeper. (The virtual call resolves to
  org.apache.hadoop.hbase.master.cleaner.TestHFileCleaner.DummyServer.getZooKeeper.)
  3. Condition server.getZooKeeper() != null, taking true branch
  CID 1090416 (#1 of 2): Resource leak (RESOURCE_LEAK)
  4. leaked_resource: Failing to save or close resource created by server.getZooKeeper() leaks it.
  if (server != null && server.getZooKeeper() != null) {
    try {
      createNodeSplitting(server.getZooKeeper(),
        parent.getRegionInfo(), server.
    } catch (KeeperException e) {
      throw new IOException("Failed cre
        this.parent.getRegionNameAsStri
    }
  }
  this.journal.add(JournalEntry.SET_SPL

@Override
public ZooKeeperWatcher getZooKeeper() {
  try {
    return new ZooKeeperWatcher(getConfiguration(), "dummy server", this);
  } catch (IOException e) {
    e.printStackTrace();
  }
  return null;
}
```

图 4-6　Coverity 工具扫描示例图

②对于安全漏洞，通常采用指纹识别和渗透测试技术，工具包括计算环境漏洞扫描 Nessus 与 OpenVAS、Metasploit 等，Web 应用安全扫描 Astra、Acunetix Web Vulnerability Scanner(AWVS)、OWASP Zed Attack Proxy(ZAP)、Burp Suite Pro 等，主机网络服务及端口扫描 Nmap，注入检测 SQLmap 与 Wapiti 等、密码爆破 John the Ripper 等。Nessus 的工作截图如图 4-7～图 4-9 所示。

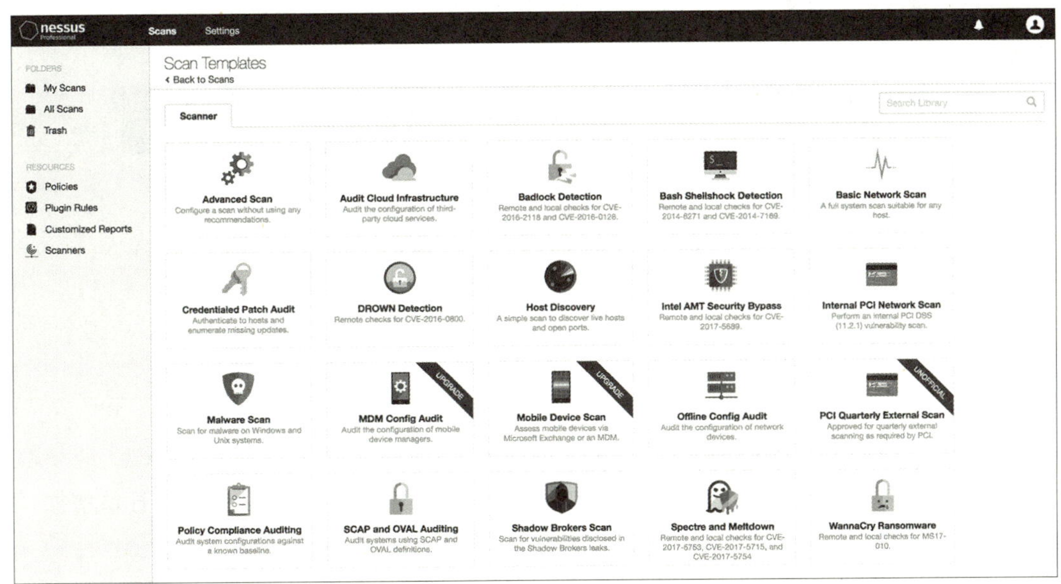

图 4-7　Nessus 扫描模板列表

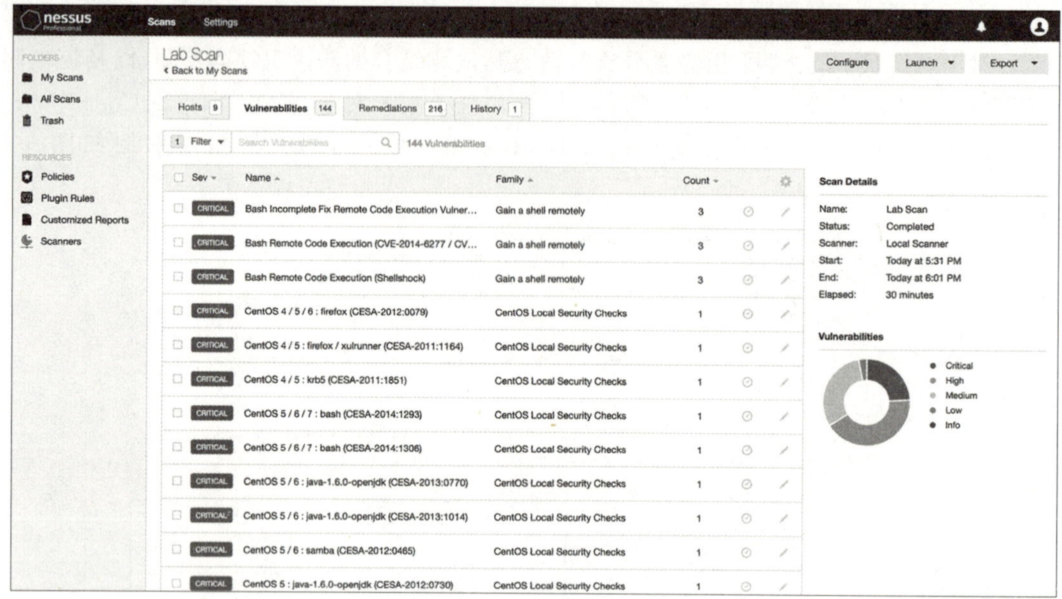

图 4-8　高危漏洞列表

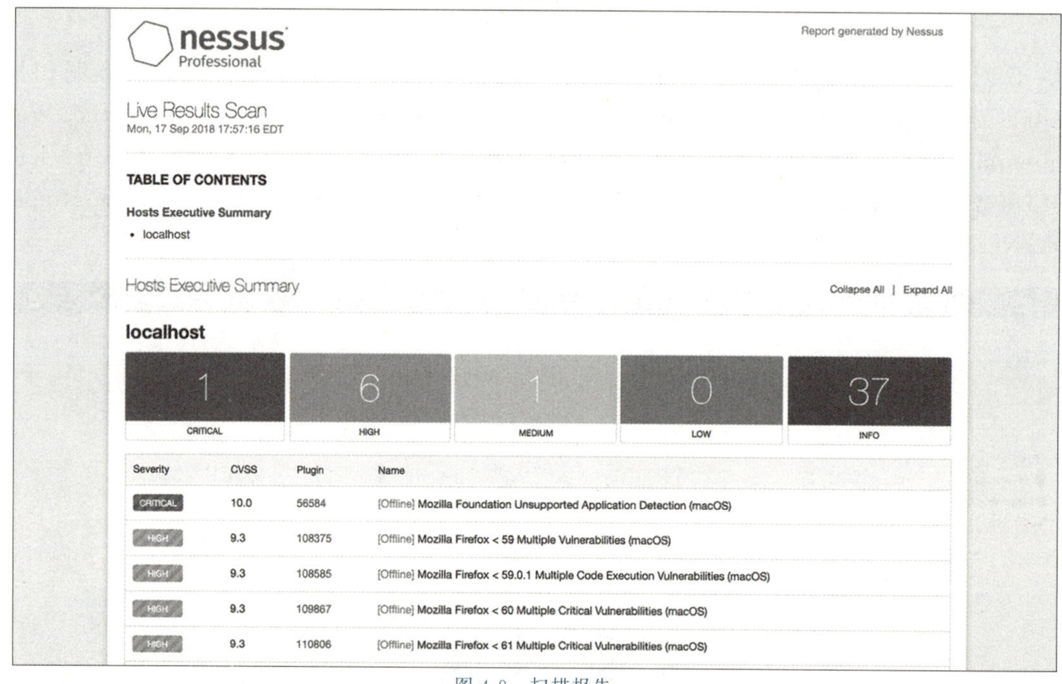

图 4-9　扫描报告

随着软件新形态、新场景的不断出现，如大语言模型、生成式人工智能 AIGC、区块链、大数据、机器学习、容器、云平台、移动终端、物联网、车联网等，信息安全风险也日益增加，因此，信息安全测试是一项长期的、动态的、攻防双方不断进化的过程。

习题4

❶ 待测对象为一个采用 Web 浏览器访问的教务系统，思考该系统应测试哪些质量特性？按照重要程度降序排列，说明理由。如果要对其实施性能测试，讨论不同类型的性能测

试在并发量、持续时间以及评价指标上的差异。

❷ 仍以教务系统为例，试设计负载测试用例，包括测试目标、测试场景等，完成测试用例设计规格说明；使用一款测试工具，如 Load Runner、JMeter、Grafana K6 等，编写测试脚本并执行测试，分析测试结果，完成测试报告。

❸ 仍以教务系统为例，试设计信息安全测试用例，包括测试目标、测试场景等，完成测试用例设计规格说明；使用一款测试工具，如 Nessus、Acunetix Web Vulnerability Scanner (AWVS)、OWASP Zed Attack Proxy(ZAP)等，执行测试，列出发现的高危安全漏洞，分析测试结果，完成测试报告。

❹ 某公司向市场发布了一个视频游戏产品，但是用户反馈了很多方面的欠缺：性能、易用性、安全性和可移植性。通过多次迭代，到目前为止，用户界面看起来更好，而且响应时间也得到了大大改善。产品稳定而且所有的新功能都已经完成，同时完成了总体的测试。现在请您负责该游戏下一个版本的易用性测试，试给出测试方案。

第5章 测试管理

测试管理涉及的内容丰富，本章首先介绍软件测试主要标准，然后阐述测试过程核心活动，接下来，较为详细地探讨基于风险的测试管理方法，以及工作产品、测试估算、测试度量、缺陷等内容管理，最后，讨论测试过程改进。

5.1 标准与规范

以提高质量为目标的软件测试不仅要评估被测程序的质量，还要评价测试自身的质量。本节将按照国际、国家、行业三个层次来介绍软件测试常用标准。

5.1.1 国际标准

众所周知，国际三大标准化组织包括 ISO、IEC 和 ITU，分别代表国际标准化组织、国际电工委员会和国际电信联盟的缩写，其中，ISO/IEC 制定并颁布了许多软件测试标准，具体包括如下。

ISO/IEC 9126:1998，最早提出软件产品质量模型由六大质量特性构成，现已拆分为以下标准和技术报告：

- ISO/IEC 9126—1:2001，软件工程——产品质量——第 1 部分:质量模型；
- ISO/IEC 9126—2:2003，软件工程——产品质量——第 2 部分:外部度量；
- ISO/IEC 9126—3:2003，软件工程——产品质量——第 3 部分:内部度量；
- ISO/IEC 9126—4:2003，软件工程——产品质量——第 4 部分:质量度量；

ISO 12207:1995，系统与软件工程——软件生命周期过程；

ISO/IEC 15504—2:2003，信息技术——过程评定——第 2 部分:执行评定；

ISO/IEC 29119:2014，软件和系统工程:软件测试；

ISO/IEC 33063:2015，软件测试过程评估模型。

5.1.2 国家标准

国家标准非常丰富，由系列标准与单册标准组成。GB25000、GB38634 两个系列分别对标 ISO 9126 和 IEEE 29119。

①GB25000 与 GB38634 系列

GB/T 25000.1—2010，系统与软件工程——软件产品质量要求与评价(SQuaRE)——第 1 部分：SQuaRE 指南；

GB/T 25000.10—2016，系统与软件工程——系统与软件质量要求和评价(SQuaRE)——第 10 部分：系统与软件质量模型；

GB/T 25000.51—2016，系统与软件工程——系统与软件质量要求和评价(SQuaRE)——第 51 部分：质量要求和测试细则；

GB/T 38634.x—2020，采标自 IEEE 29119—2013，包含 4 个部分：概念和定义、测试过程、测试文档、测试技术。

②单册标准中通用性标准主要有：

GB/T 11457—2006，软件工程术语；

GB/T 15532—2008，计算机软件测试规范；

GB/T 9386—2008，计算机软件测试文档编制规范；

GB/T 32422—2015，软件异常分类指南；

GB/T 32911—2016，软件测试成本度量规范；

GB/T 36964—2018，软件开发成本度量规范。

③针对特定质量特性的测试标准主要包括：

GB/T 39788—2021，性能测试方法；

GB/T 20984—2022，信息安全风险评估方法；

GB/T 38674—2020，应用软件安全编程指南；

GB/T 39412—2020，代码安全审计规范。

④针对特定类型软件的测试标准主要有：

GB/T 28171—2011，嵌入式软件可靠性测试方法；

GB/T 30961—2014，嵌入式软件质量度量；

GB/T 33447—2016，地理信息系统软件测试规范；

GB/T 33783—2017，可编程逻辑器件软件测试指南。

5.1.3 行业标准

①美国的电气与电子工程师协会 IEEE 也发布了许多重要标准，具体包括：

IEEE SWEBOK-V3，软件工程知识体，指导软件工程专业人才培养，其中，第 4、10、11、12 章与软件测试紧密相关；

IEEE 1044：2009，软件异常分类；

IEEE 24765：2010，系统与软件工程术语；

IEEE 1012：2012，系统和软件：验证与确认；

IEEE 29119：2013，由 5 个分册组成，分别规定了软件测试概念与定义、测试过程、测试文档、测试技术和关键字驱动测试。

②中国电子行业标准 SJ 的测试标准主要有：

SJ 30010—2018，军工软件测试验证：总体要求；

SJ 30011—2018，军工软件测试验证：测试过程和管理；

SJ 30012—2018，军工软件测试验证：测试技术；

SJ 30013—2018，军工软件测试验证：测试工具要求；

SJ 30014—2018，军工软件测试验证：测试文档；

SJ 30015—2018，军工软件测试验证：基于状态转移的软件测试覆盖准则。

③其他行业标准还包括：

美国联邦航空管理局 RCTA 制定的适航软件测试标准 DO—178；

国家能源局制定的电力行业标准，例如：DL/T 1142—2019，核电厂反应堆控制系统软件测试；DL/T 2031—2019，电力移动应用软件测试规范；

银行业、电信业等已构建了比较完整的测试标准体系，不再赘述。

5.2 测试过程

软件测试是一个不断迭代改进的过程，本节先介绍测试过程层次模型，然后分别阐述组织级过程、管理过程的任务和工作产品，探讨计划、设计、分析、实施、执行之间的关系，以及核心任务。

5.2.1 测试过程模型

GB/T 38634.2—2020 定义了多层次测试过程模型，如图 5-1 所示。

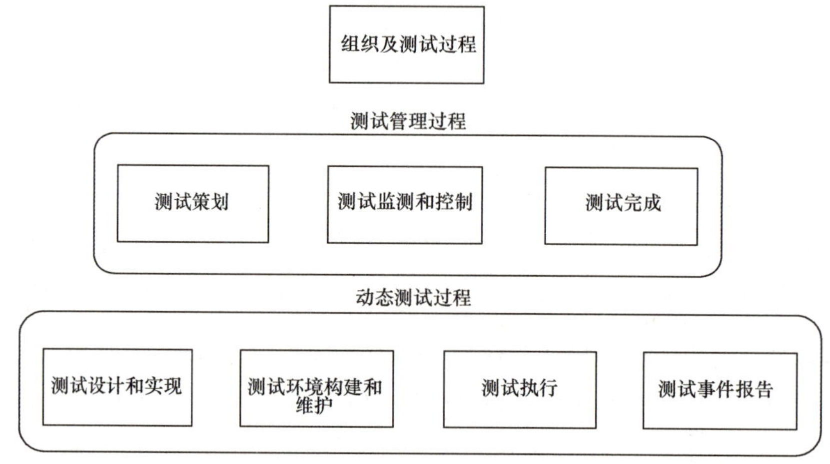

图 5-1 多层次测试过程模型

本质上，根据过程作用范围划分为组织级、项目级。组织级是指软件组织需要遵循的通用过程，包括测试方针、流程、策略、质量目标等。如图 5-2 所示为南华大学测评实验室的测试过程。

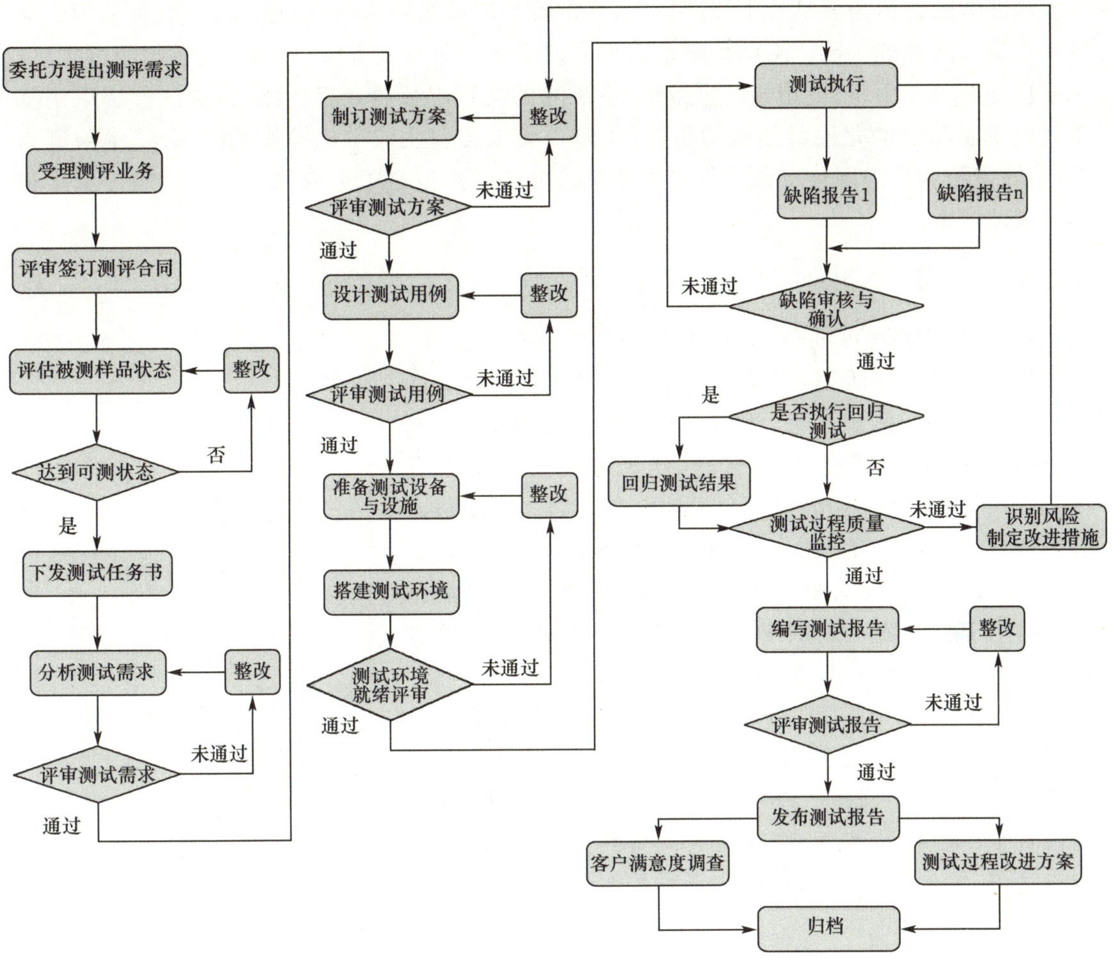

委托方提出测评需求
受理测评业务
评审签订测评合同
评估被测样品状态
整改
达到可测状态
否
是
下发测试任务书
分析测试需求
整改
评审测试需求
未通过
通过
制订测试方案
整改
评审测试方案
未通过
通过
设计测试用例
整改
评审测试用例
未通过
通过
准备测试设备与设施
整改
搭建测试环境
测试环境就绪评审
未通过
通过
测试执行
缺陷报告1
缺陷报告n
缺陷审核与确认
未通过
通过
是否执行回归测试
是
否
回归测试结果
测试过程质量监控
未通过
识别风险制定改进措施
通过
编写测试报告
整改
评审测试报告
未通过
通过
发布测试报告
客户满意度调查
测试过程改进方案
归档

图 5-2　南华大学测评实验室的测试过程

测试方针规定组织的质量保障原则，通常由质量部门、测试部门、研发部门共同制定，包含组织驱动测试的价值、测试目标、评估测试效力和效率的方法、测试过程、测试过程改进。

测试目标应该是可度量的。如图 5-3 所示，描述了测试目标分解过程。显然，第一组测试目标无法量化、不可度量，与之相对的第三组目标设定了清晰、明确的度量指标。

测试目标
可度量的测试目标
最终确定的测试目标
• 产品满足相关法规和标准
• 用户体验好
• 产品安全性高
• 投资回报比优
• 产品100%通过相关验收标准
• 用户体验满意度比上一版本至少提高10%
• 安全性达到国家安全标准3级
• 成本不超过计划的20%、交付时间不超过计划的3个月
• 相关验收标准的中高优先级的测试用例执行率达到100%
• 建立易用性测试标准，在项目的中期、晚期实施易用性测试，提交产品对比报告
• 高严重等级缺陷100%关闭
• 国家安全标准3级验收测试覆盖率100%
• 成本不超过计划的20%，交付时间不超过计划的3个月

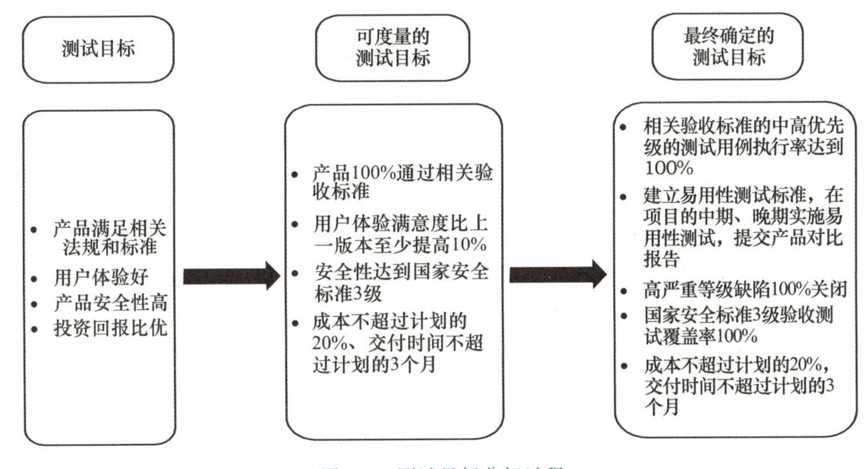

图 5-3　测试目标分解过程

测试策略是指为满足特定测试目标，规定各个测试级别应执行的概要活动、可采用的测试方法和风险管理手段。测试策略常用预防型策略与应对型策略。例如，为满足测试目标：App 应适配主流手机，应用预防型策略，系统测试级别应开展兼容性测试，测试方法采用基于规格说明与自动化回归测试的组合，风险项为未覆盖主流手机操作系统、分辨率与刷新率，消除措施为从中国信息通信研究院发布的市场调查报告中选取出货量最大的 5 款手机作为测试样本。

5.2.2 项目测试过程模型

项目测试过程可划分为管理过程与动态执行过程。管理过程是对测试活动、工作产品进行管理，包括测试计划、监督和控制、测试结束，大型项目还包括需求管理、测试数据管理、缺陷管理、配置管理、测试环境与设施管理等；动态执行过程包括分析、设计、实施、执行、评估和报告。

两者区别在于管理过程适用于任何测试级别（如系统测试、验收测试）、测试类型（如功能测试、性能测试），动态过程应用于特定测试级别或测试类型。ISTQB 将管理过程与动态测试过程集成，如图 5-4 所示。

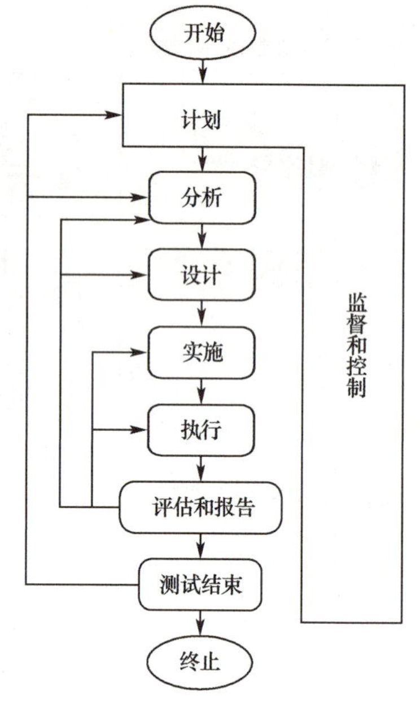

图 5-4 测试过程模型

计划主要是理清项目经理、产品经理等相关干系人的测试需求，确定测试范围、风险和测试目标，明确采用的测试级别以及对应的测试目标、测试方法和技术路线，综合考虑资金、人员、技术环境、交付时间等约束条件，制定时间进度表，同时，还需为跟踪、监督和控制定义度量项，设定出口准则。

测试分析将细化测试计划中的需求，识别测试条件以及必要的测试数据，建立测试条件对测试需求、测试目标的可追溯性。

测试设计是将测试目标转换为具体的测试条件和测试用例的过程。运用测试计划中制定的测试方法设计逻辑测试用例，根据技术路线设计测试环境，包括测试工具、依赖库、硬件及网络等设备，建立测试用例对测试条件的可追溯性。

测试实施是开发测试规程、创建测试数据以及准备测试设备的过程。确定构建测试用例前置条件和收尾活动相关的动作，开发测试脚本，将逻辑测试用例转换为可执行代码。综合风险、环境、测试效率等因素制定测试用例执行优先级。例如，因为开发人员对常用功能比较关心，出错可能性较低，所以第一轮优先测试常用功能，第二轮降低常用功能的优先级，优先测试高风险功能。

测试执行是执行组件或系统测试，并创建实际结果的过程。通常，先检查前置条件是否满足，按照测试进度表和测试规程规格说明，执行测试用例，收集和跟踪度量项，分析实际与计划产生偏离的可能原因，协助开发人员执行测试用例、复现失效、调试、定位、修复并排除缺陷。执行再测试，检查严重缺陷是否修复成功，执行回归测试，确保在软件未修改区域没有引入新缺陷。

评估和报告是评估出口准则是否满足，以及撰写总结报告的过程。当测试对象满足出口准则时，测试方可进入下一阶段。总结被测系统以及测试的当前状态，为决策者提供测试总结报告，包括测试活动及其结果，以及根据出口准则评估已执行测试的情况。

出口准则可以是进度、缺陷或其他可度量的结束条件，如高优先级测试用例的执行率为100%，又或单元测试达到 100%语句覆盖，抑或每个需求项至少有一个测试用例、每个等价类必须有一个测试用例、每个边界值至少有一个测试用例、基于状态的测试中所有状态转移至少被执行一次，高严重等级缺陷必须关闭等。

测试结束活动包括确保所有测试工作已完成，发布测试工作产品，将测试规格说明、文档、测试日志、脚本等意见发给维护团队，组织参与项目总结会议，将所有测试工作产品归档，识别改进点、分析根本原因、建立改进计划等。

监督和控制通过收集测试进度、测试覆盖、出口准则、测试资源的使用情况、风险、缺陷等指标，对完成进度、风险状态、缺陷变化趋势、测试质量等进行度量，当与测试目标出现偏差，将对相关活动采取控制以纠正偏差。例如测试中发现某模块高严重等级缺陷的数量显著大于平均水平，下一轮测试则采取上调该模块测试强度的措施以控制风险，包括增加测试用例、应用多种测试方法和技术等。

5.2.3　岗位与职责

(1)组织结构

软件测试项目设置七种岗位，分别为：测试负责人、测试组组长、质保员、配置管理员、测试分析师、测试设计师、测试员。岗位划分如图 5-5 所示。

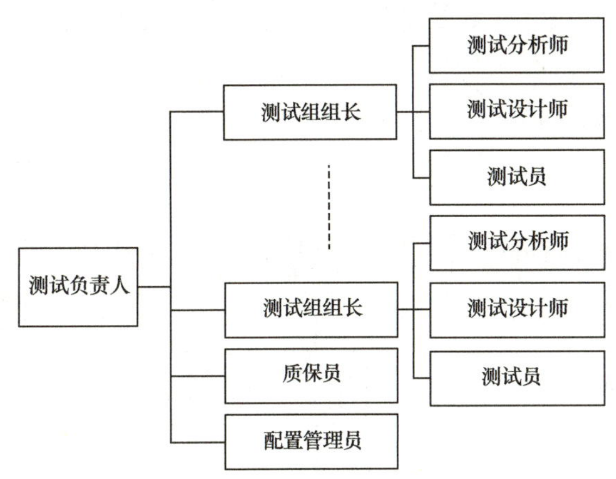

图 5-5　测试岗位划分图

(2)岗位职责

各个岗位的主要职责如表 5-1 所示。

表 5-1　测试岗位职责表

岗位	主要职责
测试负责人	组建测试组，指定测试组长，分配测试任务，并检查测试进度 管理监督测试项目，同其他部门协调，提供各测试组所需的内、外部资源 了解项目进度，对测试组的工作进行指导、监督 组织测试组进行同行评审会议 负责项目质量管理

(续表)

岗位	主要职责
测试组组长	全权负责所分配的测试任务 指定测试分析师、测试设计师、测试工程师 给小组内成员分配指定任务 协调测试组内部相关工作，对组内成员进行工作上的指导、监督 代表测试组与其他角色组进行沟通 参与测试计划制订、编写总结性测试报告
测试分析师	对组内测试任务进行测试需求分析，制订测试计划、测试内容、测试方法、测试数据生成方法、测试(软、硬件)环境、测试工具，评估测试工作的有效性 划分模块，分解任务，完成测试用例概要设计 审核组内其他成员设计的测试用例 编写阶段性测试总结
测试设计师	编写详细测试用例
测试员	执行测试、记录测试结果
配置管理员	测试环境管理如软件配置项及版本变更、维护及控制管理
质保员	测试各阶段质量监督、软件缺陷跟踪、保密管理

(3)测试岗位与任务流程图

各岗位与本项目主要任务的关系，如图 5-6 所示。

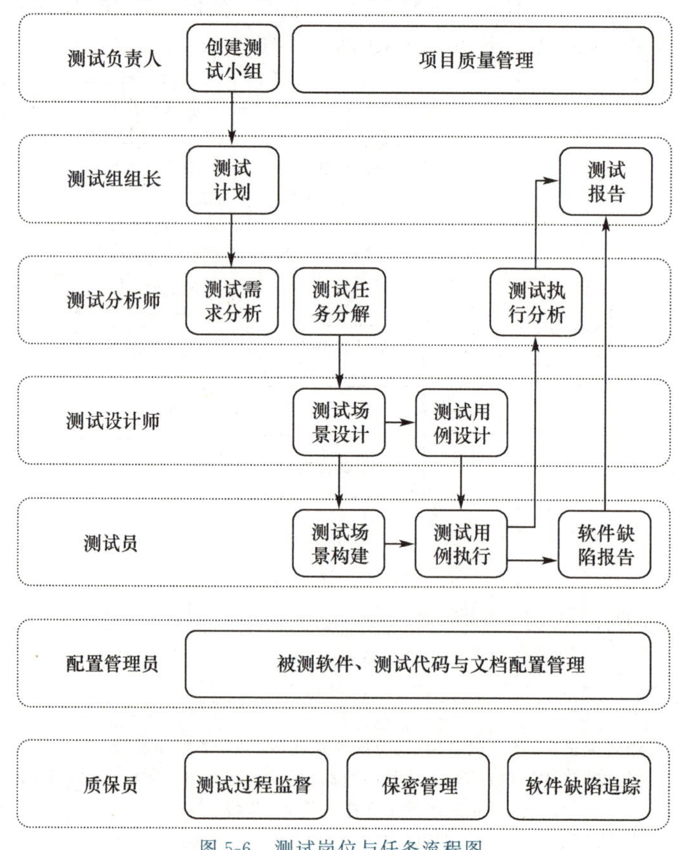

图 5-6　测试岗位与任务流程图

- 测试负责人主要参与构建测试小组和项目质量管理；
- 测试组组长主要参与测试计划的制订和测试报告的整理；
- 测试分析师主要参与测试需求分析、测试任务分解和测试执行分析；
- 测试设计师主要参与测试场景设计、测试用例设计；
- 测试员主要参与测试场景构建、测试用例执行和软件缺陷报告；
- 配置管理员主要参与配置管理；
- 质保员主要参与测试过程监督、保密管理和软件缺陷追踪。

5.3 基于风险的测试

风险是将会导致负面结果的因素，可能是事件、危害或威胁，风险有可能发生，也可能不发生，一旦发生，将会产生不可预料的后果。由此可知，风险优先级由发生的可能性与发生后的影响组成，如发生可能性低且危害小的风险归为低优先级，与之相对的，发生可能性高且危害大的风险属于高优先级。划分优先级往往先考虑影响的严重程度，后评估发生的可能性，前者通常涉及人员伤亡、经济损失或者信誉贬损。

5.3.1 风险分类

软件项目管理将风险分为项目风险、技术风险与商业风险。项目风险会威胁到项目实施，包括预算、进度、人力资源、客户和需求等方面的问题，以及项目复杂程度、规模、结构不确定性等，如测试工具授权费用超出预算。技术风险指影响软件质量和交付时间的因素，包括软件设计、实现、接口、测试和维护等方面的问题，以及技术的不确定性、老旧技术或超前技术等，如测试用例未满足二值边界值覆盖要求，未合理使用单体架构与微服务架构。商业风险会降低软件生存能力，包括企业形象、客户忠诚度、法律、财务，如黑客利用产品漏洞造成经济损失，敏感数据保护不达法律要求被起诉。

基于风险的测试通过识别风险，制定相应的测试策略，采取适用的测试计划和行动，减轻风险。对于软件测试管理，风险主要有产品风险和项目风险，前者指软件质量特性无法满足用户的合法要求，它从起因看待风险，如功能未实现，可靠性不达要求等；后者指风险一旦发生会对实现目标的能力产生消极影响，它从后果评价风险，如测试人员缺乏培训，未熟练掌握新测试工具等。

5.3.2 风险管理

风险管理是一个迭代过程，包括风险识别、风险分析和风险控制。风险识别常用技术手段包括专家咨询、独立评估、风险模板、项目回顾、风险研讨会、头脑风暴、过去的经验等。风险分析是评估识别出的风险以估计其影响和发生可能性的过程，应用综合定性分析与定量分析手段，评估结果常用风险级别描述，风险级别＝发生的可能性×影响的严重程度。核心工作是分析风险的来源，评估发生的可能性，分析风险一旦发生可能带来的影响，评估它的严重程度。风险控制常用方法包括①预防，通过预防手段减轻风险的可能性和/或影响；②应对，制订应急计划，降低风险发生后的影响；③转移，将风险转交给其他方处理，如汽车保险就是将风险转移给保险公司；④忽略并接受。

基于风险的测试通常采用深度优先与广度优先，前者依据风险优先级实施控制，如高风险的测试优先级更高，后者对已识别风险施加控制，如每个风险至少被覆盖一次。

5.3.3 基于风险的测试技术

基于风险的测试技术可分为轻量级与重量级，轻量级主要包括实用风险分析与管理PRAM、系统的软件测试SST、产品风险管理PRisMa，重量级主要包含危害分析HACCP、失效模式和影响分析FMEA、失效模式与影响以及危急程度分析FMECA、故障树分析FTA。因相关内容超出本书范围，此处不做深入讨论。

影响测试优先级的因素主要包括①风险的优先级；②需求的优先级；③被测件的使用概况，如使用频率、用户量占比、高严重等级缺陷占比等；④测试的投入产出比；⑤测试环境；⑥干系人的需求和期望。上述因素在项目实施过程中经常变化，所以应及时监督并控制，依据测试优先级合理分配工作量。随着测试工作量的累积，风险得到有效控制，显著提升组织对产品质量的信心。

5.3.4 最佳实践

基于风险的测试最佳实践包括：

①为已知的重要项目风险提供应急措施，合理计划并管理测试；

②以剩余风险的方式报告测试结果和项目状态，如哪些测试还未运行或已忽略、哪些缺陷还未修复或未再测试；

③严密监控当前最大的10个风险；

④根据剩余风险级别监控软件生命周期，做出是否发布产品的决策，做出是否增加资源或转移风险的决策；

⑤重要、高风险的功能、性能应在早期得到测试和控制，当时间或资源不足时能够保证高风险的覆盖，最大限度地降低风险，使得产品发布时信心更强。

5.4 测试管理概述

本节先梳理测试对相关干系人的影响，阐述测试与其他开发活动的关系，然后，讨论基于风险的测试管理，同时，介绍测试工作产品、测试度量与成本估算，以及缺陷管理。

5.4.1 基础知识

测试干系人与组织架构有关，通常包括产品经理、测试人员、项目经理、架构师、开发人员等。产品经理一般是项目发起人，测试人员需向其提供测试计划、测试报告。项目经理是大管家，批准测试计划并根据测试报告评估进度、耗费支出、风险等因素。架构师根据缺陷报告给出程序修改建议。开发人员依据缺陷报告修改程序。

软件测试是软件生命周期活动的一部分，因此，测试与开发活动及其工作产品相互影响，其中，密不可分的活动主要有：质量管理、需求工程和管理、项目管理、配置和变更管理、软件开发和维护、技术支持、编写技术文档。

软件开发模型刻画了各个活动之间的协同关系，常用软件开发模型中测试的作用如表 5-2 所示。

表 5-2 常用软件开发模型中测试的作用

序号	模型	说明
1	V 模型	将开发活动与测试活动分离，划分了多个测试级别，测试级别与相应的开发级别对应，关注验证和确认活动
2	螺旋模型	设计了多个迭代过程，每次迭代为一个瀑布模型
3	RUP 模型	每个阶段中包含多个小迭代，引入用户参与评审及开发
4	XP 模型	采用测试驱动开发，先设计验收测试
5	SCRUM 模型	通过用户故事 UserStory 快速响应用户需求，通常每个故事设计 2～3 个迭代，因用户故事之间交互测试工作量会随着故事数量呈指数增加，需提供自动化测试支持

除了单元测试、集成测试、系统测试、验收测试等测试级别，根据组织、项目和产品需求，可能需要补充对应测试级别，如硬件-软件集成测试，系统集成测试（针对综合系统），特性交互测试（如易用性测试、可靠性测试），客户产品集成测试（如综合系统的部分扩展与更新）。

为提高项目整体的投入效益，应将测试活动与其他生命周期活动整合，各测试阶段都应明确定义的要素，如表 5-3 所示。

表 5-3 测试阶段应定义的要素

序号	名称	说明
1	测试目标	如语句覆盖达到 100%，高优先级测试用例执行率 100%
2	测试范围和测试项	
3	测试依据	如可追溯性，以及衡量该基础覆盖率的方式
4	入口与出口准则	
5	测试交付物	如测试计划、测试报告、缺陷报告
6	测试技术	如集成测试采用基于属性的测试，系统测试采用蜕变测试
7	测度和度量标准	如基于结构的方法常用覆盖率，时间进度常用百分比
8	测试工具	如 Web 测试采用 selenium，变异测试采用 pitest
9	资源	如测试环境所需服务器、测试工具正版授权，测试团队内外部负责的个人与群体
10	标准和规范	如质量模型遵循 GB/T 25000.10，质保流程执行企业规范

5.4.2 工作产品

文档编制是测试管理的重要工作，GB/T 38634.3—2020 中列举了测试过程中产生软件测试文档的模板和示例，与测试过程对应，组织级测试过程文档主要有测试方针、组织级测试策略，管理过程文档主要包括测试计划、测试完成报告，动态测试过程文档主要包含测试设计规格说明、测试用例规格说明、测试规程规格说明、测试数据需求、测试环境需求、测试执行日志、事件报告等。

由此可见，软件测试主要工作产品为文档集。测试设计规格说明是测试分析过程的产品，核心是测试条件，它从每个待测特征的测试依据导出测试条件，是测试用例、测试规程的前提。测试用例规格说明是测试设计过程的产品，重点是逻辑测试用例，它标识了测试覆盖项，并依据测试方法和技术从测试条件导出测试用例。测试规程规格说明是测试实施过程的产品，关键是测试规程，它描述了测试用例的前置条件、后置条件，以及执行顺序。

部分文档容易望文生义产生误解。事件报告是记录测试期间识别的问题，因此也称为缺陷报告。实测结果是测试规程执行结果的记录。测试结果是特定测试用例是否通过的记录，即实际结果与预期值的比较结果。

5.4.3 测试估算

测试估算是测试管理的一项重要任务，它是对项目测试部分的成本、工作量、完成日期进行评估。GB/T 32911—2016 规定了软件测试成本的构成、度量过程，它将测试成本分为直接成本与间接成本，前者包括测试环境成本、测试工具成本、人工成本，后者包括办公成本、管理成本，通常后者不超过前者的 20%。

影响测试成本和时间的因素主要包括被测系统、物质、过程、人员。其中，被测系统因素包含系统规模、所要求的质量级别、组件交付时间等，物质因素包括开发环境、测试环境、敏感数据、项目文档、新工具、新技术、硬件、测试开发等，过程因素包括标准要求、文档要求、过程复杂度、测试策略、生命周期及成熟度、估算准确度等，人员因素有团队技能、态度和经验，以及管理层期望、稳定性、技术支持、组织规模分布、培训等。

常用测试估算技术包括历史经验、工作分解结构 WBS、三点估算法、宽带德尔菲法、功能点和测试点分析 TPA、公司标准和规范、测试占整个项目工作量的百分比、业界平均值和预估模型等。WBS 以可交付成果为导向，对项目要素进行分组、归纳和定义项目的整体工作范围，每下降一层代表对项目工作的更详细定义，最终，汇总每个工作包的工作量来估算项目整体工作量。三点估算法先给出最好 a、通常 m、最差 b 三种估算结果，然后，根据公式 $E=(a+4m+b)/6$ 得到估算值，既可以估算工作包，也可以估算项目。

5.4.4 测试度量

为对测试实施有效的监督和控制，需要定义一组测试度量来量化实际情况与预期情况的偏离程度，如测试用例数量、缺陷数量、每个测试用例平均执行时间等。不同的度量对象使用的测试度量也不尽相同，表 5-4 列举了常见测试度量。

表 5-4　常见测试度量

序号	测试度量	说明
1	项目度量	对照既定的项目出口准则，如测试覆盖率、测试用例执行率、通过率和失败率、剩余风险的级别和数量等，度量项目进展
2	产品度量	度量产品的某些属性，如测试充分程度和缺陷密度
3	过程度量	度量测试或开发过程的能力，如通过测试发现的每千行代码的缺陷数
4	人员度量	度量个人或小组的能力，如在给定时间内测试用例的实施情况

测试进度监督是测试度量最重要的任务之一。通常从产品风险、缺陷、测试、覆盖率和信心等方面度量测试进度，它们可以用于分析、报告和控制测试进度，表 5-5 给出了测试进度有关的度量。

表 5-5 测试进度有关的度量

序号	因素	测试度量	作用
1	产品风险	通过测试的完全覆盖的风险百分比 测试失败的风险百分比 还未完全测试的风险百分比 按风险类别划分的覆盖的风险百分比 在初次质量风险分析后识别的风险百分比	掌握风险状态
2	缺陷	已解决的缺陷总数/已报告的缺陷总数 严重缺陷占比 每个组件的缺陷数 失效的平均时间间隔或失效到达率 从报告缺陷到修复缺陷所需的时间 不同严重性的缺陷所需的修复时间 缺陷趋势分析或预估，如新缺陷、已解决缺陷、未成功解决缺陷的趋势图	获得测试是否有效、测试是否成功、产品是否稳定等结论
3	测试	测试通过率 测试失败率 测试用例执行时间 如需要，可根据测试优先级和软件组件分别统计	
4	覆盖率	功能点覆盖率 对话框覆盖率 状态覆盖率 风险覆盖率 环境与配置覆盖率 代码覆盖率 复杂度覆盖率	
5	信心	不同严重性的缺陷数量 缺陷状态： • 新缺陷 • 已定位引发缺陷的根本原因 • 已找到解决缺陷的方法 • 缺陷被验证已修复	软件成熟度

5.4.5 缺陷管理

通常使用静态分析识别缺陷，动态测试识别失效或有待改进的缺陷，这些失效和缺陷也应纳入缺陷管理，对它们进行跟踪，作为历史数据供日后参考。缺陷生命周期包含多种状态，如图 5-7 所示。

测试人员创建缺陷，测试经理将其置为开放状态，如果经开发人员观察后未被认可，那么测试经理拒绝缺陷，否则，交由开发人员进行分析、修改，如果再测试表明该缺陷仍然存在，测试人员将其标记为失败并再次交给开发人员处理，否则，关闭该缺陷。实践中，缺陷可能存在假阳性或假阴性，前者为无效缺陷，属于误报或重复报告，此类缺陷通常被关闭，后者是遗漏缺陷，属于漏报，此类缺陷通常不被报告和管理，往往在下一个测试级别甚至在交付后才被发现。

报告缺陷时应提供标识、分类和问题描述等信息。标识包括唯一编码、测试对象及其版本和适用平台、报告人、发现日期、负责修改的开发人员等；分类包括缺陷状态、严重程度、优

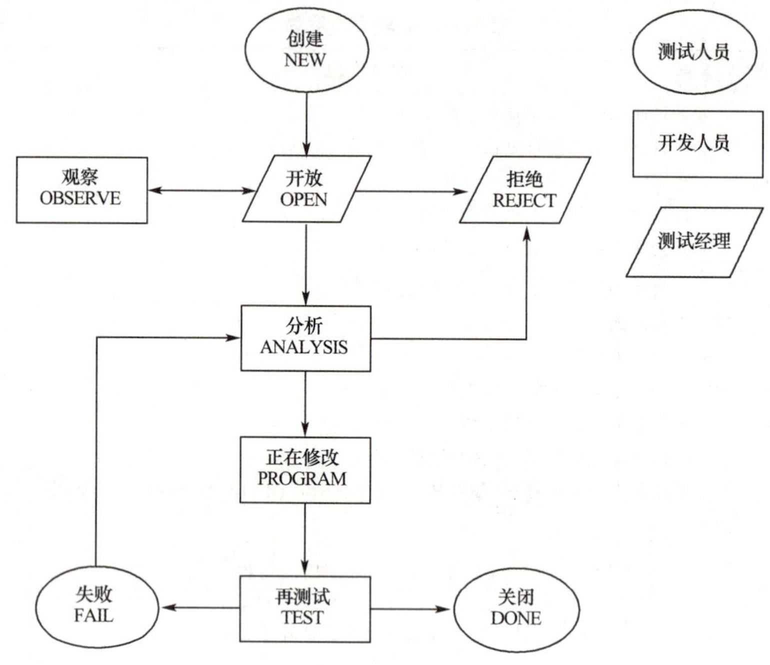

图 5-7 缺陷生命周期

先级、对应的需求标识、缺陷的根本原因、是否可复现等；问题描述包括测试用例说明、缺陷具体表现、相关人员的注释、修改方法、对其他缺陷报告的引用等。

缺陷分类可参考 GB/T 32422—2015，其他常用方法还包括按照缺陷来源分类、正交缺陷分类法 ODC、惠普 HP 缺陷分类等。

通常可以获得的缺陷度量包括缺陷严重程度、缺陷优先级、某个周期处于新建状态的缺陷数量、某个周期处于各种其他状态的缺陷数量等，它们对监控测试过程、管理风险具有重要作用。例如：统计各个状态的缺陷数量来评估测试进度；汇总各个模块不同严重程度的缺陷数量，结合代码规模来评估开发成熟度；分析软件生命周期各阶段引入的缺陷总数来指导缺陷的阶段遏制；运用不同严重程度缺陷从报告到移除的时间跟踪表来指导对项目管理的优化。

5.5 过程改进

质量是一组特性被满足的程度。软件产品是开发过程的结果，开发过程是将需求转化为软件产品的一系列活动，因此，过程质量与产品质量同样重要，甚至可以认为过程质量是产品质量的前提。

测试过程的改进使得原本无序、混乱的过程，逐步发展为成熟、可控的过程。改进测试过程可以提高产品质量、提高测试效率、优化测试资源。

5.5.1 改进过程模型

戴明循环 PDCA 是一种被广泛应用的改进过程，由贝尔实验室统计专家 Walter Shewhart 于 1930 年提出，它定义了计划 Plan、实施 Do、检查 Check 和行动 Act 四个阶段，如图 5-8 所示。

计划阶段明确质量诉求，确定方针、策略、质量目标等；实施阶段执行计划规定的内容；检查阶段评估实际结果与预期结果的偏离；行动阶段分析引起偏离的根本原因，采取相应措施，同时，将成功经验纳入规范，为今后提高过程质量做准备。四个步骤为一次循环，遗留问题带入下一次循环，迭代运行直到符合出口准则。

基于 PDCA，1996 年卡内基梅隆大学软件工程研究所提出了改进过程 IDEAL，它定义了启动 Initiating、诊断 Diagnosing、建立 Establishing、行动 Acting、学习 Learning，如图 5-9 所示。

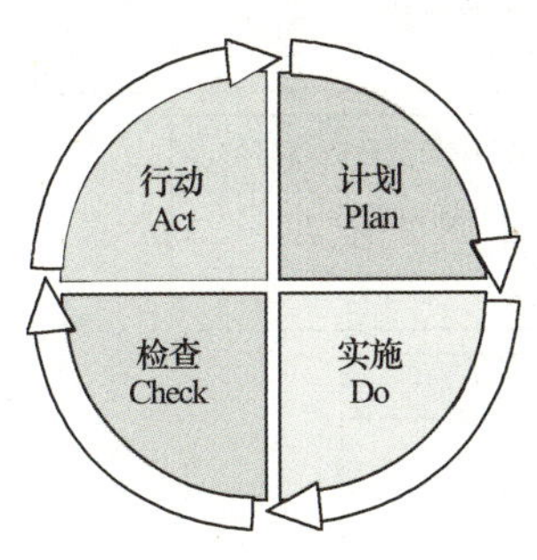

图 5-8 PDCA 改进过程模型

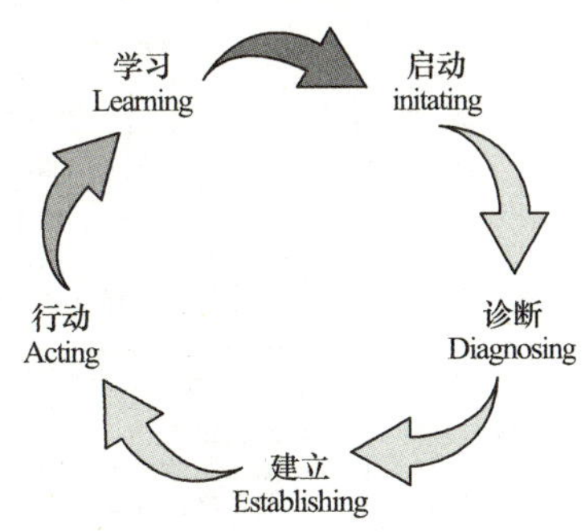

图 5-9 IDEAL 改进过程模型

启动阶段：明确相关利益者及其职责，采用的模型，设定目标、范围、覆盖等事项，以及评价改进是否成功的标准和方法；诊断阶段：评价现状，拟定改进清单；建立阶段：综合考虑组织策略、投资回报比 ROI、风险、收益等因素，设定优先顺序；行动阶段：培训使得参与人理解解决方案，方案试点运行，分解、扩展方案；学习阶段：验证方案有效性，检查改进是否成功，提出改善建议。

5.5.2 测试过程改进模型

改进过程模型，如 PDCA、IDEAL 等，属于通用技术，不仅可用于软件测试、软件开发，还可用于其他过程，如机械加工过程、火箭建造过程等。

测试过程改进模型，如测试成熟度模型集成（Test Maturity Model Integration，TMMI）、关键测试过程改进（Critical Testing Processes，CTP）等，属于专用技术，它们定义的过程域、关键测试过程、检查点、度量指标等内容只适用于软件测试过程。

需要注意的是，实践上两类模型可以组合使用，如运用 IDEAL 指导 TMMI、CTP 的过程改进评估程序。

根据有无路线图，测试过程改进可分为过程参考模型与内容参考模型，前者有路线图，严格按照特定顺序执行，通过与基准模型比较来评价组织的能力，如 TMMI 等模型；后者没有路线图，允许裁剪，依据实际需要对影响过程质量的关键过程加以改进，如 CTP、系统化测试和评估过程（Systematic Test and Evaluation Process，STEP）等模型。有些模型涵盖了过程模型与内容模型，如商业驱动的测试过程改进（Test Process Improvement，TPI NEXT）模型。

过程参考模型通常会对过程分级，因此，它们也称为阶梯型过程。内容参考模型往往以关键过程是否满足预设标准作为出口条件，所以，它们也称为持续型过程。

5.5.3 TMMI

伊利诺理工大学开发了测试成熟度模型(Test Maturity Model,TMM),它与能力成熟度模型CMM相关,TMM描述了软件组织5个测试成熟度等级的目标、子目标和行为特征,以及实施方法。TMMI是TMMi基金会开发的一个非商业化的、独立于组织的测试成熟度模型,它吸取了TMM和CMM的成功实践经验,建立更细节化的测试过程改进模型。TMMI模型如图5-10所示,自底向上成熟度不断提升。

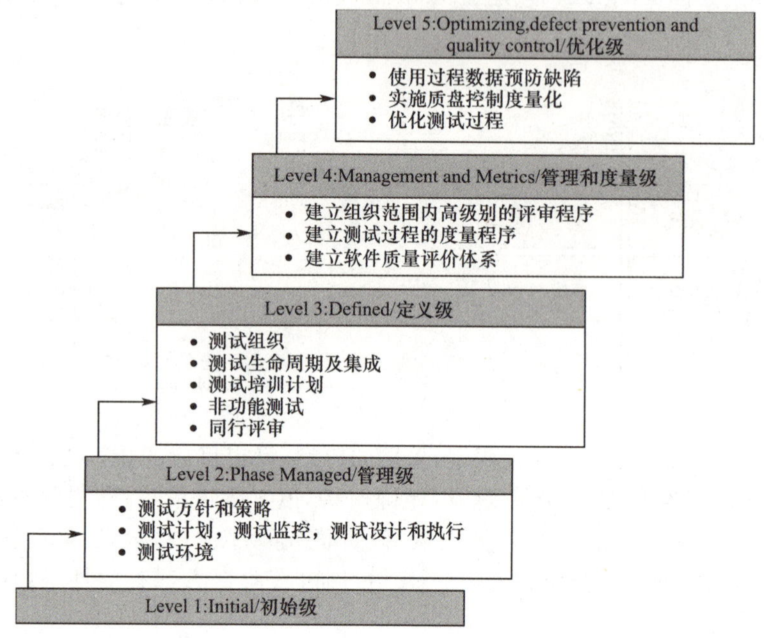

图5-10 TMMI模型

Level 1初始级,没有测试过程;Level 2管理级,有纪律的过程;Level 3定义级,标准化、一致的过程;Level 4管理和度量级,可预见的过程,建立度量指标,对产品质量、过程质量实施量化评价,为过程改进提供依据与参照;Level 5优化级,持续开展过程改进,不断优化测试过程。

TMMI定义了一组过程域,过程域由通用目标和特定目标组成,组织必须达到85%的过程域满足度,才能升级到更高等级。TMMI通过收集证据,依据评分标准对过程属性评级。TMMI评估方法主要包括计划、输入、活动、资源、时间表、职责、成功的标准、输出。评估形式可综合采用形式化评估和非形式化评估。

5.5.4 CTP

CTP由RexBlack于2000年提出,定义了11个关键测试过程,加上测试过程本身,一共12个关键测试过程,它们有助于实施能力评估过程,执行好坏会影响公司的利润和声誉。CTP将测试看作是计划、准备、执行、完善的系统质量评估活动。计划阶段:建立测试生命周期、质量规范、工作内容、利益相关者、个人期望以及团队价值之间的关联,分析质量风险,估算测试进度、成本,制订测试计划;准备阶段:发展测试团队的技术并提高凝聚力,开发测试系统;执行阶段:管理测试发布,执行测试;完善阶段:分析缺陷报告、结果报告,改进已有管理。

CTP为每个关键过程建立检查清单,指导具体实践。CTP评估使用的度量包括缺陷发现率、投资回报率、需求覆盖率、风险覆盖率、测试发布管理费用、缺陷报告拒绝率等。CTP评估以下质量因素：测试小组角色和效率，测试计划效用，测试小组测试水平、背景知识和技术，缺陷报告效率，测试结果报告效率，以及变更管理效率和平衡。

5.5.5 TPI NEXT

TPI NEXT 结构如图 5-11 所示，通过检查点评估关键域的成熟度，制定改进建议，向推动者争取改进预算及行政支持。

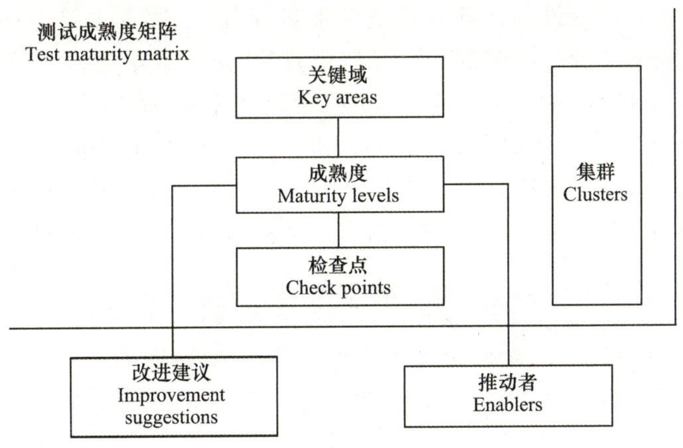

图 5-11 TPI NEXT 结构图

TPI NEXT 定义了 16 个关键过程域，如表 5-6 所示。

表 5-6 TPI NEXT 关键过程域

序号	过程域	分类
1	干系人承诺	干系人关系
2	介入程度	
3	测试策略	
4	测试组织	
5	沟通	
6	报告	
7	测试过程管理	测试管理
8	估算与策划	
9	度量	
10	缺陷管理	
11	测试件管理	
12	方法实践	测试专业能力
13	测试人员专业水平	
14	测试用例设计	
15	测试工具	
16	测试环境	

5.5.6 STEP

STEP 最初于 1985 年提出，它基于 IEEE 829 软件测试文档标准和 IEEE 1008 软件单元测试标准，是重要的软件活动评估模型。STEP 强调测试先行，遵循测试驱动开发思想，由测试件设计导出软件设计，要求测试人员和开发人员紧密协作。STEP 将过程改进分为三步：①策略计划，建立总体测试计划，开发详细测试计划；②获取测试工作产品，列出测试目标清单，设计测试，实现计划和设计；③度量行为，执行测试，检查测试集的充分性，评价软件和测试过程。评估采用定性的访谈和定量的度量与分析，后者主要包括测试需求和风险覆盖、缺陷趋势、缺陷密度、缺陷移除效率、缺陷发现率、测试成本等。

测试改进模型提供评估测试能力和改进测试的指导思想和方法。TMMI 和 TPI NEXT 提供了跨组织级别的度量并作为参照基准。CTP 聚焦在影响测试的关键过程，可灵活裁剪以达到快速有效。STEP 适用于敏捷开发，先测试后编码的测试模式。这些模型并非孤立的，实践中依据需要灵活组合，如 CTP 与 STEP 可以和 TPI NEXT 结合。

习题5

❶ 思考并描述典型的测试分析和设计的出口准则，解释满足这些准则对测试实施工作量的影响。考虑以下的出口准则：①所有的测试用例必须经过开发和测试团队的评审和批准；②项目团队认为该出口准则对于保持项目进度是关键因素；③测试出口准则来自哪个测试活动？满足该准则会如何帮助保持项目的进度？

❷ 解释测试过程中必须跟踪的各种信息类型，以进行足够的项目监控。

❸ 思考测试分析师为支持测试计划和控制过程而开展的活动有哪些？

❹ 思考分布在几个不同时区的测试团队，如何能在持续工作的测试环境下进行良好的沟通？

❺ 某项目计划为机场开发外汇交易 ATM，风险评估显示主要有 3 类风险：

①对视力有缺陷的用户而言，存在易用性方面的风险，因为操作过程中需要按照顺序查看带有小字体的几个界面。风险评估的结果：可能性为中等和影响程度为高；

②响应相对缓慢的风险，因为每笔交易都需要检查当前的外汇交易汇率。风险评估的结果：可能性为中等和影响程度为中等；

③计算正确性问题而导致累计误差的风险。风险评估的结果：可能性为低和影响程度为高；测试策略要求在系统测试中开展性能测试，用户验收测试中开展易用性测试，在每个测试级别进行正确性测试。项目的进度存在时间压力。

思考有哪些风险缓解的措施以及这些措施的优先级别？

第6章 软件测试的挑战

本章主要介绍机器学习、人工智能等测试新技术发展情况，突出创新能力培养。

随着机器学习、人工智能等新技术的兴起，进入5G/6G移动应用、万物互联的时代，新的软件应用环境、新技术改变了传统的软件形态，给软件测试带来新的挑战。围绕这些新型软件也给测试带来了新的机遇。

6.1 机器学习测试概述

当今信息技术的发展，面对新的软件应用环境，最为显著的变化是机器学习、人工智能等新技术的兴起，这些新技术甚至改变了传统的软件形态，给软件测试带来了新的挑战。通过阐述机器学习测试的基本概念，面临的挑战及机遇，使学生了解当前软件测试面临的前沿问题并具备初步的文献分析综合能力。

6.1.1 机器学习基本概念

近年来，机器学习（Machine Learning，ML）、数据挖掘和人工智能（Artificial Intelligence，AI）技术在软件系统中的应用迅速增长。此类应用的典型例子包括无人驾驶汽车、安全控制中的人脸识别和指纹识别、计算机集群操作中的工作负载模式学习、农业土壤监测、医疗保健、智能家居和智慧城市中的不同情景识别及动作规则学习等。

人工智能技术，尤其是机器学习，被广泛认为是解决底层计算问题的一种有前途的方案，它们已经部署在多个“产生环境”，还与机器人、物联网、大数据以及云计算紧密集成，应用于安全关键或任务关键系统中。

机器学习是一种人工智能技术，根据数据做出决策或预测。机器学习系统通常由以下元素或术语组成。

数据集：用于构建或评估机器学习模型的一组实例。在最顶层，这些数据可分为：

①训练数据：用来训练算法执行其任务的数据。

②验证数据：用于调整学习算法的超参数的数据。

③测试数据：用于验证机器学习模型行为的数据。

学习程序：开发人员为构建和验证机器学习系统而编写的代码。

框架：构建机器学习模型时使用的库或平台，如 Pytorch、TensorFlow、Scikit-learn、Keras、Caffe。

实例：记录对象信息的一段数据。

特征：被观察现象的可测量的特性或特征，用以描述实例。

标签：分配给每个数据实例的值或类别。

测试误差：实际条件与预测条件的差比。

泛化误差：任何有效数据的真实条件与预测条件之间的预期差值之比。

模型：经过学习的机器学习工件，对从训练数据、学习程序和框架中训练出来的决策或预测逻辑进行编码。机器学习有不同的类型。从训练数据特征来看，机器学习的类别和任务包括以下几种，如图 6-1 所示。

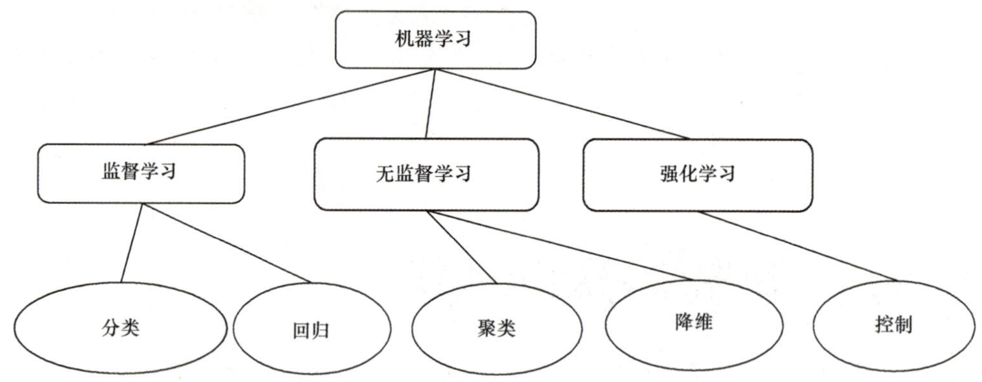

图 6-1　机器学习的类别和任务

监督学习(Supervised learning)：一种从带有标签的训练数据中获取知识的机器学习方法。它是使用最广泛的机器学习类型之一。

无监督学习(Unsupervised learning)：一种从不带标签的训练数据中获取知识的机器学习方法。它依赖于对数据本身的理解。

强化学习(Reinforcement learning)：根据已有的经验，采取系统或随机的方式，去尝试各种可能的行为，并通过环境反馈的奖赏来决定下一步的行为，从而不断强化获得更好奖赏的行为策略。

机器学习可以应用于以下典型任务：

①分类：为每个数据实例分配一个类别。例如，图像分类、手写识别。

②回归：预测每个数据实例的值。例如，温度、年龄、收入预测。

③聚类：将实例划分为同构区域。例如，模式识别、图像分割。

④降维：降低训练复杂度。例如，数据集表示、数据预处理。

⑤控制：通过控制行为来最大化奖励。例如，玩游戏。

图 6-1 显示了不同类别的机器学习与五种机器学习任务之间的关系。在这五个任务

中，分类和回归属于监督学习，聚类和降维属于无监督学习。强化学习被广泛用于控制行动，如控制 AIgame 玩家以最大化游戏代理的奖励。

此外，机器学习可以分为经典机器学习和深度学习。例如 Decision Tree、SVM、线性回归、朴素贝叶斯都属于经典机器学习。深度学习应用深度神经网络，该网络使用多层非线性处理单元进行特征提取和转换。典型的深度学习算法通常遵循一些广泛使用的神经网络结构，如卷积神经网络和循环神经网络。

6.1.2 机器学习测试

机器学习系统结构复杂，系统的行为和结果通常受到大量输入数据和复杂算法的影响，导致其结果具有一定的不确定性。比如一些人类无法发现的微小扰动就有可能导致神经网络出现相反的判断。

测试已被证明是一种揭露问题的有效方法，并可能有助于提高机器学习的可信度。例如，一种被称为 DeepXplore 的差分白盒测试技术（Differential White-box Testing Technique）揭示了深度学习应用于自动驾驶学习系统中数千种不正确的拐弯行为。

由于机器学习系统的统计特性，与传统软件系统相比存在本质和结构的不同。例如，机器学习系统本质上遵循数据驱动的编程范式，其中决策逻辑是通过机器学习算法架构下的训练数据的训练过程获得的。模型的行为可能随着时间的推移而变化，以响应频繁提供的新数据。尽管传统软件系统也是如此，但传统软件系统的核心潜在行为通常不会像机器学习系统那样，随着新数据的出现而改变。因此，传统的软件测试与机器学习测试有很多不同。

6.1.3 机器学习测试与传统软件测试的不同

传统的软件测试和机器学习测试在很多方面都有不同。为了理解机器学习测试的独特特性，表 6-1 总结了传统软件测试和机器学习测试之间的主要区别。

表 6-1 传统软件测试与机器学习测试之间的主要区别

特征	传统软件测试	机器学习测试
要测试的组件	code	data and code (learning program, framework)
被测行为	usually fixed	change overtime
测试输入	input data	data or code
测试预言	defined by developers	defined by developers and labelling companies
测试充分性标准	coverage/mutation score	unknown
检测到的 bug 假阳性	rare	prevalent
测试人员的角色	developer	data scientist, algorithm designer, developer

（1）要测试的组件（bug 可能存在的地方）：传统的软件测试检测代码中的 bug，而机器学习测试检测数据、学习程序和框架中的 bug，这些都在构建机器学习模型中扮演着重要的角色。

（2）被测行为：传统软件代码的行为通常在需求固定的时候是固定的，而机器学习模型的行为可能会随着训练数据的更新而频繁变化。

（3）测试输入：传统软件测试中的测试输入通常是测试代码时的输入数据；然而，在机器学习测试中，测试输入可能有更多的形式。请注意，这里将“测试输入”和“测试数据”的定义分开。特别地，这里使用"测试输入"来指代任何形式的输入，这些输入可以被用来进行机器学习测试；而"测试数据"专门指用于验证机器学习模型行为的数据。因此，机器学习测试中的测试输入可以但不限于测试数据。在测试学习程序时，测试用例可以是来自测试数据或训练集的单个测试实例；当测试数据时，测试输入可以是一个学习程序。

(4)测试预言：传统的软件测试通常假设存在一个测试指南。开发人员可以根据预期值对输出进行验证，因此通常预先确定预言。然而，机器学习被用于在线部署后，根据一组输入值生成答案。生成的大量答案的正确性通常是手工确认的。目前，测试预言的识别仍然具有挑战性，因为许多想要的属性很难正式指定。即使对于具体领域特定的问题，预言标识仍然是耗时和劳动密集型的，因为通常需要具体领域特定的知识。在目前的实践中，公司通常依靠第三方数据标签公司来获得手工标签，这可能是昂贵的。

(5)测试充分性标准：测试充分性标准用于对已测试的目标软件的程度提供定量度量。目前，业界提出了许多充分性标准，如路径覆盖率、分支覆盖率、数据流覆盖率等。然而，由于机器学习软件的编程范式和逻辑表示格式与传统软件有着根本的区别，需要考虑机器学习软件的特点，制定新的测试充分性标准。

(6)检测到的 bug 的假阳性：由于难以获得可靠的预言，机器学习测试倾向在报告的 bug 中产生更多的假阳性。

(7)测试人员的角色：机器学习测试中的 bug 可能不仅存在于学习程序中，还存在于数据或算法中，因此数据科学家或算法设计者也可以扮演测试人员的角色。

6.1.4 传统软件测试在机器学习测试中的局限性

软件测试是确保软件质量的有效手段。传统的软件测试技术大致分为以下四种类型，我们分析它们在机器学习测试中的适用性及表现出的局限性。

(1)基于软件规格的方法

在这种方法中，测试用例是根据被测软件的规格来设计的，测试结果是根据规格来检查的，而测试的充分性是根据软件指定功能的使用情况来衡量的。规格可以用①数学和正式符号表示；②半正式图形符号表示；③用于定义功能和非功能需求的自然语言表示。最后一种，使用结构化自然语言，是被广泛使用的。例如，在测试驱动开发方法中，功能需求是由用户描述指定的，测试用例以及/或可执行的测试代码是从软件功能的描述中产生的。这类用户阐述的格式，例如 JBehave，关注于用户-计算机交互，其中每一步都是简单的计算。相比之下，机器学习实现的计算通常要复杂得多。因此，像 JBehave 这样格式的用户描述对于派生测试用例和检查机器学习应用程序的测试结果是不够的。

正式和半正式的规格使自动测试和检查测试结果成为可能。然而，现有的形式化方法(如过程代数、Petri 网、状态图、Z 和 B 等)依赖基于状态的计算模型，这与博弈论、规则系统、启发式规则，基于信念、愿景和意图的模态逻辑的多智能体系统等人工智能算法的计算模型不匹配。所以，我们需要新的测试方法。

(2)基于程序的方法

在这种方法中，测试用例是从程序中派生出来的代码，测试的充分性是根据与各种充分性度量有关的程序代码的覆盖率来度量的。示例包括①控制流测试，以实现语句覆盖、分支覆盖和各种路径覆盖标准；②数据流测试，以满足 def-use 路径覆盖标准等；③谓词测试，以执行代码中的谓词(例如 if-then-else 语句中的布尔条件),以实现 Modified Condition/Decision Coverage (MC/DC)谓词覆盖标准;④变异测试,是另一种典型的基于程序的测试方法,在这种方法中,将 bug 注入程序代码中,以产生原始程序的变异,测试充分性由测试数据能够检测到的此类 bug 的百分比来衡量。

控制流和数据流测试方法只适用于可以用流程图建模的程序。因此,它们不能直接在神经网络和许多其他人工智能中应用。只有当代码包含谓词时,才能应用谓词测试。因此,它可能适用于测试决策树学习模型,但不适用于神经网络。变异测试技术依赖对代码中的错误的分析来开发一组变异操作符,这些操作符将错误插入代码中以生成变异。若变异测试应用于机器学习测试,那么就需要研究开发一套有意义的变异算子用于各种人工智能模型,以及度量神经网络测试充分性的有用指标。

(3)基于使用惯例的方法

在这种方法中,对系统的使用进行分析,以确定输入和输出空间,或更一般地说,人机交互。测试用例被设计用来探索输入/输出空间,例如,根据与空间的各个子域或空间中的某些类型的点相关的风险。概率模型经常被用来模拟用户的行为。例如,用户输入的概要文件可以用来为输入数据的概率分布建模。基于使用的测试技术的典型例子包括组合测试、GUI 探索性测试、随机测试、模糊测试和数据突变测试。

随机测试和模糊测试随机生成测试输入数据。对于结构简单的数据空间,它们是一种有效的技术,但对于结构高度复杂的输入空间,如人脸图像、图表、自然语言句子等,它们就不太适用了。这包括大多数人工智能应用。例如,自动驾驶 AI 软件,由于这些软件根据不同传感器(如摄像头、红外碍物探测器等)测量的环境来调整行为,因此可能的输入空间非常大。即使输入数据结构简单,但在计算复杂的情况下,对随机输入的测试结果的正确性检查可能是一个不平凡的问题。这也是大多数 AI 应用的情况。

组合测试关注的是这种情况下软件有大量的输入变量,而每个变量可以有相对较少的不同值。这将导致测试用例的组合爆炸。组合测试技术减少了测试的成本,同时通过设计覆盖组合子集的测试套件来保持测试的有效性,例如两两组合。有可能将这种技术用于测试某些具有高维输入空间的 AI 应用程序。

(4)基于误差的方法

在这种方法中,测试是基于对软件工程师经常犯的错误的良好理解。测试用例被设计用来检查产品中是否残留了这些错误。一个常见的编程错误是将边界条件移动或旋转一小部分。例如,在数组中搜索一个元素,经常会错过最后一个或第一个元素。因此,一种测试方法是选取子域的每条边界线上的测试数据以及边界附近的一些点。

由于机器学习应用程序是通过训练模型开发的,而不是通过传统的方式设计和编码,因此基于错误的测试技术几乎没有意义。虽然基于错误的测试原则是适用的,但许多研究问题仍然存在:训练机器学习模型中常见的错误是什么?这些错误将如何在最终产品中表现出来?测试用例如何检测到这些错误?

综上所述,传统的软件测试技术和方法无法应用于机器学习系统软件测试中。生成测试用例、检查测试结果的正确性以及度量测试的充分性都是困难且昂贵的。现有的测试技术和方法不能有效地检测出机器学习模型中的错误,从而不能保证软件产品的质量,需要新的测试方法和技术来考虑 ML/AI 应用程序及其开发过程的特定特征。

6.1.5 机器学习测试面临的挑战

机器学习测试经历了快速增长。然而，机器学习测试仍处于发展的早期阶段，面临着许多挑战和开放的问题。

(1)测试输入生成的挑战

尽管已经提出了一系列测试输入生成技术，但由于机器学习模型的行为空间宽泛，测试输入生成仍然具有挑战性。

基于搜索的软件测试生成(Search-Based Software Testing, SBST)使用一种元启发式优化搜索技术，如遗传算法，自动生成测试输入。它是一种测试生成技术，在传统软件测试范式的研究中被广泛使用。除了为测试功能属性(如程序正确性)生成测试输入外，SBST还被用于探索需求分析中算法公平性的紧张关系。SBST已成功应用于自动驾驶系统的测试。由于SBST与机器学习之间存在明显的拟合关系，应用SBST生成测试输入用于测试其他机器学习系统能够提供许多研究机会，SBST在输入空间中自适应搜索测试输入。

现有的测试输入生成技术主要是通过生成对抗输入来测试机器学习系统的健壮性。然而，对抗性的例子经常受到批评，因为它们不能代表真实的输入数据。

在自动驾驶场景下，已有研究试图生成尽可能自然的测试输入，如DeepTest、DeepHunter和DeepRoad，但生成的图像仍可能受到不自然的影响：有时人类甚至无法识别这些工具生成的图像。探索这种对人类毫无意义的测试数据是否应该在机器学习测试中被采用，这既有趣又具有挑战性。

(2)测试评估准则面临的挑战

对于不同的评估度量是如何相互关联的，或者这些评估度量是如何与测试的错误揭示能力相关联的，目前缺乏系统的评估，这是一个在传统软件测试中被广泛研究的话题。测试评估和测试充分性之间的关系仍不清楚。

(3)与预言问题有关的挑战

由于预言的问题，在机器学习测试中可能更具挑战性。即使没有不可靠的测试，预言也可能是不准确的，导致许多假阳性。因此，有必要探索如何产生更准确的测试预言，以及如何减少报告问题中的假阳性。在测试机器学习算法a时，我们可以使用机器学习算法b来学习如何检测假阳性预言。

(4)降低测试成本的挑战

在传统的软件测试中，成本问题仍然是一个大问题，因此开发了许多降低成本的技术，如测试选择、测试优先级和预测测试执行结果。在机器学习测试中，成本问题可能更严重，特别是在测试机器学习组件时，因为机器学习组件测试通常需要模型再训练或重复预测过程。它也可能需要数据生成来探索巨大的模式行为空间。

降低成本的一个可能的研究方向是将一个机器学习模型表示为一个中间状态，使其更易于测试。我们还可以应用传统的降低成本技术，例如测试优先级或最小化，以在不影响测试正确性的情况下减少测试用例的大小。

更多的机器学习解决方案被部署到不同的设备和平台(如移动设备、物联网边缘设备)。由于目标设备资源的限制，如何在不同设备上有效地测试机器学习模型以及部署过程也是一个挑战。

6.2 机遇及趋势

6.2.1 机器学习测试面临的机遇

在机器学习测试方面仍有许多研究机会。这些不一定是研究上的挑战，但可能极大地造福于机器学习开发人员和用户以及整个研究领域。

(1)测试更多的应用场景

当前的许多研究集中在监督学习，特别是分类问题上。在测试无监督和强化学习相关的问题上还需要更多的研究。目前文献中处理的测试任务主要集中在图像分类上。在其他领域，如语音识别、自然语言处理和 agent/game play，仍有令人兴奋的测试研究机会。

例如，迁移学习(Transfer Learning)是一个很受关注的话题，它集中于存储在学习过程中获得的知识问题。

(2)测试其他属性

可以看到，大多数的工作测试了健壮性和正确性，而相对较少有研究者对效率、模型相关性或可解释性进行研究。模型相关性测试具有挑战性，因为未来数据的分布通常是未知的，而许多模型的容量也是未知的，难以测量。为了测试效率，需要在不同的层次上进行，例如在不同的平台、机器学习框架和硬件设备之间切换时的效率。

为了测试属性可解释性，现有的方法主要依赖于手工评估，它检查人类是否能够理解机器学习模型的逻辑或预测结果，对于公平和可解释性的定义、理解缺乏共识。因此，有必要在不同的背景下进行更清晰的定义、形式化和实证研究。有一种讨论认为，机器学习测试和传统的软件测试对于不同的特性可能有不同的保证要求，因此，需要更多的工作来探索和识别那些对机器学习系统最重要的属性，值得更多的研究和测试工作。

(3)提供更多的测试基准

现有的机器学习测试研究论文已采用了大量的数据集。这些数据集通常是用于构建机器学习系统的。例如，一个包含真正 bug 的机器学习程序库将为 bug 修复技术提供一个很好的基准。这样，一个机器学习测试存储库，将扮演一个类似(并且同样重要)的角色，在传统的软件测试中由数据集(如 Defects4J18)所扮演的角色。

(4)覆盖更多的测试活动

由于机器学习算法的黑盒特性，与传统的软件测试相比，机器学习测试结果往往更难让开发人员理解。测试结果的可视化在机器学习测试中可能特别有帮助，可以帮助开发人员理解 bug，并帮助进行 bug 本地化和修复。

(5)机器学习系统的变异研究

已经有一些研究讨论了机器学习代码的变异，但还没有研究如何更好地设计机器学习代码的变异算子，使突变体能够更好地模拟真实世界的机器学习 bug。

6.2.2 软件测试发展新趋势

软件测试发展面临新的趋势，主要体现如下：

(1)敏捷化

无论是传统开发的测试,还是敏捷开发的测试,测试敏捷化都成为一种趋势。为此,2019 年初中国电子工业标准化技术协会信息技术服务分会(ITSS)发布了《测试敏捷化白皮书》。测试敏捷化有助于企业持续改进各种测试实践,快速反馈软件质量,提升测试效率,实现自我驱动、灵活赋能、加速价值交付、高效稳定的目标,具体表现为:

①测试左移,加强需求评审、设计评审,推行验收测试驱动开发(ATDD),以及测试驱动设计,让开发做更多的测试,至少做好单元测试和代码评审;

②测试右移,开展在线测试(含性能、安全、易用性、可靠性)、日志/数据分析,反向改进产品;

③激发软件交付和运维团队全员的测试主观能动性,与需求、开发和运维等工作相互促进,使测试成为驱动交付质量与效率持续提升的最主要力量之一。

(2)智能化

如今互联网、存储能力、技术能力和大数据将 AI 推向第三次浪潮,AI 能够服务其他行业,自然能够服务于测试,而且在上述自动化、云化、服务化的基础上,容易收集更多的研发数据,并构建统一的代码库,把所有的代码放在一起更有利于机器学习,使 AI 能更好地发挥作用,包括测试数据的自动生成、自主操控软件、缺陷和日志的智能分析、优化测试分析与设计等。例如,Eggplant AI 导入已有测试资料创建模型、使用智能算法选择最佳测试集运行测试,基于模型算法能最大程度减少构建与维护的成本,其测试覆盖率与之前相比也提高很多。

另外,人机交互智能更有价值,不能完全依靠机器,未来的测试机器人是需要人去训练的,即相当于把测试工程师的经验和知识、对业务流程和业务场景的理解赋能给机器人。现在人类可以给工具做按钮、菜单、文字、图标的识别训练,但这些工具还不能真正认知业务流程。未来基于知识图谱和 MBT 的发展,在特定的业务领域可以帮助计算机提高认知,实现从感知智能向认知智能演化,让测试机器人对业务有良好的认知能力,这才算是实现真正意义上的智能测试。

(3)服务化

让软件测试成为一种服务,简单地说,就是让所有的测试能力可以通过 API 来实现,构建测试中台。例如,腾讯公司 WeTest 事业部已经建立较完整的测试中台服务,任何研发人员均可以按需自动获取测试的能力,这样也使研发人员愿意做更多的测试,实现测试左移。

习题6

❶ 请查阅及整理相关文献,用 500 字简述以机器学习算法为主的应用软件面临的主要挑战有哪些?

❷ 请查阅及整理相关文献,用 500 字简述以机器学习算法为主的应用软件测试与传统软件测试的不同点有哪些?

❸ 请查阅及整理相关文献,针对人工智能软件,列举最新的软件测试工具有哪些?并阐述其使用范围及分析其优缺点。

实践篇

第 7 章　基于结构的测试实践

7.1　测试环境

本章介绍基于代码结构测试的实践案例所需的测试环境安装和配置，包含静态测试软件 Understand，集成开发环境 Eclipse＋JDK 和突变测试框架 Pitest。

7.1.1　Understand

Understand 是一款定位于代码阅读，可以用来静态测试的软件，可以在界面中看到类的信息，具有代码语法高亮、代码折叠、交叉跳转、书签等基本阅读功能。

Understand 下载与安装介绍如下。

(1)下载链接

软件可到 Understand 官网(https://www.scitools.com)下载。

(2)安装流程

打开下载的可执行文件。安装界面如图 7-1 所示，安装完成界面如图 7-2 所示。

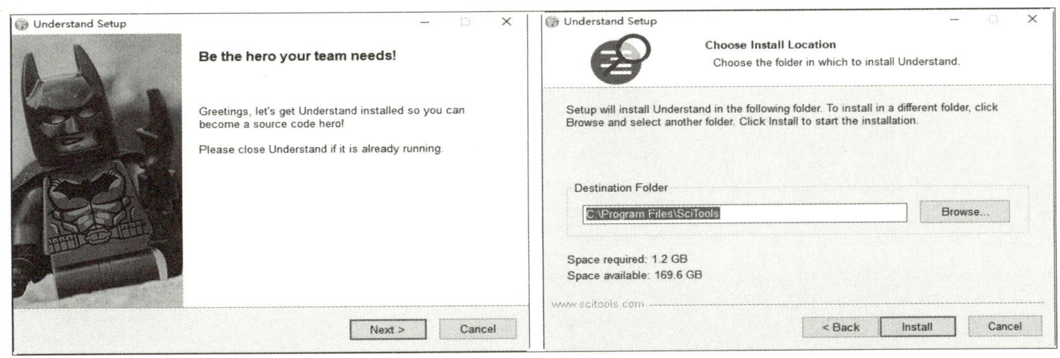

图 7-1　安装界面

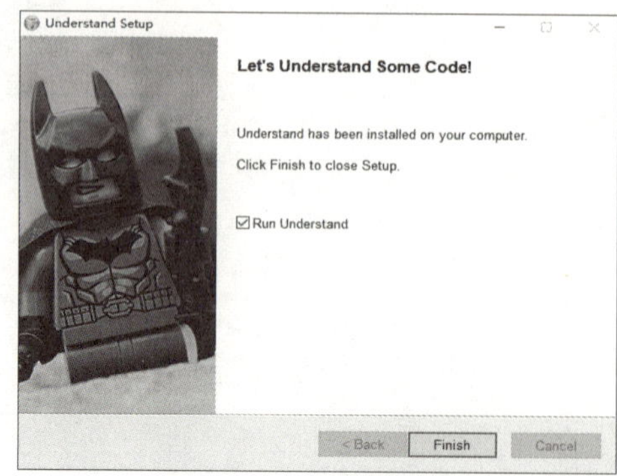

图 7-2　安装完成界面

7.1.2　JDK

实践案例的集成开发环境是 Eclipse，Eclipse 需要 JDK，本书中 JDK 版本为 1.8，Eclipse 版本为 2020-03。

1. JDK 下载与安装

(1)下载链接

进入官网(https://www.oracle.com/java/technologies/downloads/archive/)下载对应版本的 JDK，如图 7-3 所示。

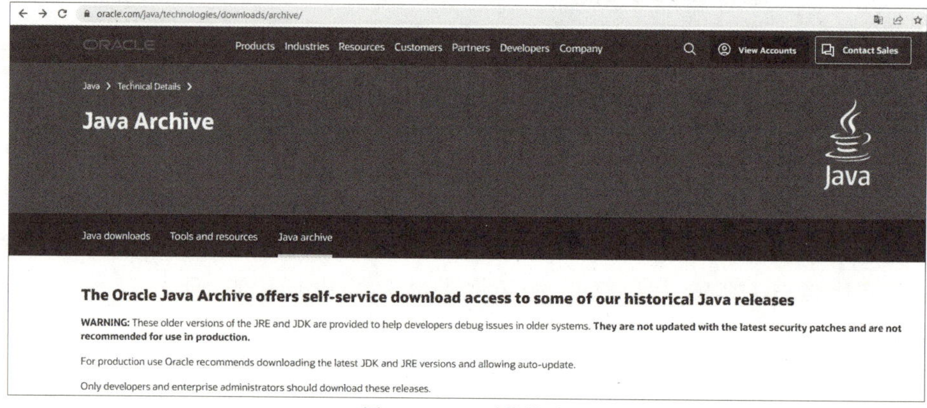

图 7-3　JDK 下载首页

下滑页面，下载 Java SE 8，如图 7-4 所示。

Java SE
GraalVM
Java EE
Java ME
JavaFX

Java SE

Java Client Technologies
Java 3D, Java Access Bridge, Java Accessibility, Java Advanced Imaging, Java Internationalization and Localization Toolkit, Java Look and Feel, Java Media Framework (JMF), Java Web Start (JAWS), JIMI SDK

Java Platform Technologies
Java Authentication and Authorization Service (JAAS), JavaBeans, Java Management Extension (JMX), Java Naming and Directory Interface, RMI over IIOP, Java Cryptography Extension (JCE), Java Secure Socket Extension

Java Cryptography Extension (JCE) Unlimited Strength Jurisdiction Policy Files
The Java Cryptography Extension enables applications to use stronger versions of cryptographic algorithms. JDK 9 and later offer the stronger cryptographic algorithms by default.

The unlimited policy files are required only for JDK 8, 7, and 6 updates earlier than 8u161, 7u171, and 6u181. On those versions and later, the stronger cryptographic algorithms are available by default.

JVM Technologies
jvmstat

Java SE downloads
- Java SE 20
- Java SE 19
- Java SE 18
- Java SE 17
- Java SE 16
- Java SE 15
- Java SE 14
- Java SE 13
- Java SE 12
- Java SE 11
- Java SE 10
- Java SE 9
- Java SE 8 (8u211 and later)
- Java SE 8 (8u202 and earlier)
- Java SE 7

图 7-4　Java SE 8

(2)安装流程

安装流程如图 7-5 至图 7-8 所示。

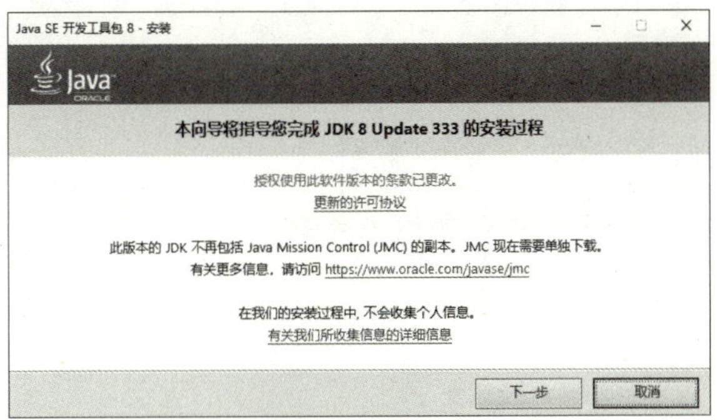

图 7-5　安装 1

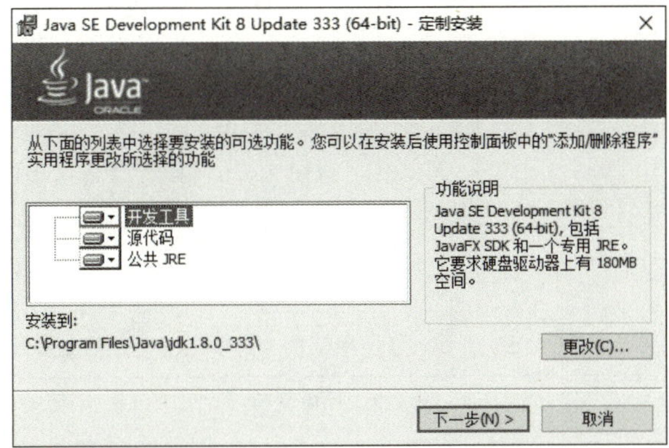

图 7-6　安装 2

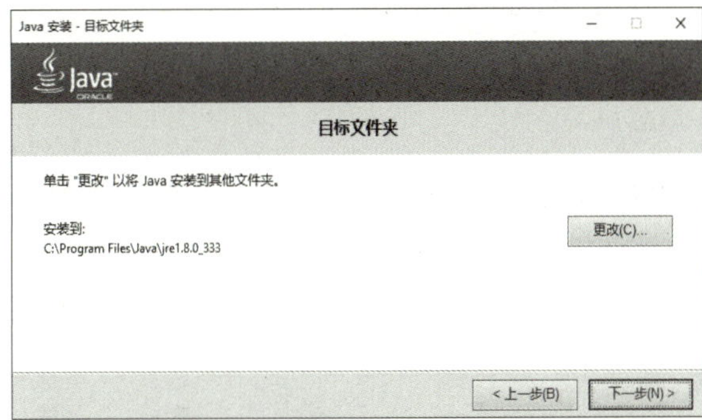

图 7-7　安装 3

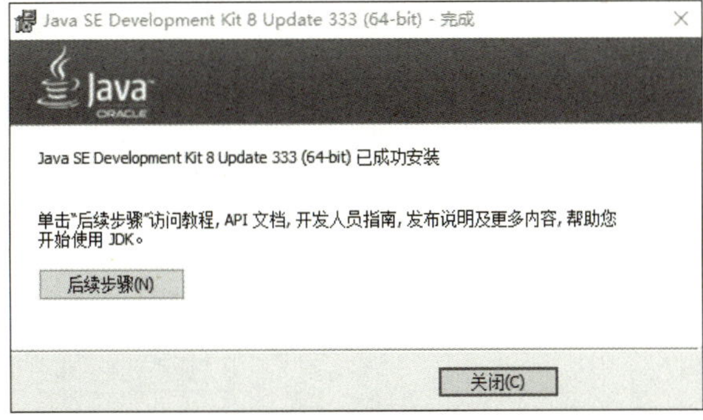

图 7-8　安装完成

2. JDK 配置

(1)右击我的电脑(此电脑)→属性→高级系统设置→环境变量。如图 7-9 所示。

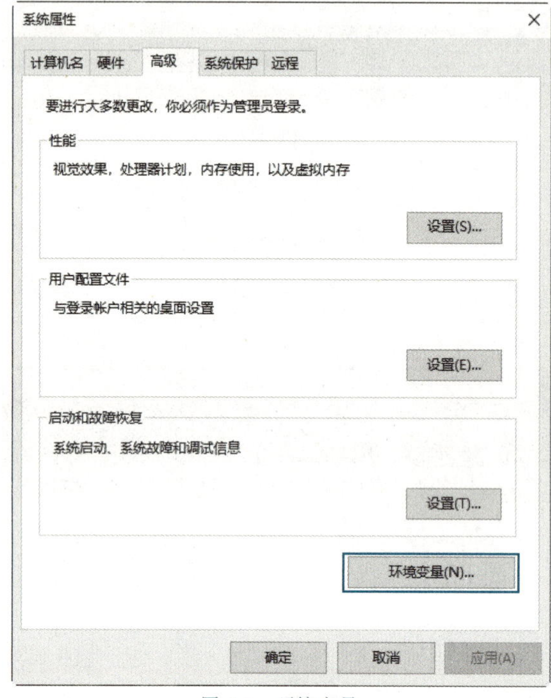

图 7-9　环境变量

(2)配置环境变量

在系统变量中新建一个变量,如图 7-10 所示。

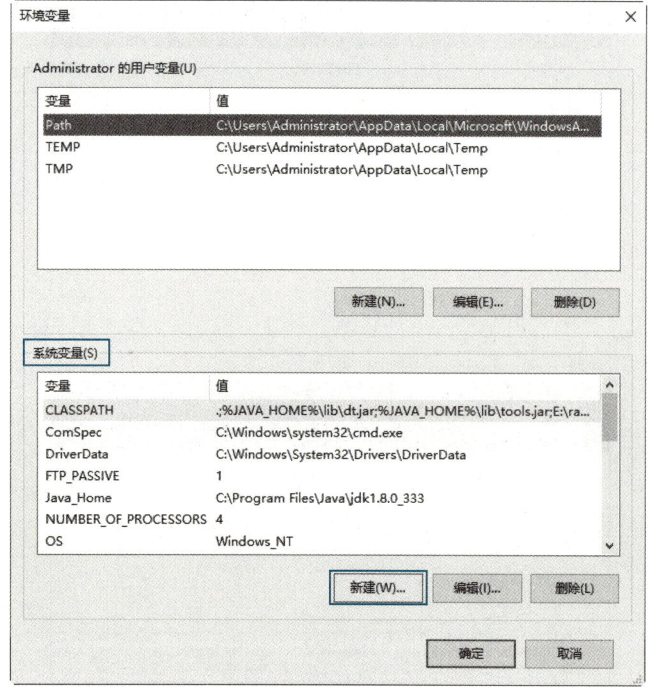

图 7-10　新建变量

变量值为 JDK 的安装路径,如图 7-11 所示。

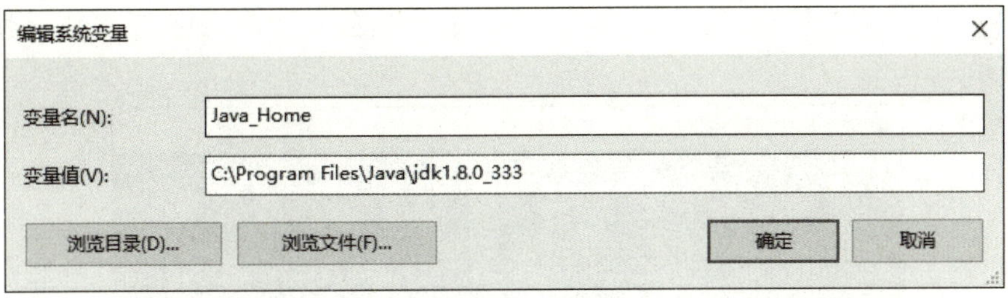

图 7-11　安装路径

在系统变量中找到 Path(如果没有就新建一个),加入以下两行变量,如图 7-12 所示。

①变量 1:%Java_Home%\bin

②变量 2:%Java_Home%\jre\bin

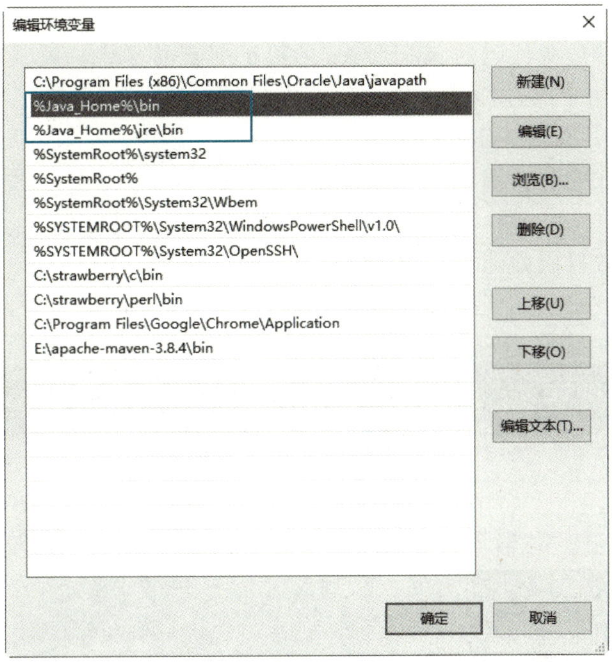

图 7-12　Path

在系统变量中找到 CLASSPATH(如果没有就新建一个),添加变量,如图 7-13 所示。

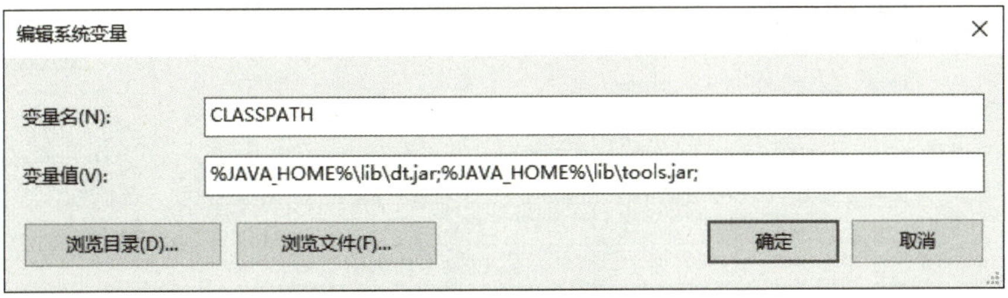

图 7-13　CLASSPATH

变量名:CLASSPATH

变量值:.;%JAVA_HOME%\lib\dt.jar;%JAVA_HOME%\lib\tools.jar;

单击“确定”按钮,配置完成。

(3)验证 JDK 配置是否成功

打开 cmd(命令提示符),输入 java -version,显示当前安装的 JDK 版本则配置成功,如图 7-14 所示。

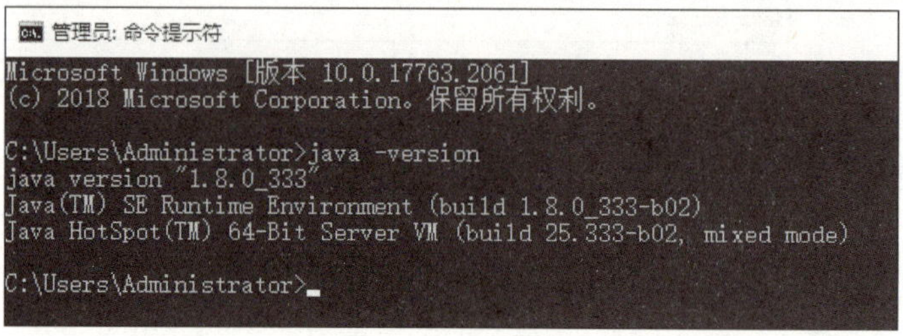

```
管理员: 命令提示符
Microsoft Windows [版本 10.0.17763.2061]
(c) 2018 Microsoft Corporation。保留所有权利。

C:\Users\Administrator>java -version
java version "1.8.0_333"
Java(TM) SE Runtime Environment (build 1.8.0_333-b02)
Java HotSpot(TM) 64-Bit Server VM (build 25.333-b02, mixed mode)

C:\Users\Administrator>_
```

图 7-14　测试配置

7.1.3　Eclipse

Eclipse 是一个开放源代码的、基于 Java 的可扩展开发平台。就其本身而言,它只是一个框架和一组服务,用于通过插件组件构建开发环境。Eclipse 附带了一个标准的插件集,包括 Java 开发工具(Java Development Kit,JDK)。

Eclipse 的下载和安装介绍如下。

(1)下载链接

Eclipse 官网下载界面如图 7-15 所示。

Eclipse 与 IntelliJ IDEA 是流行的 IDE,本书使用 Eclipse。

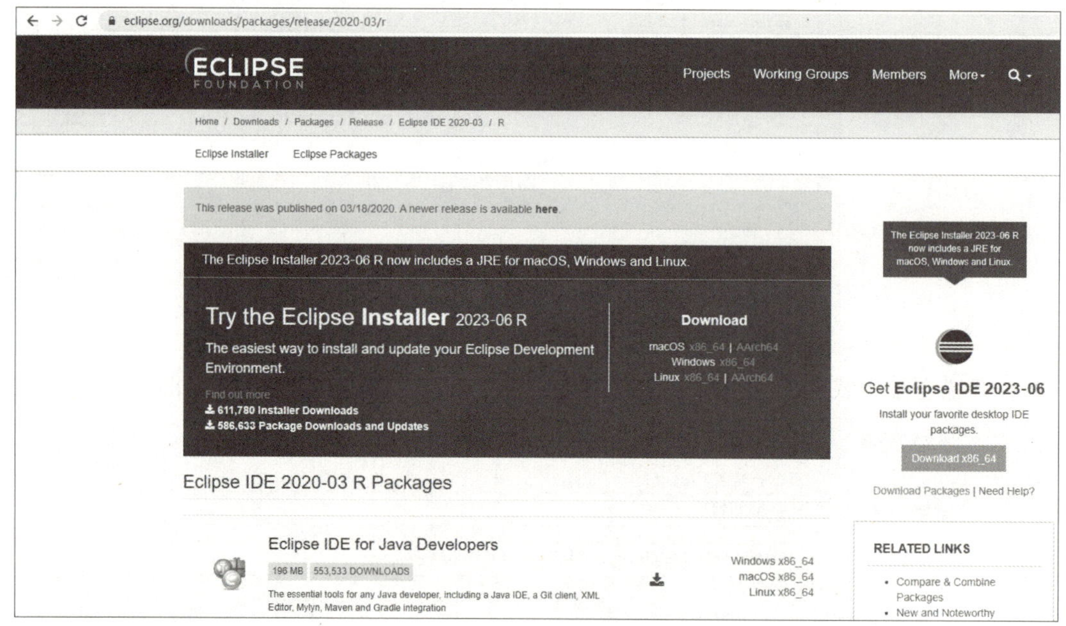

图 7-15　Eclipse 官网下载界面

(2)安装流程

下载完成后,解压压缩包,如图 7-16 所示。

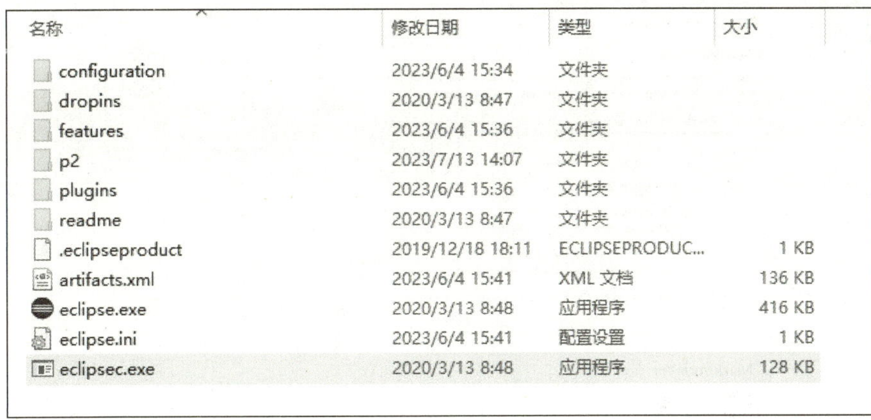

图 7-16　解压压缩包

双击可执行文件,启动 Eclipse,如图 7-17 所示。

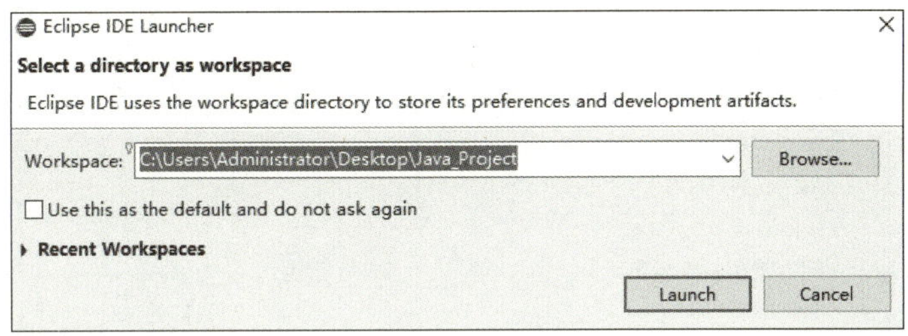

图 7-17　启动 Eclipse

7.1.4　Pitest

Pitest 是一个变异测试框架,Java 变异测试工具可在 Eclipse 的 market 中安装。要注意的是在变异测试中 Eclipse 插件和 JDK 版本可能影响执行。

Pitest 下载与安装介绍如下。

(1)打开 Eclipse,单击 Help/Eclipse Marketplace wizard,如图 7-18 所示。

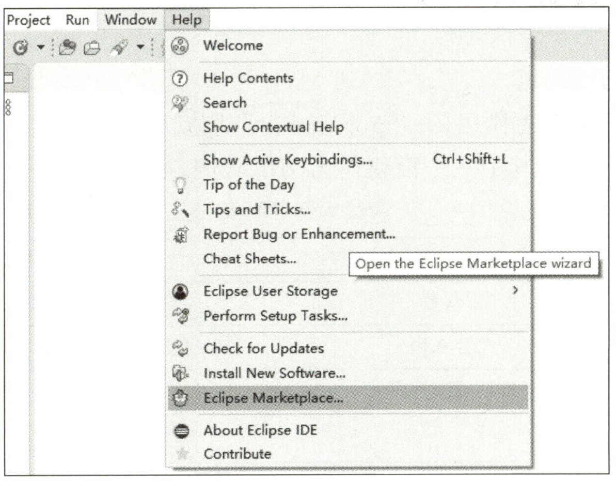

图 7-18　Eclipse Marketplace wizard

(2)下载安装 PIT:搜索 PIT/install,如图 7-19 所示。

(3)安装完成:PIT 安装后要重启 Eclipse。如图 7-20 所示。

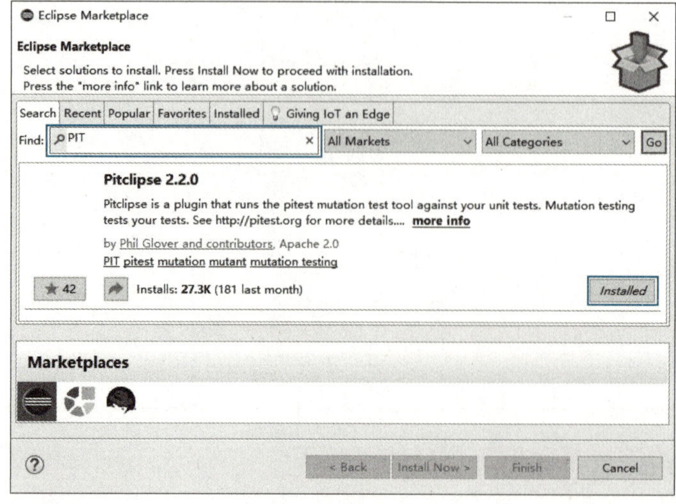

图 7-19　下载并安装 PIT

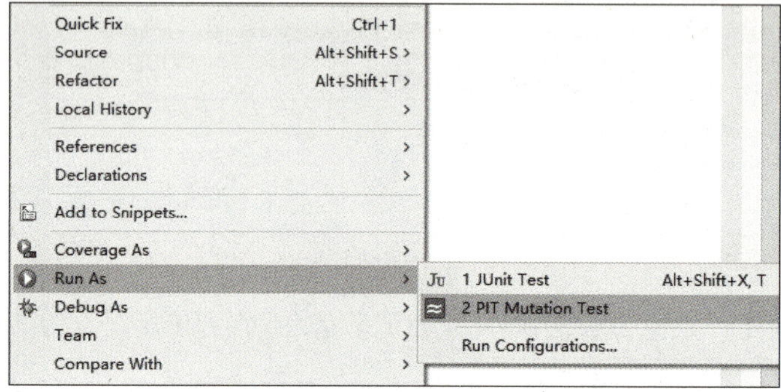

图 7-20　安装完成

7.2　静态测试

静态分析

1. 测试实例说明

测试对象来自开源算法代码库 Algorithm，可从以下地址下载：https://github.com/TheAlgorithms/Java，选取其中三个模块作为测试实例，如表 7-1 所示。

表 7-1　测试实例说明表

模块	功能	测试需求/测试要点
Mode	求众数	程序能够计算数组中的众数
BinarySearch	二分查找	程序能够在已排序的数组中查找目标值
CocktailShakerSort	双向冒泡排序	程序能够对数组中的元素进行排序

2. 控制流分析

（1）Mode 函数

查看 Mode 函数控制流图，如图 7-21 所示。

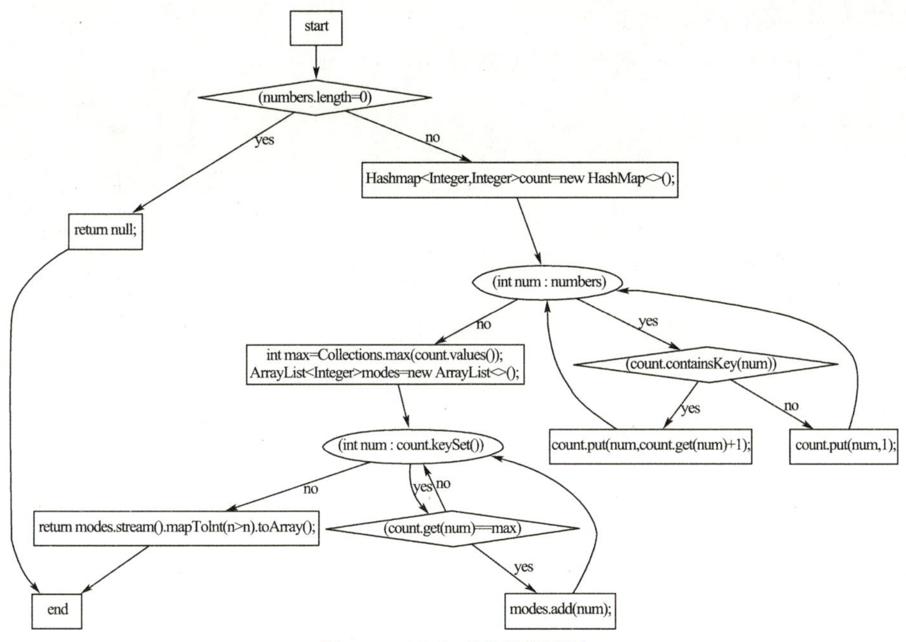

图 7-21　Mode 函数控制流图

(2)BinarySearch 函数

查看 BinarySearch 函数控制流图,如图 7-22 所示。

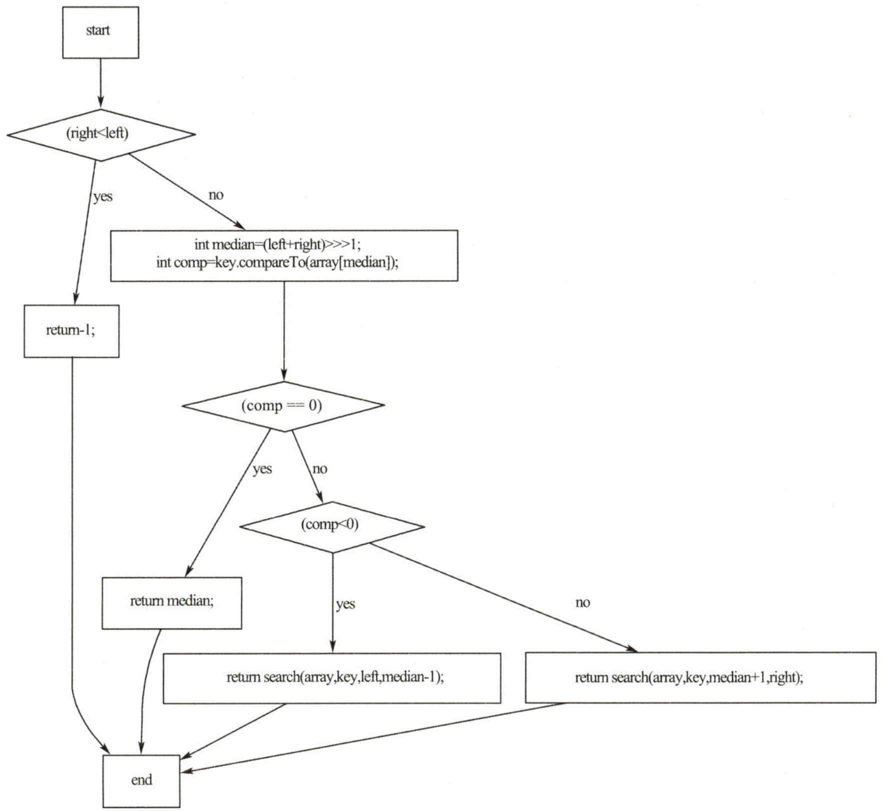

图 7-22　BinarySearch 函数控制流图

(3)CocktailShakerSort 函数

查看 CocktailShakerSort 函数控制流图,如图 7-23 所示。

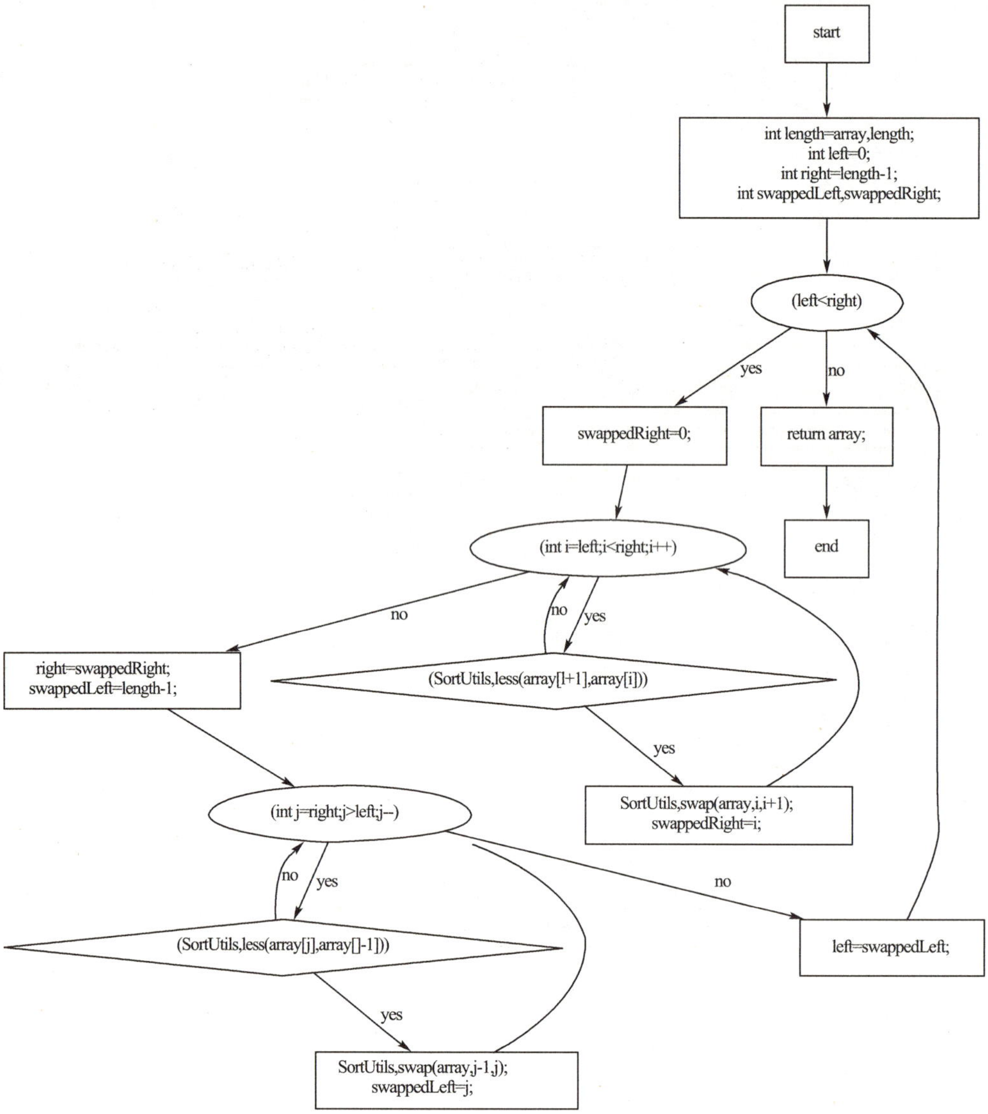

start
int length=array,length;
int left=0;
int right=length-1;
int swappedLeft,swappedRight;
(left<right)
yes
no
swappedRight=0;
return array;
end
(int i=left;i<right;i++)
no
no
yes
right=swappedRight;
swappedLeft=length-1;
(SortUtils,less(array[l+1],array[i]))
yes
SortUtils,swap(array,i,i+1);
swappedRight=i;
(int j=right;j>left;j--)
no
yes
no
(SortUtils,less(array[j],array[]-1]))
left=swappedLeft;
yes
SortUtils,swap(array,j-1,j);
swappedLeft=j;

图 7-23　CocktailShakerSort 函数控制流图

3. 代码质量分析

(1)主要指标

单击 Metrics/Export Metrics 导出菜单项,如图 7-24 所示。

TheAlgorithms.und - Project Overview - Understand Offline - (Build 1112)
File Edit Search View Project Architectures Metrics Graphs Checks Annotations Tools Compare Window Help
Browse Metrics
Export Metrics
Metrics Treemap
Project Browser
File Sync
Conversions
DataStructures
DynamicProgramming
Understand™
by SciTools

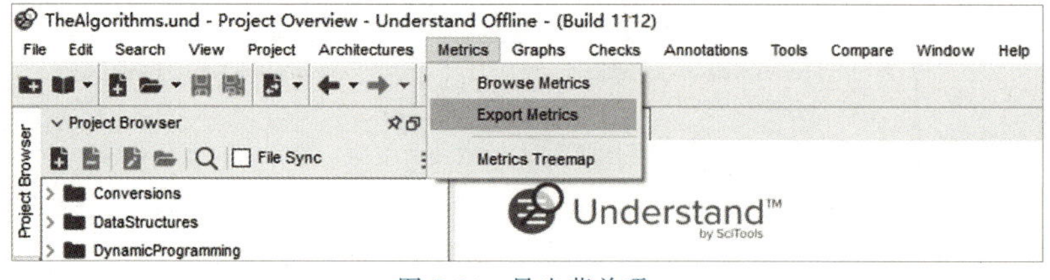

图 7-24　导出菜单项

选择代码注释率(RatioCommentToCode)、最大圈复杂度(MaxCyclomatic)、平均圈复杂度(AvgCyclomatic)、代码行数(CountLine)、嵌套深度(MaxNesting)、继承深度(MaxInheritanceTree)导出,文件类型为 csv,设置保存位置,如图 7-25 所示。

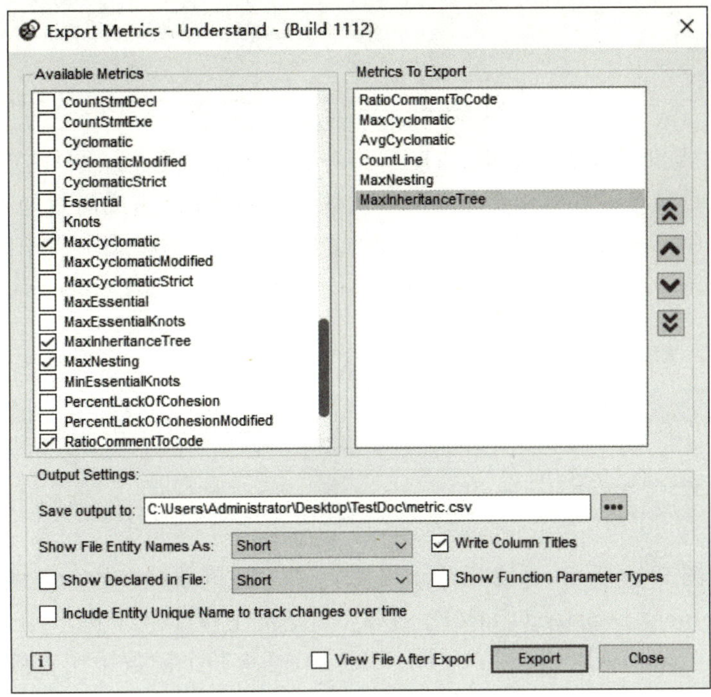

图 7-25　导出质量指标

代码质量报表如图 7-26 所示,第 1 列为类型(Kind),说明元素的类型,如 Package 软件包、File 文件、Public Class 公有类、Private Static Class 私有静态类、Public Method 公有方法、Private Method 私有方法、Public Constructor 公有构造函数等,第 2 列为元素名称(Name),后续列为指标值,如第 3 行表示文件 AES. java,代码注释率为 0. 37,最大圈复杂度与平均圈复杂度分别等于 5 和 2,共 626 行代码。

	A	B	C	D	E	F	G	H
1	Kind	Name	RatioCommentToCode	MaxCyclomatic	AvgCyclomatic	CountLine	MaxNesting	MaxInheritanceTree
2	Package	(Unnamed_Package)	0.31	12	3	1166	4	
3	File	AES.java	0.37	5	2	626	2	
4	File	AESEncryption.java	0.94	2	1	110	1	
5	File	AVLTree.java	0.03	7	3	224	4	
6	Package	A_Star	0.43	6	1	179	4	
7	Public Class	A_Star.A_Star	0.41	6	3	171	4	1
8	Private Static Class	A_Star.A_Star.Edge	0	1	1	23	0	1
9	Public Constructor	A_Star.A_Star.Edge.Edge	0			5	0	
10	Public Method	A_Star.A_Star.Edge.getFrom	0			3	0	
11	Public Method	A_Star.A_Star.Edge.getTo	0			3	0	
12	Public Method	A_Star.A_Star.Edge.getWeight	0			3	0	
13	Private Static Class	A_Star.A_Star.Graph	0.19	2	1	22	1	1
14	Public Constructor	A_Star.A_Star.Graph.Graph	0			6	1	
15	Private Method	A_Star.A_Star.Graph.addEdge	0			4	0	
16	Private Method	A_Star.A_Star.Graph.getNeighbours	0			3	0	
17	Private Static Class	A_Star.A_Star.PathAndDistance	0.12	2	1	31	1	1
18	Public Constructor	A_Star.A_Star.PathAndDistance.PathAndDistance	0			5	0	
19	Public Method	A_Star.A_Star.PathAndDistance.getDistance	0			3	0	
20	Public Method	A_Star.A_Star.PathAndDistance.getEstimated	0			3	0	
21	Public Method	A_Star.A_Star.PathAndDistance.getPath	0			3	0	
22	Private Method	A_Star.A_Star.PathAndDistance.printSolution	0			6	1	
23	Public Static Method	A_Star.A_Star.aStar	0.44			34	4	
24	Lambda Method	A_Star.A_Star.aStar.(lambda_expr_1)	0			1	0	
25	Private Static Method	A_Star.A_Star.initializeGraph	5.2			32	1	
26	Public Static Method	A_Star.A_Star.main	0.06			20	0	
27	File	A_Star.java	0.43	6	1	179	4	
28	File	AbsoluteMax.java	0.58	3	2	34	2	

图 7-26　代码质量报表

(2)编码规范检测

单击 Checks/Open CodeCheck,打开编码规范检测菜单项,如图 7-27 所示。

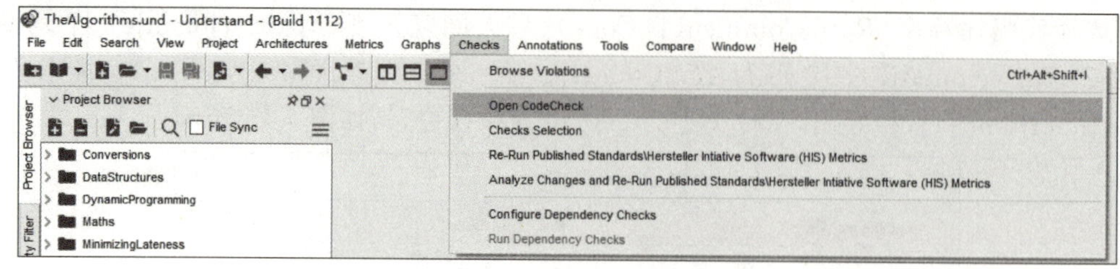

图 7-27 编码规范检测菜单项

Understand 提供了多个规则集。Hersteller Initiative Software(HIS) Metrics 定义了一组有关代码质量的关键度量维度集及相应的阈值,用以确保达成高效的项目和质量管理目标。它最初是由几家大型汽车制造商定义的,为开发更高质量和更易于维护的汽车系统代码提供了一个统一的标准。单击 Inspect,进行规则检测,如图 7-28 所示。

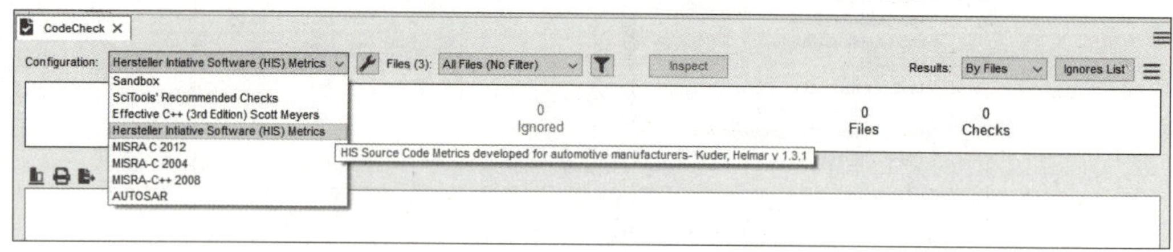

图 7-28 选择规则集 HIS

检测结果如图 7-29 所示,冲突项共计 753 个,其中违例数最多的六条规则分别是:

规则 1:Comment Density (COMF)-HIS_01,是指注释行相对于指令行比例较低。

规则 2:Recursion (AP_CG_CYCLE)-HIS_12,是指某个函数采用直接递归,违反安全规范。

规则 3:Language scope(VOCF)-HIS_11,是指维护/修改函数的成本较高。

规则 4:Called Functions (CALLS)-HIS_06,是指函数调用了太多其他函数。

规则 5:Number of call levels(LEVEL)-HIS_09,是指函数内的嵌套深度过高。

规则 6:VOCF too high,VOCF 是 Vocabulary Frequency 的缩写,该指标是指组件中单词出现的平均次数,VOCF=(N1+N2)/(n1+n2),其中 N1 指出现的操作符数量,N2 指出现的操作数数量,n1 指不同的操作符数量,n2 指不同的操作数数量,too high 表明组件中同一变量被使用了太多次,代码的健壮性不高。

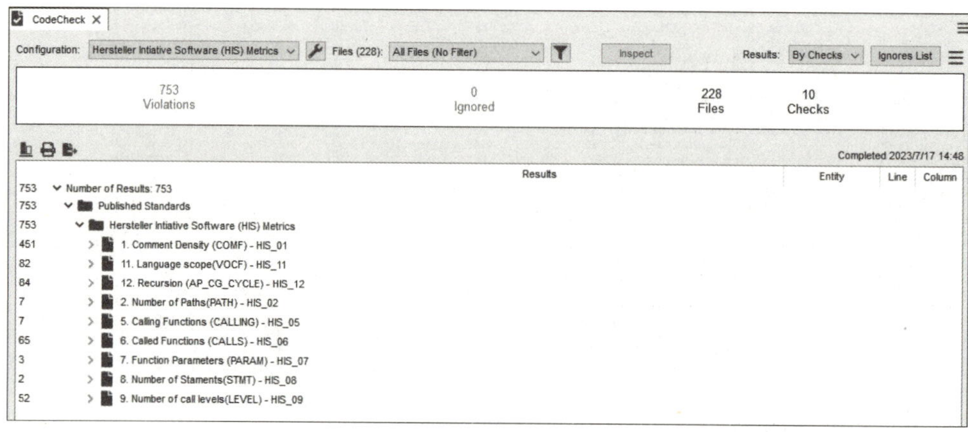

图 7-29 检测结果

4. 测试结果

（1）测试分析主要指标，如表 7-2 所示。

表 7-2　测试分析主要指标

函数	代码注释率	最大圈复杂度	平均圈复杂度	代码行数	嵌套深度	继承深度
Mode	0.39	6	2	59	2	/
BinarySearch	0.7	4	1	91	1	/
CocktailShakerSort	0.42	6	3	57	3	/

（2）规范检测结果

①Mode 函数共 4 个冲突项，归属 3 条规则，分别是：Comment Density Too Low、Calling too many functions、VOCF too high，如图 7-30 所示。

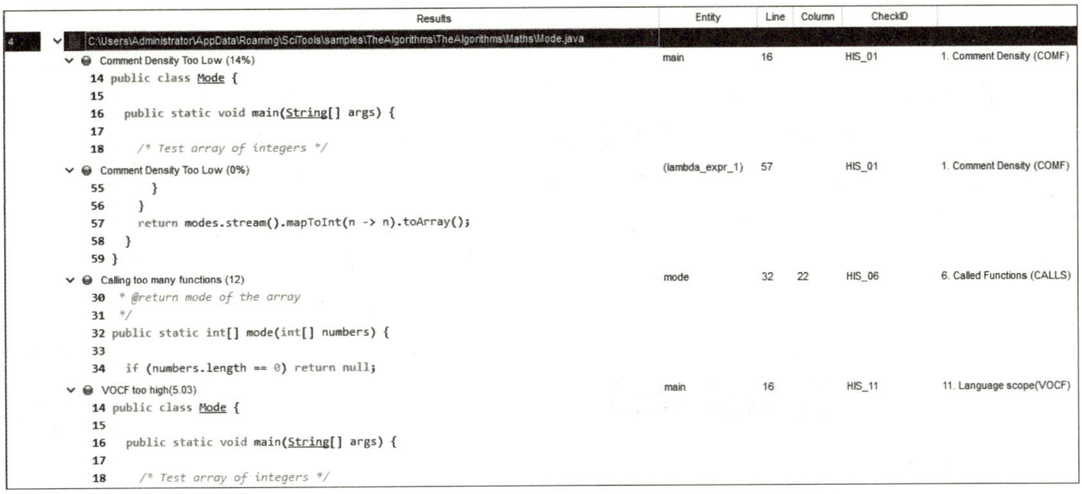

Results	Entity	Line	Column	CheckID	
4 C:\Users\Administrator\AppData\Roaming\SciTools\samples\TheAlgorithms\TheAlgorithms\Maths\Mode.java					
Comment Density Too Low (14%)	main	16		HIS_01	1. Comment Density (COMF)
Comment Density Too Low (0%)	(lambda_expr_1)	57		HIS_01	1. Comment Density (COMF)
Calling too many functions (12)	mode	32	22	HIS_06	6. Called Functions (CALLS)
VOCF too high(5.03)	main	16		HIS_11	11. Language scope(VOCF)

```
Comment Density Too Low (14%)
14 public class Mode {
15
16   public static void main(String[] args) {
17
18     /* Test array of integers */
Comment Density Too Low (0%)
55       }
56     }
57     return modes.stream().mapToInt(n -> n).toArray();
58   }
59 }
Calling too many functions (12)
30   * @return mode of the array
31   */
32 public static int[] mode(int[] numbers) {
33
34   if (numbers.length == 0) return null;
VOCF too high(5.03)
14 public class Mode {
15
16   public static void main(String[] args) {
17
18     /* Test array of integers */
```

图 7-30　Mode 函数

②BinarySearch 函数共 4 个冲突项，归属 3 条规则，分别是：Comment Density Too Low、Calling too many functions、Recursion，如图 7-31 所示。

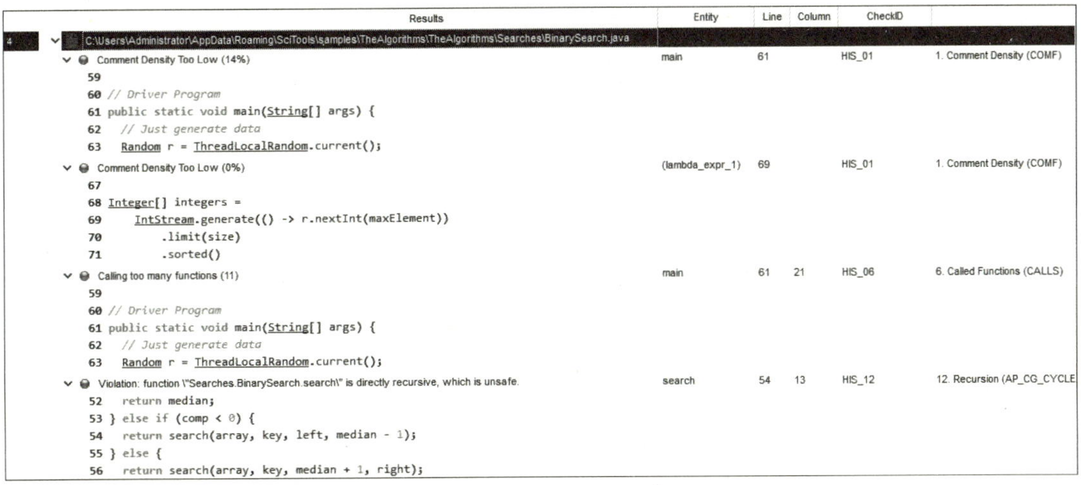

Results	Entity	Line	Column	CheckID	
4 C:\Users\Administrator\AppData\Roaming\SciTools\samples\TheAlgorithms\TheAlgorithms\Searches\BinarySearch.java					
Comment Density Too Low (14%)	main	61		HIS_01	1. Comment Density (COMF)
Comment Density Too Low (0%)	(lambda_expr_1)	69		HIS_01	1. Comment Density (COMF)
Calling too many functions (11)	main	61	21	HIS_06	6. Called Functions (CALLS)
Violation: function \"Searches.BinarySearch.search\" is directly recursive, which is unsafe.	search	54	13	HIS_12	12. Recursion (AP_CG_CYCLE

```
Comment Density Too Low (14%)
59
60 // Driver Program
61 public static void main(String[] args) {
62   // Just generate data
63   Random r = ThreadLocalRandom.current();
Comment Density Too Low (0%)
67
68 Integer[] integers =
69     IntStream.generate(() -> r.nextInt(maxElement))
70         .limit(size)
71         .sorted()
Calling too many functions (11)
59
60 // Driver Program
61 public static void main(String[] args) {
62   // Just generate data
63   Random r = ThreadLocalRandom.current();
Violation: function \"Searches.BinarySearch.search\" is directly recursive, which is unsafe.
52   return median;
53 } else if (comp < 0) {
54   return search(array, key, left, median - 1);
55 } else {
56   return search(array, key, median + 1, right);
```

图 7-31　BinarySearch 函数

③CocktailShakerSort 函数共 1 个冲突项，对应规则是 VOCF too high，如图 7-32 所示。

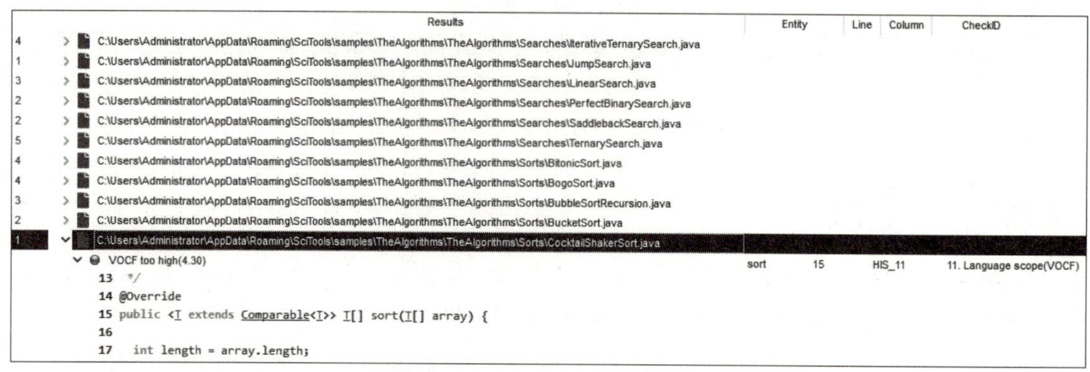

图 7-32 CocktailShakerSort 函数

5. 测试总结

静态分析可以获取 PUT 的注释率、圈复杂度、继承深度等质量指标，运用类似 HIS 规则集实施编码规范检测，最终，不执行 PUT，以较低代价快速评价代码质量。

虽然，静态分析是度量软件质量的有效手段，但是，它不能取代动态测试，因为前者考察的是代码结构，后者考察的是程序行为。通常，后者能更加准确、全面地评估软件质量。

7.3 控制流测试

控制流测试

1. 测试对象介绍

被测程序是 Math 库的 Ceil，用来向上取整，参数 number 是 double 类型。如图 7-33 所示。

```
public static double ceil(double number) {
  if (number - (int) number == 0) {
    return number;
  } else if (number - (int) number > 0) {
    return (int) (number + 1);
  } else {
    return (int) number;
  }
}
```

图 7-33 Ceil 函数

Ceil 首先判断 number 是否为整数，如果判定节点为 true，则返回 number；否则，检查 number 是否有小数部分，如果判定节点为 true，返回 number 整数部分＋1，否则返回整数部分。

2. 测试分析与设计

(1)控制流分析

查看该函数的控制流图，如图 7-34 所示。

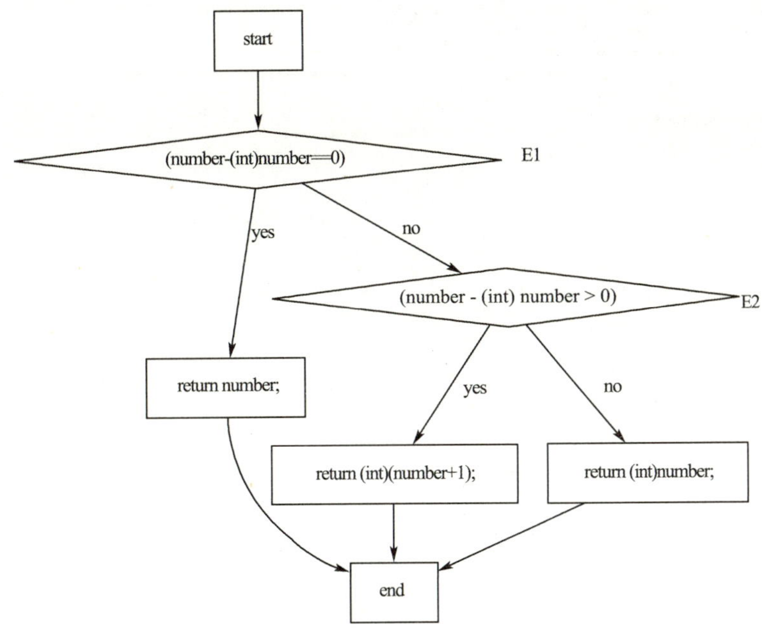

图 7-34 Ceil 函数控制流图

测试充分性准则取判定覆盖,分析结果如表 7-3 所示。

表 7-3 判定覆盖分析结果

序号	E1	E2
1	TRUE	*
2	FALSE	TRUE
3	FALSE	FALSE

E 代表判定节点,* 指条件表达式可取 TRUR 或 FALSE 的任意值。

依据图 7-34 可知,Ceil 有 2 个判定节点,编号 E1,E2,每个节点只有一个条件表达式。

①当 E1 为真时,函数返回 number,因为 number 已经是一个整数。

②当 E1 为假,且 E2 为真时,函数返回 number 向上取整的数。

③当 E1 为假,且 E2 为假时,函数返回 number 的整数部分。

(2)测试用例设计

依据表 7-3,Ceil 函数共设计测试用例 3 个,如表 7-4 所示。

表 7-4 测试用例设计结果

序号	Input	Expected
1	4.0	4.0
2	3.5	4
3	−3.5	−3

3. 测试执行

(1)导入项目

打开 Eclipse,File/import 导入项目,如图 7-35 所示,随后在弹出的选择导入工作区面板单击“Next”按钮,如图 7-36。

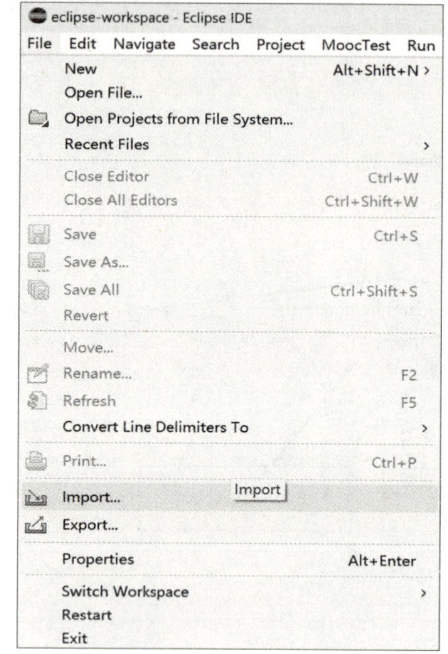

图 7-35 File 面板

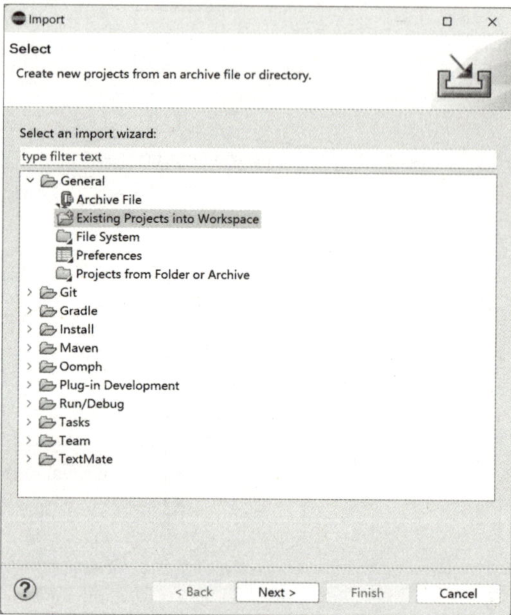

图 7-36 选择导入工作区面板

然后选择我们需要导入的项目文件，单击“Browse”按钮，选择文件夹，单击“Finish”按钮，完成项目的导入。如图 7-37、图 7-38 所示。

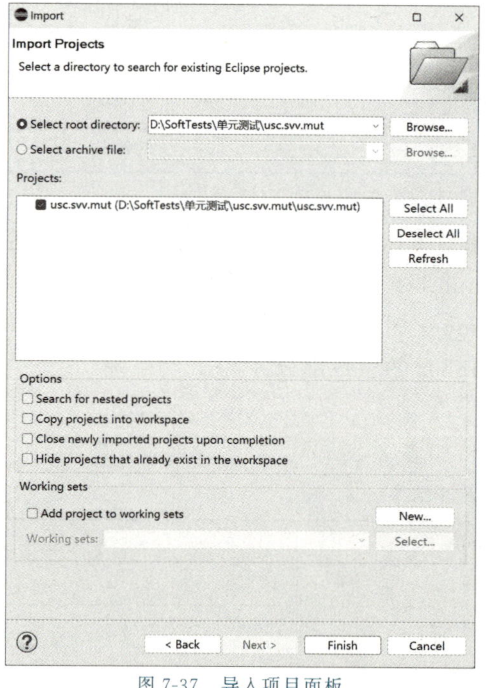

图 7-37 导入项目面板

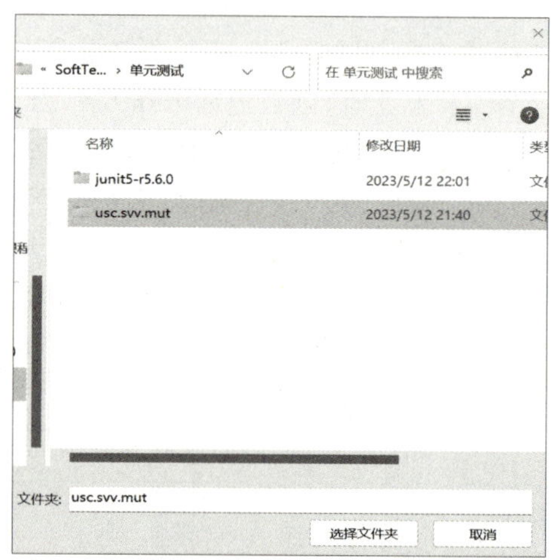

图 7-38 文件夹面板

(2)创建单元测试

采用单元测试框架 JUnit5 实现单元测试用例，打开导入项目的 Maths 包，右击 Ceil. java，单击 New/JUnit Test Case，创建对 Ceil. java 的单元测试。如图 7-39 所示。

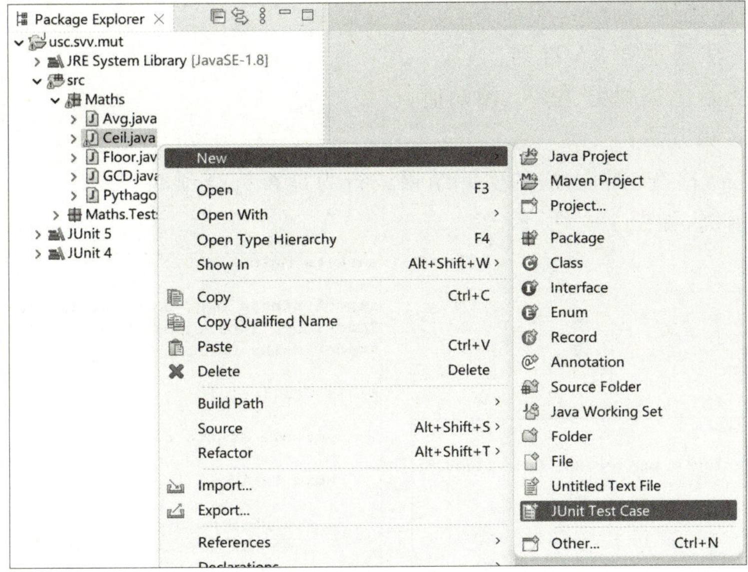

图 7-39 创建单元测试步骤 1

将要创建的项目位置更改到 Maths. Tests 包下，同时更改命名(注意命名规范，测试类名为被测类＋Test，测试方法名为 test＋两位序号，不足两位左侧补零，如 Ceil 类的测试类名为 CeilTest，测试方法名依次为 test01、test02)，然后单击“Finish”按钮。如图 7-40 所示。

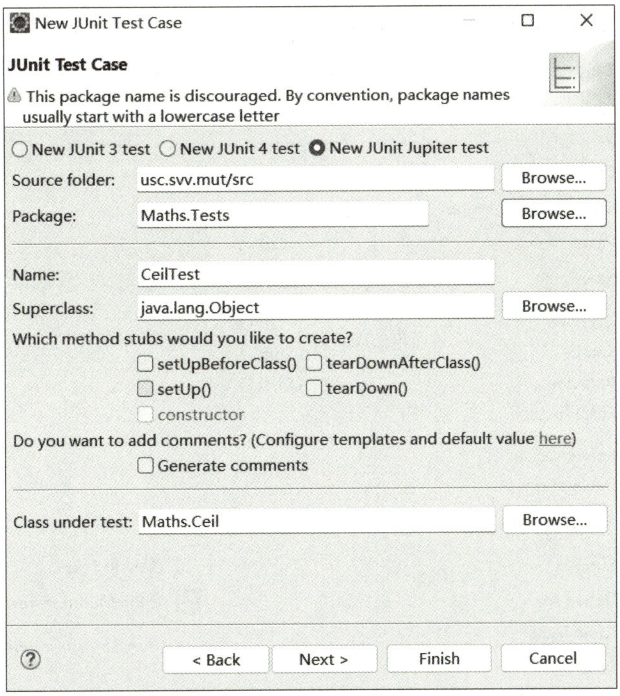

New JUnit Test Case
JUnit Test Case
This package name is discouraged. By convention, package names usually start with a lowercase letter
New JUnit 3 test　New JUnit 4 test　New JUnit Jupiter test
Source folder: usc.svv.mut/src　Browse...
Package: Maths.Tests　Browse...
Name: CeilTest
Superclass: java.lang.Object　Browse...
Which method stubs would you like to create?
setUpBeforeClass()　tearDownAfterClass()
setUp()　tearDown()
constructor
Do you want to add comments? (Configure templates and default value here)
Generate comments
Class under test: Maths.Ceil　Browse...
< Back　Next >　Finish　Cancel

图 7-40 创建单元测试步骤 2

Eclipse 将创建 JUnit 脚本框架，如图 7-41 所示，此时已添加对 JUnit 包的引用，创建了测试类 CeilTest 及测试方法 test。

(3)编写测试代码

单元测试方法要遵守 3A 准则：

Arrange:初始化被测类、输入、预期值；

Act:调用被测方法；

Assert:断言，检查被测方法的实际结果或行为是否符合预期。

测试代码示例，如图 7-42 所示。

```java
package Maths.Tests;

import static org.junit.jupiter.api.Assertions.*;
import org.junit.jupiter.api.Test;


class CeilTest {

    @Test
    void test() {
        fail ("Not yet implemented");
    }

}
```

图 7-41　CeilTest.java

```java
package Maths.Tests;

import static org.junit.jupiter.api.Assertions.*;
import org.junit.jupiter.api.Test;
import Maths.Ceil;

class CeilTest {

    private static double EPS = 1e-9;
    @Test
    void test01() {
        //arrange
        double number = 4.0;
        double expected = 4.0;
        new Ceil();
        //act
        double actual = Ceil.ceil(number);
        //assert
        assertEquals(expected,actual,EPS);
    }
```

图 7-42　测试代码示例

断言 assertEquals 用来检查实际结果是否与预期值相等，因 number 为浮点类型，数值计算存在误差，所以需要设置误差阈值 EPS。

4. 测试结果

右击 Run As 选择 JUnit Test 选项，运行测试，如图 7-43 所示。

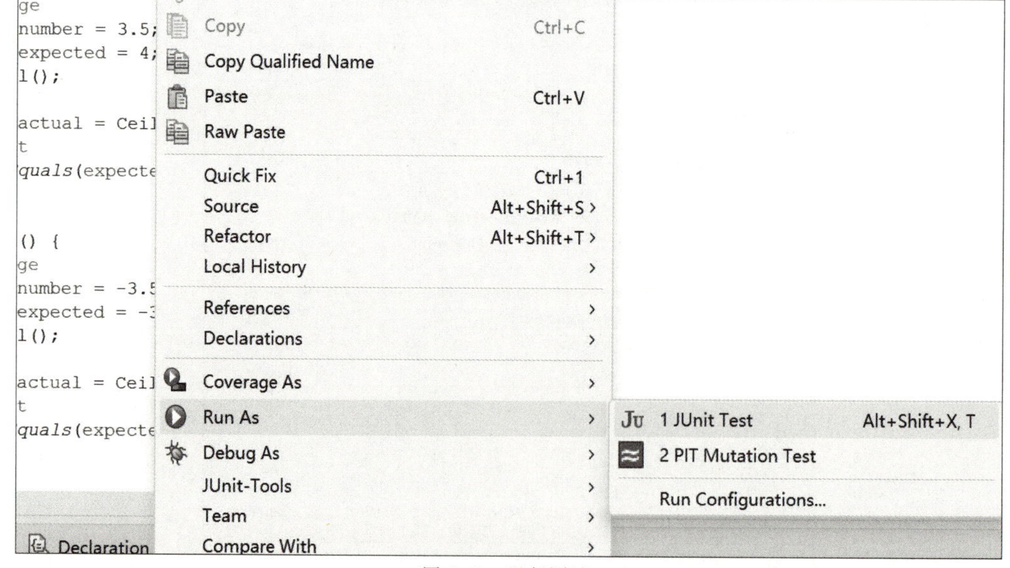

图 7-43　运行测试

从执行后的 JUnit 测试用例管理器中可以看到，所有测试用例都通过了，如图 7-44 所示。若存在错误，可通过测试用例管理器查看原因，通常是断言失败，可以查看实际结果与预期值，并通过调试检查原因。

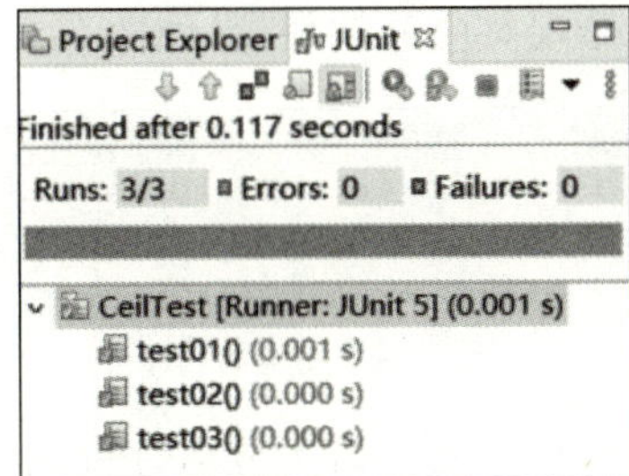

图 7-44 测试结果

7.4 数据驱动测试

数据驱动测试

（1）创建数据驱动测试项目

将要创建的项目位置更改到 Maths. Tests 包下，同时更改命名（注意命名规范），然后单击“Finish”按钮。如图 7-45 所示。

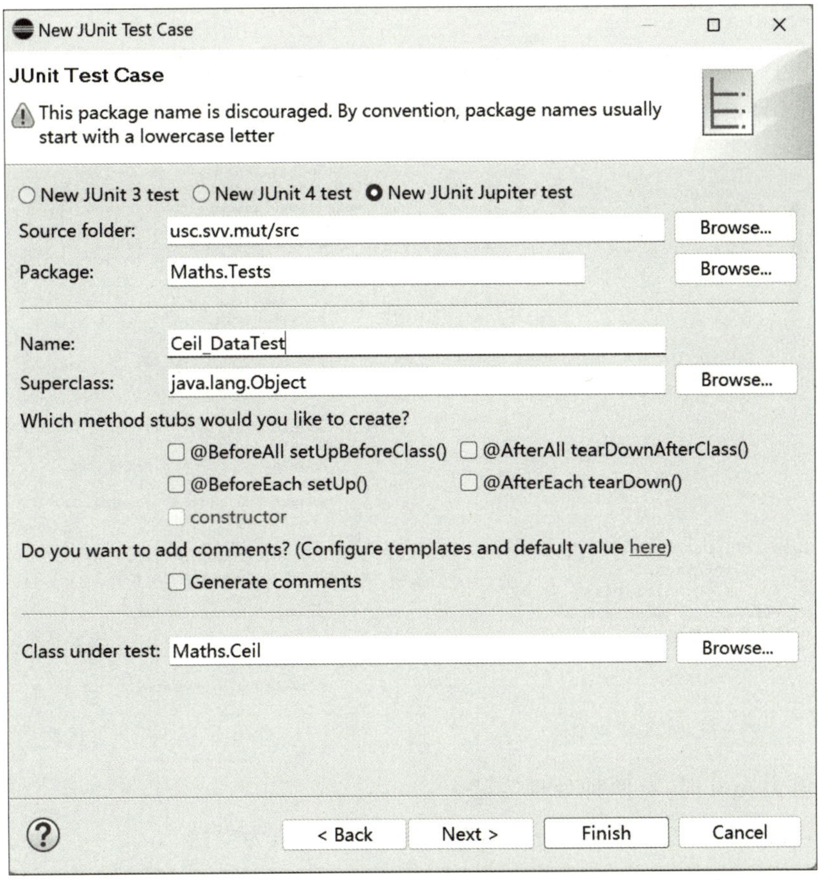

图 7-45 创建数据驱动测试项目

执行数据驱动测试前，需要导入对应的软件包，如图 7-46 所示。

```
import org.junit.jupiter.params.ParameterizedTest;
import org.junit.jupiter.params.provider.CsvFileSource;
import org.junit.jupiter.params.provider.CsvSource;
import org.junit.jupiter.params.provider.ValueSource;
```

图 7-46 导入对应的软件包

JUnit 采用参数化实现测试数据与测试脚本分离，ParameterizedTest 是参数化测试包，Provider. * 是数据源提供器，CsvSource 是表格数据源，CsvFileSource 是表格文件数据源，ValueSource 是值数据源。ValueSource 一般用于单输入参数的测试，Csv 通常用于两个及以上输入参数的测试，当数据记录较多时常常将数据移出测试脚本，存放在外部数据文件，以提高可维护性。

同时要把单元测试注解@Test 改成@ParameterizedTest，表明以下方法采用参数测试，如图 7-47 所示。

(2)编写测试代码

根据测试用例设计，编写测试脚本。

①ValueSource

ValueSource 是一维数据结构，相当于只有一列，是最简单的 source 之一，它支持基本数据类型，如 string、int、long 或 double。代码如图 7-48 所示。

```
class Ceil_DataTest {
    @ParameterizedTest
    @ValueSource(doubles= {4.0})
    void test01(double num) {
        //arrange
        //act
        //assert
    }
```

图 7-47 代码结构示例

```
@ParameterizedTest
@ValueSource(doubles= {4.0})
void test01(double num) {
    //arrange
    double expected = 4.0;
    //act
    double actual=Ceil.ceil(num);
    //assert
    assertEquals(expected,actual);
}
@ParameterizedTest
@ValueSource(doubles= {3.5})
void test02(double num) {
    //arrange
    double expected = 4;
    //act
    double actual=Ceil.ceil(num);
    //assert
    assertEquals(expected,actual);
}
@ParameterizedTest
@ValueSource(doubles= {-3.5})
void test03(double num) {
    //arrange
    double expected = -3;
    //act
    double actual=Ceil.ceil(num);
    //assert
    assertEquals(expected,actual);
}
```

图 7-48 使用 ValueSource 的代码

当参数值为 null 时，有两种处理方法。

第一种，使用注解@NullSource,""取值为 null," "取值为空白。

```
@ParameterizedTest
@NullSource
@ValueSource(strings= { "", " "})
void valuesource_null_test1(String input) {
    // arrange
    // act
    // assert
    assertTrue(StringUtils. isBlank(input));
}
```

第二种,使用 MethodSource,提供参数值。

```
@ParameterizedTest
@MethodSource("blankOrNullStrings")
void methodsource_null_test1(String input) {
    //arrange
    //act
    //assert
    assertTrue(StringUtils. isBlank(input));
}

static Stream<String> blankOrNullStrings() {
        return Stream. of("", " ", null);
}
```

②CsvSource

CsvSource 是多维数据结构,列对应测试方法的输入变量,测试方法的输入变量数量要与数据列数量相同,行对应于测试用例,行的数量与测试用例数量相同。

在@ParameterizedTest 下面添加@CsvSource,数据格式为逗号分隔的键值对,如"4.0,4.0","3.5,4","−3.5,−3"表示三条测试数据,每条有两个输入参数。代码如图 7-49 所示。

```
@ParameterizedTest
@CsvSource({"4.0,4.0","3.5,4","-3.5,-3"})
void test04(double num,double expected) {
    //arrange
    //act
    double actual=Ceil.ceil(num);
    //assert
    assertEquals(expected,actual);
}
```

图 7-49　使用 CsvSource 的代码

当参数值包含 null 时,可使用@CsvSource({ "foo, " }),结果字符列表为"foo", null。对于数组类型,可使用 MethodSource。

```
@ParameterizedTest
@MethodSource("intArrayProvider")
void gcd_oneInput_test1(int[] number, int expected) {
    // arrange
    // act
    intactual = GCD.gcd(number);
    // assert
    assertEquals(expected, actual);
}
static Stream<Arguments> intArrayProvider() {
    return Stream.of(
        Arguments.of(new int[] { 0, 6 }, 6),
        Arguments.of(new int[] { 6, 0 }, 6),
        Arguments.of(new int[] { 5, 3 }, 1)
    );
}
```

以上代码将构造两个参数，其中第一个参数的数据类型为整型数组 int[]。

③CsvFileSource

多维数据结构，用法与 CsvSource 相同，列数与输入变量数相同。将测试数据单独存放在 csv 文件中，使用时通过@CsvFileSource 给出文件的路径即可。

CsvFileSource 测试

使用 CsvFileSource 时，需要创建 csv 文件，右击 Maths. Tests，再单击 New/File，创建 csv 文件，单击“Finish”按钮，完成创建。如图 7-50、图 7-51 所示。

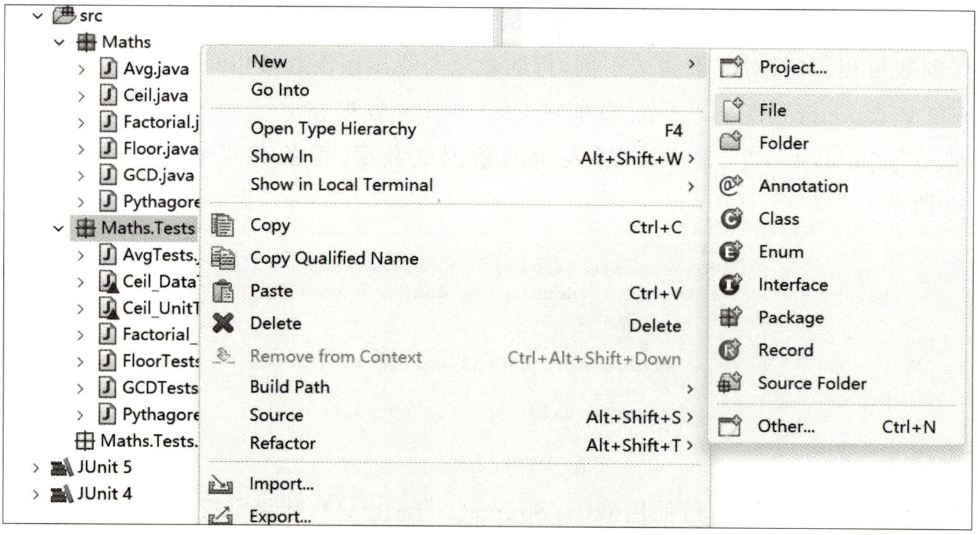

图 7-50　创建 csv 文件步骤 1

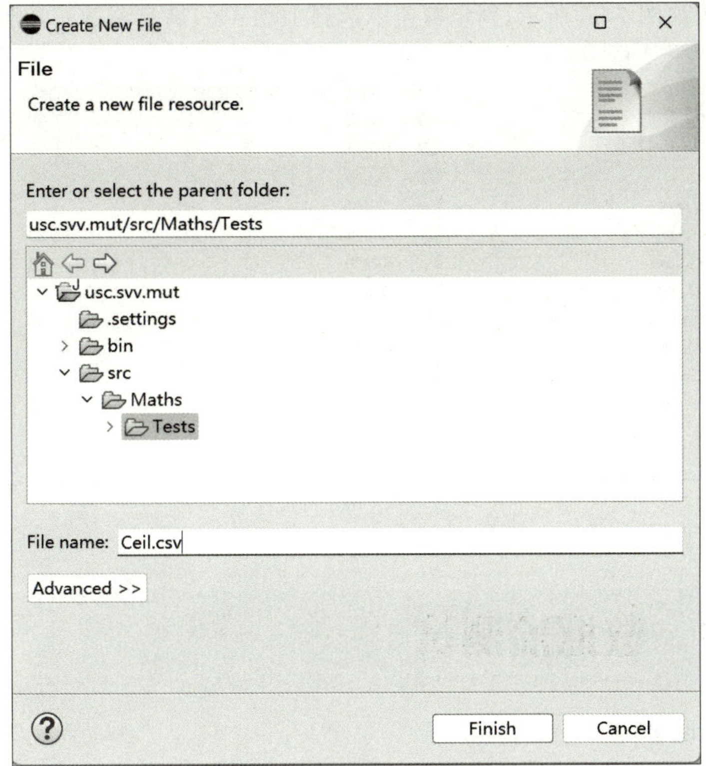

图 7-51 创建 csv 文件步骤 2

打开 csv 文件，填写测试用例数据，如图 7-52 所示。代码如图 7-53 所示。

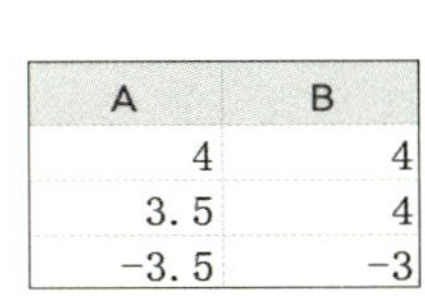

A	B
4	4
3.5	4
-3.5	-3

图 7-52 填写测试用例数据

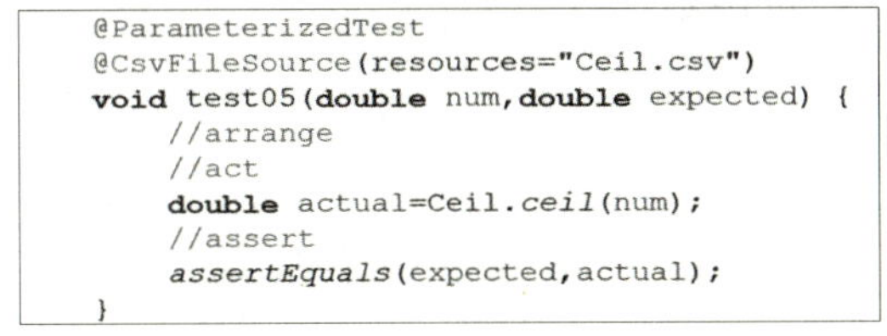

```
@ParameterizedTest
@CsvFileSource(resources="Ceil.csv")
void test05(double num,double expected) {
    //arrange
    //act
    double actual=Ceil.ceil(num);
    //assert
    assertEquals(expected,actual);
}
```

图 7-53 使用 CsvFileSource 的代码

(3)测试结果

所有测试用例全部通过，如图 7-54 所示。因 csv 有 3 条数据，所以 test05 执行了 3 次。

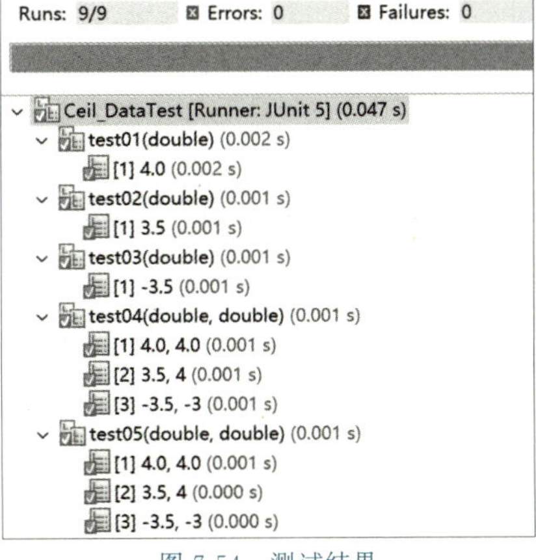

图 7-54 测试结果

Branch 覆盖如图 7-55 所示，判定覆盖率达到 100.0%，满足测试充分性准则。

CeilTest (2023年7月21日 下午5:11:02)

Element	Coverage	Covered Branches	Missed Branches	Total Branches
usc.svv.mut	5.0 %	5	95	100
src	5.0 %	5	95	100
Maths	5.0 %	5	95	100
Avg.java	0.0 %	0	8	8
Factorial.java	0.0 %	0	22	22
Floor.java	0.0 %	0	12	12
GCD.java	0.0 %	0	12	12
PythagoreanTriple.java	0.0 %	0	34	34
Ceil.java	41.7 %	5	7	12
Ceil	41.7 %	5	7	12
main(String[])	0.0 %	0	6	6
ceil(double)	100.0 %	4	0	4
Maths.Tests		0	0	0

图 7-55 Branch 覆盖

7.5 数据流测试

1. 测试对象说明

被测程序 PUT 为 Conversions. BinaryToOctal 类的“convertBinaryToOctal”方法，将二进制数转换为八进制字符串，如 1010→12，输入为整型，模拟二进制，如 1010，输出为字符串 12。测试代码如图 7-56 所示。

```
public static String convertBinaryToOctal(int binary) {      --0
    String octal ="";                                         --1
    intcurrBit=0, j=1;                                        --2
    while (binary != 0) {                                     --3
      int code3 = 0;                                          --4
      for(inti=0;i<3;i++){                                    --5
          currBit = binary % 10;                              --6
          binary = binary / 10;                               --7
          code3 += currBit * j ;                              --8
          j*=2;                                               --9
      }
      octal = code3 + octal;                                  --10
      j=1;                                                    --11
    }
    return octal;                                             --12
}
```

图 7-56 “convertBinaryToOctal”方法测试代码

2. 测试分析与设计

（1）数据流分析

代码行、分类(definition、c-use、p-use)，即变量及类别如表 7-5 所示。

表 7-5 变量及类别

行号	类别		
	定义 definition	计算使用 c-use	谓词使用 p-use
0	binary		
1	octal		
2	currBit，j		

（续表）

行号	类别		
	定义 definition	计算使用 c-use	谓词使用 p-use
3			binary
4	code3		
5			
6		binary	
7		binary	
8		currBit，j	
9		j	
10		code3，octal	
11			
12			

根据表 7-5，得到定义-使用对，如表 7-6 所示。

表 7-6　定义-使用对

definition (start line → end line)	variable(s)	
	c-use	p-use
0 → 3		binary
0 → 6	binary	
0 → 7	binary	
2 → 8	currBit，j	
2 → 9	j	
1 → 10	octal	
4 → 10	code3	

（2）测试用例设计

依据表 7-6，设计全定义使用覆盖 all-def 的测试用例，如表 7-7 所示。

表 7-7　全定义使用覆盖 all-def 的测试用例

test case	All Definitions			Inputs	Expected Outcomes
	variable(s)	du-pair	subpath	binary	octal
1	binary	0 → 6	0—3—6	1001	11
2	octal	1 → 10	1—3—10	10	2
3	currBit	2 → 8	2—3—8	1001	11
4	j	2 → 9	2—3—9	1001	11
5	code3	4 → 10	4—10	10	2

依据表 7-6，设计全计算使用覆盖 c-use 的测试用例，如表 7-8 所示。

表 7-8 全计算使用覆盖 c-use 的测试用例

test case	All-c-uses			Inputs	Expected Outcomes
	variable(s)	du-pair	subpath	binary	octal
1	binary	0 → 6	0—3—6	1001	11
2	binary	0 → 7	0—3—7	1001	11
3	currBit, j	2 → 8	2—3—8	1001	11
4	j	2 → 9	2—3—9	1001	11
5	octal	1 → 10	1—3—10	10	2
6	code3	4 → 10	4—10	10	2

依据表 7-6，设计全谓词使用覆盖 p-use 的测试用例，如表 7-9 所示。

表 7-9 全谓词使用覆盖 p-use 的测试用例

test case	All-p-uses			Inputs	Expected Outcomes
	variable(s)	du-pair	subpath	binary	octal
1	binary	0 → 3	0—3	0	“”

依据表 7-6，设计全定义使用路径覆盖 du-path 的测试用例，如表 7-10 所示。

表 7-10 全定义使用路径覆盖 du-path 的测试用例

test case	All-uses / All du-paths			Inputs	Expected Outcomes	
	test case	variable(s)	du-pair	subpath	binary	octal
1	binary	0 → 3	0—3	0	“”	
2	binary	0 → 6	0—3—6	1001	11	
3	binary	0 → 7	0—3—7	1001	11	
4	currBit, j	2 → 8	2—3—8	1001	11	
5	j	2 → 9	2—3—9	1001	11	
6	octal	1 → 10	1—3—10	10	2	
7	code3	4 → 10	4—10	10	2	

3. 测试执行

(1)创建项目

打开 Eclipse，单击 File/Open Projects from File System 导入项目，如图 7-57 所示。

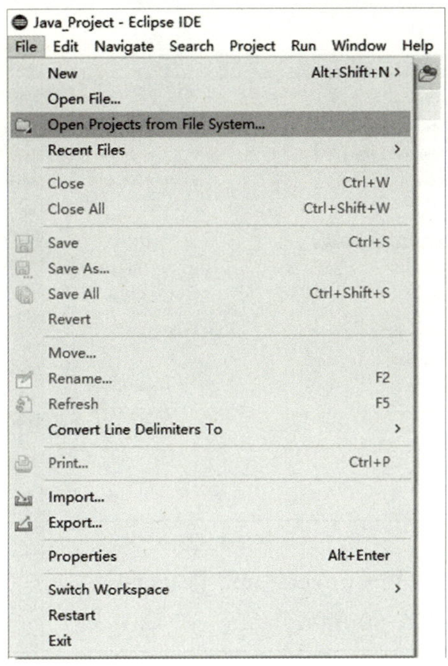

图 7-57 打开“Open Projects from File System”

单击 Directory，选择需要导入的项目文件，如图 7-58 所示，完成后单击“Finish”按钮，完成项目的导入。

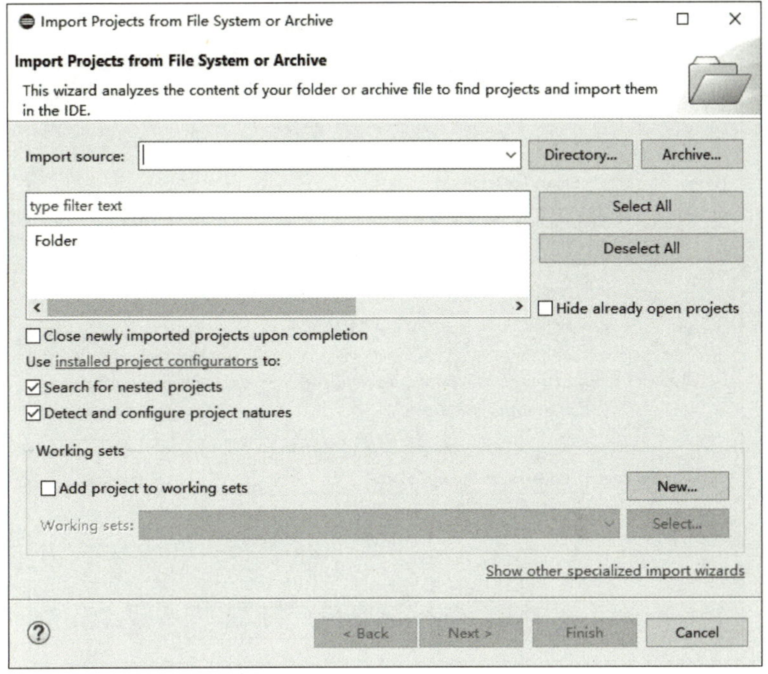

图 7-58 导入项目

(2)创建单元测试

采用单元测试框架 JUnit5 实现单元测试用例，打开导入项目的 Conversions 包，右击 BinaryToOctal.java，再单击 New/JUnit Test Case，创建对 BinaryToOctal.java 的单元测

试。如图 7-59 所示。

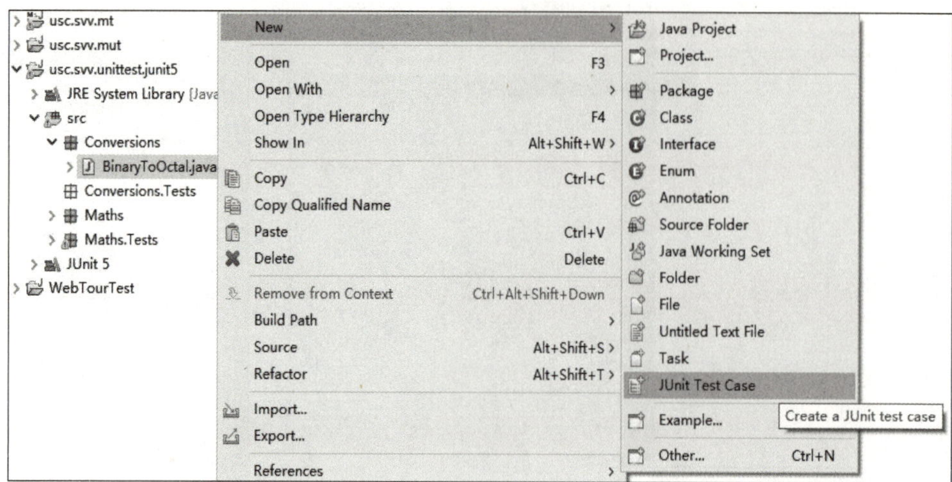

图 7-59　创建单元测试步骤 1

将要创建的项目位置更改到 Conversions. Tests 包下，同时更改命名(注意命名规范)，然后单击“Finish”按钮。如图 7-60 所示。

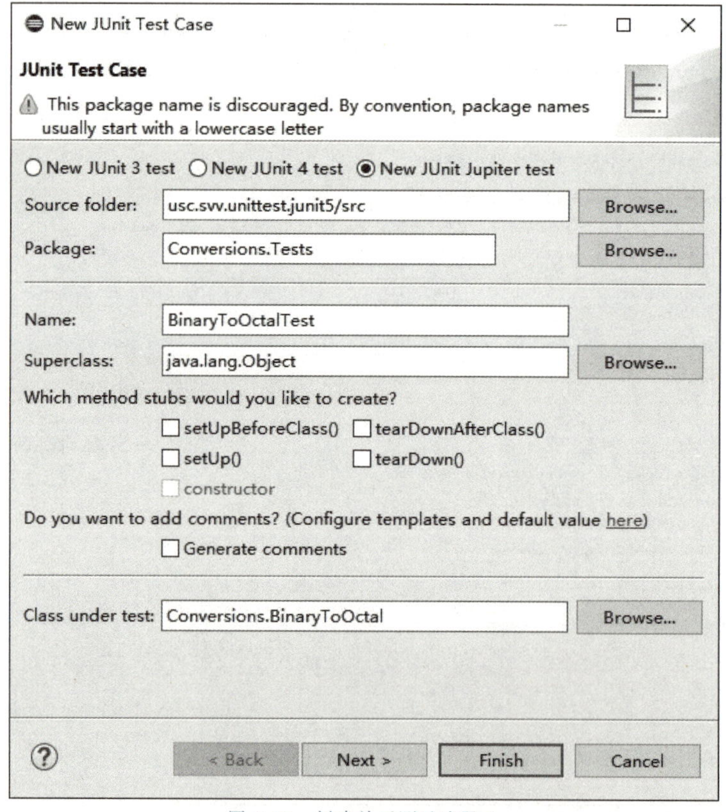

图 7-60　创建单元测试步骤 2

Eclipse 将创建 JUnit 脚本框架，如图 7-61 所示，此时已添加对 JUnit 包的引用，创建了测试类 BinaryToOctalTest 及测试方法 test。

```
BinaryToOctalTest.java
package Conversions.Tests;

import static org.junit.jupiter.api.Assertions.*;
import org.junit.jupiter.api.Test;

class BinaryToOctalTest {

    @Test
    void test() {
        fail("Not yet implemented");
    }

}

```

图 7-61 BinaryToOctalTest. java

(3)编写测试代码

根据表 7-7 至表 7-10 的用例设计,编写 JUnit 代码,如图 7-62 所示。代码中约定测试类类名以首字母大写 Test 作为后缀,测试方法以首字母小写 test 作为前缀。

```
BinaryToOctalTest.java
package Conversions.Tests;
import static org.junit.jupiter.api.Assertions.*;

class BinaryToOctalTest {

    @Test
    void test01() {
        // arrange
        int bin = 1001;
        String expected = "11";
        //act
        String actual = BinaryToOctal.convertBinaryToOctal(bin);
        // assert
        assertEquals(expected, actual);
    }
    @Test
    void test02() {
        // arrange
        int bin = 0;
        String expected = "";
        //act
        String actual = BinaryToOctal.convertBinaryToOctal(bin);
        // assert
        assertEquals(expected, actual);
    }
    @Test
    void test03() {
        // arrange
        int bin = 10;
        String expected = "2";
        //act
        String actual = BinaryToOctal.convertBinaryToOctal(bin);
        // assert
        assertEquals(expected, actual);
    }
}
```

图 7-62 测试代码示例

4. 测试结果

如图 7-63 所示,单击 Run As/JUnit Test,执行测试。

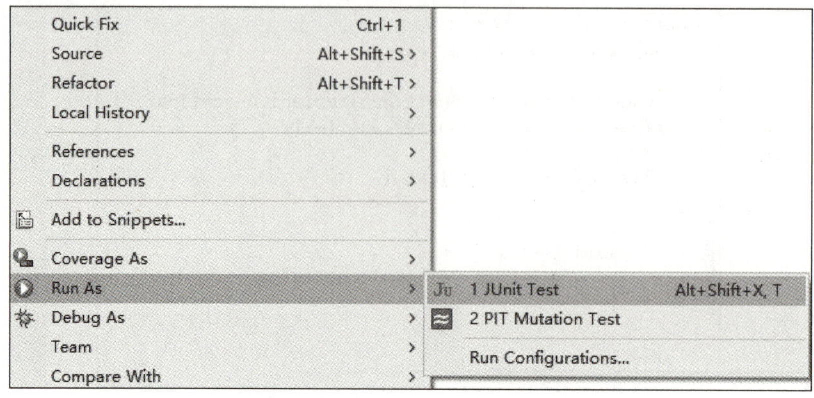

图 7-63　测试运行

从执行后的 JUnit 测试用例管理器中可以看到，所有测试用例都通过了，如图 7-64 所示。

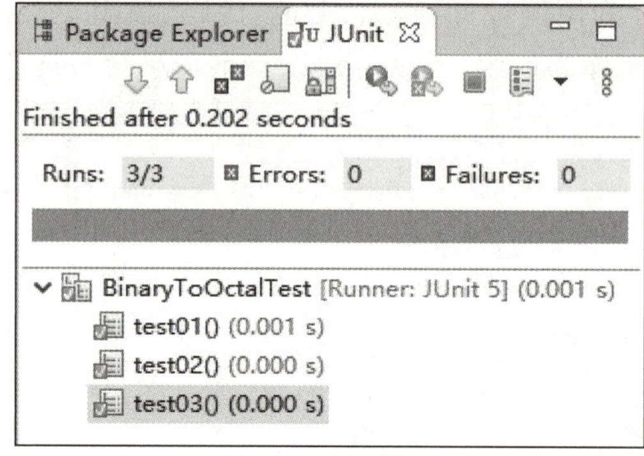

图 7-64　测试结果

7.6　变异分析

变异测试

1. 测试对象说明

被测程序 PUT 为 Math 模块中的求解最大公约数 GCD(Greatest Common Divisor)，该类有两个方法，方法 1 是求两数最大公约数，方法 2 是求数组最大公约数，数据类型均为 int。

2. 测试分析与设计

(1)选择变异算子

选择变异算子，本实例使用的变异算子及其示例如表 7-11 所示。

表 7-11　变异算子列表

序号	变异算子	示例
1	Conditional Boundary	Original:<,Mutant:<=
2	Math	Original:%,Mutant:*
3	Negate Conditionals	Original:! =,Mutant:==
4	Increments	Original:i++,Mutant:i--

选择变异算子的理由如下：

①Conditional Boundary(条件边界)：条件边界变异算子可以模拟条件判断中的边界错误，如被测函数中的条件语句“if (num1 ＜ 0 ‖ num2 ＜ 0)”，通过条件边界变异，将“＜”改为“＜＝”来模拟一种错误情况，使用该算子可以检验测试用例识别此类错误的有效性。

②Math(数学运算)：Math 变异算子可以模拟数学计算中的错误，如被测函数中的“int remainder ＝ num1 ％ num2”，Math 变异算子将 ％ 运算符改为 * 运算符，改变了源代码中的计算逻辑，使用该算子可以检验测试用例识别此类错误的有效性。

③Negate Conditionals(否定条件)：否定条件变异算子可以模拟条件判断中的否定错误，如被测函数中的“num1 ％ num2 ！ ＝ 0”，通过否定条件变异，将“！ ＝”改为“＝＝”，模拟一个错误的情况，使用该算子可以检验测试用例识别此类错误的有效性。

④Increments(递增运算)：increment6 变异算子可以模拟代码中对变量进行增量操作时的错误，如被测函数中的“for (int i ＝ 1; i ＜ number. length; i＋＋)”，该变异算子将这个递增操作变为递减操作，即“for (int i ＝ 1; i ＜ number. length; i－－)”，使用该算子可以检测测试用例识别此类错误的有效性。

(2)测试用例设计

测试充分性准则取判定覆盖。

先绘制控制流图，建立各判定节点的状态表。E 代表判定节点，C 为判定节点中的条件表达式，* 表示 C 可取 TRUE 或 FALSE 的任意值。

如图 7-65 所示为 GCD 方法 1 控制流图，判定节点有 3 个，编号 E1、E2、E3，下面以 E1 为例介绍判定覆盖分析过程，其他节点依此类推。

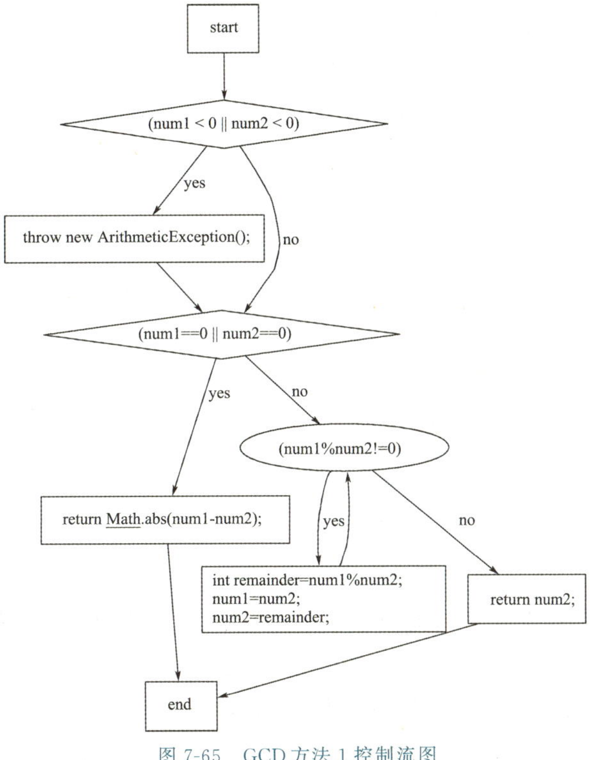

图 7-65 GCD 方法 1 控制流图

判定节点 E1 由条件 C1、C2 构成，

C1 取 TRUE,C2 取 TRUE 时,E1 为真。

C1 取 FALSE,C2 取 TRUE 时,E1 为真。

C1 取 TRUE,C2 取 FALSE 时,E1 为真。

C1 取 FALSE,C2 取 FALSE 时,E1 为假。

最终,基于判定覆盖的 GCD 方法 1 的分析结果如表 7-12 所示。

表 7-12　基于判定覆盖的 GCD 方法 1 的分析结果

序号	E1	C1	C2	E2	C3	C4	E3	C5
1	TRUE	TRUE	TRUE	*	*	*	*	*
2	TRUE	TRUE	FALSE	*	*	*	*	*
3	TRUE	FALSE	TRUE	*	*	*	*	*
4	FALSE	FALSE	FALSE	TRUE	TRUE	TRUE	*	*
5	FALSE	FALSE	FALSE	TRUE	TRUE	FALSE	*	*
6	FALSE	FALSE	FALSE	TRUE	FALSE	TRUE	*	*
7	FALSE	FALSE	FALSE	FALSE	FALSE	FALSE	TRUE	TRUE
8	FALSE	FALSE	FALSE	FALSE	FALSE	FALSE	FALSE	FALSE

为 GCD 方法共设计 9 个测试用例,如表 7-13 所示。

表 7-13　测试用例设计结果

序号	Input_1	Input_2	Expected
1～3	{－1,－6}、{－2,1}、{1,－2}		Throw new ArithmeticException()
4	{0,0}		0
5	{0,3}		3
6	{4,0}		4
7	{2,5}		1
8	{6,3}		3
9	{4,16,32}		4

3. 测试执行

(1)创建项目

打开 Eclipse,单击 File/Open Projects from File System 导入项目。

单击 Directory,选择需要导入的项目文件,完成后单击“Finish”按钮,完成项目的导入。

(2) 创建单元测试

采用单元测试框架 JUNIT5 实现单元测试用例,打开导入项目的 Maths 包,右击 GCD. java,再单击 New/JUnit Test Case,创建对 GCD. java 的单元测试,如图 7-66 所示。

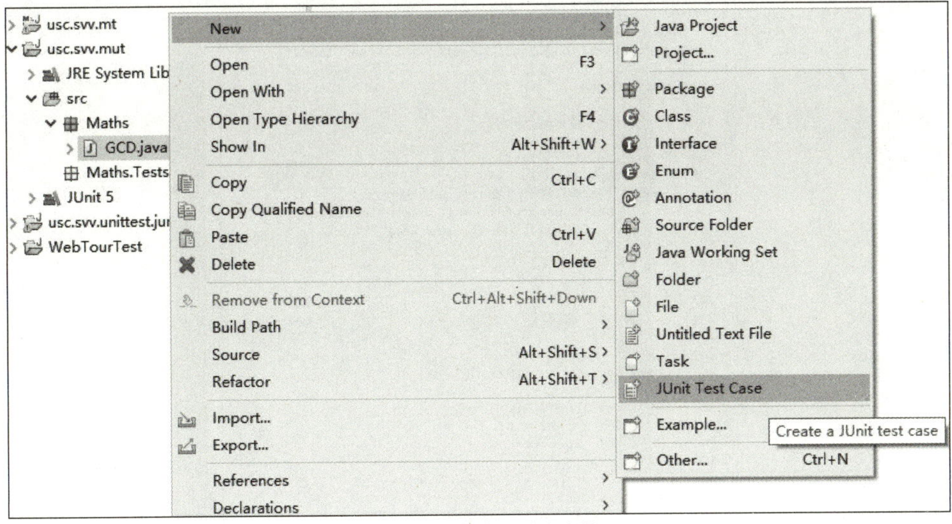

图 7-66　创建单元测试步骤 1

将要创建的项目位置更改到 Maths. Tests 包下，同时更改命名（注意命名规范），然后单击“Finish”按钮。如图 7-67 所示。

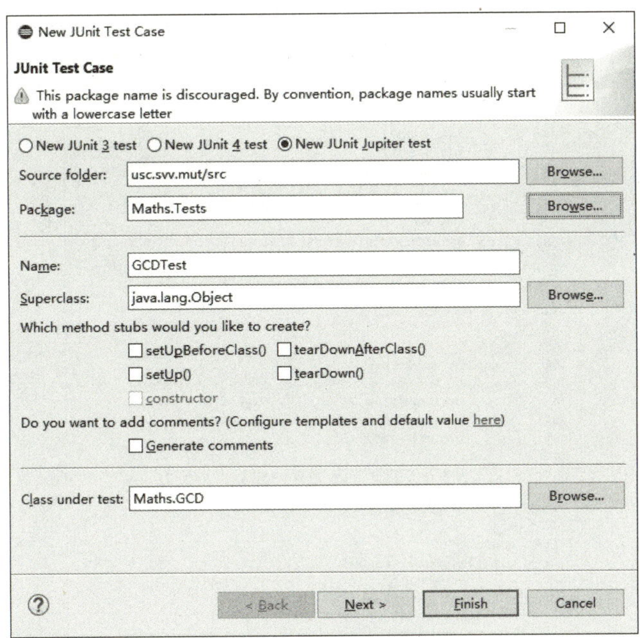

图 7-67　创建单元测试步骤 2

（3）编写测试代码

根据测试用例设计，编写 JUnit 代码，如图 7-68 所示。脚本中约定测试类类名以首字母大写 Test 作为后缀，测试方法以首字母小写 test 作为前缀。

```
GCDTest.java
package Maths.Tests;
import static org.junit.jupiter.api.Assertions.*;

class GcdTest {
    /*
     * (num1 < 0 || num2 < 0)
     */
    @ParameterizedTest
    @CsvSource({"-1, -6", "-2, 1", "1, -2"})
    void test001(int input1, int input2) {
        assertThrows(ArithmeticException.class, () -> {
            GCD.gcd(input1, input2);
        });
    }

    /*
     * (num1 == 0 || num2 == 0)
     */
    @Test
    public void test002() {
        // arrange
        int input1 = 0;
        int input2 = 0;
        int expected = 0;
        // act
        int actual = GCD.gcd(input1, input2);
        //assert
        assertEquals(expected, actual);
    }
    @Test
    public void gcd_twoInputs_test003() {
        // arrange
        int input1 = 0;
        int input2 = 3;
        int expected = 3;
        // act
        int actual = GCD.gcd(input1, input2);
        //assert
        assertEquals(expected, actual);
    }
    @Test
    public void test004() {
        // arrange
        int input1 = 4;
        int input2 = 0;
        int expected = 4;
        // act
        int actual = GCD.gcd(input1, input2);
        //assert
        assertEquals(expected, actual);
    }

    /*
     * (num1 % num2 != 0)
     */
    @Test
    public void test005() {
        // arrange
        int input1 = 2;
        int input2 = 5;
        int expected = 1;
        // act
        int actual = GCD.gcd(input1, input2);
        //assert
        assertEquals(expected, actual);
    }
    @Test
    public void test006() {
        // arrange
        int input1 = 6;
        int input2 = 3;
        int expected = 3;
        // act
        int actual = GCD.gcd(input1, input2);
        //assert
        assertEquals(expected, actual);
    }
    @Test
    public void test007() {
        // arrange
        int[] number = {4, 16, 32};
        int expected = 4;
        // act
        int actual = GCD.gcd(number);
        // assert
        assertEquals(expected, actual);
    }
```

图 7-68　测试代码示例

(4)选择变异算子

右击项目,再单击 Run Configurations,从 Mutators 选项卡中选择变异算子,如图 7-69、图 7-70 所示。

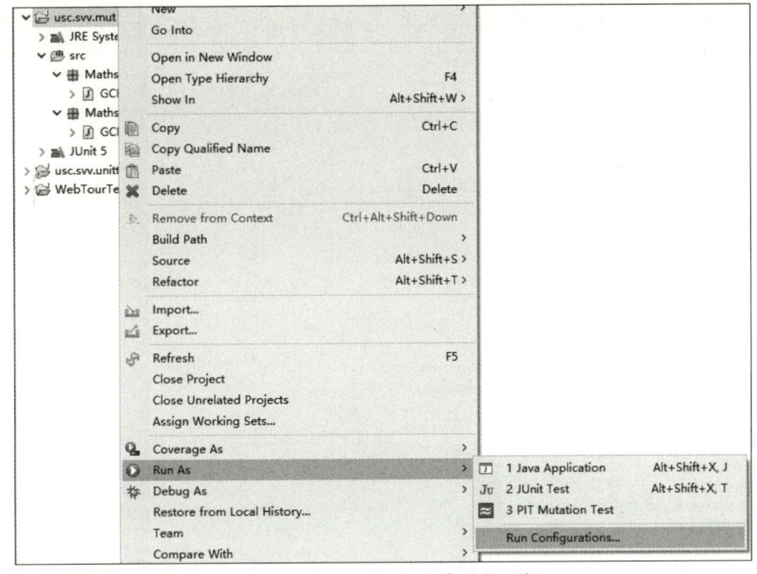

图 7-69　打开选择变异算子的面板

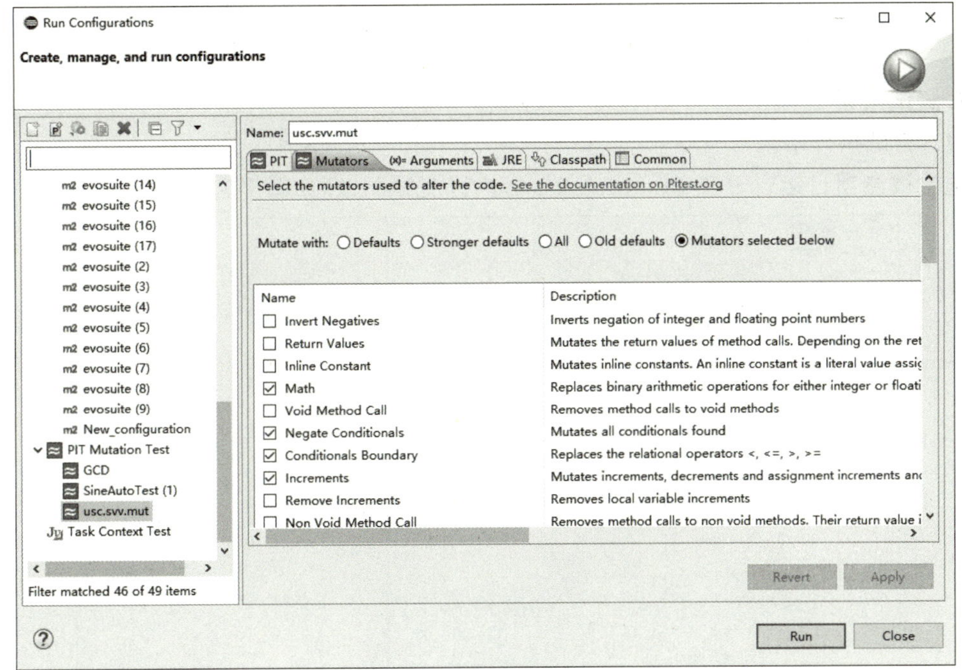

图 7-70　选择变异算子

(5) 修改运行配置

因单元测试类和 main 函数不需要执行变异,所以需排除它们。

右击项目,再单击 Run Configurations,配置运行参数,修改 configuration,通过 excluded classes 排除所有测试类 * Test,修改 excluded methods 排除 main 函数。如图 7-71 所示。

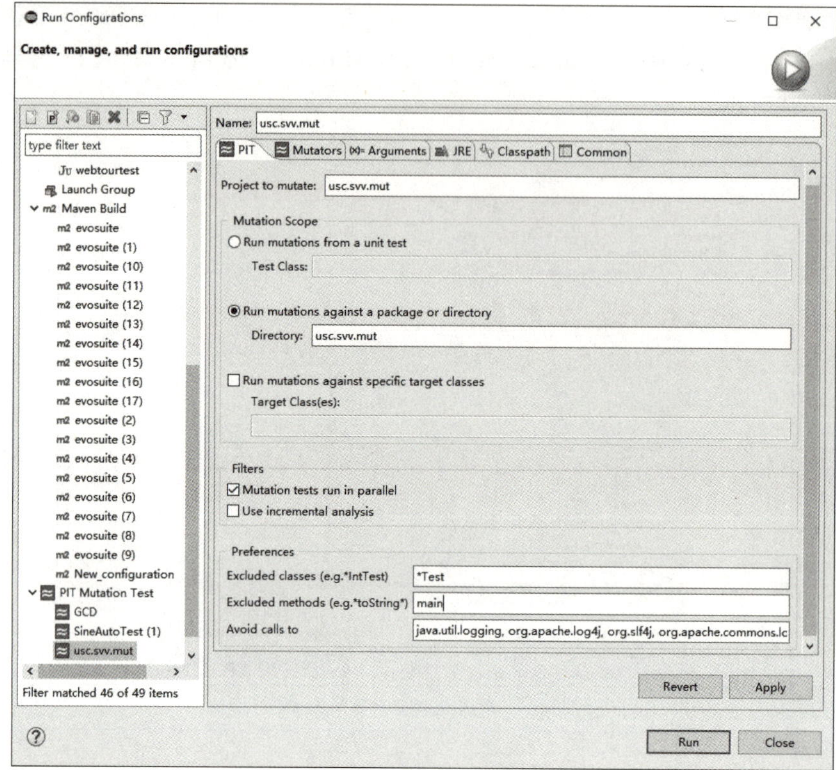

图 7-71　配置运行参数

4. 测试结果

（1）测试执行结果

选中被测项目运行 PIT Mutation Test，执行变异测试，如图 7-72 所示。

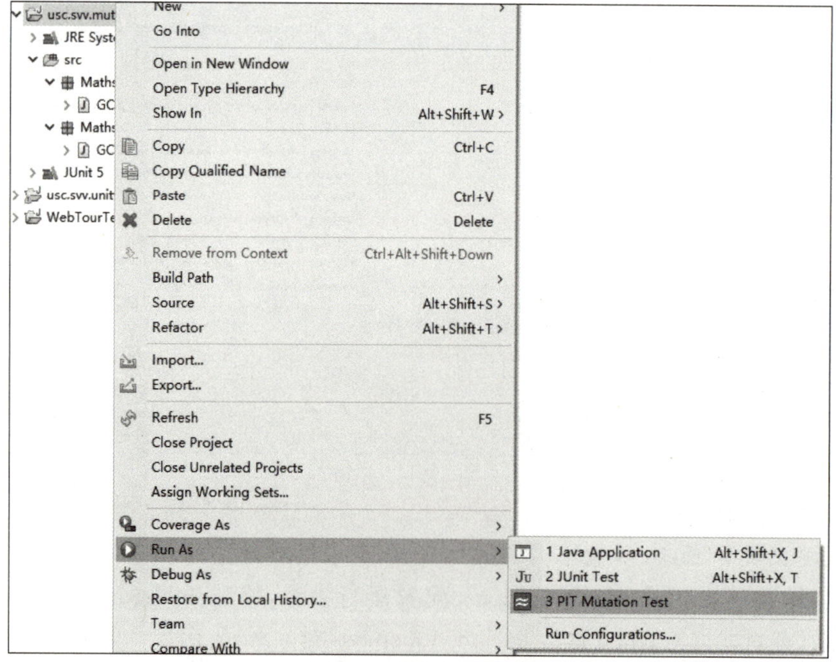

图 7-72　执行变异测试

变异得分=杀死变异体/(总变异体−等价变异体)。测试结果如图 7-73 所示,共生成 13 个变异体,杀死 11 个,存活 2 个,变异得分为 0.917。

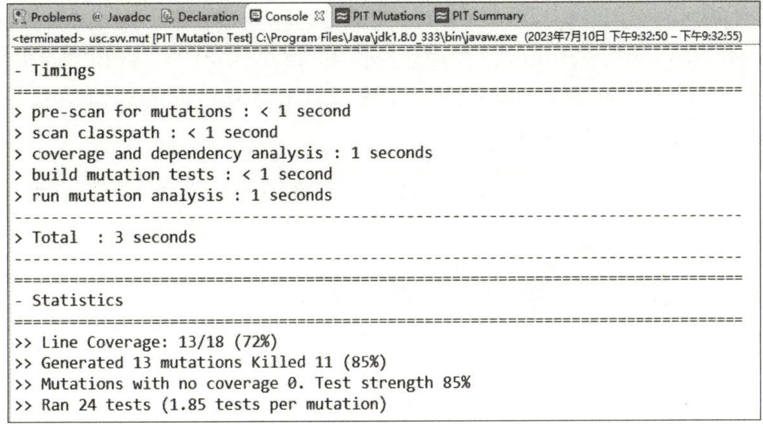

图 7-73 测试结果

如图 7-74 所示为变异测试详细信息。

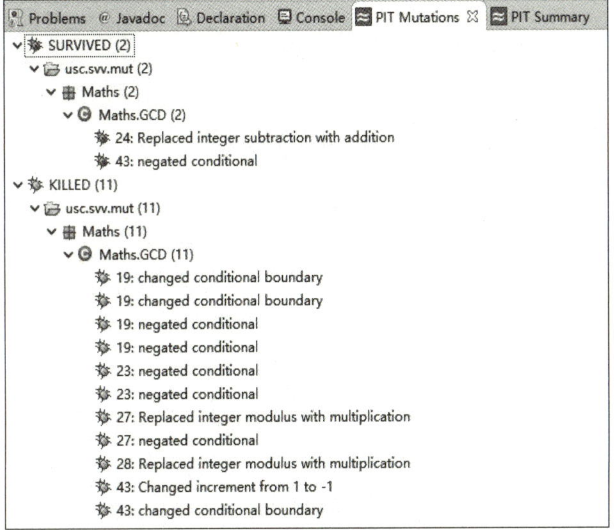

图 7-74 变异测试详细信息

如图 7-75 所示为测试覆盖率报告。

Problems @ Javadoc Declaration Console PIT Mutations PIT Summary

Pit Test Coverage Report

Project Summary

Number of Classes	Line Coverage	Mutation Coverage	Test Strength
1	72% 13/18	85% 11/13	85% 11/13

Breakdown by Package

Name	Number of Classes	Line Coverage	Mutation Coverage	Test Strength
Maths	1	72% 13/18	85% 11/13	85% 11/13

Report generated by PIT 1.6.8

图 7-75 测试覆盖率报告

(2)存活变异体分析

①对于存活的变异体，首先分析等价变异体，本例识别出 1 个等价变异体，理由如下：

根据源代码第 24 行如图 7-76 所示，变异算子 Replaced integer subtraction with addition，将 Math. abs(num1－num2)替换成 Math. abs(num1 ＋ num2)，因为 if 表达式为 TRUE，那么 num1 与 num2 其中一个等于 0，则它们相加或相减的绝对值是等价的，该变异体与原始程序等价，所以它是等价变异体。

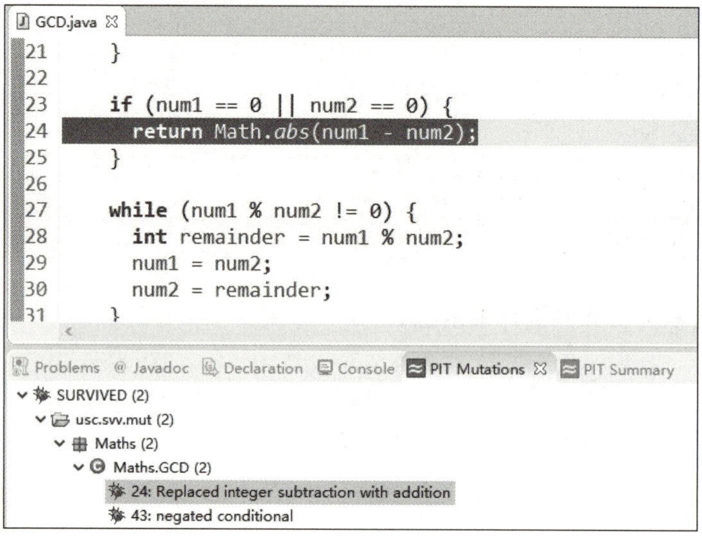

```
GCD.java
21      }
22
23      if (num1 == 0 || num2 == 0) {
24        return Math.abs(num1 - num2);
25      }
26
27      while (num1 % num2 != 0) {
28        int remainder = num1 % num2;
29        num1 = num2;
30        num2 = remainder;
31      }
```

Problems Javadoc Declaration Console PIT Mutations PIT Summary

- SURVIVED (2)
  - usc.svv.mut (2)
    - Maths (2)
      - Maths.GCD (2)
        - 24: Replaced integer subtraction with addition
        - 43: negated conditional

图 7-76　等价变异体分析

②对于非等价变异体，分析未被杀死的原因，理由如下：

根据源代码第 43 行，如图 7-77 所示，变异算子 negate condition，将 i < number. length 替换为 i >= number. length，此时返回值为数组的第一个元素，因为测试数据第一个元素恰好满足函数返回条件，所以原测试用例无法有效杀死变异体。

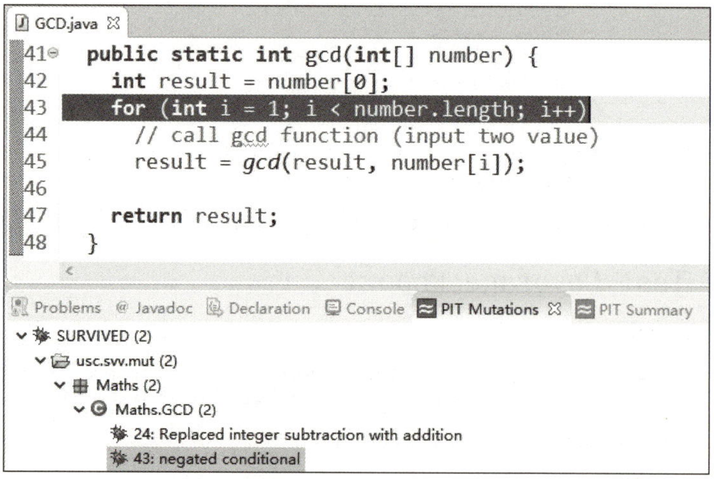

```
GCD.java
41    public static int gcd(int[] number) {
42      int result = number[0];
43      for (int i = 1; i < number.length; i++)
44        // call gcd function (input two value)
45        result = gcd(result, number[i]);
46
47      return result;
48    }
```

Problems Javadoc Declaration Console PIT Mutations PIT Summary

- SURVIVED (2)
  - usc.svv.mut (2)
    - Maths (2)
      - Maths.GCD (2)
        - 24: Replaced integer subtraction with addition
        - 43: negated conditional

图 7-77　未被杀死变异体原因分析

为此，补充新测试用例，使得数组第一个元素不满足 GCD 返回条件，如表 7-14 所示。

表 7-14 新测试用例设计结果

序号	Input_1	Input_2	Expected
1	{16, 4, 32}		4

根据设计，编写测试代码，如图 7-78 所示。

```
// 杀死Line 43的Negate Conditional变异体
// i < number.length ==> i >= number.length
@Test
public void gcd_oneInput_addition_test002() {
    // arrange
    int[] number = {16, 4, 32};
    int expected = 4;
    // act
    int actual = GCD.gcd(number);
    // assert
    assertEquals(expected, actual);
}
```

图 7-78 测试代码示例

重新执行变异测试，结果如图 7-79 所示。

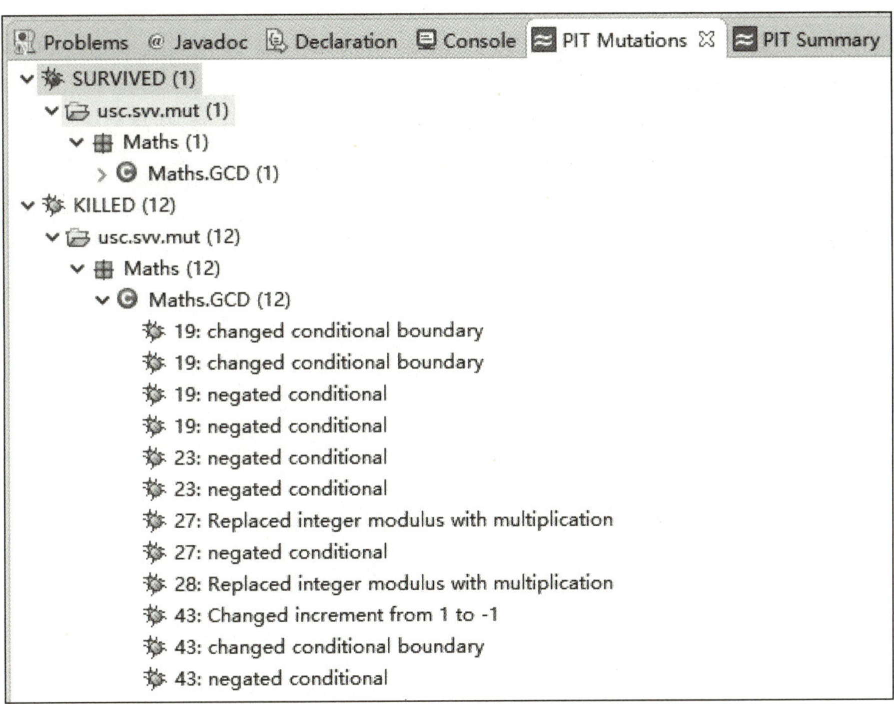

图 7-79 重新执行的变异测试详细信息

增补测试用例后，第 43 行的变异体被成功杀死，最终，变异得分为 1.0。

(3)测试总结

为达成判定覆盖，为被测函数 GCD 设计了 9 个测试用例。根据源码特点选择了 4 个变异算子，共生成 13 个变异体，其中 1 个等价变异体，首次测试变异得分 0.917，1 个变异体存活，分析原因后新增 1 条测试用例，再次测试变异得分 1.0。

变异测试是评价测试用例的技术，该技术可以有效提升测试的针对性与测试用例的有效性，增强测试人员对程序的理解。此外，由于变异测试的开销较大（分析等价变异体属于脑力密集型活动），因此，应根据代码特点与测试需求合理选取变异算子，不宜过多。

7.7 实验任务

Algorithm 代码库是一款开源的算法库，本章将以它作为测试对象。

(1)从库中任选一个主题文件夹，使用 Understand 导出代码指标，包括代码注释率（RatioCommentToCode）、最大圈复杂度（MaxCyclomatic）、平均圈复杂度（AvgCyclomatic）、代码行数（CountLine）、嵌套深度（MaxNesting）、继承深度（MaxInheritanceTree），分析代码质量。

(2)从库中任选一个文件的核心计算方法，使用 Understand 绘制控制流图，以分支覆盖率 100%作为测试充分性准则，设计单元测试用例，实现逻辑覆盖。

(3)根据测试用例，采用 JUnit 单元测试框架，开发测试脚本，实施单元测试，分析测试结果。

(4)将第(3)题的测试脚本改写为数据驱动测试，理解 ValueSource、CsvSource、CsvFileSource、MethodSource 的适用场景。

(5)对第(3)题的测试对象实施变异测试，变异算子至少包括算术运算符替代(AOR)、关系运算符替代(ROR)，根据测试结果，评价第(3)题的测试用例有效性。

(6)分析第(5)题中存活变异体中哪些是等价变异体并说明理由，设计新测试用例杀死非等价变异体。

第 8 章 基于规格说明的测试实践

8.1 测试环境

本章介绍基于规格说明的测试实践所需的测试环境的安装与配置，包含随机测试、基于属性的测试、Web 测试等。

8.1.1 Randoop

Randoop(Random Testing Tool for Java)是一个 Java 程序随机测试工具，它具有独立执行程序。它采用符号执行对被测函数输入域随机抽样，可以自动生成一系列具有高覆盖率的单元测试用例。

1. 安装

(1)下载链接

请在官网(https://github.com/randoop/randoop/releases)下载。

(2) 安装流程

打开链接，选择 Randoop 版本，如图 8-1 所示。

这里选择版本 4.3.1，如图 8-2 所示，下载完成后，解压到 E:\randoop-4.3.1。

2. 配置环境

右击“我的电脑”(此电脑)，打开属性/高级系统配置/环境变量，在系统变量中修改三处环境变量：

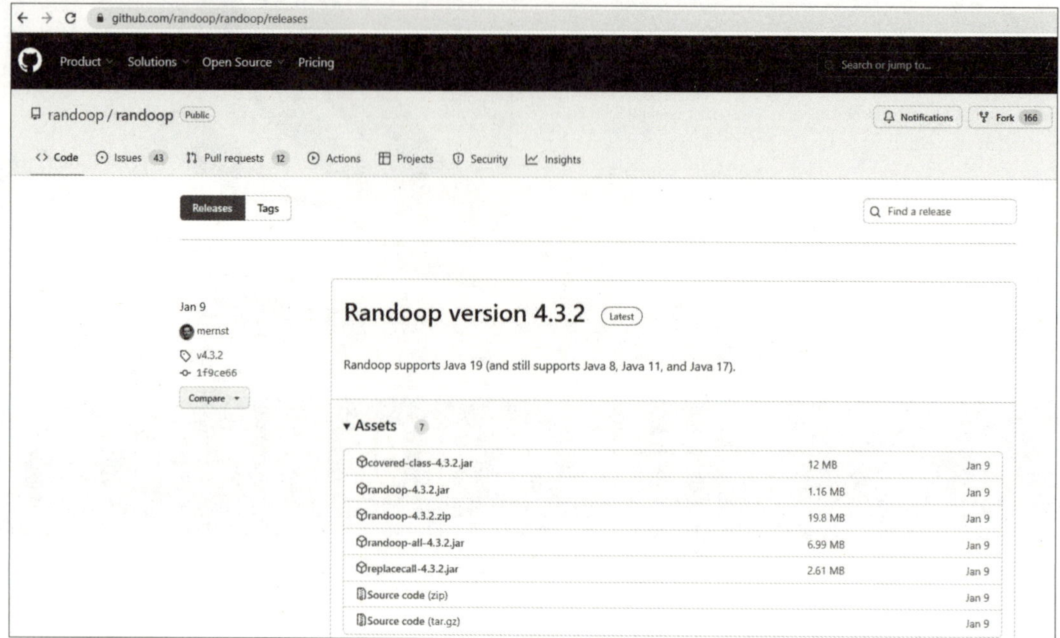

图 8-1　链接首页

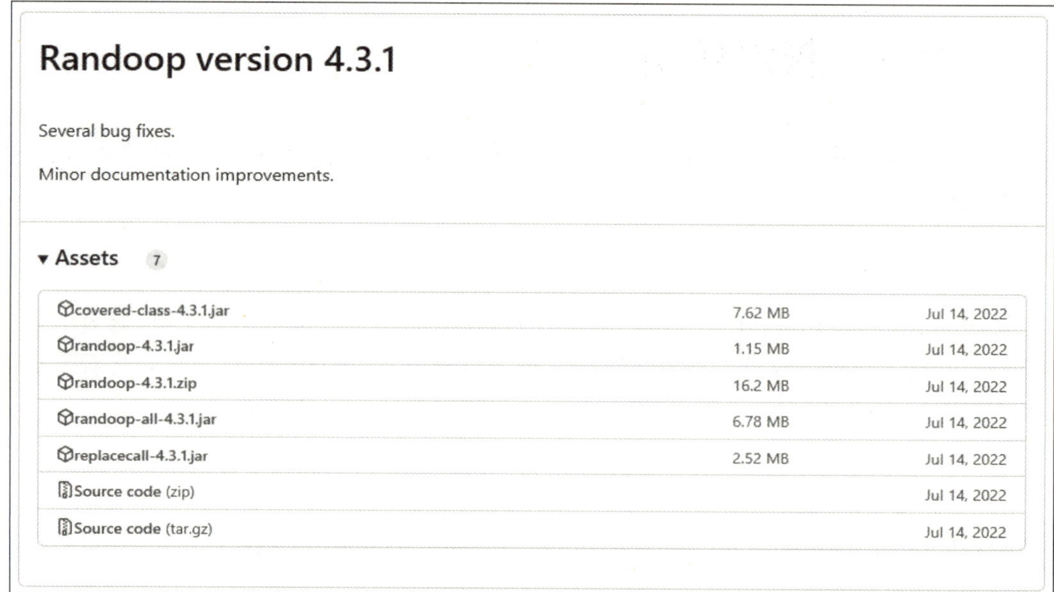

图 8-2　下载 Randoop 4.3.1

(1)新建变量名为 RANDOOP_PATH，变量值为解压 Randoop. zip 的路径，例如 E:\randoop-4. 3. 1

(2)新建变量名 RANDOOP_JAR，变量值为 randoop-all-4. 3. 1. jar 的文件路径，例如 E:\randoop-4. 3. 1\randoop-all-4. 3. 1. jar

(3)找到变量名 CLASSPATH，在后面添加 randoop-all-4. 3. 1. jar 文件的路径，例如 E:\randoop-4. 3. 1\randoop-all-4. 3. 1. jar

如图 8-3 所示为配置系统变量环境。

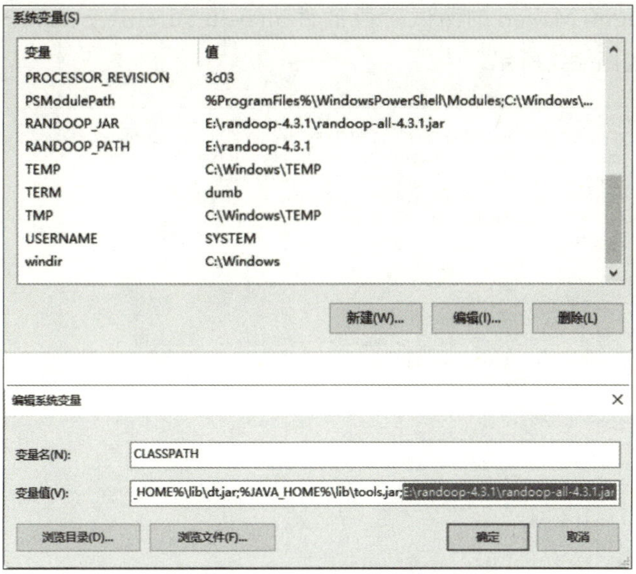

图 8-3 配置系统变量环境

3. 测试配置

配置好环境变量之后，打开命令提示符 cmd 窗口，输入命令 java -ea randoop. main. Main，通过调用 Randoop 的主函数(randoop. main. Main)来运行 Randoop，若运行成功，则环境配置正确，如图 8-4 所示。

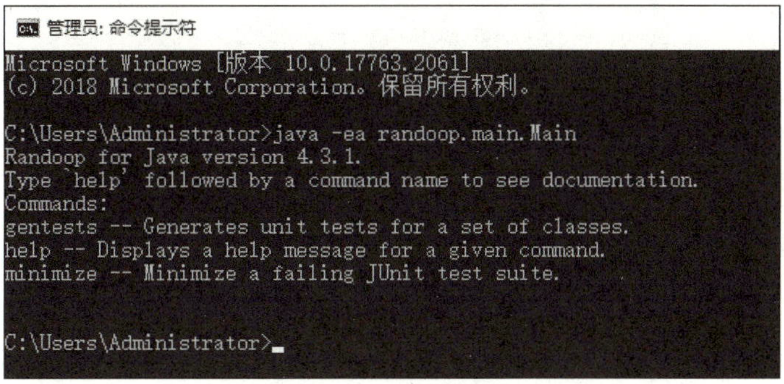

图 8-4 测试配置

8.1.2 EvoSuite

EvoSuite 是一个 Java 单元测试套件自动生成工具，综合运用边界值分析方法、遗传算法和符号执行等技术来生成高质量的 JUnit 测试脚本。它是 Eclipse 插件，没有独立执行程序。

安装流程如下：

1. 打开 Eclipse，创建一个新的 Maven 项目，或者使用现有的 Maven 项目作为目标项目。

2. 在 Maven 项目的“pom. xml”文件中添加 EvoSuite 依赖。

例如，若需要 Maven 编译插件 maven-compiler-plugin，EvoSuite 的 Maven 插件 evosuite-maven-plugin，Maven 的测试阶段插件 maven-surefire-plugin，可以在“pom. xml”中添加以下依赖，如图 8-5 所示。

```
    <properties>
        <project.build.sourceEncoding>UTF-8</project.build.sourceEncoding>
        <maven.compiler.encoding>UTF-8</maven.compiler.encoding>
        <maven.compiler.source>1.8</maven.compiler.source>
        <maven.compiler.target>1.8</maven.compiler.target>
        <java.version>1.8</java.version>
    </properties>

    <dependencies>
        <dependency>
            <groupId>org.evosuite</groupId>
            <artifactId>evosuite-standalone-runtime</artifactId>
            <version>1.0.6</version>
            <scope>test</scope>
        </dependency>
        <dependency>
            <groupId>junit</groupId>
            <artifactId>junit</artifactId>
            <version>4.13.2</version>
            <scope>test</scope>
        </dependency>
        <dependency>
            <groupId>org.slf4j</groupId>
            <artifactId>slf4j-simple</artifactId>
            <version>1.6.6</version>
            <scope>test</scope>
        </dependency>
    </dependencies>

    <build>
        <plugins>
            <plugin>
                <artifactId>maven-compiler-plugin</artifactId>
                <version>3.8.1</version>
            </plugin>
            <plugin>
                <groupId>org.evosuite.plugins</groupId>
                <artifactId>evosuite-maven-plugin</artifactId>
                <version>1.0.6</version>
                <configuration>
                    <!-- 离线模式，需要手动执行生成的单元测试需要删除这行 -->
                    <extraArgs> -Duse_separate_classloader=false </extraArgs>
                </configuration>
                <!-- <executions> <execution> <goals> <goal> prepare </goal> </goals>
                    <phase> process-test-classes </phase> </execution> </executions> -->
            </plugin>
            <plugin>
                <groupId>org.apache.maven.plugins</groupId>
                <artifactId>maven-surefire-plugin</artifactId>
                <version>3.0.0-M7</version>
                <configuration>
                    <properties>
                        <property>
                            <name>listener</name>
                            <value>org.evosuite.runtime.InitializingListener</value>
                        </property>
                    </properties>
                </configuration>
            </plugin>
        </plugins>
    </build>
</project>
```

图 8-5　添加 EvoSuite 依赖

3. 添加好依赖后，保存“pom. xml”文件以使 Maven 项目更新依赖配置。

4. Maven 会自动下载依赖包，如果速度慢，可添加全局配置，添加国内源，此处采用清华大学源，新建 maven-config. xml 文件，如图 8-6 所示。

```xml
<?xml version="1.0" encoding="UTF-8"?>
<settings xmlns="http://maven.apache.org/SETTINGS/1.0.0"
    xmlns:xsi="http://www.w3.org/2001/XMLSchema-instance"
    xsi:schemaLocation="http://maven.apache.org/SETTINGS/1.0.0
http://maven.apache.org/xsd/settings-1.0.0.xsd">
    <mirrors>
  <mirror>
    <id>tsinghua</id>
    <url>https://repo.maven.apache.org/maven2/</url>
    <mirrorOf>central</mirrorOf>
  </mirror>
    </mirrors>
</settings>
```

图 8-6　Maven 镜像源配置文件

5. 访问 Eclipse 菜单 Windows 下 Perferences 的 Maven/User Settings，在全局配置 Global Settings 中添加 maven-config. xml 文件，如图 8-7 所示。

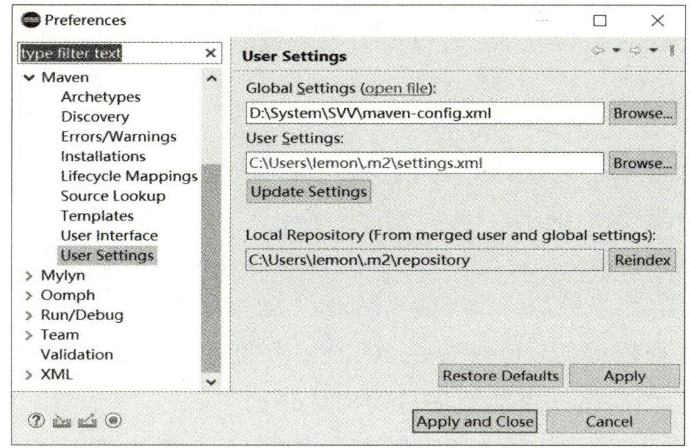

图 8-7　添加 maven-config. xml 文件

6. 更新 Maven 项目。在 Eclipse 中右击 Maven 项目，选择 Maven/Update Project，Maven 将下载 EvoSuite 依赖，如图 8-8 所示。

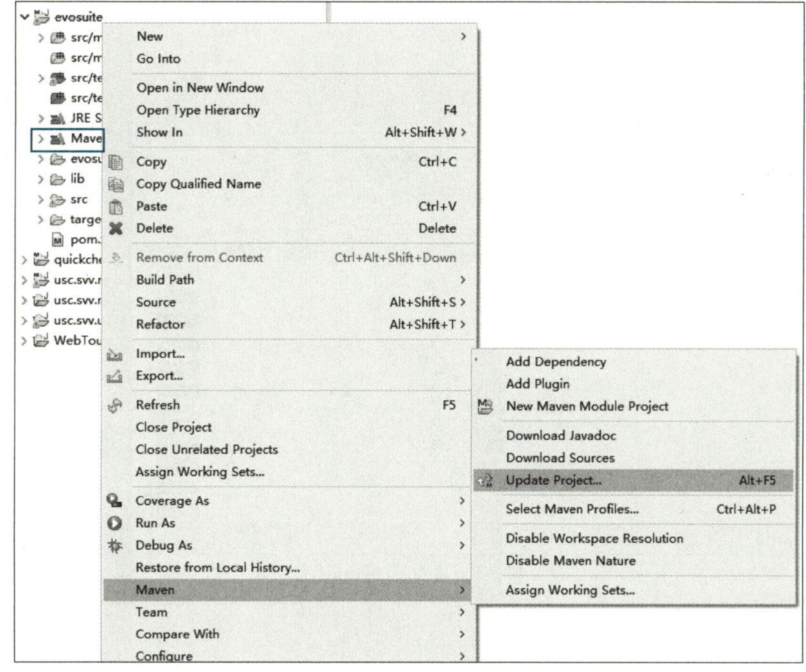

图 8-8　更新 Maven 项目

8.1.3 QuickCheck

QuickCheck 是一种基于属性的测试框架。它的主要目标是通过随机生成输入数据来验证函数或程序的必要属性。

安装流程如下：

1. 打开 Eclipse，创建一个新的 Java 项目或打开现有的 Java 项目。

2. 导入 QuickCheck 库的依赖。具体取决于项目的构建工具和依赖管理方式。

(1)如果使用构建工具(如 Maven)：在项目的 pom. xml 文件中，添加 Java QuickCheck 库，保存文件后，构建工具会自动下载和管理依赖项。

例如，对于 junit-quickcheck 库，可以将以下依赖添加到 pom. xml 文件中。

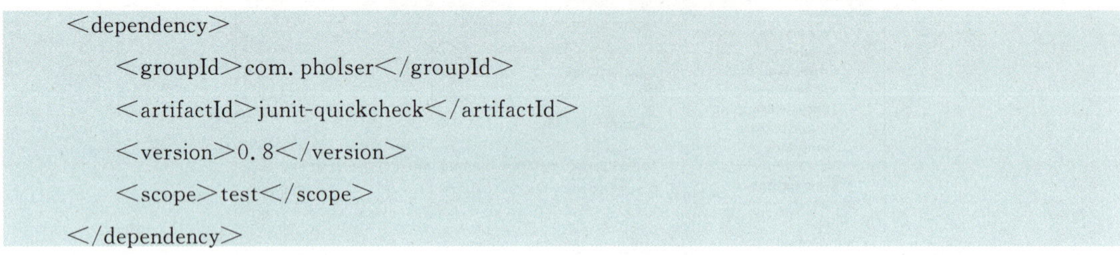

```
<dependency>
    <groupId>com. pholser</groupId>
    <artifactId>junit-quickcheck</artifactId>
    <version>0. 8</version>
    <scope>test</scope>
</dependency>
```

(2)如果手动管理依赖：从 Java QuickCheck 库的官方网站或仓库下载相应的库文件(通常是 JAR 文件)，然后将其添加到项目的构建路径中。

以 QuickTheories 库为例，单击所需版本号，在页面上找到 JAR 文件的下载链接，如图 8-9、图 8-10 所示。

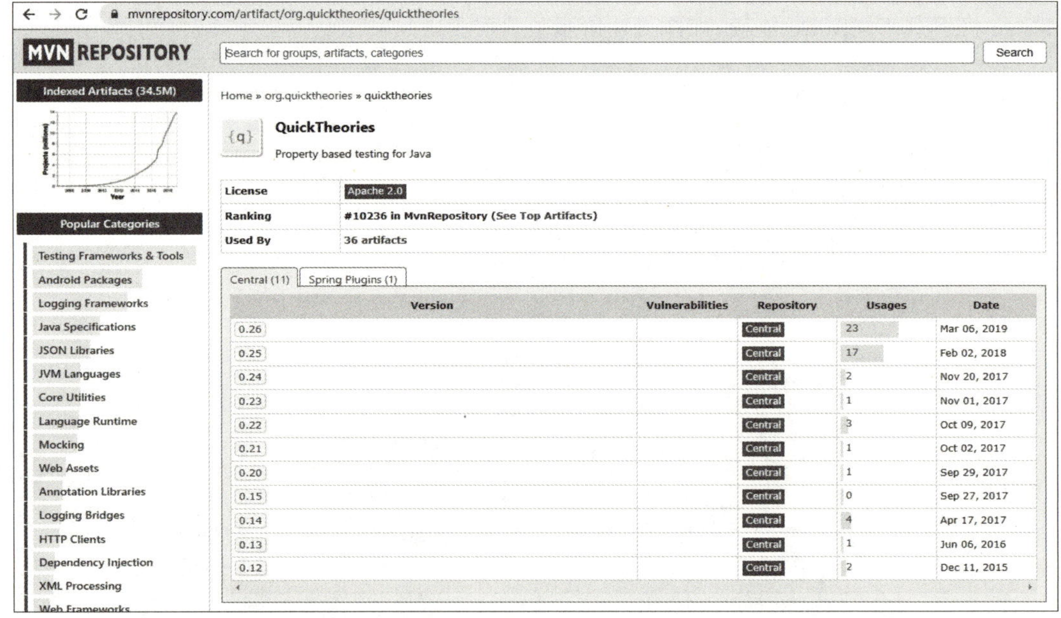

图 8-9　QuickTheories 库

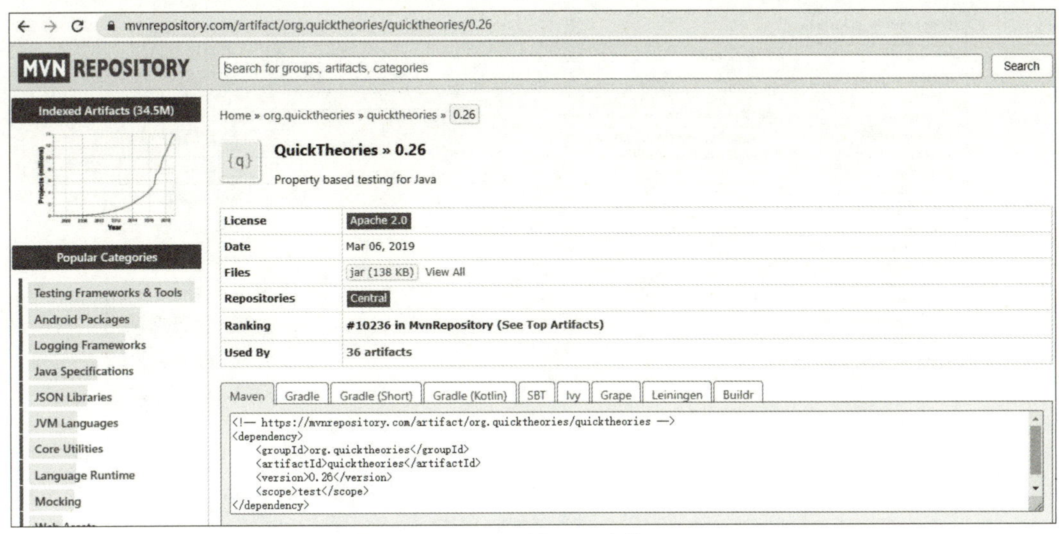

图 8-10 下载 JAR 文件

下载 JAR 文件后，将其添加到项目的构建路径中，具体步骤如下：

（1）打开 Eclipse，在项目资源管理器中找到所需项目。

（2）右击项目，单击 Build Path/Configure Build Path，如图 8-11 所示。

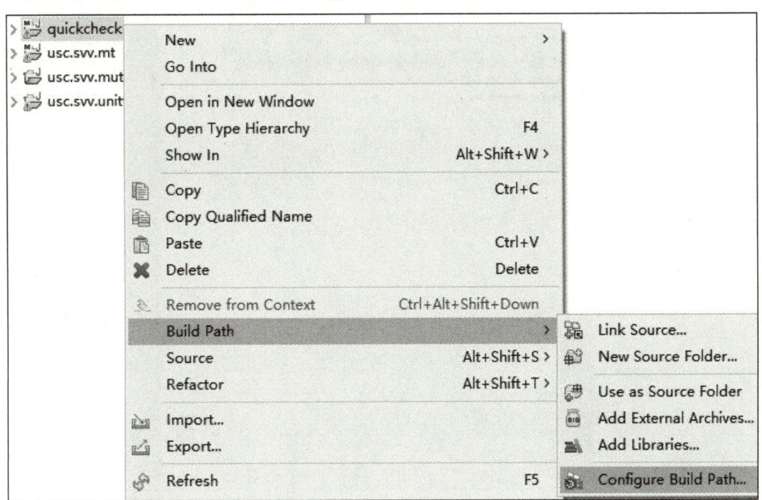

图 8-11 Configure Build Path

（3）在“Libraries”（库）选项卡中，单击“Add External JARs” 按钮，然后选择所下载的 JAR 文件，如图 8-12、图 8-13 所示。

（4）最后单击“Apply and Close”按钮，保存更改。

（5）在项目目录中出现 JAR 包，则添加成功，如图 8-14 所示。

3. 根据所选择的 QuickCheck 库的要求，导入所需的 QuickCheck 类和方法。

例如，对于 junit-quickcheck 库，可以导入以下类：

```
import com.pholser.junit.quickcheck.Property;
import com.pholser.junit.quickcheck.runner.JUnitQuickcheck;
import org.junit.runner.RunWith;
```

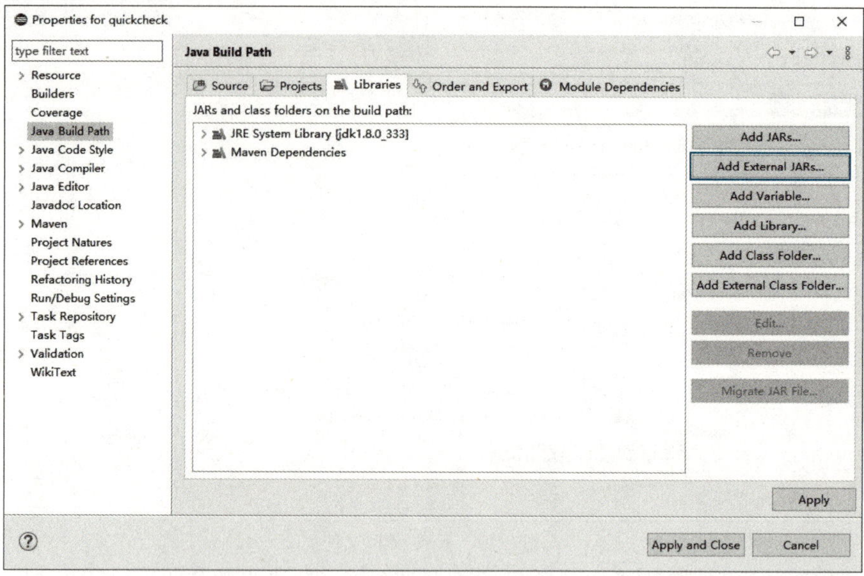

图 8-12　Add External JARs

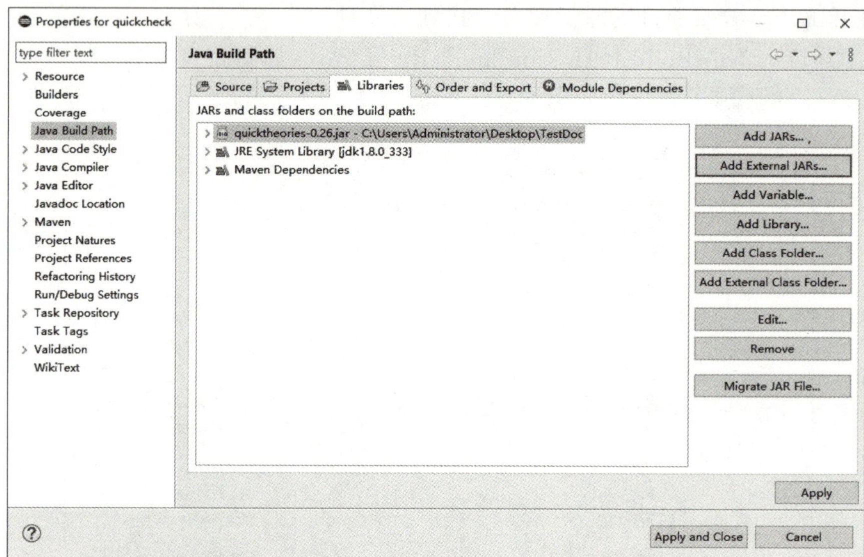

图 8-13　添加 JAR 包

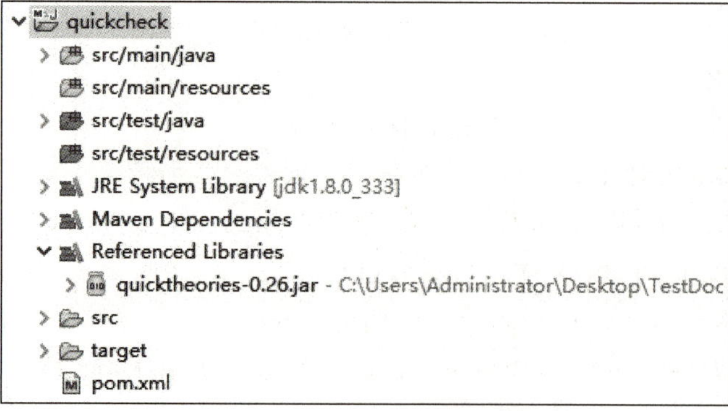

图 8-14　添加成功

8.1.4 Selenium

运行环境需要 Selenium 的 Java 客户端 Chrome 浏览器以及驱动 Chrome Ail。ChromeDriver 的版本和 Chrome 浏览器应保持一致。

1. Chrome

(1)下载链接

请在官网“https://www.google.cn/chrome/index.html”下载安装程序。

(2)安装流程

进入 Chrome 官网下载安装程序,根据提示直接安装即可。打开 Chrome 浏览器,在搜索框中输入 chrome://version,查看浏览器版本,如图 8-15 所示。

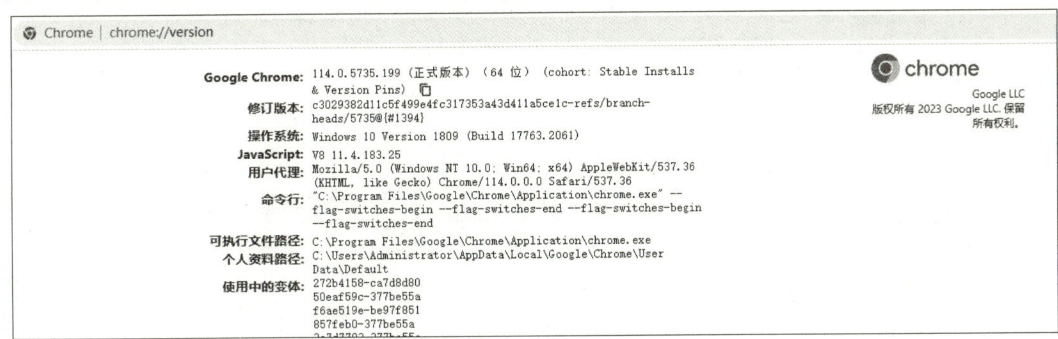

图 8-15 查看浏览器版本

2. ChromeDriver

ChromeDriver 是一个用于自动化控制和操作 Google Chrome 浏览器的开源项目。

安装过程如下:

(1)下载链接

请在官网“http://chromedriver.storage.googleapis.com/index.html”下载 ChromeDriver。

下载 Chrome 浏览器对应版本的 ChromeDriver。如果没有对应的版本,下载一个接近的版本,如图 8-16、图 8-17 所示。

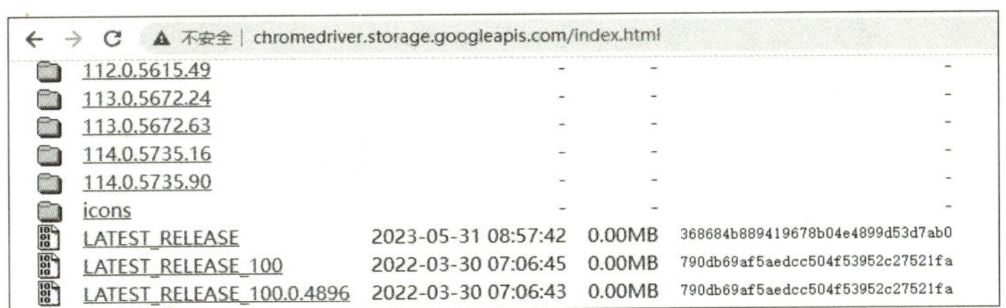

图 8-16 选择 ChromeDriver 版本

不安全 | chromedriver.storage.googleapis.com/index.html?path=114.0.5735.90/

Index of /114.0.5735.90/

Name	Last modified	Size	ETag
Parent Directory		-	
chromedriver_linux64.zip	2023-05-31 08:57:22	7.06MB	cd6613edf6628041684393706b62d3a6
chromedriver_mac64.zip	2023-05-31 08:57:25	8.29MB	b44390afbddadf8748a1d151483b2472
chromedriver_mac_arm64.zip	2023-05-31 08:57:29	7.40MB	0d515e46bea141705e49edaba1d49819
chromedriver_win32.zip	2023-05-31 08:57:32	6.30MB	7d455bed57ef682d41108e13d45545ca
notes.txt	2023-05-31 08:57:38	0.00MB	1670f6dde7877ca84ecd4c56b9cc759c

图 8-17 下载 ChromeDriver

(2)安装流程

将 ChromeDriver 压缩包解压到 Chrome 浏览器的安装路径,如图 8-18 所示。

图 8-18 解压 ChromeDriver

将 ChromeDriver 的路径添加到环境变量 path 中,如图 8-19 所示。

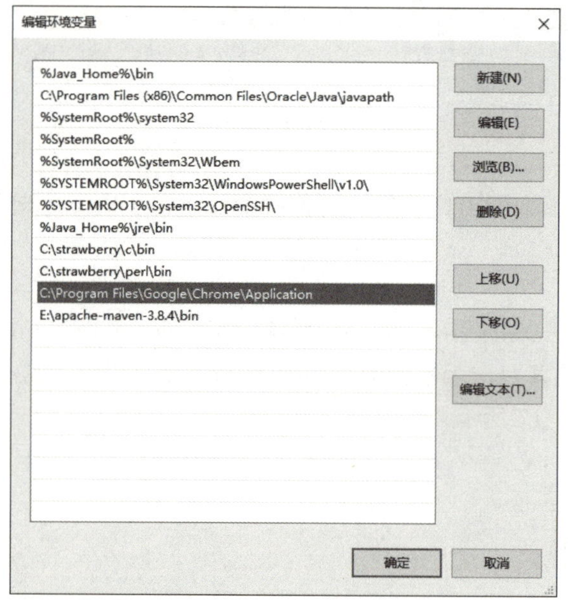

图 8-19 配置环境变量

(3)测试配置

在终端输入 chromedriver,显示以下内容则安装成功,如图 8-20 所示。

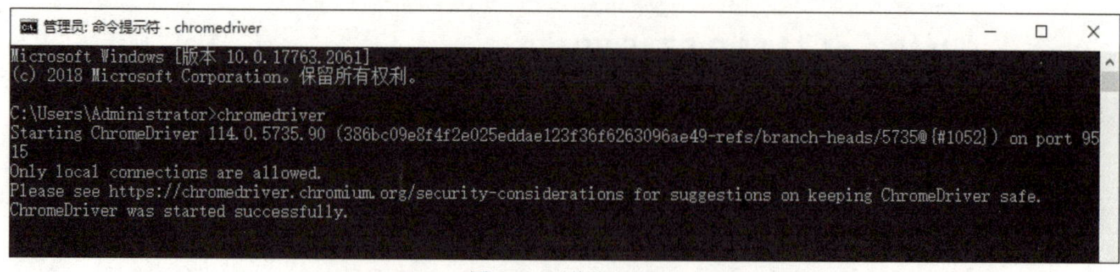

图 8-20 测试配置

3. Selenium

Selenium 是一个用于自动化浏览器操作的开源工具集。它提供了一组 API 和库，用于以编程方式控制浏览器并模拟用户在 Web 应用程序中的操作。

(1)下载链接

请在官网"http://www.seleniumhq.org"进行下载。

(2)安装流程

进入官网后，单击 Downloads 到下载页面，如图 8-21 所示。

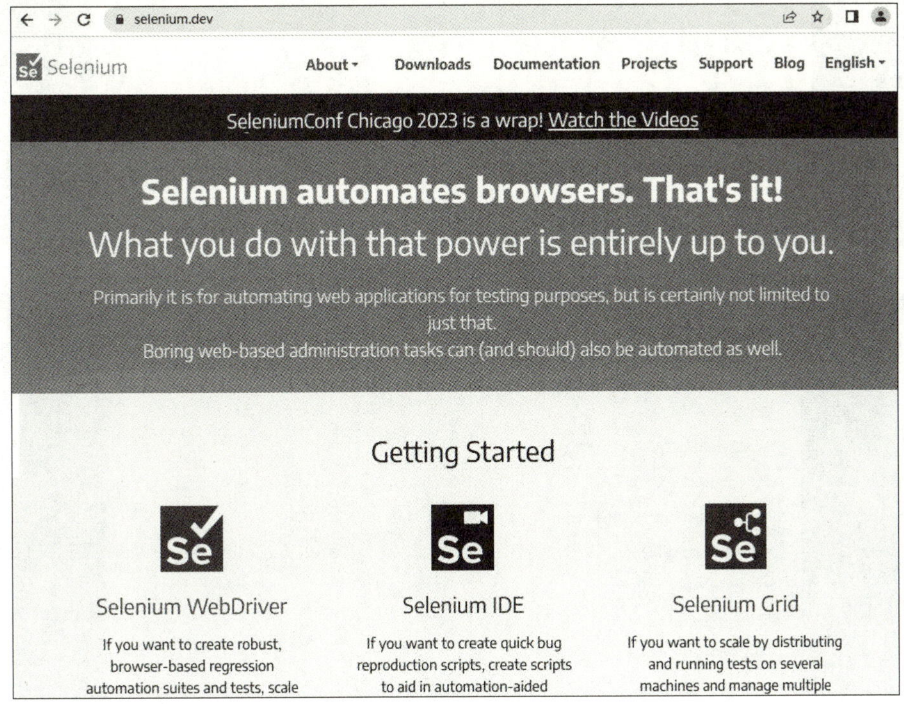

图 8-21 Selenium 官网

下拉页面到 Previous Releases，如图 8-22 所示。

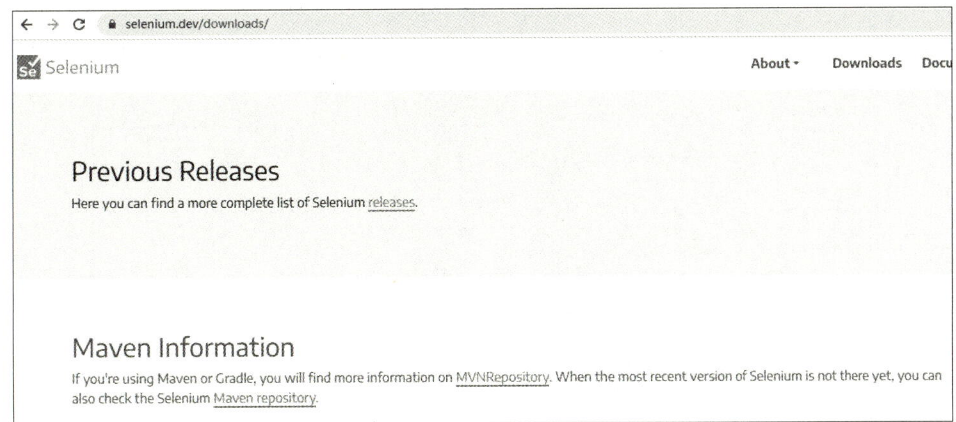

图 8-22 Previous Releases

在这里可以下载历史版本，如图 8-23 所示。

下载 selenium-server-standalone-3.9.0.jar，记住 JAR 包的下载路径，如图 8-24 所示。

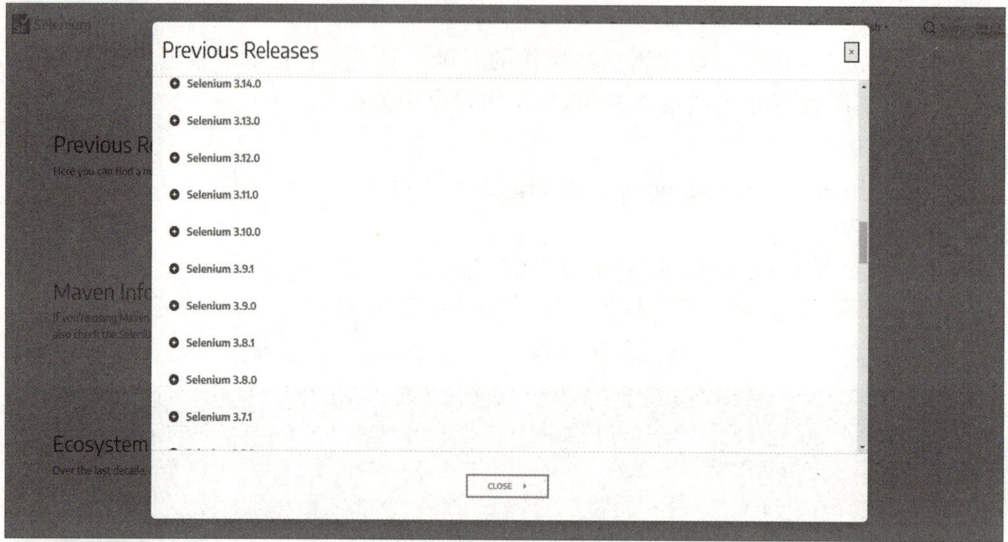

图 8-23　选择 Selenium 版本

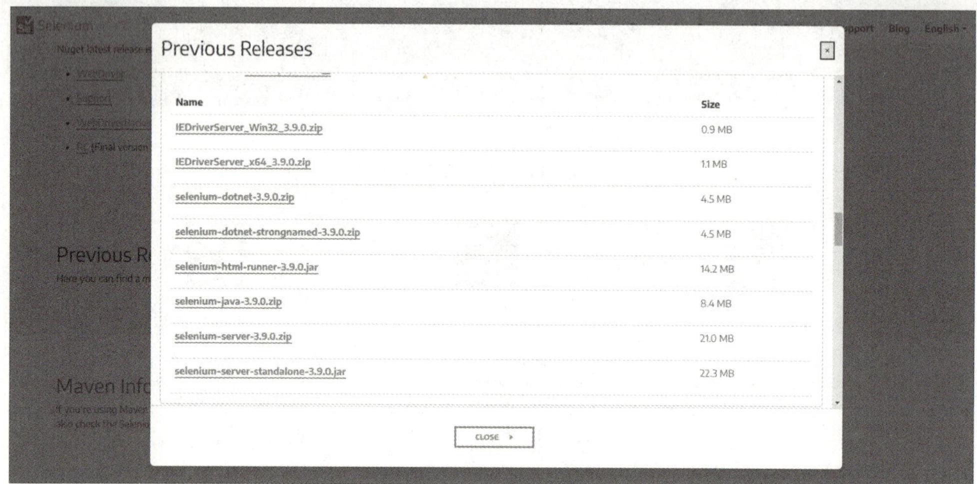

图 8-24　下载 JAR 包

导入 JAR 包：右击项目，再单击 Build Path / Add Libraries，如图 8-25 所示。

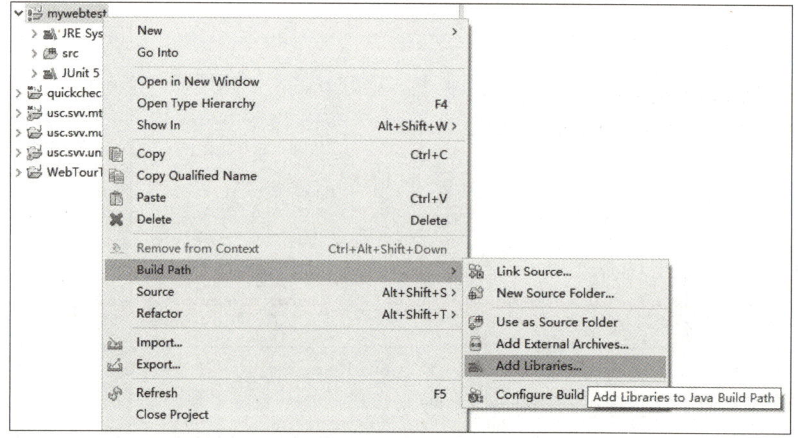

图 8-25　导入 JAR 包步骤 1

单击 User Library / Next，如图 8-26 所示。

单击 User libraries，如图 8-27 所示。

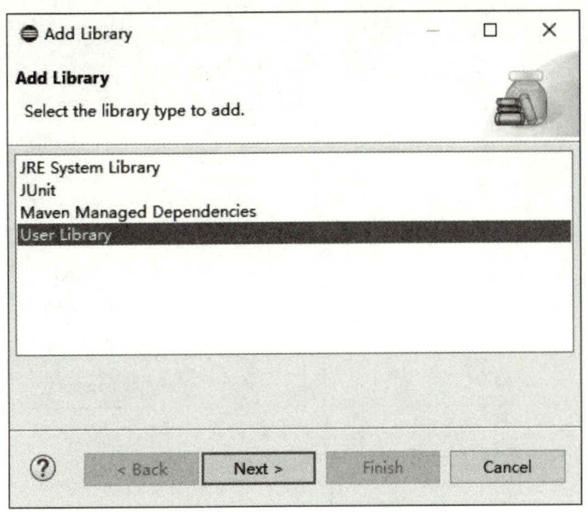

图 8-26　导入 JAR 包步骤 2

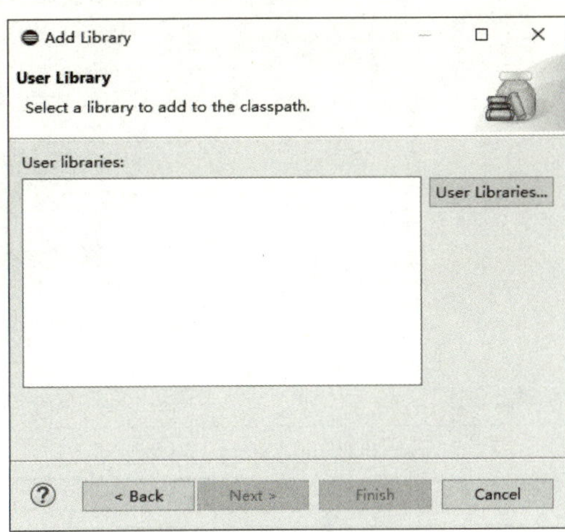

图 8-27　导入 JAR 包步骤 3

单击 New / New User Library 进行自定义命名，如图 8-28 所示。

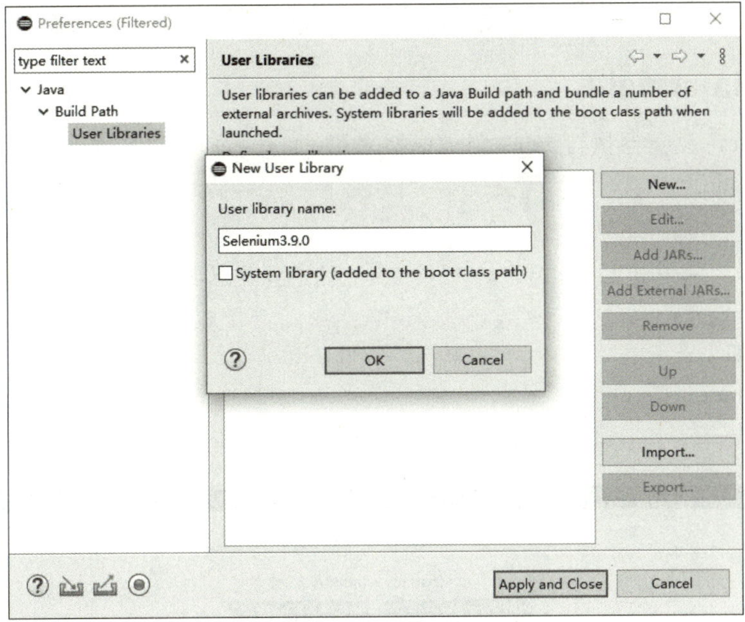

图 8-28　自定义命名

选中创建的 User Library，单击“Add External JARs”按钮，如图 8-29 所示。

找到之前下载的 JAR 包位置，选中下载好的 JAR 包，完成后单击“Apply and Close”按钮，如图 8-30 所示。

项目栏中出现图标则说明导入成功了，如图 8-31 所示。

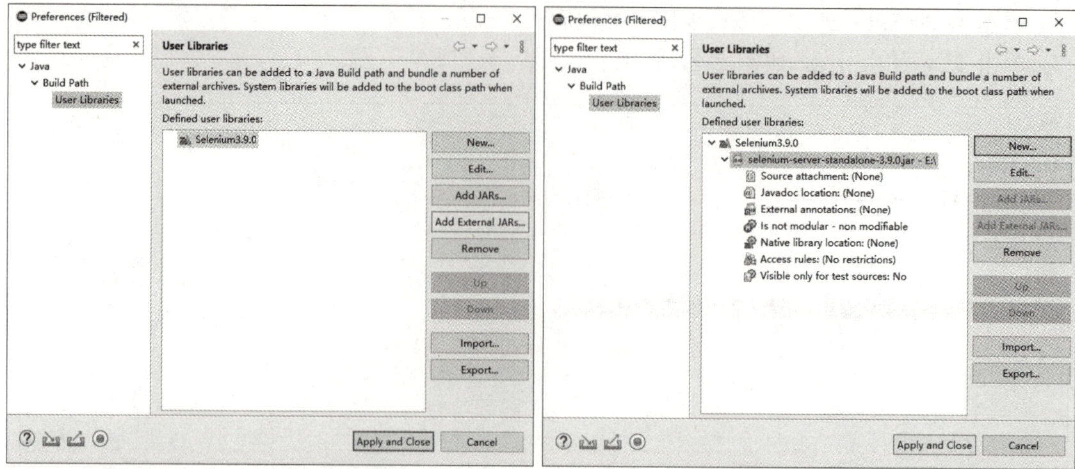

图 8-29　Add External JARs　　　　图 8-30　选择下载的 JAR 包

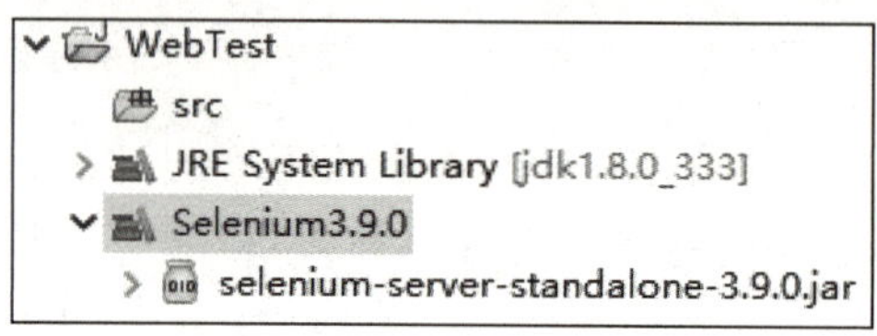

图 8-31　导入成功

8.1.5　Playwright

使用 Chrome 浏览器执行测试，测试框架采用 Playwright，脚本语言为 JavaScript，脚本编辑器是 VSCode。

1. Node. js

Node. js 是一个基于 Chrome V8 JavaScript 引擎的开放源代码、跨平台的 JavaScript 运行环境。

安装过程如下：

(1)下载 Node. js

访问官网“https://nodejs. org/en”下载安装文件，如图 8-32 所示。

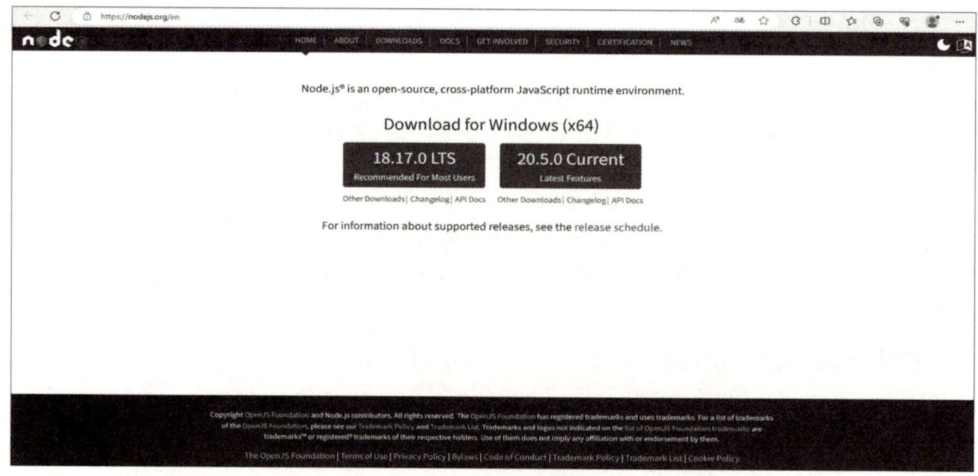

图 8-32　Node. js 官网

(2)双击下载的可执行文件,执行安装操作,一直默认单击“Next”按钮即可,如图 8-33 至图 8-38 所示。

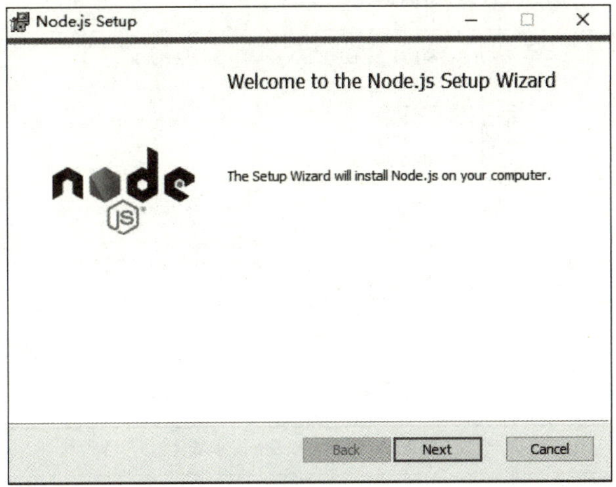

图 8-33 安装 Node.js 步骤 1

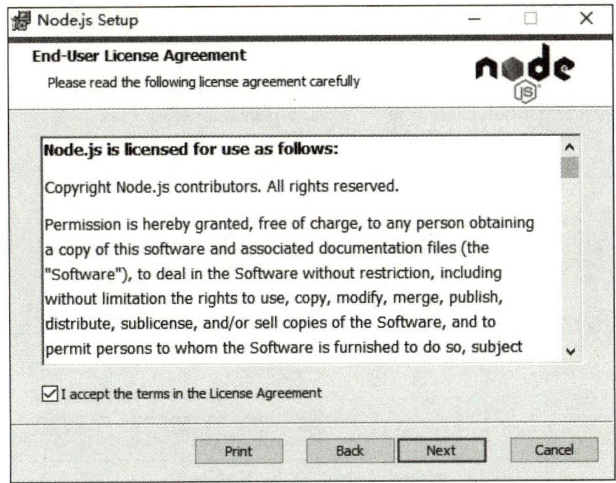

图 8-34 安装 Node.js 步骤 2

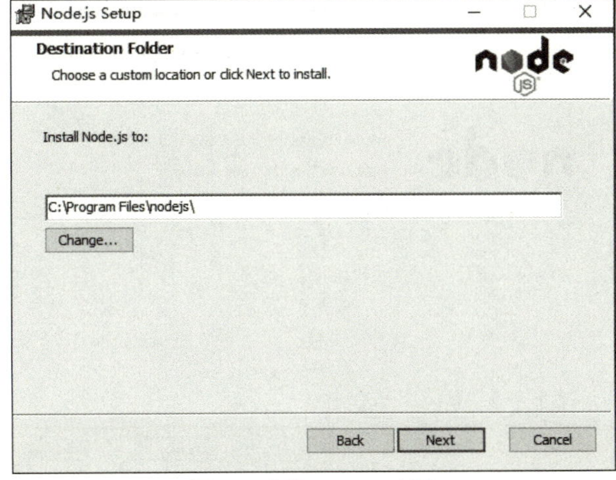

图 8-35 安装 Node.js 步骤 3

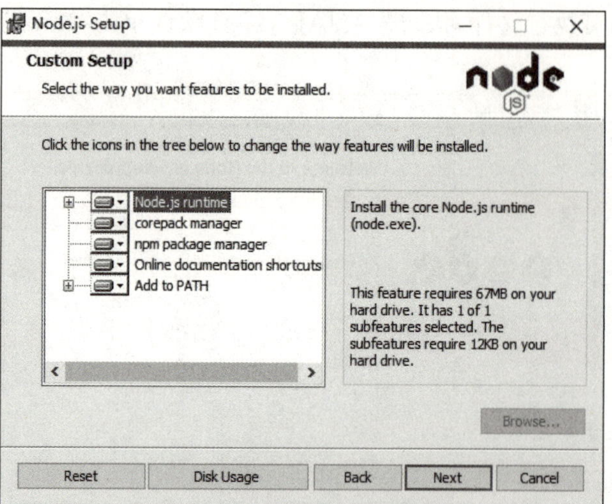

图 8-36　安装 Node. js 步骤 4

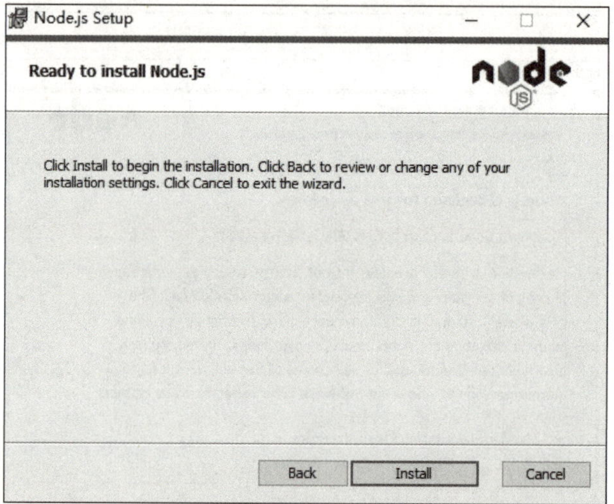

图 8-37　安装 Node. js 步骤 5

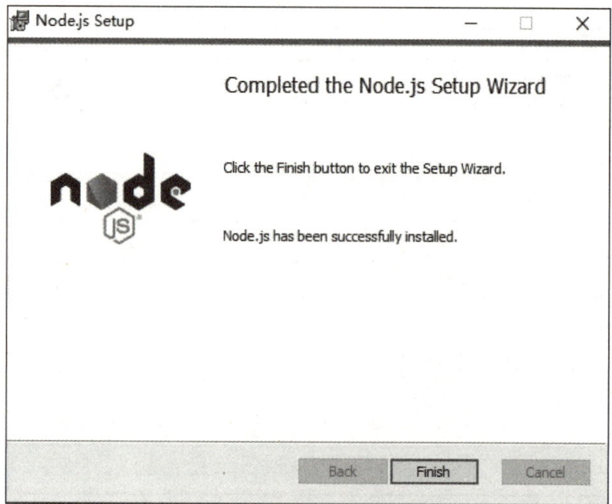

图 8-38　安装 Node. js 步骤 6

(3)测试配置

打开 cmd(命令提示符),输入 node -v 和 npm -v,回车后显示版本信息则表示安装成功,如图 8-39 所示。

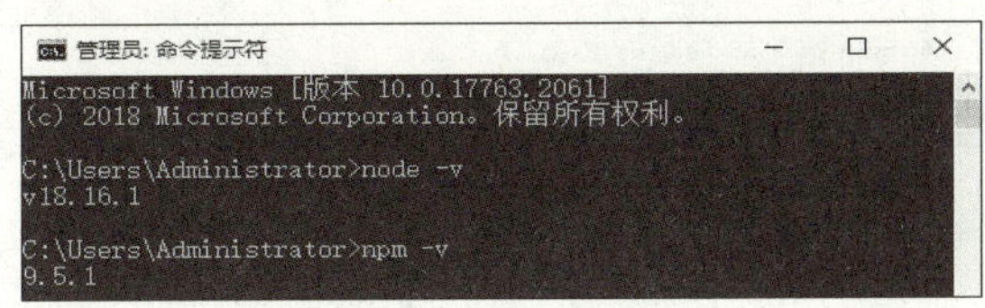

图 8-39　测试配置

2. VSCode

VSCode(Visual Studio Code)是一款由微软开发的免费、轻量级的源代码编辑器。

安装过程如下:

(1)下载 VSCode

通过链接 https://code.visualstudio.com 下载,单击“Download for Windows”下载 Windows 版本或者单击“Download”选择下载其他版本,如图 8-40、图 8-41 所示。这里选择下载 Windows 版本。

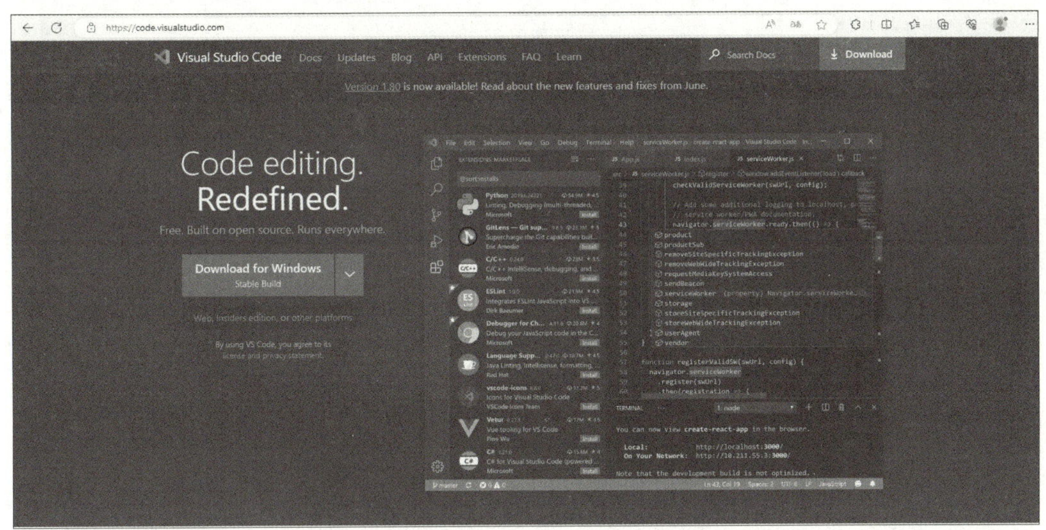

图 8-40　下载 VSCode

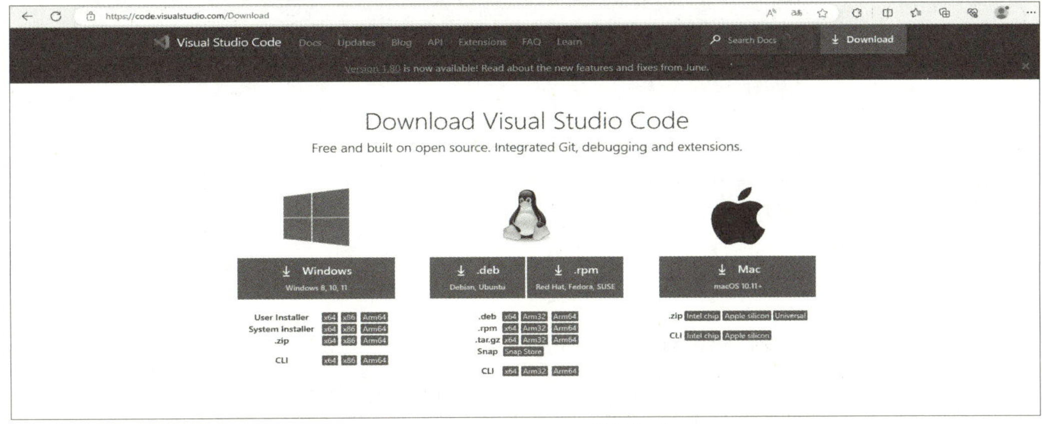

图 8-41　选择 VSCode 其他版本

(2)安装 VSCode

在下载目录找到 VSCode,双击开始安装,选择“我同意此协议”,然后单击“下一步”按钮,如图 8-42 所示。

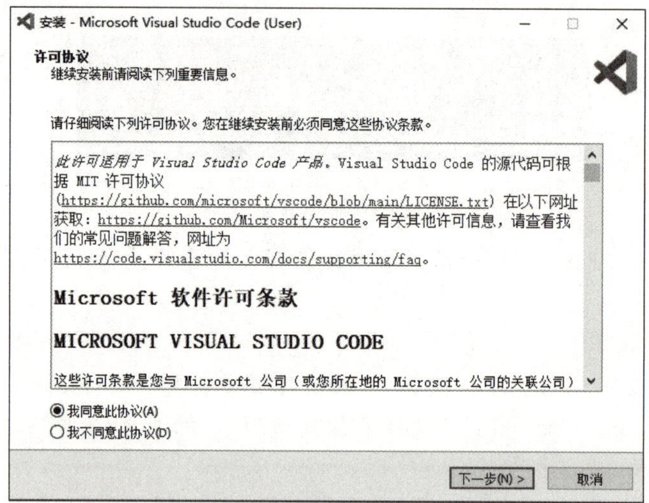

图 8-42　安装 VSCode 步骤 1

单击“浏览”可选择安装路径,如图 8-43 所示。

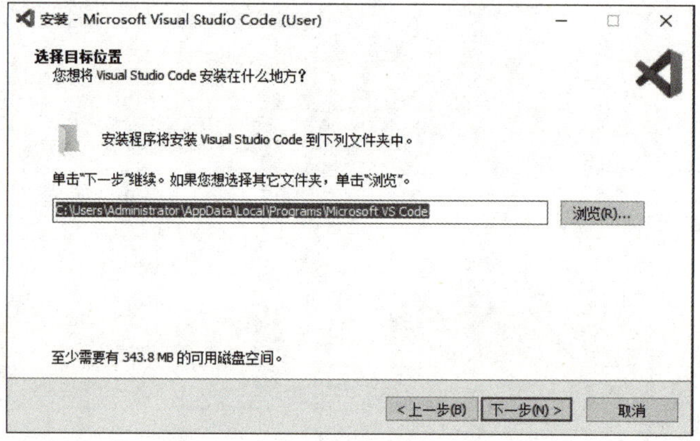

图 8-43　安装 VSCode 步骤 2

添加到开始菜单,这里默认即可,如图 8-44 所示。

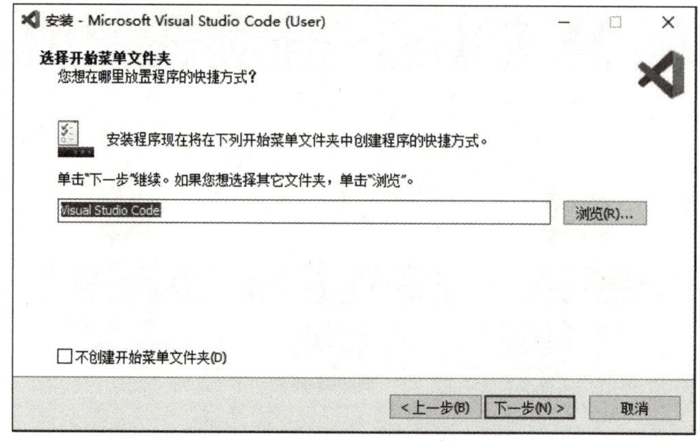

图 8-44　安装 VSCode 步骤 3

后续步骤默认即可，如图 8-45 至图 8-47 所示。

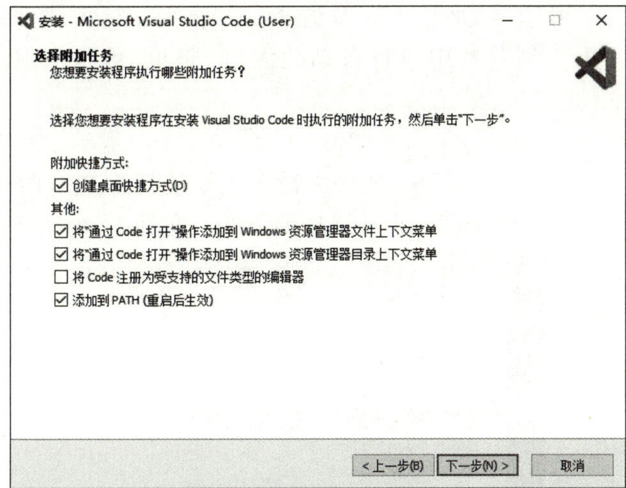

图 8-45　安装 VSCode 步骤 4

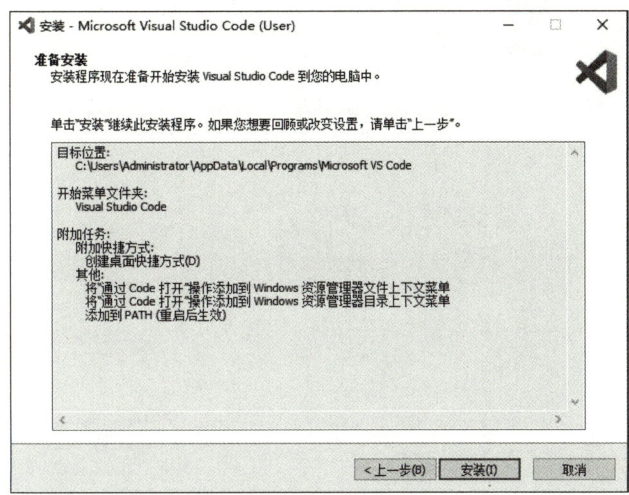

图 8-46　安装 VSCode 步骤 5

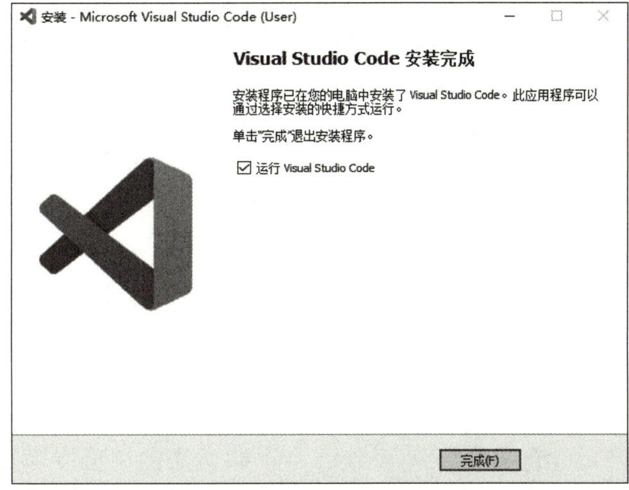

图 8-47　安装 VSCode 步骤 6

3. Playwright

Playwright 是一个用于自动化浏览器的 Node. js 库，它提供了一组 API，可以在 Chrome、Firefox 和 Safari 浏览器中执行自动化测试、爬虫、数据抓取、UI 自动化测试等任务。

安装过程如下：

(1)在任意位置创建一个空文件夹(文件夹命名不要出现中文)，例如 playwright_js，然后打开 VSCode，单击 File / Open Folder，选择创建的空文件夹，如图 8-48 和图 8-49 所示。

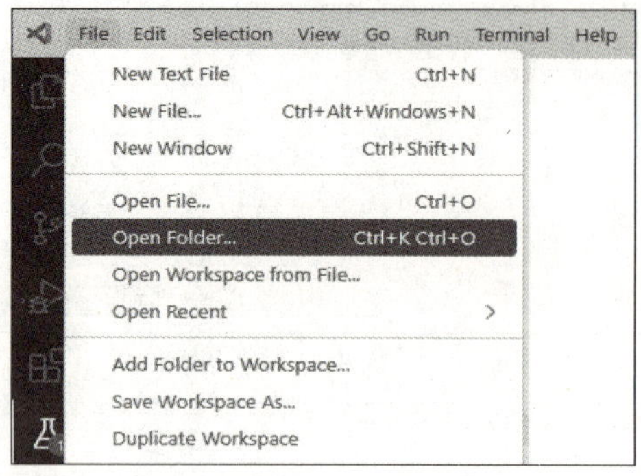

图 8-48 单击 File / Open Folder

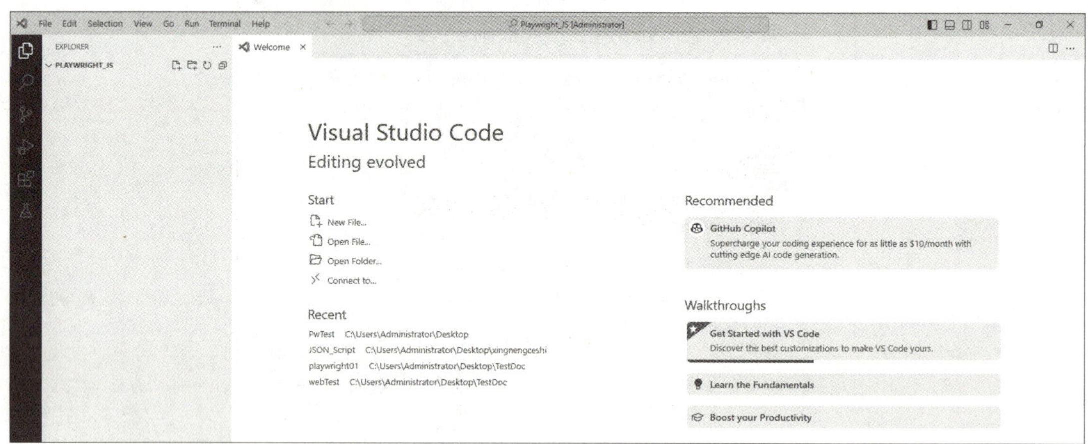

图 8-49 打开文件夹

(2)打开 VSCode 的终端窗口，输入命令 npm init playwright@latest，按 Enter 键后选择开发语言，TypeScript or JavaScript? 通过键盘的上下方向键选择 JavaScript，按 Enter 键，如图 8-50 所示。

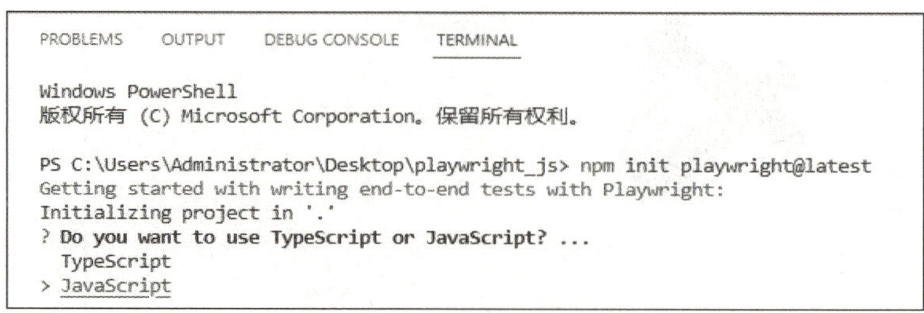

图 8-50 选择开发语言

(3)后续全部按 Enter 键确定，Playwright 会下载所需的浏览器等资源，等待下载完成即可，如图 8-51 所示。

```
PS C:\Users\Administrator\Desktop\playwright_js> npm init playwright@latest
Getting started with writing end-to-end tests with Playwright:
Initializing project in '.'
√ Do you want to use TypeScript or JavaScript? · JavaScript
√ Where to put your end-to-end tests? · tests
√ Add a GitHub Actions workflow? (y/N) · false
√ Install Playwright browsers (can be done manually via 'npx playwright install')? (Y/n) · true
Initializing NPM project (npm init -y)…

Wrote to C:\Users\Administrator\Desktop\playwright_js\package.json:

{
  "name": "playwright_js",
  "version": "1.0.0",
  "description": "",
  "main": "index.js",
  "scripts": {
    "test": "echo \"Error: no test specified\" && exit 1"
  },
  "keywords": [],
  "author": "",
  "license": "ISC"
}


Installing Playwright Test (npm install --save-dev @playwright/test)…

added 3 packages, and audited 4 packages in 5s

found 0 vulnerabilities
Downloading browsers (npx playwright install)…
Writing playwright.config.js.
Writing tests\example.spec.js.
Writing tests-examples\demo-todo-app.spec.js.
Writing package.json.
√ Success! Created a Playwright Test project at C:\Users\Administrator\Desktop\playwright_js
```

图 8-51　下载 Playwright

(4)下载完成后，Playwright 的项目结构如图 8-52 所示。

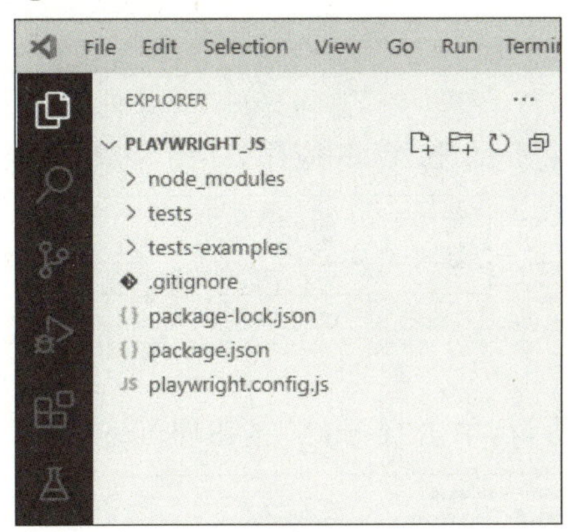

图 8-52　Playwright 的项目结构

playwright. config 是配置 Playwright 的文件，可以在其中指定要在哪些浏览器上运行测试。如果在一个已经存在的项目中运行测试，那么依赖项将直接添加到 package. json 文件中。tests 文件夹中包含一个示例测试，在 tests 文件夹下新建文件，可开始编写测试脚本。

(5)可以在终端输入命令 npx playwright test，运行示例测试。默认情况下，测试将在 Chromium、Firefox 和 WebKit 三个浏览器上以无头模式运行，这意味着运行测试时不会打开浏览器，测试结果和测试日志将显示在终端。

(6)如果想以 GUI(Graphical User Interface)模式运行测试，可以输入命令 npx playwright test-headed。

8.1.6 测试对象 Web Tours

Web Tours 是一个 Web 应用程序，实现飞机订票业务。它随 HP LoadRunner 11 发布。

安装过程如下

1. 下载 Web Tours

通过官方网站（https://www.microfocus.com/marketplace/appdelivery/content/web-tours-sample-application#app_releases）下载，下载首页如图 8-53 所示。

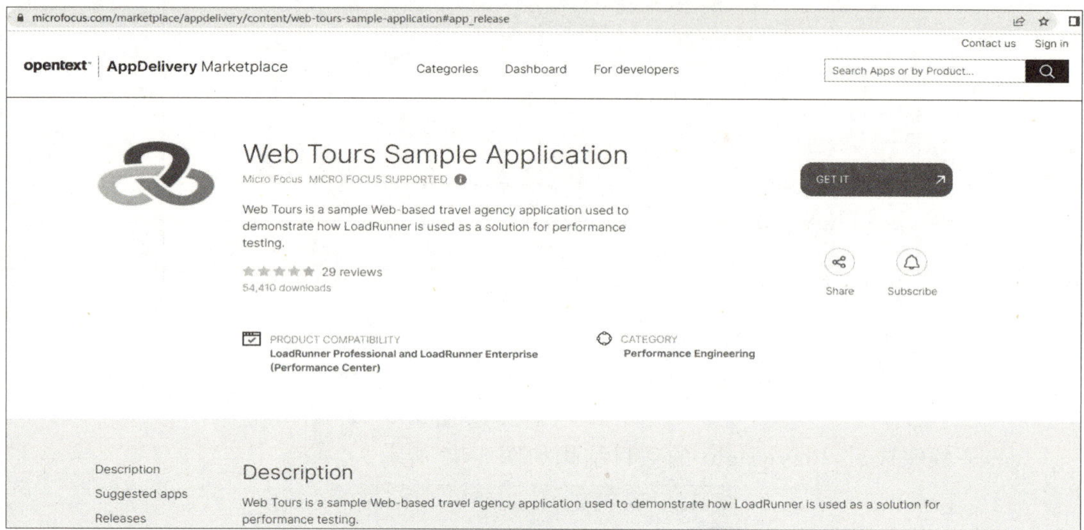

图 8-53 Web Tours 下载首页

Web Tours 1.0.zip 包含 Perl 和 Web 应用，如图 8-54 所示。

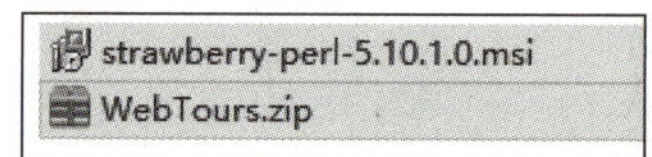

图 8-54 Web Tours 1.0.zip

2. 安装 Strawberry Perl

双击安装包，勾选同意协议，单击“Install”按钮即可进入安装，如图 8-55 所示。

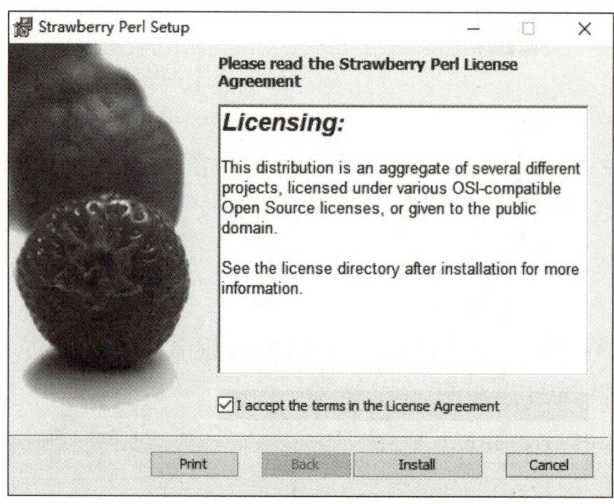

图 8-55 安装 Strawberry Perl

出现以下界面单击“Finish”按钮代表安装成功，如图 8-56 所示。

图 8-56　Strawberry Perl 安装成功

3. 启动应用程序

解压 WebTours.zip，在 WebTours 目录中双击执行 StartServer.bat，启动服务器，如图 8-57 所示。

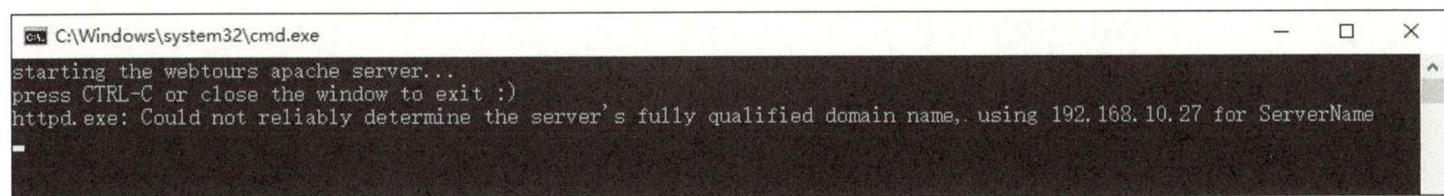

图 8-57　启动服务器

打开浏览器（如 Chrome），访问地址 http://127.0.0.1:1080/WebTours/，进入首页，如图 8-58 所示。sign up now 是新用户注册入口。

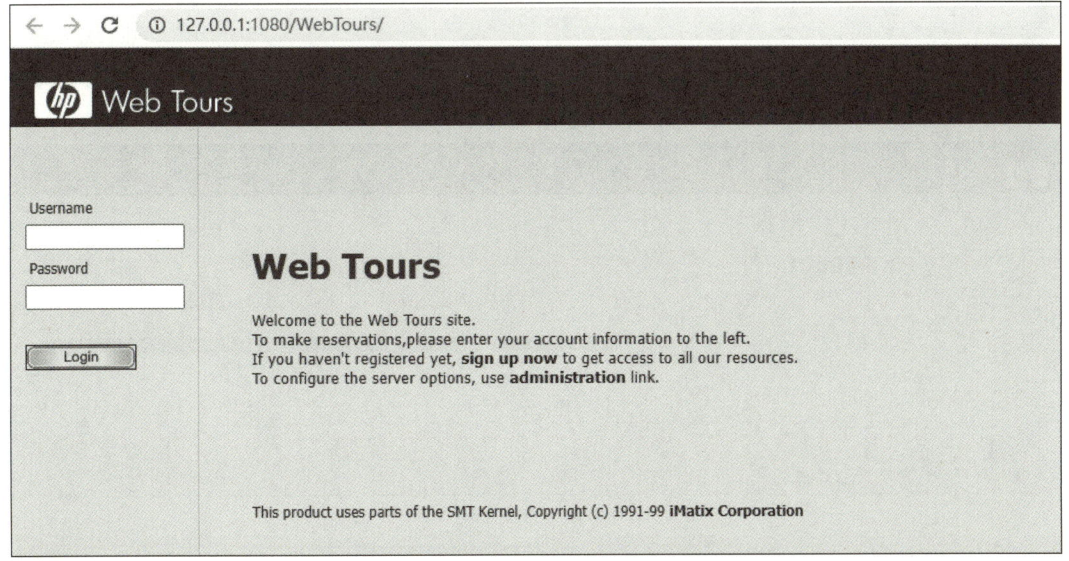

图 8-58　Web Tours 首页

初始账号用户名:jojo,密码:bean,登录成功后如图 8-59 所示。

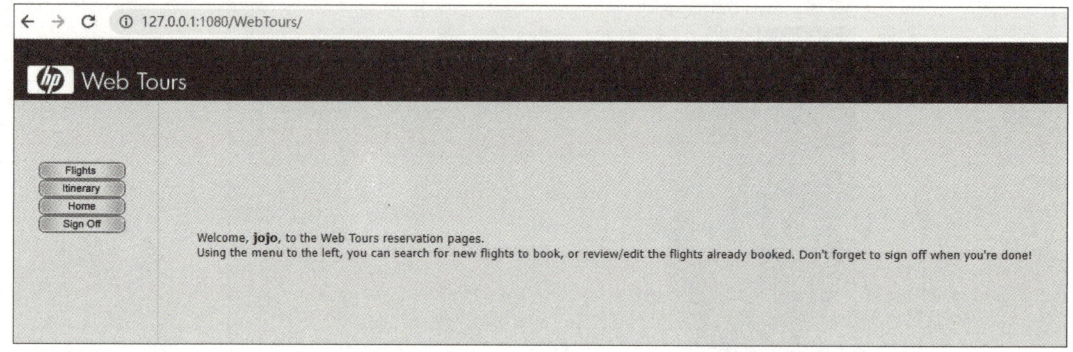

图 8-59　登录成功

订票步骤为选取起飞地与目的地、选取航班、填写支付表单、查看发票,如图 8-60 至图 8-63 所示。

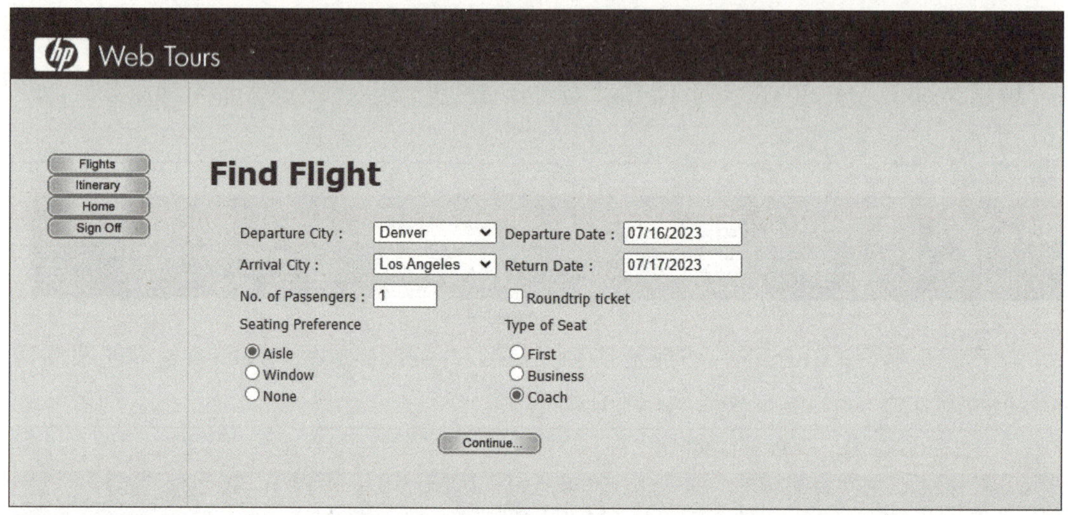

图 8-60　选取起飞地与目的地

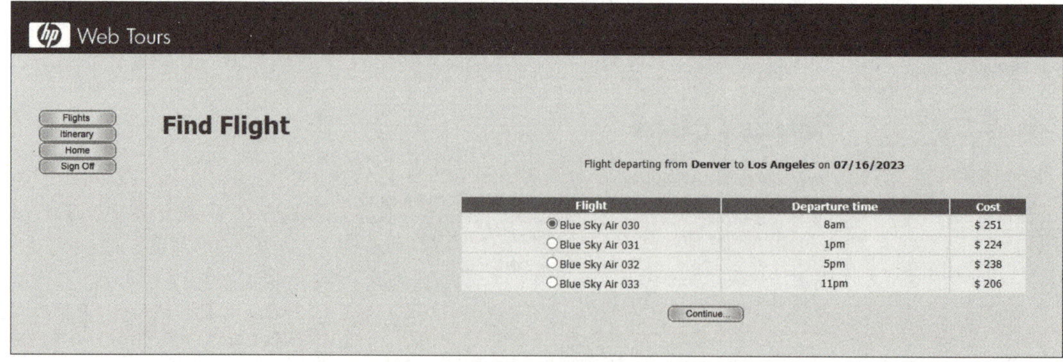

图 8-61　选取航班

图 8-62 填写支付表单

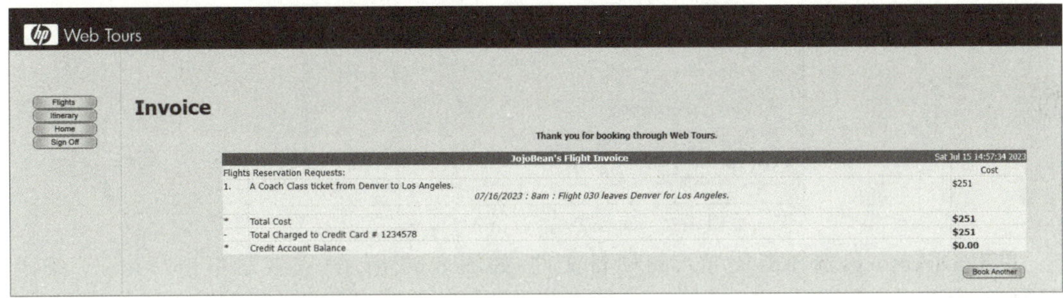

图 8-63 查看发票

8.2 基于 Randoop 的随机测试

基于Randoop的随机测试

1. 测试对象说明

被测程序 PUT 为 Math 模块中的求解最大公约数 GCD(Greatest Common Divisor),该类有两个方法,方法 1 是求两数最大公约数,方法 2 是求数组元素中的最大公约数,数据类型均为 int。

2. 测试分析与设计

(1)准备测试项目:首先确保已经在项目目录中构建了项目,并生成相关的 class 文件。确保目标项目的构建和依赖已经正确配置,并且可以在终端访问被测类。

(2)生成测试用例:在终端运行 Randoop 生成测试脚本。

(3)导入项目执行:将 Randoop 生成的测试脚本复制到项目中,执行测试。

3. 测试执行

(1)创建项目

打开 Eclipse,单击 File/Open Projects from File System 导入项目,如图 8-64 所示。

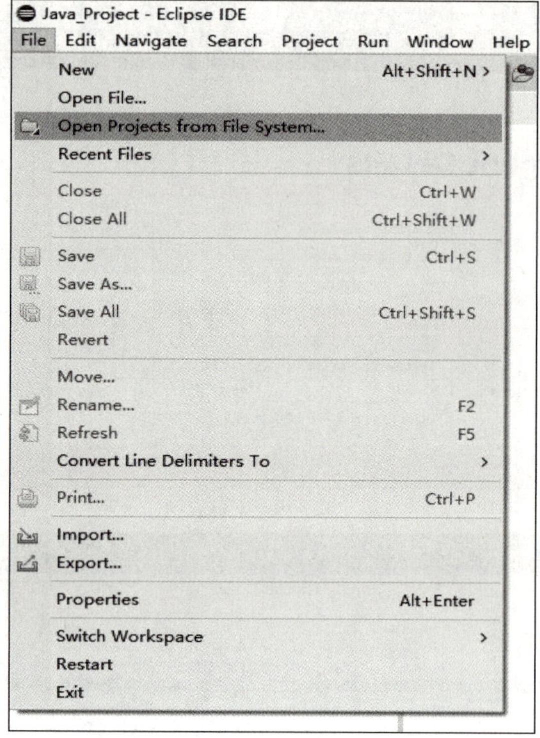

图 8-64　Open Projects from File System

单击 Directory，选择需要导入的项目文件，如图 8-65 所示，完成后单击“Finish”按钮，完成项目的导入。

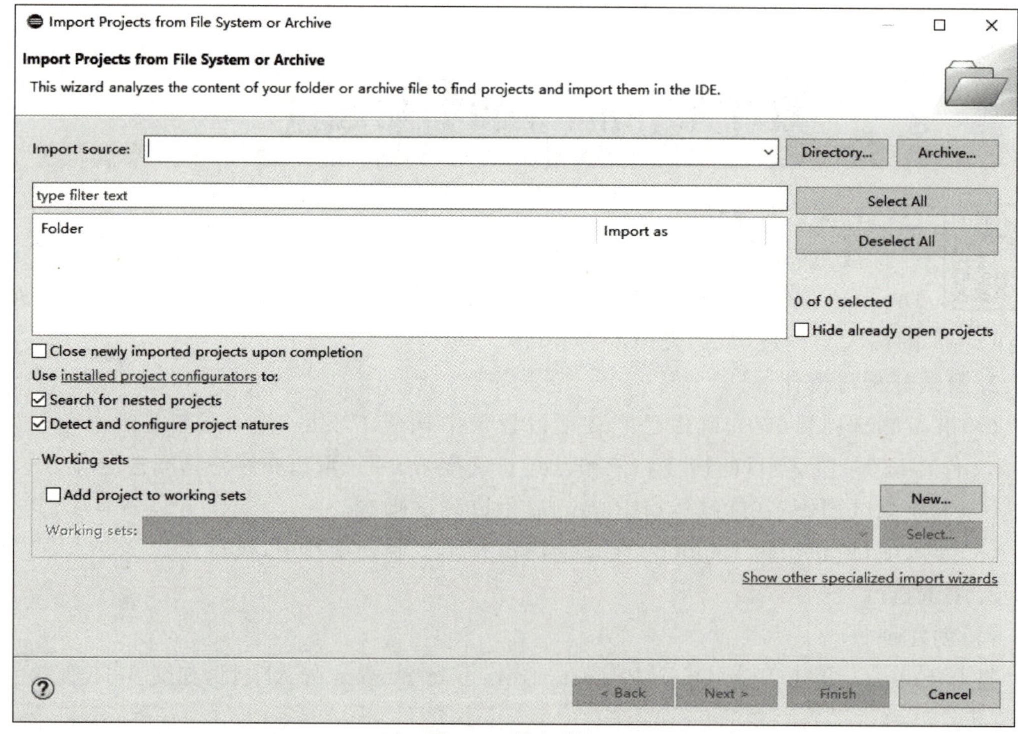

图 8-65　导入项目

(2)生成测试用例

因为 Randoop 是基于字节码的工具,所以需要先对项目进行构建 build。对于被测程序 GCD,使用 Randoop 工具进行随机测试,其路径为:

C:\Users\Administrator\Desktop\TestDoc\usc. svv. unittest. junit5。进入终端,输入命令 java -cp "%CLASSPATH%";"C:\Users\Administrator\Desktop\TestDoc\usc. svv. unittest. junit5\bin" randoop. main. Main gentests --testclass=Maths. GCD --output-limit=100,如图 8-66 所示,生成的脚本存放于当前目录。

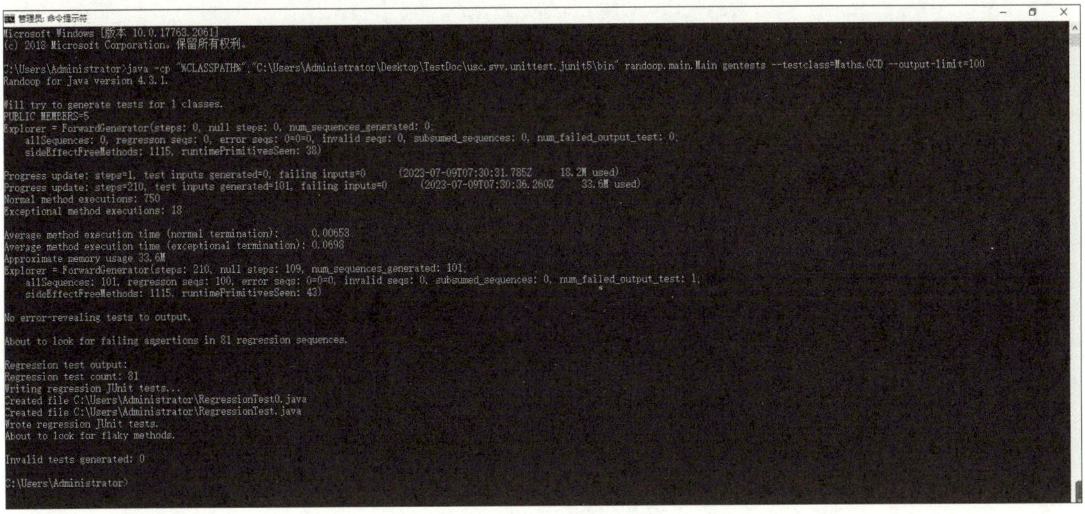

```
管理员: 命令提示符
Microsoft Windows [版本 10.0.17763.2061]
(c) 2018 Microsoft Corporation。保留所有权利。

C:\Users\Administrator>java -cp "%CLASSPATH%";"C:\Users\Administrator\Desktop\TestDoc\usc.svv.unittest.junit5\bin" randoop.main.Main gentests --testclass=Maths.GCD --output-limit=100
Randoop for Java version 4.3.1.

Will try to generate tests for 1 classes.
PUBLIC MEMBERS=5
Explorer = ForwardGenerator(steps: 0, null steps: 0, num_sequences_generated: 0;
    allSequences: 0, regresson seqs: 0, error seqs: 0=0=0, invalid seqs: 0, subsumed_sequences: 0, num_failed_output_test: 0;
    sideEffectFreeMethods: 1115, runtimePrimitivesSeen: 38)

Progress update: steps=1, test inputs generated=0, failing inputs=0      (2023-07-09T07:30:31.785Z     18.2M used)
Progress update: steps=210, test inputs generated=101, failing inputs=0      (2023-07-09T07:30:36.260Z     33.6M used)
Normal method executions: 750
Exceptional method executions: 18

Average method execution time (normal termination):      0.00653
Average method execution time (exceptional termination): 0.0698
Approximate memory usage 33.6M
Explorer = ForwardGenerator(steps: 210, null steps: 109, num_sequences_generated: 101;
    allSequences: 101, regresson seqs: 100, error seqs: 0=0=0, invalid seqs: 0, subsumed_sequences: 0, num_failed_output_test: 1;
    sideEffectFreeMethods: 1115, runtimePrimitivesSeen: 43)

No error-revealing tests to output.

About to look for failing assertions in 81 regression sequences.

Regression test output:
Regression test count: 81
Writing regression JUnit tests...
Created file C:\Users\Administrator\RegressionTest0.java
Created file C:\Users\Administrator\RegressionTest.java
Wrote regression JUnit tests.
About to look for flaky methods.

Invalid tests generated: 0

C:\Users\Administrator>
```

图 8-66 生成测试用例

命令选项说明:

-cp 指定依赖包的路径。%CLASSPATH% 是一个系统环境变量,它会自动包含该变量指向的路径。通常,需要添加被测项目的 bin 目录,如本例的 C:\Users\Administrator\Desktop\TestDoc\usc. svv. unittest. junit5\bin,以确保 Randoop 能够找到被测类。

randoop. main. Main 是 Randoop 工具的入口类。

gentests 是一个 Randoop 命令,用于生成测试用例。

--testclass=Maths. GCD 指定了要生成测试用例的目标类,这里是 Maths. GCD。--output-limit=100 设置了生成测试用例的数量上限为 100。

(3)执行测试

生成的测试脚本如图 8-67、图 8-68 所示。

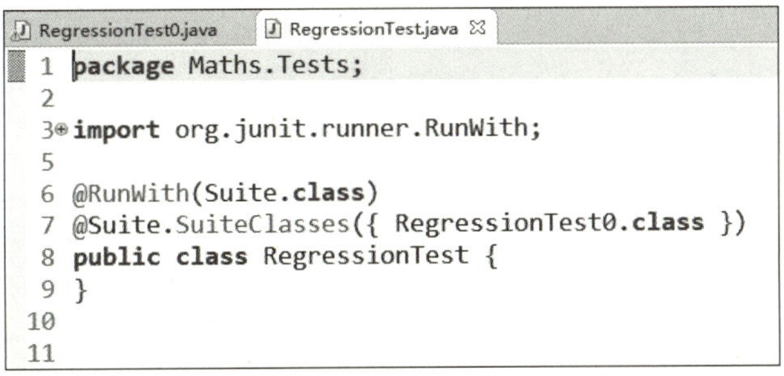

```
RegressionTest0.java    RegressionTest.java
package Maths.Tests;

import org.junit.runner.RunWith;

@RunWith(Suite.class)
@Suite.SuiteClasses({ RegressionTest0.class })
public class RegressionTest {
}


```

图 8-67 RegressionTest. java 脚本部分代码

```
RegressionTest0.java    RegressionTest.java
package Maths.Tests;

import org.junit.FixMethodOrder;

@FixMethodOrder(MethodSorters.NAME_ASCENDING)
public class RegressionTest0 {

    public static boolean debug = false;

    @Test
    public void test01() throws Throwable {
        if (debug)
            System.out.format("%n%s%n", "RegressionTest0.test01");
        Maths.GCD gCD0 = new Maths.GCD();
        java.lang.Class<?> wildcardClass1 = gCD0.getClass();
        org.junit.Assert.assertNotNull(wildcardClass1);
    }

    @Test
    public void test02() throws Throwable {
        if (debug)
            System.out.format("%n%s%n", "RegressionTest0.test02");
        java.lang.Object obj0 = new java.lang.Object();
        java.lang.Class<?> wildcardClass1 = obj0.getClass();
        org.junit.Assert.assertNotNull(wildcardClass1);
    }

    @Test
    public void test03() throws Throwable {
```

图 8-68　RegressionTest0.java 脚本部分代码

将生成的 java 文件复制到之前创建的项目中，如图 8-69 所示。

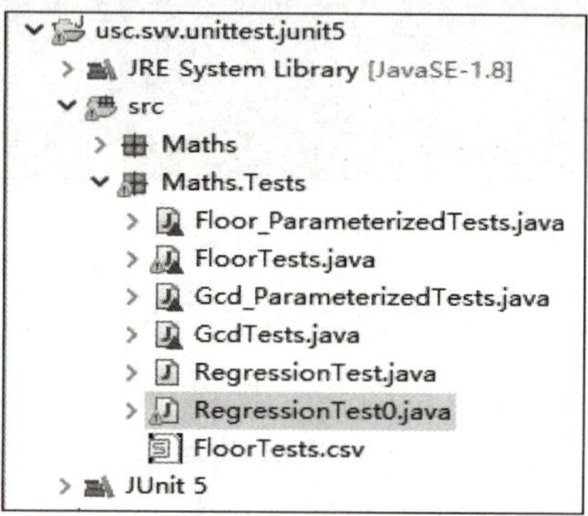

图 8-69　添加脚本

4. 测试结果

右击 Run As，再单击 JUnit Test，进行测试，如图 8-70 所示。

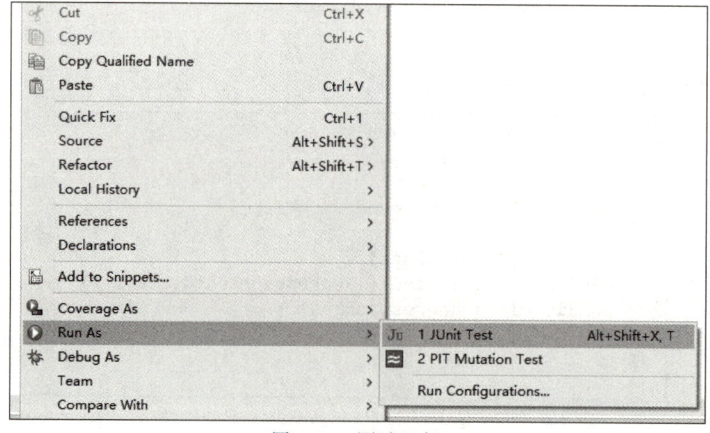

图 8-70　测试运行

执行后的 JUnit 测试用例管理器中，可看到共生成 81 个测试用例，如图 8-71 所示。

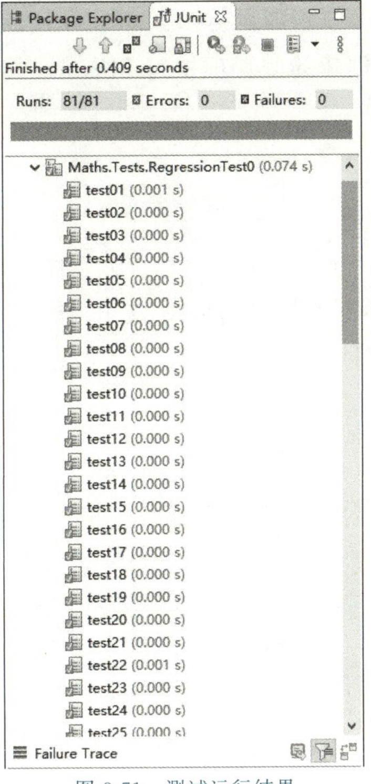

图 8-71　测试运行结果

5. 测试总结

根据测试结果，在执行的 81 个测试用例中，所有的测试用例都通过了，没有出现错误，这表明被测程序中的求解最大公约数功能在随机测试中通过了全部测试用例。

随机测试虽然能够减轻测试工程师的劳动强度，但是测试覆盖率、测试有效性容易钝化，因此，在工程项目中随机测试一般作为产生首次测试用例集合的技术，为达成测试需求，需要结合其他测试技术。

8.3　基于 EvoSuite 的随机测试

基于EvoSuite的随机测试

1. 测试对象说明

被测程序 PUT 为 Math 模块中的求解最大公约数 GCD(Greatest Common Divisor)，该类有两个方法，方法 1 是求两数最大公约数，方法 2 是求数组最大公约数，数据类型均为 int。

2. 测试分析与设计

(1) 准备测试项目：因 EvoSuite 使用 Maven 作为编译工具，所以首先需要导入现有的 maven 项目，或者创建一个新的 maven 项目。

(2) Maven 配置:在 pom. xml 中配置环境,添加依赖 dependency 和插件 plugin。

(3)创建运行配置:在 Goals 中添加运行参数。

(4)生成测试用例:使用所创建的配置项执行 Maven Build 生成测试脚本。

(5)项目执行:执行测试。

3. 测试执行

(1)创建项目

打开 Eclipse,单击 File/Open Projects from File System,导入项目。

单击“Directory”按钮,选择需要导入的项目文件完成后单击“Finish”按钮,完成项目的导入。

(2)Maven 配置见 8. 1. 2。

(3)创建运行配置

右击项目,单击 Run As/Maven build,在 Goals 中添加运行参数-DmemorylnMB=4000 -Dcores=2 evosuite:generate evosuite:export,如图 8-72、图 8-73 所示。

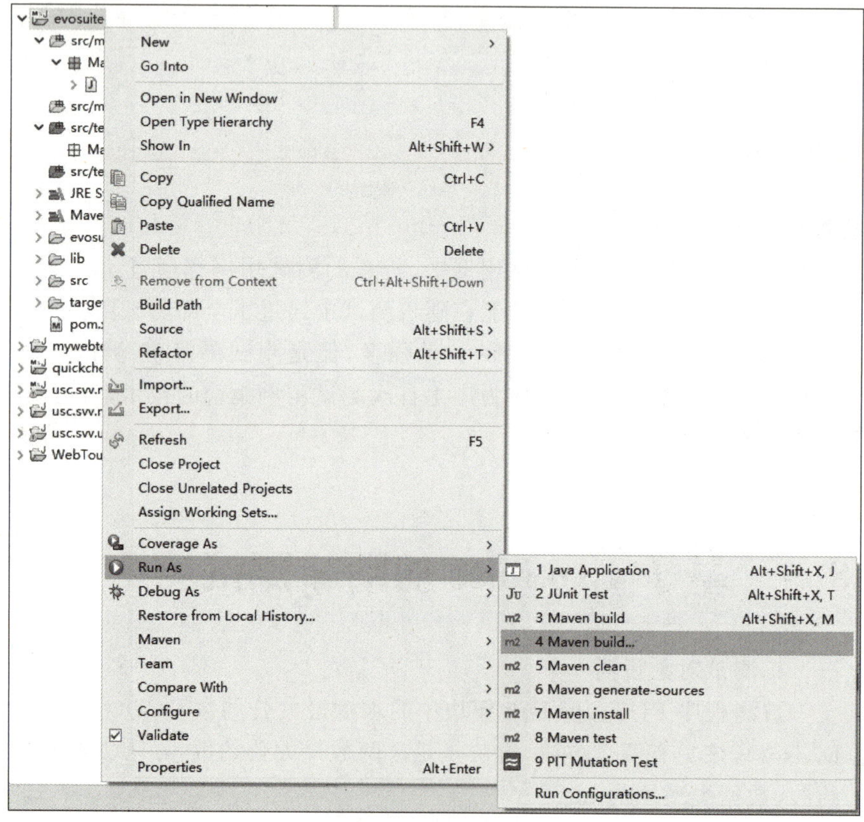

图 8-72　Maven build

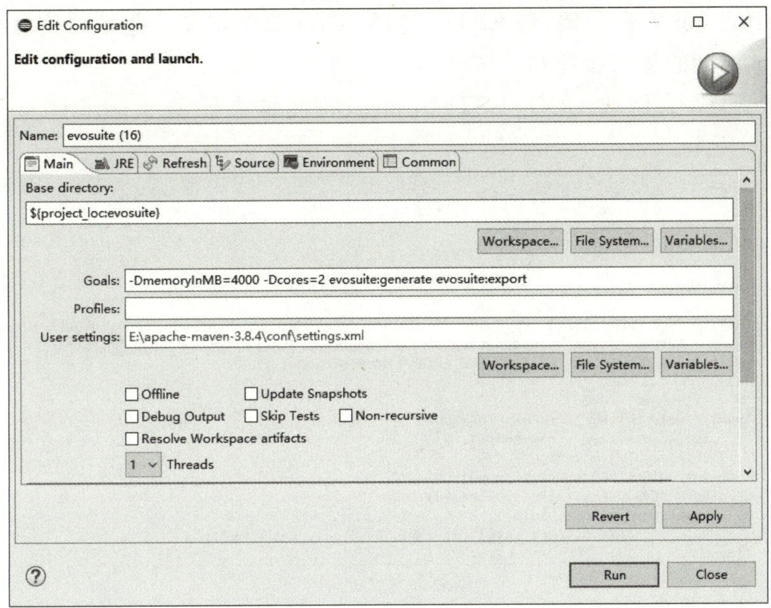

图 8-73 添加运行参数

项目构建完成，如图 8-74 所示。

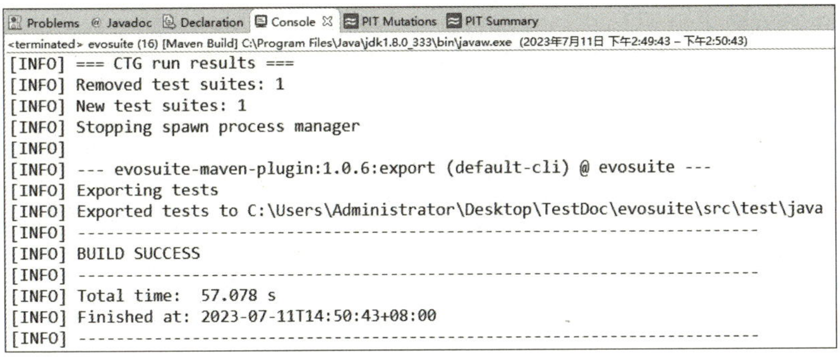

```
Problems  Javadoc  Declaration  Console  PIT Mutations  PIT Summary
<terminated> evosuite (16) [Maven Build] C:\Program Files\Java\jdk1.8.0_333\bin\javaw.exe (2023年7月11日 下午2:49:43 – 下午2:50:43)
[INFO] === CTG run results ===
[INFO] Removed test suites: 1
[INFO] New test suites: 1
[INFO] Stopping spawn process manager
[INFO]
[INFO] --- evosuite-maven-plugin:1.0.6:export (default-cli) @ evosuite ---
[INFO] Exporting tests
[INFO] Exported tests to C:\Users\Administrator\Desktop\TestDoc\evosuite\src\test\java
[INFO] ------------------------------------------------------------------------
[INFO] BUILD SUCCESS
[INFO] ------------------------------------------------------------------------
[INFO] Total time:  57.078 s
[INFO] Finished at: 2023-07-11T14:50:43+08:00
[INFO] ------------------------------------------------------------------------
```

图 8-74 项目构建完成

(4)执行测试用例

项目构建后，EvoSuite 会使被测函数生成两个 java 文件，如图 8-75 所示。

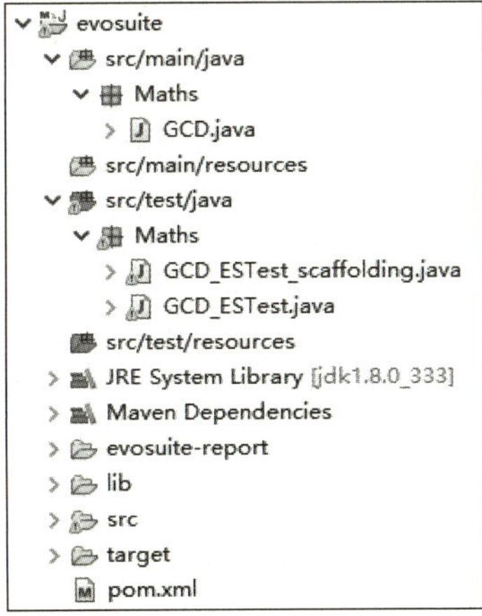

图 8-75 生成测试脚本

其中，scaffolding 为脚手架，是 ESTest 的父类，主要是定义一些基础信息，ESTest 是子类，有一些测试用到的输入参数和一些断言等。

为获取覆盖率，需修改 GCD_ESTest. java，将测试类注解 separateClassLoader 设为 false，如图 8-76 所示。

```
GCD_ESTest.java
 * This file was automatically generated by EvoSuite

package Maths;

import org.junit.Test;

@RunWith(EvoRunner.class) @EvoRunnerParameters(mockJVMNonDeterminism = true, useVFS = true,
        useVNET = true, resetStaticState = true, separateClassLoader = false, useJEE = true)
public class GCD_ESTest extends GCD_ESTest_scaffolding {

  @Test(timeout = 4000)
  public void test00()  throws Throwable  {
      int[] intArray0 = new int[5];
      intArray0[1] = 2591;
      int int0 = GCD.gcd(intArray0);
      assertEquals(5, intArray0.length);
      assertEquals(2591, int0);
      assertArrayEquals(new int[] {0, 2591, 0, 0, 0}, intArray0);
  }
```

图 8-76　修改脚本

4. 测试结果

(1)执行测试

右击 Run As，再单击 JUnit Test，执行测试，如图 8-77 所示。

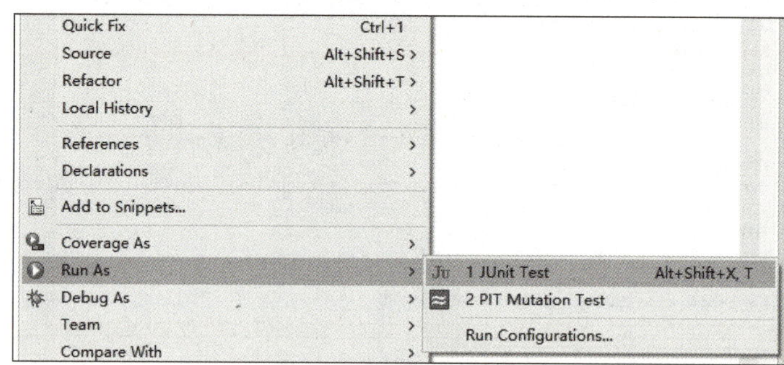

图 8-77　测试执行

执行后的 JUnit 测试用例管理器显示测试结果如图 8-78 所示。

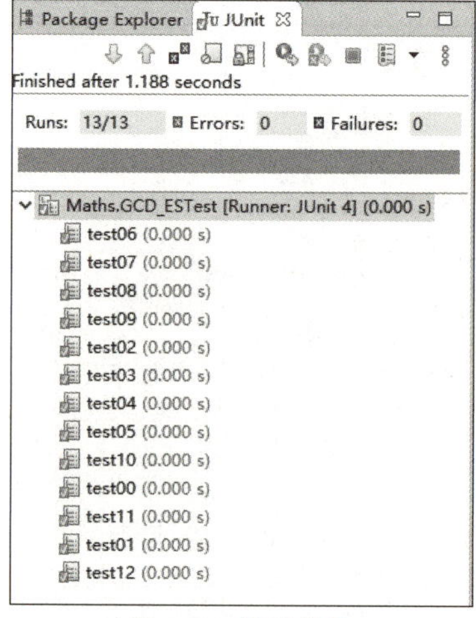

图 8-78　测试结果

(2)覆盖率结果

右击 Coverage As,再单击 JUnit Test,可查看覆盖率,如图 8-79、图 8-80 所示。

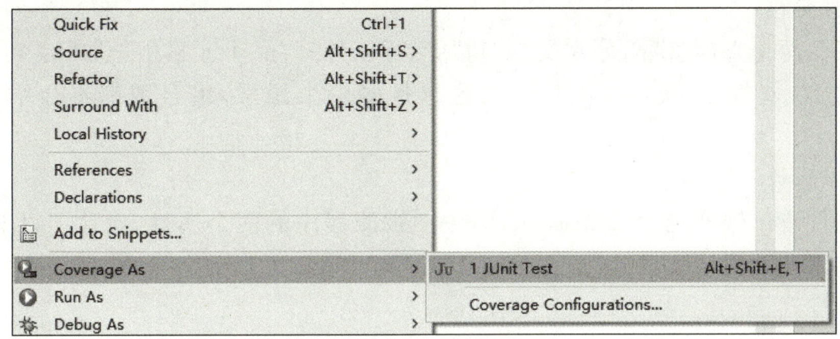

图 8-79 查看覆盖率

Problems @ Javadoc Declaration Console PIT Mutations PIT Summary Coverage

GCD_ESTest (2023-7-18 14:55:28)

Element	Coverage	Covered Lines	Missed Lines	Total Lines
evosuite	92.5 %	124	10	134
src/test/java	91.4 %	106	10	116
src/main/java	100.0 %	18	0	18
Maths	100.0 %	18	0	18
GCD.java	100.0 %	18	0	18
GCD	100.0 %	18	0	18
gcd(int, int)	100.0 %	9	0	9
gcd(int[])	100.0 %	4	0	4
main(String[])	100.0 %	4	0	4

Show Projects / Show Package Roots / Show Packages / Show Types / Instruction Counters / Branch Counters / Line Counters / Method Counters / Type Counters / Complexity / Hide Unused Elements

图 8-80 Line Counters 覆盖结果

被测程序 GCD 的覆盖率达到 100%。在窗口的右上角,单击“Branch Counters”选项,查看分支 branch、代码行 line 等覆盖结果,如图 8-81 所示。

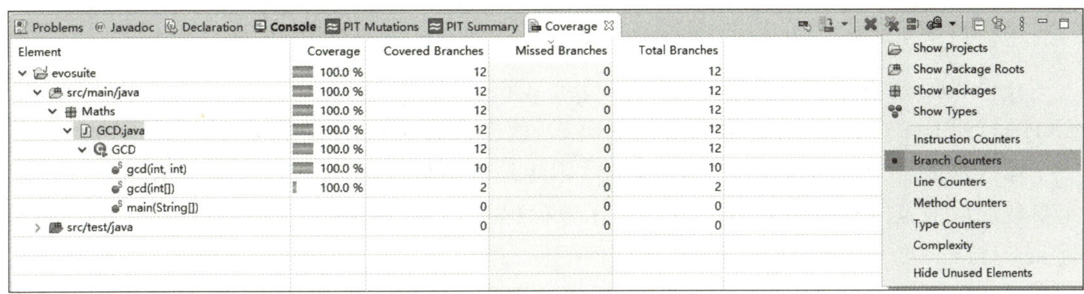

Element	Coverage	Covered Branches	Missed Branches	Total Branches
evosuite	100.0 %	12	0	12
src/main/java	100.0 %	12	0	12
Maths	100.0 %	12	0	12
GCD.java	100.0 %	12	0	12
GCD	100.0 %	12	0	12
gcd(int, int)	100.0 %	10	0	10
gcd(int[])	100.0 %	2	0	2
main(String[])		0	0	0
src/test/java		0	0	0

图 8-81 Branch Counters 覆盖结果

(3)测试总结

EvoSuite 是一个自动化测试工具,可以生成高覆盖率的测试用例。既可以作为首次测试用例集合生成技术,也可以作为已有测试用例的补充,提高测试用例完备性。

基于属性的测试

8.4 基于属性的测试

1. 测试对象说明

被测程序 PUT 为 Math 模块中的计算组合数 Combinations,该类有两个方法,“combinations”

方法使用了递归的方式计算组合数，它调用了另一个方法"factorial"来计算阶乘。

2. 测试分析与设计

基于属性的测试

（1）属性分析

函数接受两个整型参数，分别是"n"和"k"，用于计算"n"个元素中选取"k"个元素的组合数，属性：C(n, k)≥1，即无论选择多少个元素，组合数都不会小于1。

（2）测试设计

基于属性测试框架选用 QuickCheck，关注被测程序的两个属性，设计了以下三种不同的测试模式来验证程序属性。

①收缩模式

在收缩模式测试中，使用了 JUnit QuickCheck 的注解@Property(shrink=true)来指定收缩模式，该模式尝试寻找触发反例的最小参数取值。测试方法 testShrink 接受两个整型参数 n 和 k，通过@InRange 注解指定参数的取值范围。使用 assumeThat 函数来确保 k 小于 n，因为组合数计算需要满足这一条件。然后计算 C(n, k)的值，并通过 assertTrue 断言验证 C(n, k)是否大于等于 1。最后，将测试结果打印输出。

②采样模式

在采样模式测试中，使用了 JUnit QuickCheck 的注解@Property(mode = Mode.SAMPLING)来指定采样模式，该模式根据输入域的特征，随机选取一部分输入进行测试，从而大大减少测试输入的数量。测试方法 testSampling 的设计和收缩模式测试类似，通过@InRange 注解指定参数的取值范围，并使用 assumeThat 函数确保 k 小于 n。然后计算 C(n,k)的值，并通过 assertTrue 断言验证 C(n,k)是否大于等于 1。最后，将测试结果打印输出。

③耗尽模式

在耗尽模式测试中，使用了 JUnit QuickCheck 的注解@Property(mode = Mode.EXHAUSTIVE, trials=30)来指定耗尽模式，该模式会生成所有可能的输入组合，确保每一个输入都能至少被测试一次。trials=30 限定最大的样本数为 30，通过@InRange 注解指定参数的取值范围，并使用 assumeThat 函数确保 k 小于 n。然后计算 C(n, k)的值，并通过 assertTrue 断言验证 C(n, k)是否大于等于 1。最后，将测试结果打印输出。

通过以上测试设计，使用随机输入，检验被测程序输出是否满足函数属性规约。为便于观察，打印每次执行的输入和结果。

3. 测试执行

（1）导入项目

打开 Eclipse，单击 File/Open Projects from File System 导入项目。

单击"Directory"按钮，选择需要导入的项目文件，完成后单击"Finish"按钮，完成项目的导入。

（2）创建单元测试

打开导入项目的 Maths 包，右击 Combinations. java，再单击 New/JUnit Test Case，创建对 Combinations. java 的单元测试。

将要创建的项目位置更改到 Maths. Tests 包下，同时更改命名（注意命名规范），然后单击“Finish”按钮。

Eclipse 将创建 junit 脚本框架，创建了测试类 Combinations_AutoTest 及测试方法 test，添加对 JUnit、Quickcheck 包的引用，如图 8-82 所示。

```
Combinations_AutoTest.java
package Maths.Tests;

import org.junit.runner.RunWith;
import com.pholser.junit.quickcheck.runner.JUnitQuickcheck;
import com.pholser.junit.quickcheck.Mode;
import com.pholser.junit.quickcheck.Property;
import com.pholser.junit.quickcheck.generator.InRange;

import static org.junit.jupiter.api.Assertions.*;

import org.junit.jupiter.api.Test;

class Combinations_AutoTest {

    @Test
    void test() {
        fail("Not yet implemented");
    }

}
```

图 8-82 Combinations_AutoTest. java

（3）编写测试脚本

①收缩模式，如图 8-83 所示。

```
@RunWith(JUnitQuickcheck.class)
public class Combinations_AutoTest {

    //收缩模式，使得属性不成立的最小输入集合
    @Property(shrink = true)
    public void testShrink(@InRange(min = "1", max = "30") int n, @InRange(min = "1", max = "30") int k) throws Exception{
        // n, k 的范围限定在1到30之间，且k 小于n
        // arrange，由InRange, assumeThat完成n, k的设定
        assumeThat(k, lessThan(n));
        // act
        // 取n与k的组合数
        long actual_k = Combinations.combinations(n, k);
        // 打印随机输入与实际结果
        System.out.print("收缩模式结果输出：");
        System.out.printf("number is [" + n + " ," + k + "]" + " , C(n, k) is " + actual_k + "\n");
        // assert，需满足的属性，即组合的基本性质
        assertTrue(actual_k >= 1);
    }
```

图 8-83 收缩模式

②采样模式，如图 8-84 所示。

```
    //采样模式
    @Property(mode = Mode.SAMPLING)
    public void testSampling(@InRange(min = "1", max = "30") int n, @InRange(min = "1", max = "30") int k) throws Exception{
        // n, k 的范围限定在1到30之间，且k 小于n
        // arrange，由InRange, assumeThat完成n, k的设定
        assumeThat(k, lessThan(n));
        // act
        // 取n与k的组合数
        long actual_k = Combinations.combinations(n, k);
        // 打印随机输入与实际结果
        System.out.print("采样模式结果输出：");
        System.out.printf("number is [" + n + " ," + k + "]" + " , C(n, k) is " + actual_k + "\n");
        // assert，需满足的属性，即组合的基本性质
        assertTrue(actual_k >= 1);
    }
```

图 8-84 采样模式

③耗尽模式，如图 8-85 所示。

```
    // 耗尽模式，对输入值进行组合
    // trials，最大取30个样本
    @Property(mode = Mode.EXHAUSTIVE, trials = 30)
    public void testExhaustive(@InRange(min = "1", max = "30") int n, @InRange(min = "1", max = "30") int k) throws Exception {
        // n, k 的范围限定在1到30之间，且k 小于 n
        // arrange，由InRange，assumeThat完成n，k的设定
        assumeThat(k, lessThan(n));
        // act
        // 取n与k的组合数
        long actual_k = Combinations.combinations(n, k);
        // 打印随机输入与实际结果
        System.out.print("耗尽模式结果输出：");
        System.out.printf("number is [" + n + " ," + k + "]" + " , C(n, k) is " + actual_k + "\n");
        // assert，需满足的属性，即组合的基本性质
        assertTrue(actual_k >= 1);
    }
```

图 8-85　耗尽模式

（4）修改运行配置

因 QuickCheck 暂不支持 JUnit5，所以需要将测试运行器更改为 JUnit4。

右击 Run As，再单击 Run Configurations，打开运行配置，修改测试运行器，如图 8-86 所示。

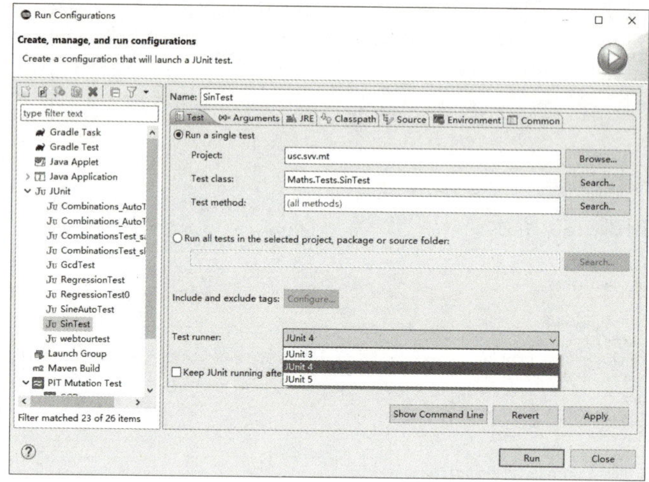

图 8-86　修改运行配置

4. 测试结果

（1）执行测试

右击 Run As 再单击 JUnit Test，进行测试。

通过 Console 窗口查看测试输入与执行结果，如图 8-87 所示。

```
采样模式结果输出: number is [30 ,13] , C(n, k) is 0
采样模式结果输出: number is [15 ,13] , C(n, k) is 105
采样模式结果输出: number is [22 ,13] , C(n, k) is -553
采样模式结果输出: number is [16 ,13] , C(n, k) is 560
采样模式结果输出: number is [19 ,13] , C(n, k) is 27132
采样模式结果输出: number is [20 ,13] , C(n, k) is 77520
采样模式结果输出: number is [21 ,13] , C(n, k) is -16924
采样模式结果输出: number is [16 ,13] , C(n, k) is 560
采样模式结果输出: number is [18 ,13] , C(n, k) is 8568
采样模式结果输出: number is [19 ,13] , C(n, k) is 27132
采样模式结果输出: number is [20 ,13] , C(n, k) is 77520
采样模式结果输出: number is [21 ,1] , C(n, k) is -1
采样模式结果输出: number is [11 ,1] , C(n, k) is 11
采样模式结果输出: number is [16 ,1] , C(n, k) is 16
```

图 8-87　控制台输出结果

使用 JUnit 测试用例管理器观察失败测试用例详情，如图 8-88 所示。

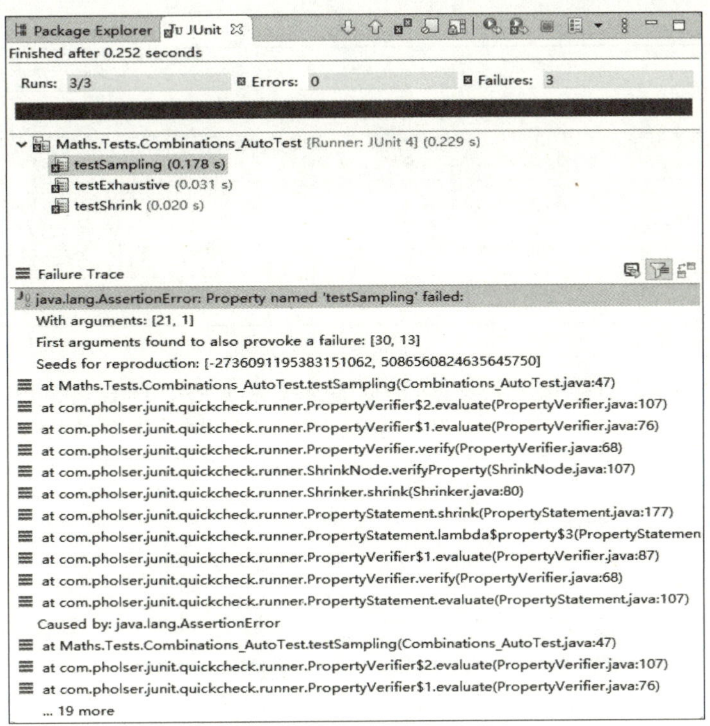

图 8-88 测试运行结果

(2)结果分析

通过查看 JUnit 的 Failure Trace 可知，首个违反属性的测试输入为[30，13]，最小取值为[21，1]，分析源码可知，累乘结果超出了数据类型 long 的最大值是引发该问题的根本原因。因此，本次测试标定了被测函数的适用范围。

基于属性的测试同样是一种随机测试技术，与前文中的 Randoop、EvoSuite 不同，它给出了一种为随机输入生成测试预言的思路。

蜕变测试

8.5 蜕变测试

1. 测试对象说明

被测程序 PUT 为 Math 函数 sin，用于计算正弦的数学函数。

2. 测试分析与设计

蜕变测试依靠蜕变关系来判定 PUT 是否正确。执行步骤包括蜕变关系(MR)识别、测试输入生成、蜕变关系检验。

(1)识别蜕变关系

根据 sin 函数的数学性质，识别出以下蜕变关系，如表 8-1 所示。

表 8-1 蜕变关系列表

MRs	输入关系 r	输出关系 R
MR1	$X_2 = 2 * \pi + X_1$	$Y_1 - Y_2 = 0$

（续表）

MRs	输入关系 r	输出关系 R
MR2	$X_2 = -X_1$	$Y_1 + Y_2 = 0$
MR3	$X_2 = \pi - X_1$	$Y_1 - Y_2 = 0$
MR4	$X_2 = \pi + X_1$	$Y_1 + Y_2 = 0$
MR5	$X_2 = 0.5 * \pi - X_1$	$Y_1^2 + Y_2^2 - 1 = 0$
MR6	$X_2 = 3 * X_1$	$3 * Y_1 - 4 * Y_1^3 - Y_2 = 0$

（2）设计测试用例

依据输入关系 r 设计测试输入数据，根据输出关系 R 设计断言，共设计测试用例 3 个，如表 8-2 所示。

表 8-2　测试用例设计结果

序号	Input_1	Input_2	Expected
1	$\pi/3$	$\pi/3 + 2\pi$	output_2 = output_1
2	$\pi/3$	$(-1)\pi/3$	output_2 = (−1)output_1
3	$\pi/3$	$\pi - \pi/3$	output_2 = output_1

3. 测试执行

（1）导入项目

打开 Eclipse，单击 File/Open Projects from File System 导入项目。

单击“Directory”按钮，选择需要导入的项目文件，完成后单击“Finish”按钮，完成项目的导入。

（2）创建单元测试

打开导入项目的 Maths. Tests 包，单击 New/JUnit Test Case，创建两个单元测试项目，如图 8-89 所示。

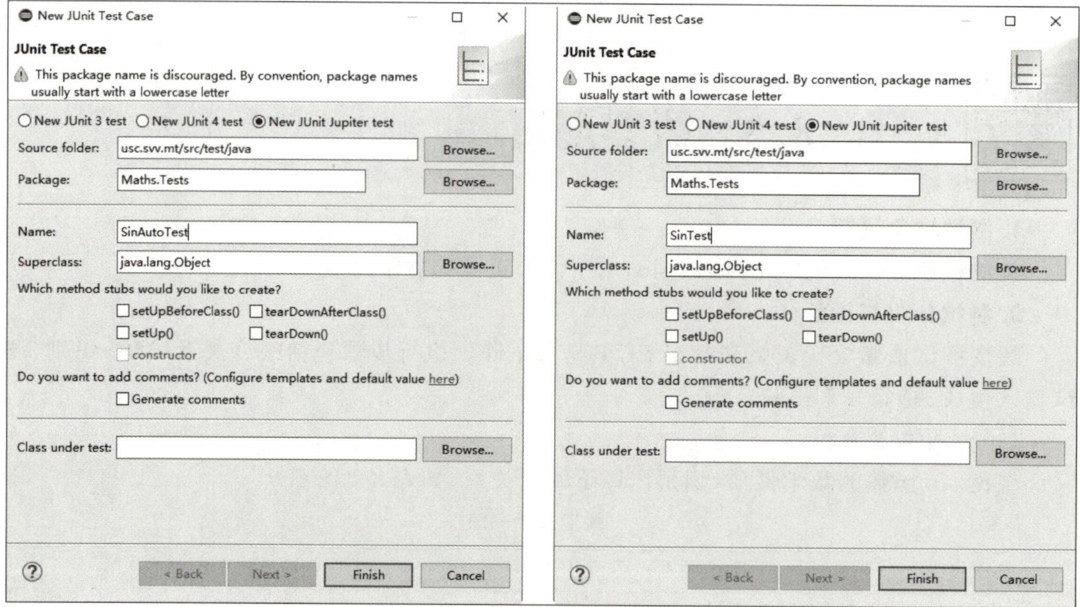

图 8-89　创建单元测试步骤

(3)编写测试代码

根据测试用例,编写 JUnit 代码,如图 8-90 所示。

```java
package Maths.Tests;
import static org.junit.Assert.assertEquals;
class SinTest {
    private static double EPS = 1e-9;
    @Test
    public void test001() {
        // arrange
        // input pattern r: x2 = x1 + 2PI
        double x1 = Math.PI / 3;
        double x2 = x1 + 2 * Math.PI;
        // act
        double y1 = Math.sin(x1);
        double y2 = Math.sin(x2);
        // assert
        // output pattern R: y2 = y1
        assertEquals(y2, y1, EPS);
    }
    @Test
    public void test002() {
        // arrange
        // input pattern r: x2 = -x1
        double x1 = Math.PI / 3;
        double x2 = -x1 ;
        // act
        double y1 = Math.sin(x1);
        double y2 = Math.sin(x2);
        // assert
        // output pattern R: y2 = -y1
        assertEquals(y2, -y1, EPS);
    }
    @Test
    public void test003() {
        // arrange
        // input pattern r: x2 = PI - x1
        double x1 = Math.PI / 3;
        double x2 = Math.PI - x1 ;
        // act
        double y1 = Math.sin(x1);
        double y2 = Math.sin(x2);
        // assert
        // output pattern R: y2 = y1
        assertEquals(y2, y1, EPS);
    }
}
```

图 8-90　测试代码

(4)测试结果

右击 Run As 再单击 JUnit Test,进行测试。

在执行后的 JUnit 测试用例管理器中可以看到,所有测试用例都通过了,如图 8-91 所示。

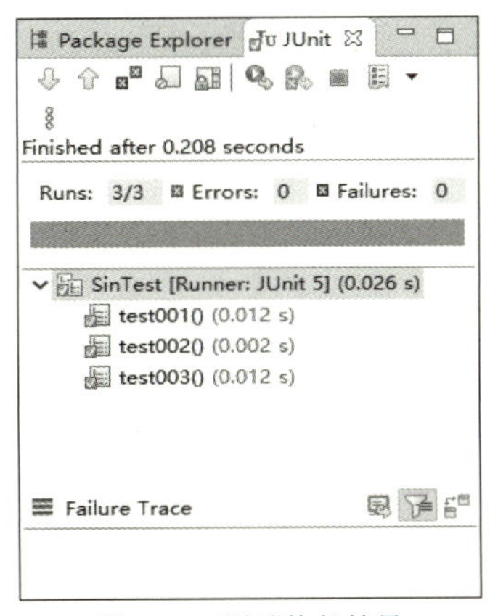

图 8-91　测试执行结果

(5)采用随机数据

考虑到三次输入难以充分检验被测程序,因此,将蜕变测试与随机测试集成,使用随机测试生成原始测试输入,执行蜕变测试。

① 随机输入

随机测试框架选用 QuickCheck,测试脚本如图 8-92 所示。

```
SinAutoTest.java
package Maths.Tests;
import static org.junit.Assert.assertEquals;

@RunWith(JUnitQuickcheck.class)
public class SinAutoTest {
    private static double EPS = 1e-9;
    @Property(mode = Mode.SAMPLING)
    public void test001(@InRange(min = "1", max = "30") double x_1) {
        // arrange
        // input pattern r: x_2 = x_1 + 2PI
        double x_2 = x_1 + 2 * Math.PI;
        // act
        double y_1 = Math.sin(x_1);
        double y_2 = Math.sin(x_2);

        // print x_1,x_2,y_1,y_2
        System.out.printf("x_1 is [" + x_1 + "], x_2 = x_1 + 2PI [" + x_2 + "]" + ", y_2 = y_1 [" + y_1 + ", " + y_2 + "]\n");
        // assert
        // output pattern R: y_2 = y_1
        assertEquals(y_2, y_1, EPS);
    }

    @Property(mode = Mode.SAMPLING)
    public void test002(@InRange(min = "1", max = "30") double x_1) {
        // arrange
        // input pattern r: x_2 = -x_1
        double x_2 = -x_1;
        // act
        double y_1 = Math.sin(x_1);
        double y_2 = Math.sin(x_2);

        // print x_1,x_2,y_1,y_2
        System.out.printf("x_1 is [" + x_1 + "], x_2 = -x_1 [" + x_2 + "]" + ", y_2 = -y_1 [" + y_1 + ", " + y_2 + "]\n");
        // assert
        // output pattern R: y_2 = -y_1
        assertEquals(y_2, -y_1, EPS);
    }

    @Property(mode = Mode.SAMPLING)
    public void test003(@InRange(min = "1", max = "30") double x_1) {
        // arrange
        // input pattern r: x_2 = PI - x_1
        double x_2 = Math.PI - x_1;
        // act
        double y_1 = Math.sin(x_1);
        double y_2 = Math.sin(x_2);
        // print x_1,x_2,y_1,y_2
        System.out.printf("x_1 is [" + x_1 + "], x_2 = PI-x_1 [" + x_2 + "]" + ", y_2 = y_1 [" + y_1 + ", " + y_2 + "]\n");
        // assert
        // output pattern R: y_2 = y_1
        assertEquals(y_2, y_1, EPS);
    }
}
```

图 8-92　测试脚本

②修改运行配置

右击 Run As 再单击 Run Configurations,打开运行配置,将测试运行器修改为 JUnit4,如图 8-93 所示。

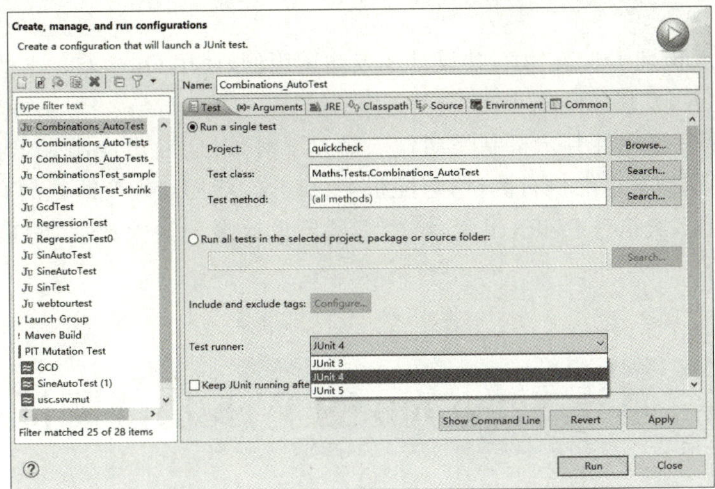

图 8-93 修改运行配置

③测试结果

使用 QuickCheck 生成随机输入数据，在执行后的 JUnit 测试用例管理器中可以看到所有测试用例都通过了，如图 8-94 所示。

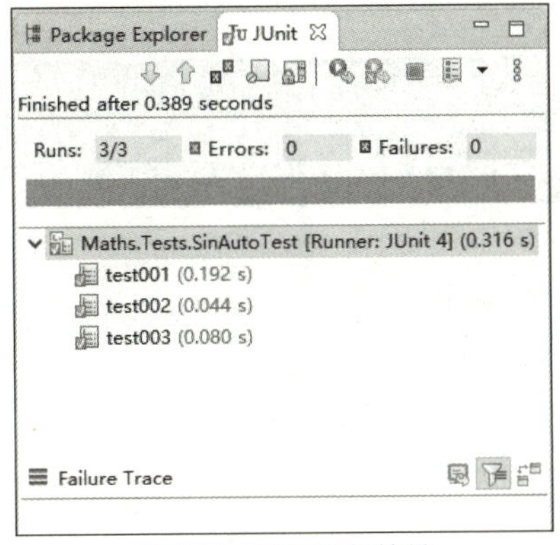

图 8-94 测试运行结果

通过 Console 视图，查看随机输入与实际结果，如图 8-95 所示。

```
<terminated> SinAutoTest [JUnit] C:\Program Files\Java\jre1.8.0_333\bin\javaw.exe (2023年7月9日 下午4:06:24 – 下午4:06:25)
x_1 is [9.353903819899575], x_2 = PI-x_1 [-6.212311166309782], y_2 = y_1 [0.07081482060307494, 0.07081482060307481]
x_1 is [5.764652667032371], x_2 = PI-x_1 [-2.6230600134425774], y_2 = y_1 [-0.4956062003495912, -0.4956062003495911]
x_1 is [17.187214989715617], x_2 = PI-x_1 [-14.045622336125824], y_2 = y_1 [-0.9958127181340577, -0.9958127181340577]
x_1 is [17.14777936330515], x_2 = PI-x_1 [-14.006186709715358], y_2 = y_1 [-0.9914343459001055, -0.9914343459001055]
x_1 is [2.7549625880278628], x_2 = PI-x_1 [0.38663006556193036], y_2 = y_1 [0.37706937933485735, 0.37706937933485724]
x_1 is [19.42324003543211], x_2 = PI-x_1 [-16.281647381842316], y_2 = y_1 [0.5427300386705702, 0.5427300386705703]
x_1 is [9.522709245123833], x_2 = PI-x_1 [-6.38111659153404], y_2 = y_1 [-0.09777482380821097, -0.09777482380821108]
x_1 is [1.1275499373719593], x_2 = PI-x_1 [2.014042716217834], y_2 = y_1 [0.903364132669862, 0.9033641326698622]
x_1 is [11.213135441602287], x_2 = PI-x_1 [-8.071542788012493], y_2 = y_1 [-0.976426774935275, -0.9764267749352749]
x_1 is [17.850091372349205], x_2 = PI-x_1 [-14.708498718759412], y_2 = y_1 [-0.8411815588861103, -0.8411815588861102]
x_1 is [6.292820365497898], x_2 = PI-x_1 [-3.1512277119081045], y_2 = y_1 [0.00963490924160898, 0.009634909241609101]
x_1 is [10.97811908000254], x_2 = PI-x_1 [-7.836526426412746], y_2 = y_1 [-0.9998476617324701, -0.9998476617324701]
x_1 is [18.431132423520776], x_2 = PI-x_1 [-15.289539769930983], y_2 = y_1 [-0.4063204604163351, -0.406320460416335]
x_1 is [18.075058112632448], x_2 = PI-x_1 [-14.933465459042655], y_2 = y_1 [-0.6993572112484785, -0.6993572112484784]
x_1 is [5.39891696918305], x_2 = PI-x_1 [-2.257324315593257], y_2 = y_1 [-0.7734514261563213, -0.7734514261563212]
x_1 is [28.78782870861755], x_2 = PI-x_1 [-25.646236055027757], y_2 = y_1 [-0.4912243498914906, -0.4912243498914907]
x_1 is [27.033200705436627], x_2 = PI-x_1 [-23.891608051846834], y_2 = y_1 [0.9461514437725106, 0.9461514437725106]
x_1 is [3.6543733291465363], x_2 = PI-x_1 [-0.5127806755567432], y_2 = y_1 [-0.4906021757449437, -0.4906021757449438]
x_1 is [8.974835133113096], x_2 = PI-x_1 [-5.833242479523303], y_2 = y_1 [0.43491405272914313, 0.43491405272914313]
x_1 is [2.268204415576306], x_2 = PI-x_1 [0.873388238013487], y_2 = y_1 [0.766509371360776, 0.766509371360776]
x_1 is [3.065654824248837], x_2 = PI-x_1 [0.07593782934095605], y_2 = y_1 [0.07586486711652322, 0.0758648671165231]
x_1 is [11.012121062110795], x_2 = PI-x_1 [-7.870528408521002], y_2 = y_1 [-0.9998631052495295, -0.9998631052495295]
x_1 is [28.325182314158905], x_2 = PI-x_1 [-25.183589660569112], y_2 = y_1 [-0.05082652271247988, -0.050826522712480005]
x_1 is [18.761072006339177], x_2 = PI-x_1 [-15.619479352749384], y_2 = y_1 [-0.08836849768250439, -0.08836849768250428]
x_1 is [1.8972189087049307], x_2 = PI-x_1 [1.2443737448848624], y_2 = y_1 [0.9471955247667093, 0.9471955247667093]
x_1 is [13.290158460828264], x_2 = PI-x_1 [-10.148565807238471], y_2 = y_1 [0.6622276594905556, 0.6622276594905557]
x_1 is [22.924903832388665], x_2 = PI-x_1 [-19.783311178798872], y_2 = y_1 [-0.803859303811215, -0.8038593038112151]
```

图 8-95 控制台部分输出结果

结论：

被测函数 sin 识别了 6 条 MR，共设计 3 条测试用例，使用 QuickCheck 为每个测试用例随机生成测试输入，发现缺陷 0 个。

对于 MT，程序正确性判定机制是当输入满足 r 时，对应输出应满足 R，所以不需要单次执行的精确预期结果也能执行测试，与随机测试结合，能提高蜕变测试的有效性。不同于传统测试，MT 需多次执行 PUT，因此，蜕变测试要设计多个输入数据，断言要检查多次输出之间的关系。

8.6 基于 Selenium 的 Web 功能测试

基于Selenium的Web功能测试

1. 测试对象说明

被测试的 Web 应用是 Web Tours，是一款基于 Web 的应用程序，实现机票预订及订单查询功能。

执行测试脚本前，需要执行 StartServer.bat，启动 Web Tours，如图 8-96 所示。

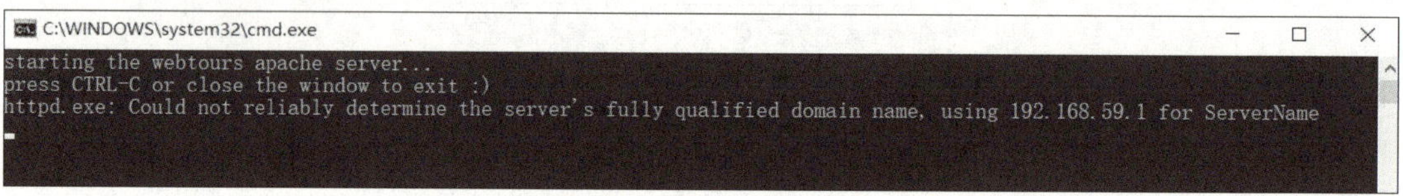

图 8-96 启动 Web Tours

打开浏览器 Chrome，访问地址 http://127.0.0.1:1080/WebTours/，进入首页，如图 8-97 所示。单击 sign up now，注册新用户。

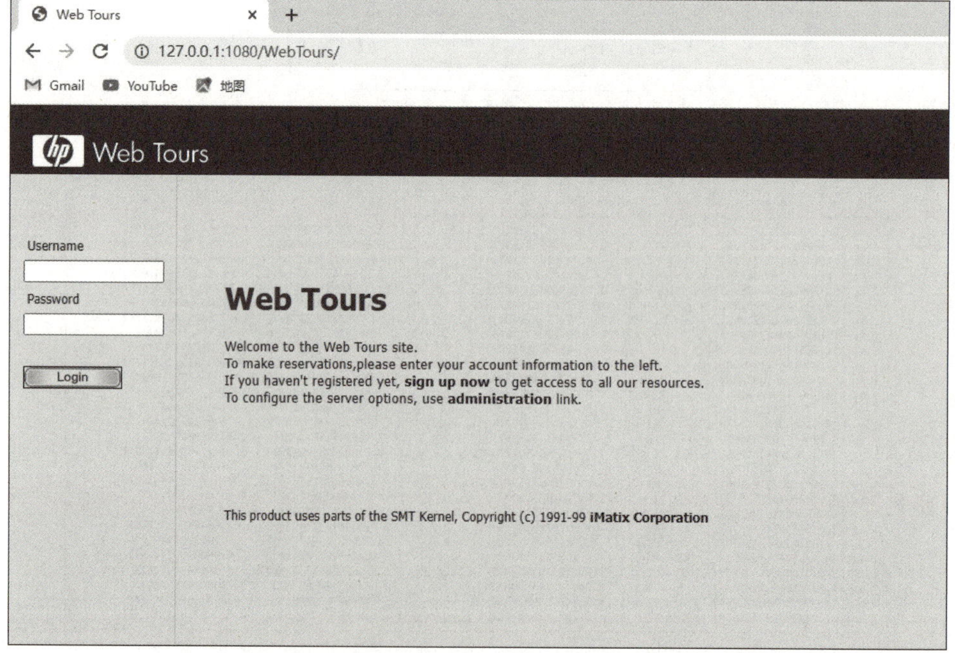

图 8-97 Web Tours 首页

2. 功能需求分析

(1)需求描述

①用户登录

用户能够在登录界面输入用户名和密码,系统验证用户身份后,跳转到个人中心页面。

②用户订票

用户能够为相同行程重复订票,订购往返机票等。

③查询订单

用户能够查询历史订单、取消订单。

(2)功能分析

①用户登录

a. 用户名和密码验证:在登录界面,用户可以输入用户名和密码,系统应该对用户输入进行验证,确认用户身份是否正确。

b. 错误提示:如果用户输入的用户名或密码不正确,系统应该给出相应的错误提示,告知用户错误原因。

②用户订票

a. 用户单程订票:用户应该能够在网站上输入出发地、目的地、出发时间和乘客数量等信息,选择航班,并进行支付。系统能够验证用户输入的信息是否有效,并在验证通过后生成订单。

b. 用户填写非法日期:用户在订票页面输入无效或不合法的日期信息后,系统应该能正确地识别用户输入的非法日期,并向用户提供相应的反馈。

c. 用户同一订单订多人机票:用户应该能够在订票页面输入乘客的数量,并进行相应的支付。系统应该能够验证用户输入的信息,并生成相应数量的乘客信息输入框,用户填写完信息并支付成功后系统能生成包含多个乘客信息的订单。

d. 用户订购往返机票:用户应该能在订票页面选择订购往返机票,填写相关信息、选择往返航班并支付,系统验证通过后生成包含往返行程的机票订单。

e. 同一用户相同行程重复订票:用户应该能够在完成用户单程订票后选择进行重复订票。系统应该能够生成订单并显示订单详情,订单信息应该与历史订单信息一致。

③查询订单

a. 用户查询订单:用户应该能够在网站上查询订单状态。系统应该显示所有订单的详细信息。

b. 用户取消订单:用户应该能够在订单页面进行取消订单操作。系统应该在取消订单时自动更新订单状态。

3. 测试用例设计

针对用户登录,采用等价类划分,设计了 2 个测试用例,如表 8-3 所示。

表 8-3 用户登录测试用例设计结果

序号	用例名	测试点	前提条件	测试步骤	预期结果
1	legal account	用户登录时,系统应该能够验证用户的用户名和密码	用户已经注册账号,并且已经记住自己正确的用户名和密码	用户在登录界面输入正确的用户名 jojo,密码 bean,然后单击“login”按钮	系统能够验证用户的身份,并且跳转到个人中心页面

（续表）

序号	用例名	测试点	前提条件	测试步骤	预期结果
2	illegal account	如果用户输入的用户名或密码不正确，系统应该给出相应的错误提示，告知用户错误原因	用户已经注册账号，但是记错了自己的用户名和密码	用户在登录界面输入错误的用户名 zhangsan，密码 12345，然后单击“login”按钮	系统能够发现输入的用户名和密码错误，并且给出错误提示信息，告知用户错误原因

针对用户订票，采用等价类划分、边界值分析、状态转移，其中城市、座位偏好、座舱类型、旅客数量采用等价类，日期采用二值边界值分析，订票步骤采用状态转移，设计了 5 个测试用例，如表 8-4 所示。

表 8-4　　用户订票测试用例设计结果

序号	用例名	测试点	前提条件	测试步骤	预期结果
1	order	单程订票流程	用户已经成功登录，进入主界面	①单击 Flight，转移到 Find Flight 页面 ②城市、时间页，保持默认值，单击 continue ③航班页，保持默认值，单击 continue ④跳转到 Payment Details 页，填写支付信息，Credit Card：123456，Exp Date：06/23，单击 continue ⑤跳转到 Invoice 页	Invoice 页，显示“JojoBean′s Flight Invoice”
2	departuredate	非法日期		①单击 Flight，转移到 Find Flight 页面 ②城市、时间页，填写出发日期 departure date 10/32/2023，单击 continue	10 月没有 32 日，重新输入日期
3	multi Passengers	多名乘客		同用例 order，在①中修改乘客数量	Invoice 页，显示“3 xxx tickets from yyy to zzz”，其中 3 为乘客数量，xxx 为座舱类型，yyy 为出发地，zzz 为目的地
4	roundTrip	用户订购往返机票	用户已经登录，进入主界面	用户进入订票页面并选择地址，选择订购往返机票，并选择往返航班，填写乘客信息后支付	系统生成包含往返行程的机票订单
5	repeated Trip	用户相同行程重复订票	用户已经登录，并且完成单程订票	用户单击 book another 重新进入订票页面，将单程订票的流程再重复一遍	系统生成订单并显示订单详情。订单信息应该与历史订单信息一致

针对查询订单，采用场景法，设计了 2 个测试用例，如表 8-5 所示。

表 8-5　　查询订单测试用例设计结果

序号	用例名	测试点	前提条件	测试步骤	预期结果
1	search_test	用户查询订单	用户已经登录，进入主界面	用户单击查询历史订单按钮	系统显示所有订单的详细信息

（续表）

序号	用例名	测试点	前提条件	测试步骤	预期结果
2	cancel_test	用户取消订单	用户已经登录，并在历史订单页面中选择一条订单进行取消	用户单击取消订单按钮	订单应该被取消并刷新显示取消后的页面

4. 测试执行

本例使用 Chrome 浏览器以及 ChromeDriver，Java 语言的 Selenium 客户端，JUnit 单元测试框架，Eclipse 作为 Java 编辑器。

（1）创建测试项目

打开 Eclipse，单击 File/New/Java Project 创建项目，如图 8-98 所示，随后在弹出的创建新项目面板中输入创建的项目名称 WebTourTest，单击“Finish”按钮。如图 8-99 所示。

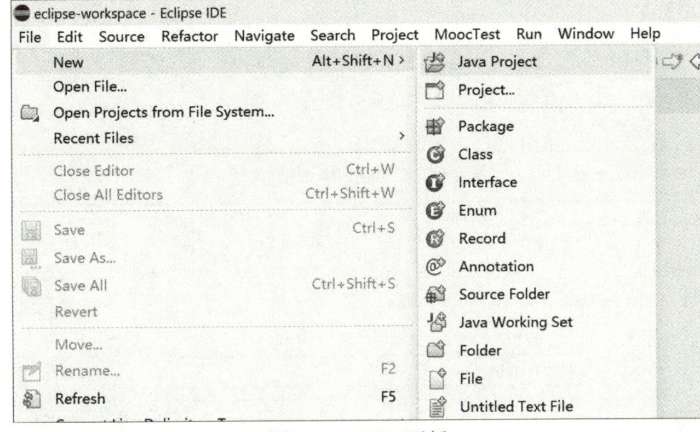

图 8-98 File 面板

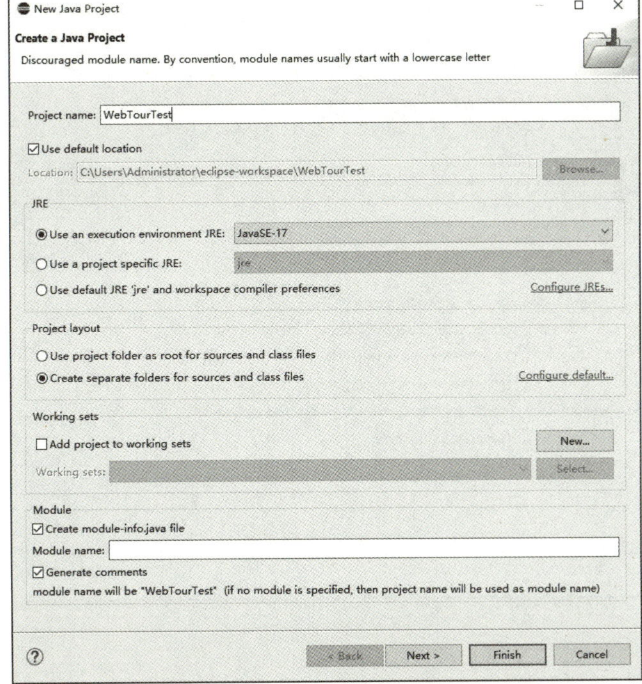

图 8-99 创建新项目面板

(2)创建测试类

右击项目 src 文件夹,再单击 New/Class,如图 8-100 所示,在弹出的创建新类面板中输入类名,单击"Finish"按钮,如图 8-101 所示。得到的项目结构如图 8-102 所示。

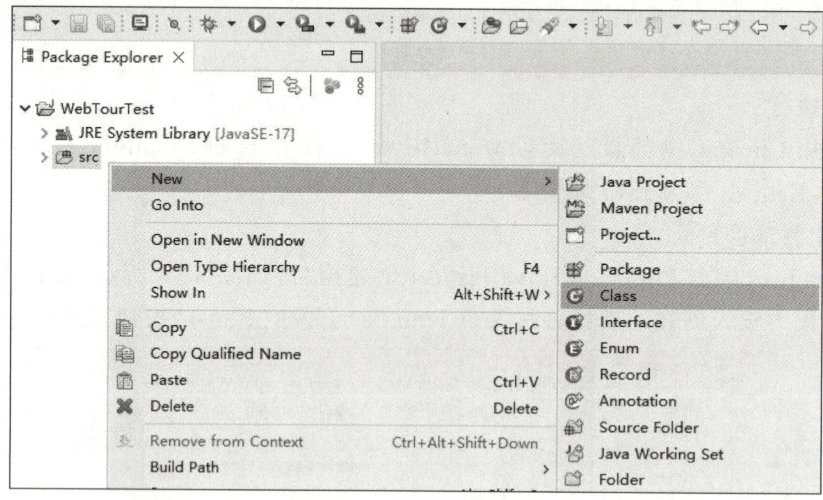

图 8-100 创建测试类面板

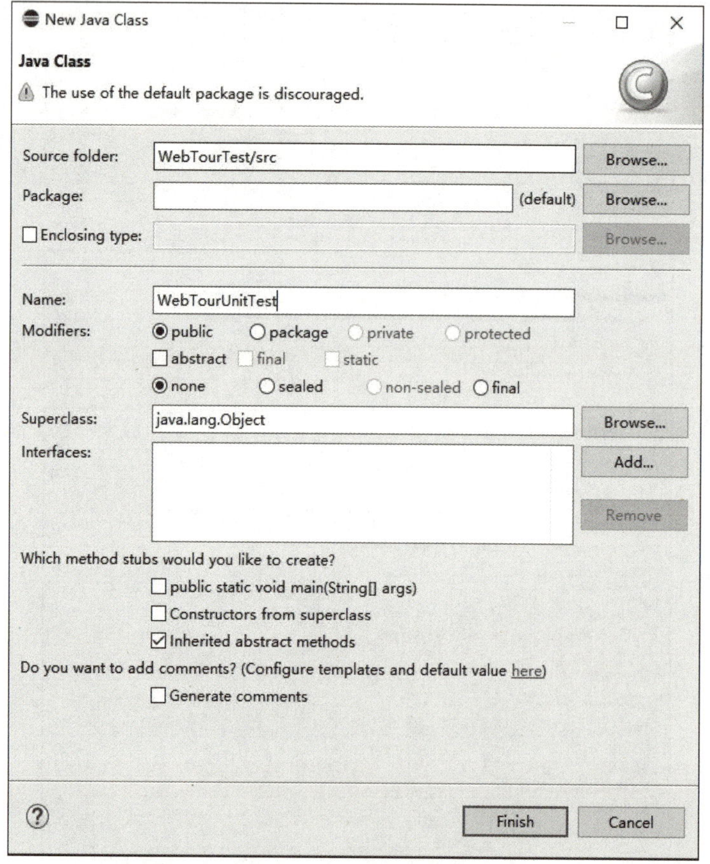

图 8-101 创建新类面板

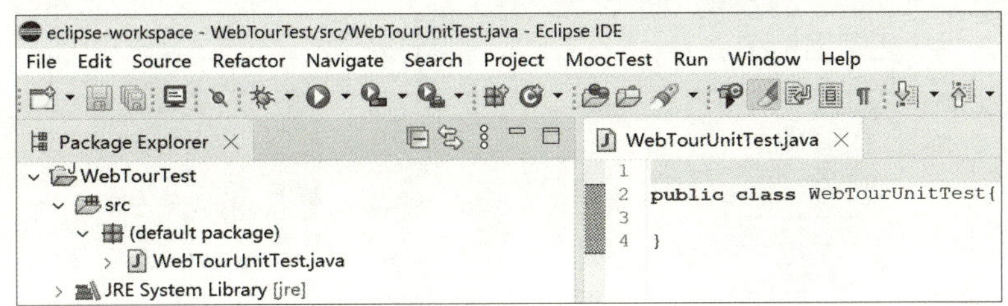

图 8-102　项目结构

(3)导入 Selenium 包

本项目需要导入 Selenium 包,具体操作见环境配置,导入 Selenium 包后的项目结构如图 8-103 所示。

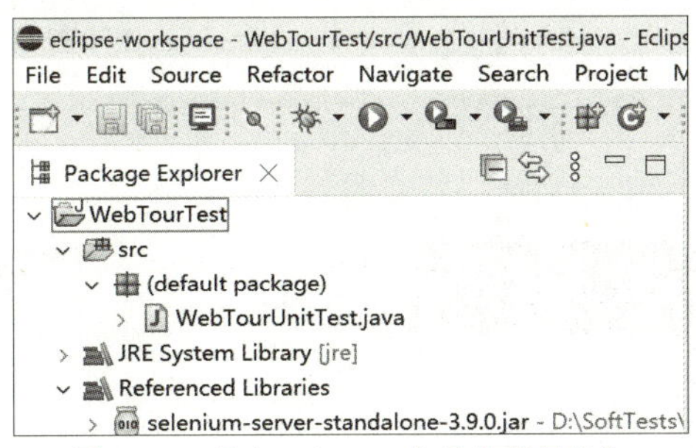

图 8-103　导入 Selenium 包后的项目结构

(4)元素定位

进入 Web Tours 首页,按 F12 键进入开发者模式,或者右击页面,单击“检查”选项。得到如图 8-104 所示页面,右击 Username 输入框,单击“检查”选项,定位 Username 输入框,如图 8-105、图 8-106 所示。

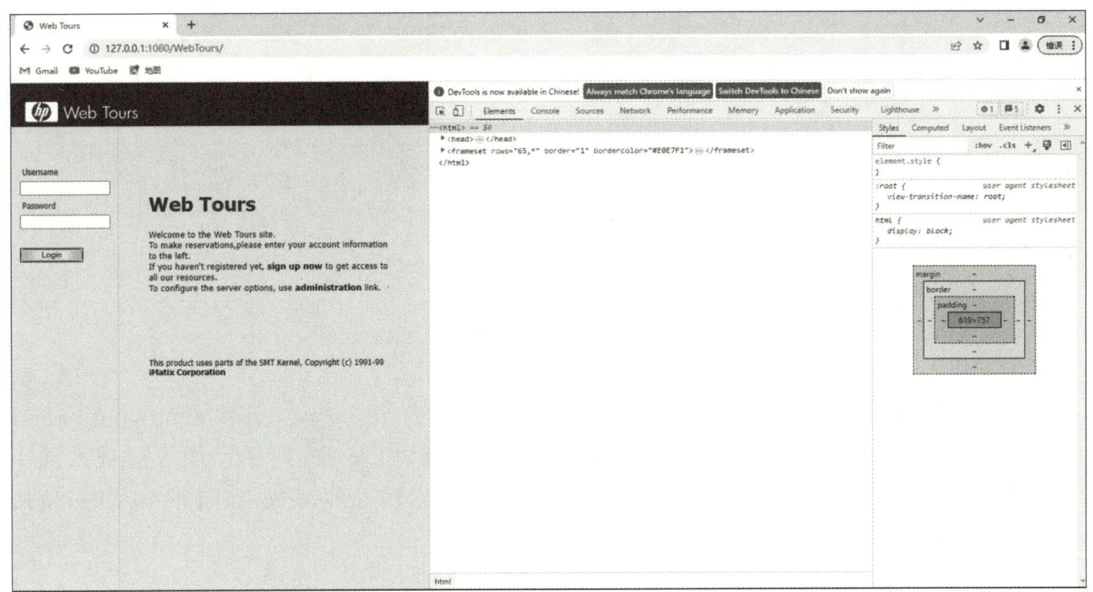

图 8-104　开发者模式页面

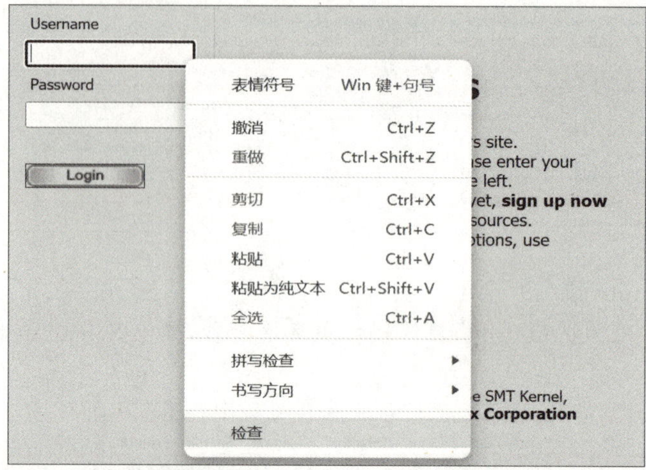

图 8-105　定位 Username 输入框

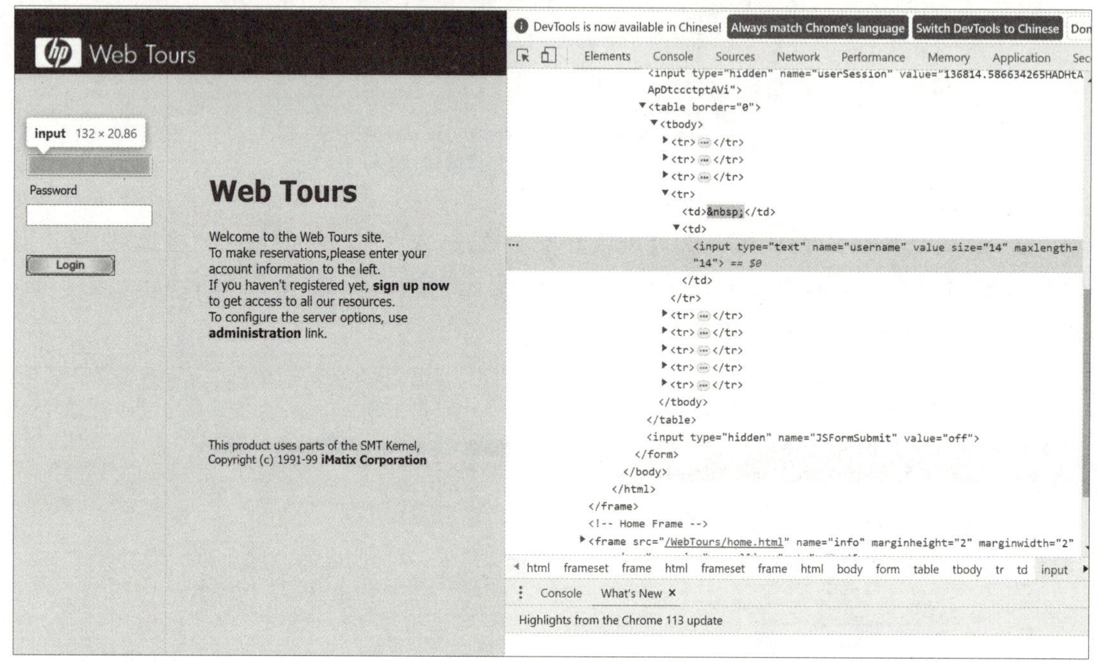

图 8-106　元素定位

①定位方式

测试中依据 ChromeDriver 提供的八大元素定位方法(id,name,class name,tag name,link text,partial link text,xpath,css selector)进行定位,如表 8-6 所示。操作过程大同小异,即依据使用的定位方法,先在网页中获取需要的元素属性值,之后在脚本编写时,使用 ChromeDriver 的定位方法,根据获得的值定位元素。

表 8-6 Web DOM 元素定位方法

序号	定位方式	使用方式
1	根据 ID 定位	By. id("element_id")
2	根据名称定位	By. name("element_name")
3	根据类名定位	By. className("element_class")
4	根据标签名定位	By. tagName("input")
5	根据链接文本定位	By. linkText("Click here")
6	根据部分链接文本定位	By. partialLinkText("Click")
7	根据 XPath 定位	By. xpath("//input[@id='username']")
8	根据 CSS 选择器定位	By. cssSelector("input#username")

这里列举三种定位方式，以 Username 输入框为例。

a. 通过名称定位

方法：By. name(元素的 name 属性)

获取 Username 输入框元素的 name 属性，如图 8-107 所示。

```
▶<tr>…</tr>
▶<tr>…</tr>
▶<tr>…</tr>
▼<tr>
   <td> </td>
  ▼<td>
     <input type="text" name="username" value size="14" maxlength=
     "14"> == $0
   </td>
 </tr>
▶<tr>…</tr>
▶<tr>…</tr>
▶<tr>…</tr>
▶<tr>…</tr>
▶<tr>…</tr>
```

图 8-107 通过 name 定位

对应脚本代码：

```
driver. findElement(By. name("username"));
```

b. 通过 XPath 定位

方法：By. xpath(元素的 xpath 属性)

获取 Username 输入框元素的 xpath 属性，如图 8-108 所示。

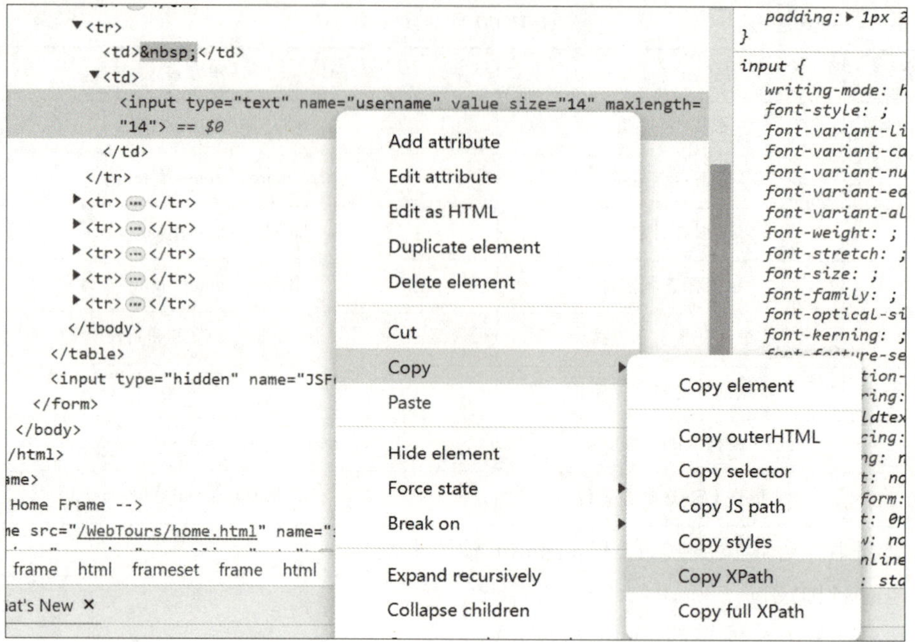

图 8-108　通过 XPath 定位

对应脚本代码：

```
driver.findElement(By.xpath("/html/body/form/table/tbody/tr[4]/td[2]/input"));
```

c. 通过 CSS 定位

方法：By.cssSelector(元素的 selector 属性)

获取 Username 输入框元素的 selector 属性，如图 8-109 所示。

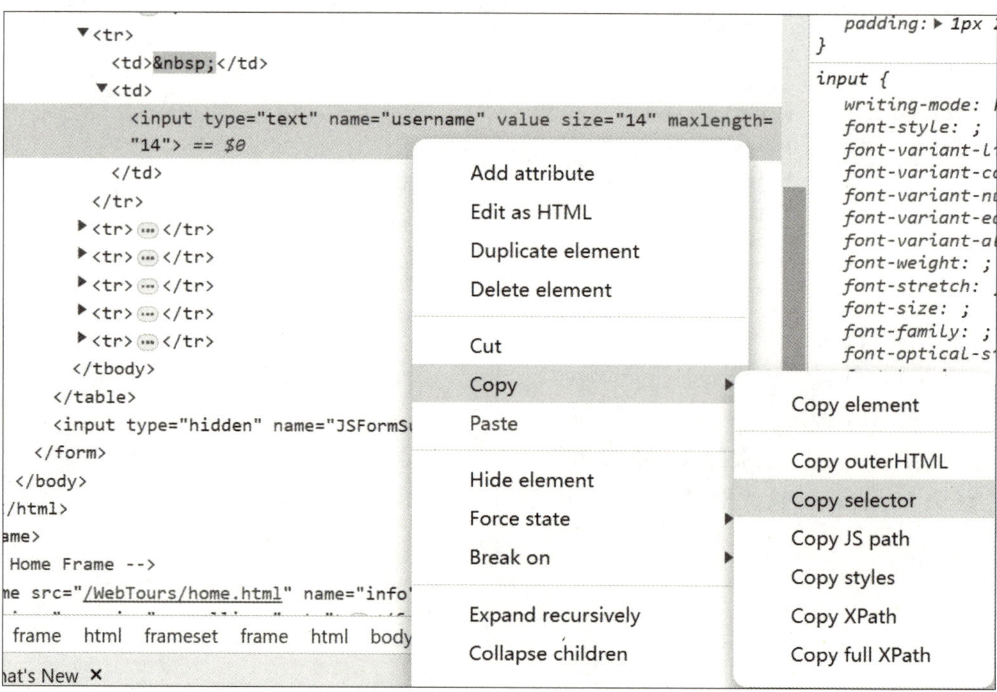

图 8-109　通过 CSS 定位

对应脚本代码：

```
driver.findElement(By.cssSelector("body > form > table > tbody > tr:nth-child(4) > td:nth-child(2) > input[type=text]"));
```

②断言

Selenium 的测试脚本使用 JUnit 的断言 assert。

(5)编写脚本

在编写测试脚本前，需要导入 Selenium JAR 包以及 JUnit 包，如图 8-110 所示。其中 JUnit 包可在项目中自动导入。

```
import org.junit.Test;
import org.openqa.selenium.By;
import org.openqa.selenium.WebDriver;
import org.openqa.selenium.chrome.ChromeDriver;
public class logintest {
    @Test
```

图 8-110　导入 Selenium 软件包

依据测试用例设计的功能点以及元素定位方式，编写以下测试用例的脚本，为方便示例代码展示统一使用 ChromeDriver 驱动进行测试。

针对用户登录相关需求，编写以下 2 个测试用例脚本，如图 8-111、图 8-112 所示。

测试用例 1:用户名和密码验证

```
    //用户名和密码验证
    @Test
    public void legal_account_Test() throws InterruptedException {
        // 创建一个新的浏览器驱动
        WebDriver driver = new ChromeDriver();
        // 打开WebTours网站
        driver.get("http://127.0.0.1:1080/WebTours/");
        driver.manage().window().maximize();
        // 进入iframe
        driver.switchTo().frame("body");
        driver.switchTo().frame("navbar");
        // 输入用户名
        driver.findElement(By.name("username")).sendKeys("jojo");
        Thread.sleep(1500);
        // 输入密码
        driver.findElement(By.name("password")).sendKeys("bean");
        Thread.sleep(1500);
        // 单击登录
        driver.findElement(By.name("login")).click();
        Thread.sleep(1500);
        // 切换iframe
        driver.switchTo().defaultContent();
        driver.switchTo().frame("body");
        driver.switchTo().frame("info");
        // 添加断言
        String contain = driver.findElement(By.xpath("/html/body/blockquote")).getText();
        assert contain.contains("Using the menu to the left");
        driver.quit();
    }
```

图 8-111　用户名和密码验证测试脚本

测试用例 2:错误提示

```
    //错误提示
    @Test
    public void illegal_account_Test() throws InterruptedException {
        // 创建一个新的浏览器驱动
        WebDriver driver = new ChromeDriver();
        // 打开WebTours网站
        driver.get("http://127.0.0.1:1080/WebTours/");
        driver.manage().window().maximize();
        // 进入iframe
        driver.switchTo().frame("body");
        driver.switchTo().frame("navbar");
        // 输入用户名
        driver.findElement(By.name("username")).sendKeys("zhangsan");
        Thread.sleep(1500);
        // 输入密码
        driver.findElement(By.name("password")).sendKeys("12345");
        Thread.sleep(1500);
        // 点击登录
        driver.findElement(By.name("login")).click();
        Thread.sleep(1500);
        driver.switchTo().defaultContent();
        driver.switchTo().frame("body");
        driver.switchTo().frame("info");
        // 添加断言
        String contain = driver.findElement(By.xpath("/html/body/blockquote/center")).getText();
        assert contain.contains("Web Tours Error - Incorrect Password");
        driver.quit();
    }
```

图 8-112　错误提示测试脚本

针对用户订票相关需求,编写以下 5 个测试用例脚本,如图 8-113～图 8-117 所示。

测试用例 1:用户单程订票

```
    //用户单程订票
    @Test
    public void order_Test() throws InterruptedException {
        // 创建一个新的浏览器驱动
        WebDriver driver = new ChromeDriver();
        // 打开WebTours网站
        driver.get("http://127.0.0.1:1080/WebTours/");
        driver.manage().window().maximize();
        // 进入iframe
        driver.switchTo().frame("body");
        driver.switchTo().frame("navbar");
        // 输入用户名
        driver.findElement(By.name("username")).sendKeys("jojo");
        Thread.sleep(1500);
        // 输入密码
        driver.findElement(By.name("password")).sendKeys("bean");
        Thread.sleep(1500);
        driver.findElement(By.name("login")).click();
        Thread.sleep(1500);
        // 切换iframe
        driver.switchTo().defaultContent();
        driver.switchTo().frame("body");
        driver.switchTo().frame("navbar");
        // 单击Flight, 转移到Find Flight页面
        driver.findElement(By.xpath("/html/body/center/center/a[1]/img")).click();
        Thread.sleep(1500);
        driver.switchTo().defaultContent();
        driver.switchTo().frame("body");
        driver.switchTo().frame("info");
        // 城市、时间页, 保持默认值, 单击continue
        driver.findElement(By.name("findFlights")).click();
        Thread.sleep(1500);
        // 航班页, 保持默认值, 单击continue
        driver.findElement(By.cssSelector("td:nth-child(1) > input[type=image]")).click();
        Thread.sleep(1500);
        // 跳转到Payment Details页, 填写支付信息, Credit Card: 123456, Exp Date: 06/23, 单击continue;
        driver.findElement(By.name("creditCard")).sendKeys("123456");
        Thread.sleep(1500);
        driver.findElement(By.name("expDate")).sendKeys("06/23");
        Thread.sleep(1500);
        driver.findElement(By.name("buyFlights")).click();
        // 添加断言,Invoice页是否显示"JojoBean's Flight Invoice"
        String contain = driver.findElement(By.xpath("/html/body/blockquote/center/table[1]")).getText();
        assert contain.contains("JojoBean's Flight Invoice");
        driver.quit();
    }
```

图 8-113　用户单程订票测试脚本

测试用例 2:用户填写非法日期

```
    //用户填写非法日期
    @Test
    public void departureDate_Test() throws InterruptedException {
        // 创建一个新的浏览器驱动
        WebDriver driver = new ChromeDriver();
        // 打开WebTours网站
        driver.get("http://127.0.0.1:1080/WebTours/");
        driver.manage().window().maximize();
        // 进入iframe
        driver.switchTo().frame("body");
        driver.switchTo().frame("navbar");
        // 输入用户名
        driver.findElement(By.name("username")).sendKeys("jojo");
        Thread.sleep(1500);
        // 输入密码
        driver.findElement(By.name("password")).sendKeys("bean");
        Thread.sleep(1500);
        driver.findElement(By.name("login")).click();
        Thread.sleep(1500);
        // 切换iframe
        driver.switchTo().defaultContent();
        driver.switchTo().frame("body");
        driver.switchTo().frame("navbar");
        // 单击Flight，转移到Find Flight页面
        driver.findElement(By.xpath("/html/body/center/center/a[1]/img")).click();
        Thread.sleep(1500);
        driver.switchTo().defaultContent();
        driver.switchTo().frame("body");
        driver.switchTo().frame("info");
        // 城市、时间页，填写出发日期departure date 10/32/2023，单击continue：
        driver.findElement(By.name("departDate")).clear();
        driver.findElement(By.name("departDate")).sendKeys("10/32/2023");
        Thread.sleep(1500);
        driver.findElement(By.name("findFlights")).click();
        Thread.sleep(1500);
        // 添加断言,Find Flight 不显示任何信息
        List<WebElement> elements = driver.findElements(By.xpath("/html/body/blockquote/form/center/blockquote"));
        assert elements.isEmpty();
        driver.quit();
    }
```

图 8-114　用户填写非法日期测试脚本

测试用例 3:用户同一订单订多人机票

```
    //用户同一订单订多人机票
    @Test
    public void multi_Passengers_Test() throws InterruptedException {
        // 创建一个新的浏览器驱动
        WebDriver driver = new ChromeDriver();
        // 打开WebTours网站
        driver.get("http://127.0.0.1:1080/WebTours/");
        driver.manage().window().maximize();
        driver.switchTo().frame("body");
        driver.switchTo().frame("navbar");
        // 输入用户名
        driver.findElement(By.name("username")).sendKeys("jojo");
        Thread.sleep(1500);
        // 输入密码
        driver.findElement(By.name("password")).sendKeys("bean");
        Thread.sleep(1500);
        driver.findElement(By.name("login")).click();
        Thread.sleep(1500);
        // 切换iframe
        driver.switchTo().defaultContent();
        driver.switchTo().frame("body");
        driver.switchTo().frame("navbar");
        // 单击Flight，转移到Find Flight页面
        driver.findElement(By.xpath("/html/body/center/center/a[1]/img")).click();
        Thread.sleep(1500);
        driver.switchTo().defaultContent();
        driver.switchTo().frame("body");
        driver.switchTo().frame("info");
        // 修改乘客数量为3；Arrival City改为London。
        driver.findElement(By.name("numPassengers")).clear();
        driver.findElement(By.name("numPassengers")).sendKeys("3");
        Thread.sleep(1500);
        Select select = new Select(driver.findElement(By.name("arrive")));
        select.selectByVisibleText("London");
        driver.findElement(By.name("findFlights")).click();
        Thread.sleep(1500);
        // 航班页，保持默认值，点击continue
        driver.findElement(By.cssSelector("td:nth-child(1) > input[type=image]")).click();
        Thread.sleep(1500);
        // 跳转到Payment Details页，填写支付信息，
        // 乘客1：Bob,乘客2：Mary,Credit Card：123456，Exp Date：06/23，点击continue
        driver.findElement(By.name("pass2")).sendKeys("Bob");
        Thread.sleep(1500);
        driver.findElement(By.name("pass3")).sendKeys("Mary");
        Thread.sleep(1500);
        driver.findElement(By.name("creditCard")).sendKeys("123456");
        Thread.sleep(1500);
        driver.findElement(By.name("expDate")).sendKeys("06/23");
        Thread.sleep(1500);
        driver.findElement(By.name("buyFlights")).click();
        // 添加断言,Invoice页，显示"3 Coach Class tickets from Denver to London"
        String contain = driver
                .findElement(By.xpath("/html/body/blockquote/" + "center/table[2]/tbody/tr[2]/td[2]/b/u")).getText();
        assert contain.contains("3 Coach Class tickets from Denver to London.");
        driver.quit();
    }
```

图 8-115　用户同一订单订多人机票测试脚本

测试用例 4:用户订购往返机票

```
//用户订购往返机票
@Test
public void roundTrip_Test() throws InterruptedException {
    // 创建一个新的浏览器驱动
    WebDriver driver = new ChromeDriver();
    // 打开WebTours网站
    driver.get("http://127.0.0.1:1080/WebTours/");
    driver.manage().window().maximize();
    // 进入iframe
    driver.switchTo().frame("body");
    driver.switchTo().frame("navbar");
    // 输入用户名
    driver.findElement(By.name("username")).sendKeys("jojo");
    Thread.sleep(1500);
    // 输入密码
    driver.findElement(By.name("password")).sendKeys("bean");
    Thread.sleep(1500);
    driver.findElement(By.name("login")).click();
    Thread.sleep(1500);
    // 切换iframe
    driver.switchTo().defaultContent();
    driver.switchTo().frame("body");
    driver.switchTo().frame("navbar");
    // 点击Flight，跳转到Find Flight页面
    driver.findElement(By.xpath("/html/body/center/center/a[1]/img")).click();
    Thread.sleep(1500);
    // 切换iframe
    driver.switchTo().defaultContent();
    driver.switchTo().frame("body");
    driver.switchTo().frame("info");
    // Arrival City改为London.
    Select select = new Select(driver.findElement(By.name("arrive")));
    select.selectByVisibleText("London");
    // 选择订购往返票
    driver.findElement(By.xpath("/html/body/blockquote/form/table/tbody/tr[3]/td[3]/label/input")).click();
    Thread.sleep(1500);
    // 点击continue
    driver.findElement(By.cssSelector("td:nth-child(1) > input[type=image]")).click();
    Thread.sleep(1500);
    // 点击continue
    driver.findElement(By.name("reserveFlights")).click();
    Thread.sleep(1500);
    // 填写乘客信息
    driver.findElement(By.name("address1")).sendKeys("123 Main St");
    Thread.sleep(1500);
    driver.findElement(By.name("address2")).sendKeys("San Francisco, CA 94103");
    Thread.sleep(1500);
    driver.findElement(By.name("creditCard")).sendKeys("1234 5678 9012 3456");
    Thread.sleep(1500);
    driver.findElement(By.name("expDate")).sendKeys("09/25");
    Thread.sleep(1500);
    // 点击continue
    driver.findElement(By.name("buyFlights")).click();
    // 添加断言
    String contain = driver.findElement(By.xpath("/html/body/" + "blockquote")).getText();
    assert contain.contains("Flight 200 leaves London for Denver.");
    // 退出所有frame
    driver.switchTo().defaultContent();
    driver.quit();
}
```

图 8-116　用户订购往返机票测试脚本

测试用例 5:同一用户相同行程重复订票

```java
//同一用户相同行程重复订票
@Test
public void repeatedTrip_Test() throws InterruptedException {
    // 创建一个新的浏览器驱动
    WebDriver driver = new ChromeDriver();
    // 打开WebTours网站
    driver.get("http://127.0.0.1:1080/WebTours/");
    driver.manage().window().maximize();
    // 进入iframe
    driver.switchTo().frame("body");
    driver.switchTo().frame("navbar");
    // 输入用户名
    driver.findElement(By.name("username")).sendKeys("jojo");
    Thread.sleep(1500);
    // 输入密码
    driver.findElement(By.name("password")).sendKeys("bean");
    Thread.sleep(1500);
    // 单击登录
    driver.findElement(By.name("login")).click();
    Thread.sleep(1500);
    // 切换iframe
    driver.switchTo().defaultContent();
    driver.switchTo().frame("body");
    driver.switchTo().frame("navbar");
    // 单击Flight, 转移到Find Flight页面
    driver.findElement(By.xpath("/html/body/center/center/a[1]/img")).click();
    Thread.sleep(1500);
    // 切换iframe
    driver.switchTo().defaultContent();
    driver.switchTo().frame("body");
    driver.switchTo().frame("info");
    // Arrival City改为London。
    Select select = new Select(driver.findElement(By.name("arrive")));
    select.selectByVisibleText("London");
    // 单击continue
    driver.findElement(By.cssSelector("td:nth-child(1) > input[type=image]")).click();
    Thread.sleep(1500);
    // 单击continue
    driver.findElement(By.name("reserveFlights")).click();
    Thread.sleep(1500);
    // 填写乘客信息
    driver.findElement(By.name("address1")).sendKeys("123 Main St");
    Thread.sleep(1500);
    driver.findElement(By.name("address2")).sendKeys("San Francisco, CA 94103");
    Thread.sleep(1500);
    driver.findElement(By.name("creditCard")).sendKeys("1234 5678 9012 3456");
    Thread.sleep(1500);
    driver.findElement(By.name("expDate")).sendKeys("09/25");
    Thread.sleep(1500);
    // 单击continue
    driver.findElement(By.name("buyFlights")).click();
    // 记录第一次订单信息
    String contain1 = driver
            .findElement(By.xpath("/html/body/blockquote/center/"
            + "table[2]/tbody/tr[2]/td[2]/center/i"))
            .getText();
    // 单击Book Another,开始重复订票
    driver.findElement(By.name("Book Another")).click();
    Thread.sleep(1000);
    // Arrival City改为London。
    Select select1 = new Select(driver.findElement(By.name("arrive")));
    select1.selectByVisibleText("London");
    // 单击continue
    driver.findElement(By.cssSelector("td:nth-child(1) > input[type=image]")).click();
    Thread.sleep(1500);
    // 单击continue
    driver.findElement(By.name("reserveFlights")).click();
    Thread.sleep(1500);
    // 填写乘客信息
    driver.findElement(By.name("address1")).sendKeys("123 Main St");
    Thread.sleep(1500);
    driver.findElement(By.name("address2")).sendKeys("San Francisco, CA 94103");
    Thread.sleep(1500);
    driver.findElement(By.name("creditCard")).sendKeys("1234 5678 9012 3456");
    Thread.sleep(1500);
    driver.findElement(By.name("expDate")).sendKeys("09/25");
    Thread.sleep(1500);
    // 单击continue
    driver.findElement(By.name("buyFlights")).click();
    // 记录第二次订单信息
    String contain2 = driver
            .findElement(By.xpath("/html/body/blockquote/center/"
            + "table[2]/tbody/tr[2]/td[2]/center/i"))
            .getText();
    // 添加断言, 两次订单信息是否一致
    assert contain1.equals(contain2);
    // 退出所有frame
    driver.quit();
}
```

图 8-117　同一用户相同行程重复订票测试脚本

针对查询订单相关需求，编写以下 2 个测试用例脚本，如图 8-118、图 8-119 所示。

测试用例 1:用户查询订单

```java
    //用户查询订单
    @Test
    public void search_test() throws InterruptedException {
        // 创建一个新的浏览器驱动
        WebDriver driver = new ChromeDriver();
        // 进入网站首页
        driver.get("http://127.0.0.1:1080/WebTours/");
        Thread.sleep(1000);
        // 放大页面
        driver.manage().window().maximize();
        // 进入frame
        driver.switchTo().frame("body");
        driver.switchTo().frame("navbar");
        Thread.sleep(1000);
        // 输入用户名
        driver.findElement(By.name("username")).sendKeys("jojo");
        Thread.sleep(1000);
        // 输入密码
        driver.findElement(By.name("password")).sendKeys("bean");
        Thread.sleep(1000);
        // 单击登录
        driver.findElement(By.name("login")).click();
        Thread.sleep(1000);
        // 退出所有frame
        driver.switchTo().defaultContent();
        // 重新进入frame
        driver.switchTo().frame("body");
        driver.switchTo().frame("navbar");
        Thread.sleep(1000);
        // 进入登录页面，点击Itinerary
        driver.findElement(By.xpath("/html/body/center/center/a[2]/img")).click();
        Thread.sleep(1000);
        // 退出所有frame
        driver.switchTo().defaultContent();
        // 重新进入frame，body
        driver.switchTo().frame("body");
        driver.switchTo().frame("info");
        Thread.sleep(1000);
        // 添加assert语句
        String contain = driver.findElement(By.xpath("/html" + "/body/blockquote")).getText();
        assert contain.contains("Jojo Bean 's Flight Transaction Summary");
        driver.quit();
    }
```

图 8-118　用户查询订单测试脚本

测试用例 2:用户取消订单

```java
    //用户取消订单
    @Test
    public void cancel_test() throws InterruptedException {
        // 创建一个新的浏览器驱动
        WebDriver driver = new ChromeDriver();
        // 进入网站首页
        driver.get("http://127.0.0.1:1080/WebTours/");
        Thread.sleep(1000);
        // 放大页面
        driver.manage().window().maximize();
        // 进入frame
        driver.switchTo().frame("body");
        driver.switchTo().frame("navbar");
        Thread.sleep(1000);
        // 输入用户名
        driver.findElement(By.name("username")).sendKeys("jojo");
        Thread.sleep(1000);
        // 输入密码
        driver.findElement(By.name("password")).sendKeys("bean");
        Thread.sleep(1000);
        // 单击登录
        driver.findElement(By.name("login")).click();
        Thread.sleep(1000);
        // 退出所有frame
        driver.switchTo().defaultContent();
        // 重新进入frame
        driver.switchTo().frame("body");
        driver.switchTo().frame("navbar");
        Thread.sleep(1000);
        // 进入登录页面，点击Itinerary
        driver.findElement(By.xpath("/html/body/center/center/a[2]/img")).click();
        Thread.sleep(1000);
        // 退出所有frame
        driver.switchTo().defaultContent();
        // 重新进入frame，body
        driver.switchTo().frame("body");
        driver.switchTo().frame("info");
        Thread.sleep(1000);
        // 获取取消订单前的订单数量
        List<WebElement> initialOrderRows = driver
                .findElements(By.xpath("/html/body/blockquote/form/center/table[1]/tbody/tr[2]"));
        int initialOrderCount = initialOrderRows.size();
        // 选择订票订单
        driver.findElement(By.name("1")).click();
        Thread.sleep(1000);
        // 单击取消
        driver.findElement(By.name("removeFlights")).click();
        Thread.sleep(1000);
        // 获取取消订单后的订单数量
        List<WebElement> updatedOrderRows = driver.findElements(By.xpath("//table[@id='order_table']/tbody/tr"));
        int updatedOrderCount = updatedOrderRows.size();
        // 断言取消订单后数量比取消前数量少一
        assert updatedOrderCount < initialOrderCount;
        driver.quit();
    }
}
```

图 8-119　用户取消订单测试脚本

5. 测试结果

(1)运行结果

运行所有的测试用例,得到的结果如图 8-120 所示。

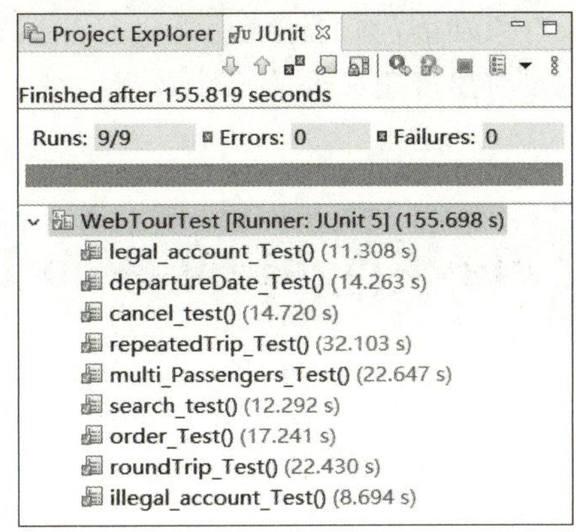

图 8-120 测试结果

(2)测试结论

①功能测试覆盖

本次测试覆盖的功能包括:用户登录、用户订票和查询订单;运用的测试方法包括:等价类划分、边界值分析、状态转移、场景法,共设计了 9 个测试用例,具体如下:

等价类划分:用户登录功能,依据账号是否存在,设计了合法等价类与非法等价类;用户订票功能,设计了单程、往返两类订单;单人、多人两类订单;正常订票与重复订票;

边界值分析:用户订票功能,用于检测非法日期的情况,依据月份日期,采用二值边界值,为 10 月设计了 31 日和 32 日两个日期。

状态转移:用户订票功能,通过状态转移来描述用户从一个页面到另一个页面的流程,如从城市选择到航班选择,再到支付页面的状态转移。

场景法:查询订单功能,考虑用户的典型行为和系统的反应,验证用户能够成功查询历史订单和取消订单。

经测试,每个功能覆盖至少一条测试用例。

②数据一致性和验证

用户登录功能:当用户登录时,确保用户的个人信息与用户资料一致。

用户订票功能:a. 当乘客人数大于 1 时,金额是否正确,订单人数是否一致;b. 当用户支付订单后,订单状态应该更新为“已支付”或“已确认”,确保订单状态与实际情况一致;c. 历史订单记录是否与实际订单一致。

查询功能:当取消订单时,系统是否会及时刷新历史订单的数量信息。

经测试,系统满足数据的一致性。

③错误处理和异常情况

用户登录功能:输入错误的用户名和密码,系统应该能够检测到错误的用户名和密码,并向用户提供相应的错误提示信息,告知用户错误的原因。

用户订票功能:输入错误日期,系统应该能够检测到非法日期,显示错误信息;重复订票,系统应该生成订单并显示订单详情,订单信息应与历史订单信息一致。

查询订单功能:用户查询订单时,若系统内部出现错误,如数据库故障,系统应该向用户显示错误提示信息，并建议用户稍后尝试。

④跨浏览器兼容性测试

本次测试使用 113.0.5627.64 版本的 Chrome 浏览器、118.0.2088.61 版本的 Edge 浏览器。对用户登录功能、用户订票功能、查询订单功能进行测试，结果表明在不同的浏览器版本下所有功能都正常运行，没有出现明显的兼容性问题。

8.7　基于 Playwright 的 Web 功能测试

基于Playwright的Web功能测试

1. 测试对象说明

见 8.6 对应内容。

2. 功能需求分析

见 8.6 对应内容。

3. 测试用例设计

见 8.6 对应内容。

4. 测试执行

本例使用 Chrome 浏览器执行测试，测试框架采用 Playwright，脚本语言为 JavaScript，脚本编辑器是 VSCode。

(1)创建测试项目

打开 VScode，在 tests 文件夹下新建文件，编写测试代码。

(2)元素定位

进入 Web Tours 首页，按 F12 键进入开发者模式，或者右击页面，单击检查。得到如图 8-121 所示页面，右击 Username 输入框，单击检查，定位 Username 输入框，如图 8-122、图 8-123 所示。

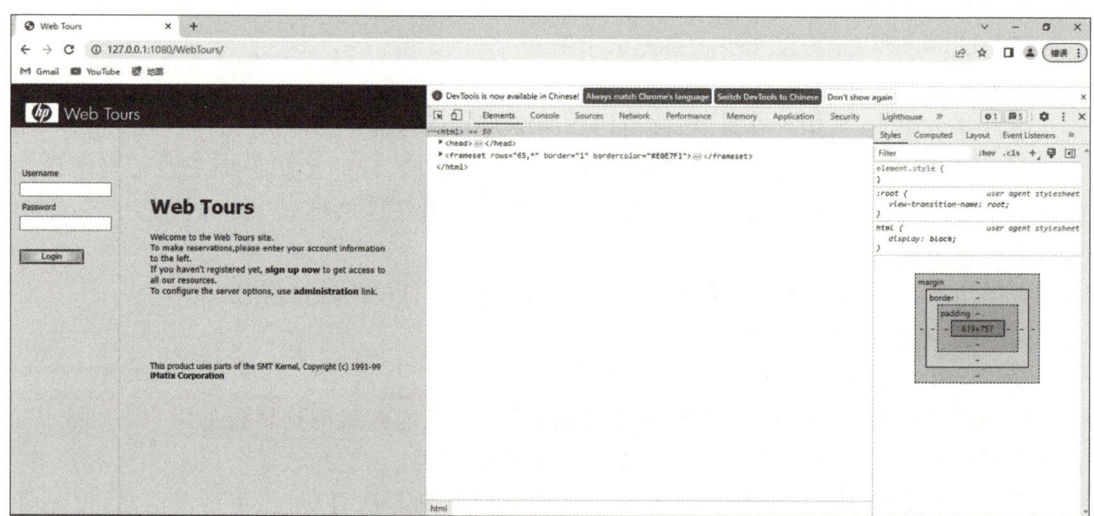

图 8-121　开发者页面

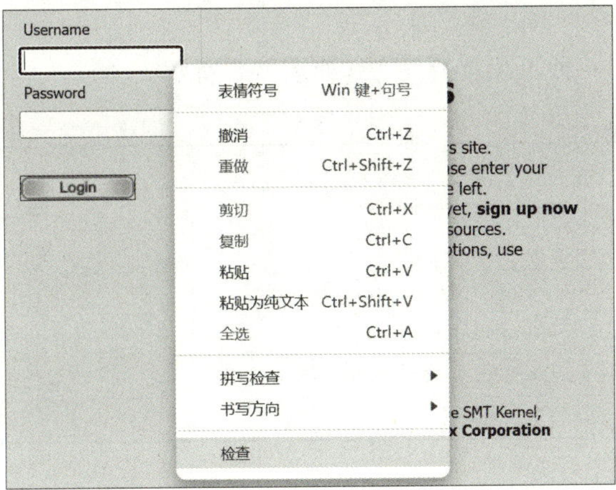

图 8-122 检查

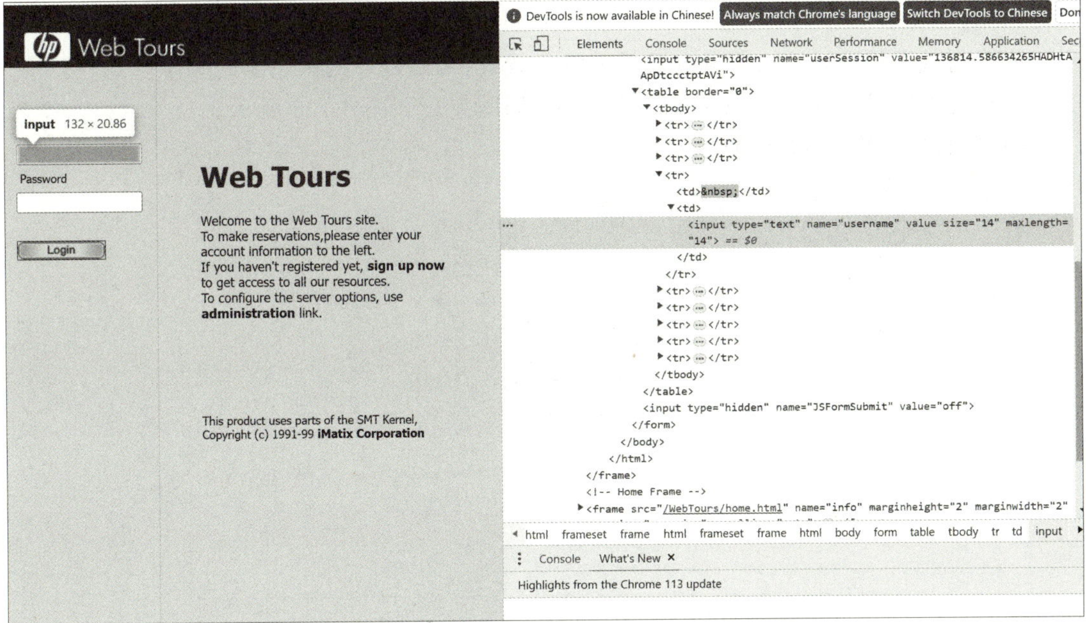

图 8-123 元素定位

①定位方式

Playwright 的官方文档中推荐以下 7 种定位方式，如表 8-7 所示。

表 8-7 定位方式

序号	元素定位方法	说明
1	page. getByRole()	通过显式和隐式辅助功能属性进行定位
2	page. getByText()	按文本内容定位
3	page. getByLabel()	通过关联标签的文本定位表单控件
4	page. getByPlaceholder()	通过占位符定位输入
5	page. getByAltText()	通过替代文本来定位元素(通常是图像)
6	page. getByTitle()	通过元素的标题属性来定位元素
7	page. getByTestId()	根据元素的 data-testid 属性定位元素(可以配置其他属性)

②页面操作方法

Playwright 常用的 6 种页面操作方法，如表 8-8 所示。

表 8-8　操作方法

序号	页面操作方法	说明
1	page. goto(url[, options])	导航到指定的 URL
2	page. click(selector[, option1s])	模拟单击指定的元素
3	page. fill(selector, text[, options])	模拟在指定元素上输入文本
4	page. waitForSelector(selector[, options])	等待页面上出现指定的元素
5	page. waitForTimeout(timeout)	等待指定的时间(毫秒)
6	page. close()	关闭当前页

③断言

Playwright 的测试脚本是使用 Playwright 的断言 expect。

(3)编写脚本

依据测试用例设计的功能点以及元素定位方式，编写以下测试用例的脚本。

针对需求①，编写以下 2 个测试用例脚本，如图 8-124、图 8-125 所示。

测试用例 1:用户名和密码验证

```
//用户名和密码验证
test('legal_account', async ({ page }) => {
  await page.goto('http://127.0.0.1:1080/WebTours/');
  //切换frame
  const bodyFrame = page.frames().find(frame => frame.name() === 'body');
  //进入navbar frame
  const navbarFrame = bodyFrame.childFrames().find(frame => frame.name() === 'navbar');
  // 输入用户名
  await navbarFrame.fill('input[name="username"]', 'jojo');
  // 输入密码
  await navbarFrame.fill('input[name="password"]', 'bean');
  // 登录
  await navbarFrame.click('input[name="login"]');
  await page.waitForTimeout(1000);
  //进入info frame
  const infoFrame = bodyFrame.childFrames().find(frame => frame.name() === 'info');
  // 断言
  const locator = infoFrame.locator('blockquote');
  const pageText = await locator.textContent();
  const expectedText = 'Using the menu to the left';
  expect(pageText).toContain(expectedText);
});
```

图 8-124　用户名和密码验证测试脚本

测试用例 2:错误提示

```
//错误提示
test('illegal account', async ({ page }) => {
  await page.goto('http://127.0.0.1:1080/WebTours/');
  //切换frame
  const bodyFrame = page.frames().find(frame => frame.name() === 'body');
  //进入navbar frame
  const navbarFrame = bodyFrame.childFrames().find(frame => frame.name() === 'navbar');
  // 输入用户名
  await navbarFrame.fill('input[name="username"]', '1111');
  // 输入密码
  await navbarFrame.fill('input[name="password"]', '1111');
  // 登录
  await navbarFrame.click('input[name="login"]');
  await page.waitForTimeout(1000);
  //进入info frame
  const infoFrame = bodyFrame.childFrames().find(frame => frame.name() === 'info');
  // 断言
  const locator = infoFrame.locator('blockquote > center');
  const pageText = await locator.textContent();
  const expectedText = 'Web Tours Error - Incorrect Password';
  expect(pageText).toContain(expectedText);
});
```

图 8-125　错误提示测试脚本

针对需求②，编写以下 5 个测试用例脚本，如图 8-126 至图 8-130 所示。

测试用例 1：用户单程订票

```
//用户单程订票
test('order', async ({ page }) => {
  await page.goto('http://127.0.0.1:1080/WebTours/');
  //切换frame
  const bodyFrame = page.frames().find(frame => frame.name() === 'body');
  //进入navbar frame
  const navbarFrame = bodyFrame.childFrames().find(frame => frame.name() === 'navbar');
  // 输入用户名
  await navbarFrame.fill('input[name="username"]', 'jojo');
  // 输入密码
  await navbarFrame.fill('input[name="password"]', 'bean');
  // 登录
  await navbarFrame.click('input[name="login"]');
  await page.waitForTimeout(1000);
  const navbarFrame1 = bodyFrame.childFrames().find(frame => frame.name() === 'navbar');
  //进入登录页面，点击flight
  await navbarFrame1.click('body > center > center > a:nth-child(1)');
  await page.waitForTimeout(1000);
  //进入info frame
  const infoFrame =  bodyFrame.childFrames().find(frame => frame.name() === 'info');
  //城市、时间页，保持默认值，点击continue
  await infoFrame.click('input[name="findFlights"]');
  //航班页，保持默认值，点击continue
  await infoFrame.click('input[name="reserveFlights"]');
  //填写信息
  await infoFrame.fill('input[name="creditCard"]', '123456');
  await infoFrame.fill('input[name="expDate"]', '06/23');
  //点击continue
  await infoFrame.click('input[name="buyFlights"]');
  // 断言
  const locator = infoFrame.locator('blockquote > center');
  const pageText = await locator.textContent();
  const expectedText = 'JojoBean\'s Flight Invoice';
  expect(pageText).toContain(expectedText);
});
```

图 8-126　用户单程订票测试脚本

测试用例 2：用户填写非法日期

```
//用户填写非法日期
test('departureDate', async ({ page }) => {
  await page.goto('http://127.0.0.1:1080/WebTours/');
  //切换frame
  const bodyFrame = page.frames().find(frame => frame.name() === 'body');
  //进入navbar frame
  const navbarFrame = bodyFrame.childFrames().find(frame => frame.name() === 'navbar');
  // 输入用户名
  await navbarFrame.fill('input[name="username"]', 'jojo');
  // 输入密码
  await navbarFrame.fill('input[name="password"]', 'bean');
  // 登录
  await navbarFrame.click('input[name="login"]');
  await page.waitForTimeout(1000);
  const navbarFrame1 = bodyFrame.childFrames().find(frame => frame.name() === 'navbar');
  //进入登录页面，点击flight
  await navbarFrame1.click('body > center > center > a:nth-child(1)');
  await page.waitForTimeout(1000);
  //进入info frame
  const infoFrame =  bodyFrame.childFrames().find(frame => frame.name() === 'info');
  await infoFrame.locator('input[name="departDate"]').clear();
  await infoFrame.locator('input[name="departDate"]').fill('10/32/2023');
  await infoFrame.getByRole('button', { name: 'Submit' }).click();
  //添加断言，Find Flight 不显示任何信息
  const ele = await infoFrame.locator('input[name="reserveFlights"]');
  const isVisible = await ele.isVisible();
  expect(!isVisible);
});
```

图 8-127　用户填写非法日期测试脚本

测试用例 3:用户同一订单订多人机票

```
//用户同一订单订多人机票
test('multi Passengers', async ({ page }) => {
  await page.goto('http://127.0.0.1:1080/WebTours/');
  //切换frame
  const bodyFrame = page.frames().find(frame => frame.name() === 'body');
  //进入navbar frame
  const navbarFrame = bodyFrame.childFrames().find(frame => frame.name() === 'navbar');
  // 输入用户名
  await navbarFrame.fill('input[name="username"]', 'jojo');
  // 输入密码
  await navbarFrame.fill('input[name="password"]', 'bean');
  // 登录
  await navbarFrame.click('input[name="login"]');
  await page.waitForTimeout(1000);
  //进入navbar frame
  const navbarFrame1 = bodyFrame.childFrames().find(frame => frame.name() === 'navbar');
  //进入登录页面，点击flight
  await navbarFrame1.click('body > center > center > a:nth-child(1)');
  await page.waitForTimeout(1000);
  //进入info frame
  const infoFrame = bodyFrame.childFrames().find(frame => frame.name() === 'info');
  // 选择下拉框选项
  const selectElement = await infoFrame.$('tr:nth-child(2) > td:nth-child(2) > select');
  //选择London
  await selectElement.selectOption('London');
  //输入乘客人数2
  await infoFrame.fill('input[name="numPassengers"]', '3');
  //点击continue
  await infoFrame.click('input[name="findFlights"]');
  //点击continue
  await infoFrame.click('input[name="reserveFlights"]');
  //填写乘客信息
  await infoFrame.fill('input[name="pass2"]', 'Bob');
  await infoFrame.fill('input[name="pass3"]', 'Mary');
  //填写支付信息
  await infoFrame.fill('input[name="creditCard"]', '123456');
  await infoFrame.fill('input[name="expDate"]', '06/23');
  //点击continue
  await infoFrame.click('input[name="buyFlights"]');
  // 断言
  const locator = infoFrame.locator(' tr:nth-child(2) > td:nth-child(2) > b');
  const pageText = await locator.textContent();
  const expectedText = '3 Coach Class tickets from Denver to London.';
  expect(pageText).toContain(expectedText);
});
```

图 8-128　用户同一订单订多人机票测试脚本

测试用例 4:用户订购往返机票

```
//用户订购往返机票
test('roundTrip', async ({ page }) => {
  await page.goto('http://127.0.0.1:1080/WebTours/');
  //切换frame
  const bodyFrame = page.frames().find(frame => frame.name() === 'body');
  //进入navbar frame
  const navbarFrame = bodyFrame.childFrames().find(frame => frame.name() === 'navbar');
  // 输入用户名
  await navbarFrame.fill('input[name="username"]', 'jojo');
  // 输入密码
  await navbarFrame.fill('input[name="password"]', 'bean');
  // 登录
  await navbarFrame.click('input[name="login"]');
  await page.waitForTimeout(1000);
  const navbarFrame1 = bodyFrame.childFrames().find(frame => frame.name() === 'navbar');
  //进入登录页面，点击flight
  await navbarFrame1.click('body > center > center > a:nth-child(1)');
  await page.waitForTimeout(1000);
  //进入info frame
  const infoFrame = bodyFrame.childFrames().find(frame => frame.name() === 'info');
  // 选择下拉框选项
  const selectElement = await infoFrame.$('tr:nth-child(2) > td:nth-child(2) > select');
  //选择London
  await selectElement.selectOption('London');
  //选择往返机票
  await infoFrame.click('input[name="roundtrip"]');
  //点击continue
  await infoFrame.click('input[name="findFlights"]');
  //点击continue
  await infoFrame.click('input[name="reserveFlights"]');
  //填写乘客信息
  await infoFrame.fill('input[name="address1"]', '123 Main St');
  await infoFrame.fill('input[name="address2"]', 'San Francisco, CA 94103');
  await infoFrame.fill('input[name="creditCard"]', '1234 5678 9012 3456');
  await infoFrame.fill('input[name="expDate"]', '09/25');
  //点击continue
  await infoFrame.click('input[name="buyFlights"]');
  // 断言
  const locator = infoFrame.locator('tr:nth-child(2) > td:nth-child(2) > center');
  const pageText = await locator.textContent();
  const expectedText = ' Flight 020 leaves Denver  for London.';
  expect(pageText).toContain(expectedText);
});
```

图 8-129　用户订购往返机票测试脚本

测试用例 5:同一用户相同行程重复订票

```
//同一用户相同行程重复订票
test('repeatedTrip', async ({ page }) => {
  await page.goto('http://127.0.0.1:1080/WebTours/');
  //切换frame
  const bodyFrame = page.frames().find(frame => frame.name() === 'body');
  //进入navbar frame
  const navbarFrame = bodyFrame.childFrames().find(frame => frame.name() === 'navbar');
  // 输入用户名
  await navbarFrame.fill('input[name="username"]', 'jojo');
  // 输入密码
  await navbarFrame.fill('input[name="password"]', 'bean');
  // 登录
  await navbarFrame.click('input[name="login"]');
  await page.waitForTimeout(1000);
  const navbarFrame1 = bodyFrame.childFrames().find(frame => frame.name() === 'navbar');
  //进入登录页面, 点击flight
  await navbarFrame1.click('body > center > center > a:nth-child(1)');
  await page.waitForTimeout(1000);
  //进入info frame
  const infoFrame = bodyFrame.childFrames().find(frame => frame.name() === 'info');
  // 选择下拉框选项
  const selectElement = await infoFrame.$('tr:nth-child(2) > td:nth-child(2) > select');
  //选择London
  await selectElement.selectOption('London');
  //点击continue
  await infoFrame.click('input[name="findFlights"]');
  //点击continue
  await infoFrame.click('input[name="reserveFlights"]');
  //填写乘客信息
  await infoFrame.fill('input[name="address1"]', '123 Main St');
  await infoFrame.click('input[name="reserveFlights"]');
  //填写乘客信息
  await infoFrame.fill('input[name="address1"]', '123 Main St');
  await infoFrame.fill('input[name="address2"]', 'San Francisco, CA 94103');
  await infoFrame.fill('input[name="creditCard"]', '1234 5678 9012 3456');
  await infoFrame.fill('input[name="expDate"]', '09/25');
  //点击continue
  await infoFrame.click('input[name="buyFlights"]');
  //点击Book Another,开始重复订票
  await infoFrame.click('input[name="Book Another"]');
  await page.waitForTimeout(1000);
  //选择下拉框选项
  const selectElement1 = await infoFrame.$('tr:nth-child(2) > td:nth-child(2) > select');
  //选择London
  await selectElement1.selectOption('London');
  //点击continue
  await infoFrame.click('input[name="findFlights"]');
  //点击continue
  await infoFrame.click('input[name="reserveFlights"]');
  //填写乘客信息
  await infoFrame.fill('input[name="address1"]', '123 Main St');
  await infoFrame.fill('input[name="address2"]', 'San Francisco, CA 94103');
  await infoFrame.fill('input[name="creditCard"]', '1234 5678 9012 3456');
  await infoFrame.fill('input[name="expDate"]', '09/25');
  //点击continue
  await infoFrame.click('input[name="buyFlights"]');
  // 断言
  const locator = infoFrame.locator('blockquote > center');
  const pageText = await locator.textContent();
  const expectedText = 'Thank you for booking through Web Tours.';
  expect(pageText).toContain(expectedText);
});
```

图 8-130　同一用户相同行程重复订票测试脚本

针对需求③，编写以下 2 个测试用例脚本，如图 8-131、图 8-132 所示。

测试用例 1:用户查询订单

```
//用户查询订单
test('search_test', async ({ page }) => {
  await page.goto('http://127.0.0.1:1080/WebTours/');
  //切换frame
  const bodyFrame = page.frames().find(frame => frame.name() === 'body');
  //进入navbar frame
  const navbarFrame = bodyFrame.childFrames().find(frame => frame.name() === 'navbar');
  // 输入用户名
  await navbarFrame.fill('input[name="username"]', 'jojo');
  // 输入密码
  await navbarFrame.fill('input[name="password"]', 'bean');
  // 登录
  await navbarFrame.click('input[name="login"]');
  await page.waitForTimeout(1000);
  //进入navbar frame
  const navbarFrame1 = bodyFrame.childFrames().find(frame => frame.name() === 'navbar');
  //进入登录页面, 点击Itinerary
  await navbarFrame1.click('body > center > center > a:nth-child(3)');
  await page.waitForTimeout(1000);
  //进入info frame
  const infoFrame = bodyFrame.childFrames().find(frame => frame.name() === 'info');
  // 断言
  const locator = infoFrame.locator('tr:nth-child(1) > td > font');
  const pageText = (await locator.textContent()).trim();
  const expectedText = 'Jojo Bean\n \'s Flight Transaction Summary';
  expect(pageText).toContain(expectedText);
});
```

图 8-131　用户查询订单测试脚本

测试用例 2:用户取消订单

```
//用户取消订单
test('cancel_test', async ({ page }) => {
  await page.goto('http://127.0.0.1:1080/WebTours/');
  //切换frame
  const bodyFrame = page.frames().find(frame => frame.name() === 'body');
  //进入navbar frame
  const navbarFrame = bodyFrame.childFrames().find(frame => frame.name() === 'navbar');
  // 输入用户名
  await navbarFrame.fill('input[name="username"]', 'jojo');
  // 输入密码
  await navbarFrame.fill('input[name="password"]', 'bean');
  // 登录
  await navbarFrame.click('input[name="login"]');
  await page.waitForTimeout(1000);
  //进入navbar frame
  const navbarFrame1 = bodyFrame.childFrames().find(frame => frame.name() === 'navbar');
  //进入登录页面, 点击Itinerary
  await navbarFrame1.click('body > center > center > a:nth-child(3)');
  await page.waitForTimeout(1000);
  //进入info frame
  const infoFrame = bodyFrame.childFrames().find(frame => frame.name() === 'info');
  await page.waitForTimeout(1000);
  //获取取消订单前的订单数量
  const orderCountBefore =await
  infoFrame.locator('form > center > table:nth-child(1) > tbody > tr').count();
  //选择订票订单
  await infoFrame.click('input[name="1"]');
  //点击取消
  await infoFrame.click('input[name="removeFlights"]');
  await page.waitForTimeout(1000);
  //获取取消订单后的订单数量
  const orderCountAfter =await
  infoFrame.locator('form > center > table:nth-child(1) > tbody > tr').count();
  // 断言
  expect(parseInt(orderCountAfter)).toBeLessThan(parseInt(orderCountBefore));
});
```

图 8-132　用户取消订单测试脚本

5. 测试结果

(1)运行结果

运行所有的测试用例,得到的结果如图 8-133 所示。

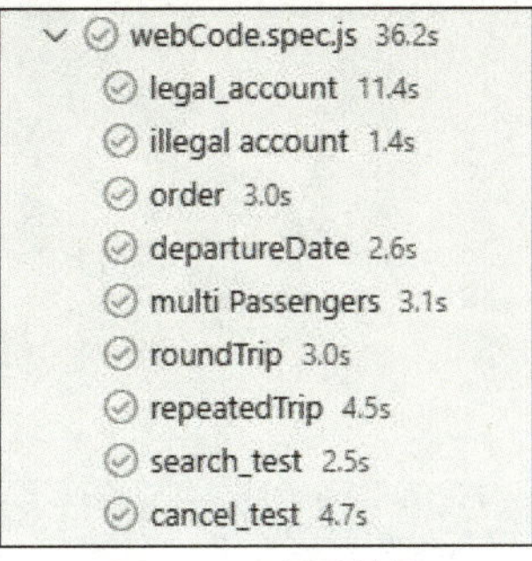

图 8-133 测试结果

(2)测试结论

见 8.6 对应内容。

8.8 实验任务

Algorithm 代码库是一款开源的算法库,本章将以它作为测试对象。

(1)从库中任选一个类文件,使用 Randoop 实施随机测试。

(2)从库中任选一个类文件,使用 EvoSuite 执行随机测试。

(3)从库中任选一个类文件,对核心方法使用 QuickCheck 执行基于属性的测试。

(4)从库中任选一个类文件,对核心方法执行蜕变测试。

(5)以 WebTours 作为测试对象,采用等价类与边界值分析方法,为订票功能设计测试用例,要求至少采用两个以上等价类,以及二值以上边界值。

(6)根据(5)所设计的测试用例,任选 Selenium 或 Playwright,开发测试脚本,执行 web 测试,分析测试结果。

第 9 章　基于软件产品质量特性的测试实践

9.1　测试环境

本章设计了性能效率与信息安全两类质量特性的测试。

(1)性能效率测试提供了 JMeter、LoadRunner、Grafana k6 共三款测试工具的实例;

(2)信息安全测试提供了 OWASP Zap 的实例;

(3)测试对象提供了 Web tours 与 OWASP 的 Juice shop,前者为航班订票 Web 应用程序,后者为包含了 OWASP Top 10 安全漏洞的基准系统。

(4)k6 与 Juice shop 需要事先安装 wsl 与 docker。

9.1.1　性能测试工具 LoadRunner

1. 工具介绍

LoadRunner 是一款性能测试工具,它被广泛用于测试和评估应用程序的性能、可靠性和扩展性,主要由以下三个组件组成,组件关系如图 9-1 所示。

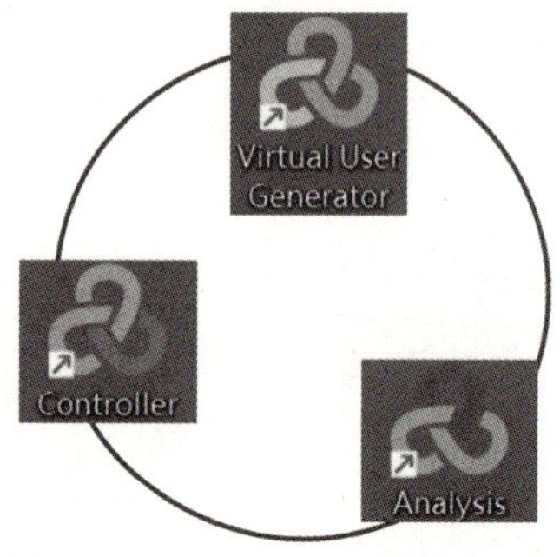

图 9-1　LoadRunner 组件及其关系

(1)Virtual User Generator：捕获最终用户业务流程并创建自动化性能测试脚本，也称为 Vuser 脚本。

(2)Controller：组织、驱动、管理并监控负载测试。

(3)Analysis：用于查看、剖析和比较负载测试结果。

2. 安装

(1)下载 LoadRunner 安装包，LoadRunner 安装包目录如图 9-2 所示。

名称	修改日期	类型	大小
Additional Components	2023/6/26 16:02	文件夹	
AutoRun	2023/6/26 16:02	文件夹	
Language-Packs	2023/6/26 16:01	文件夹	
lrunner	2023/6/26 16:01	文件夹	
Standalone Applications	2023/6/26 16:02	文件夹	
autorun.inf	2023/3/14 12:26	安装信息	1 KB
Readme.htm	2023/3/14 12:26	Chrome HTML D...	17 KB
Setup.exe	2023/3/14 12:26	应用程序	2,202 KB

图 9-2　LoadRunner 安装包目录

(2)在安装选择界面选择"LoadRunner Professional 完整安装"，如图 9-3 所示。

图 9-3　安装选择界面

(3)选择安装必备程序,单击“确定”按钮继续,如图 9-4 所示。

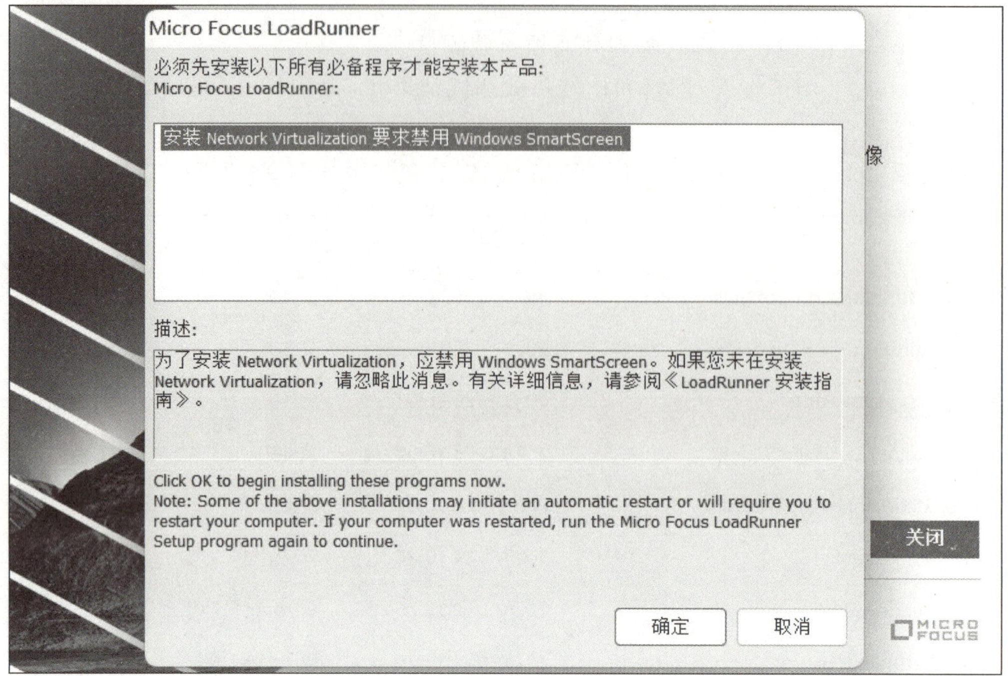

图 9-4 安装必备程序

(4)在安装向导中选择“LoadRunner”并单击“下一步”按钮,如图 9-5 所示。

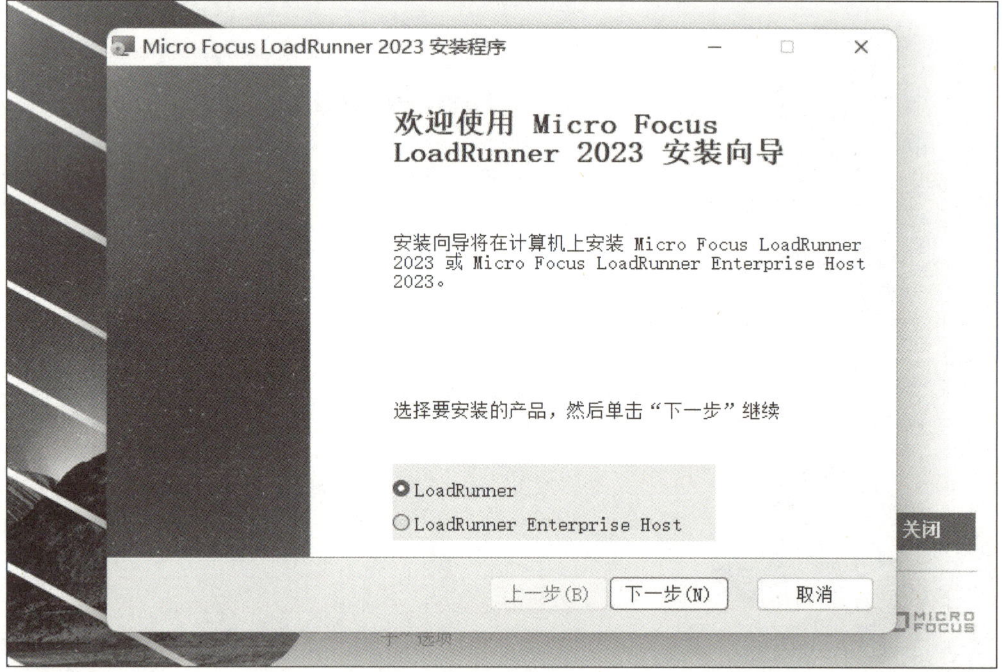

图 9-5 安装向导

(5)选择“我接受许可协议中的条款”后单击“下一步”按钮,如图 9-6 所示。

图 9-6　接受许可协议中的条款

(6)选择安装位置,建议安装在非系统盘,注意路径中不得包含非英文字符,再单击“下一步”按钮,如图 9-7 所示。

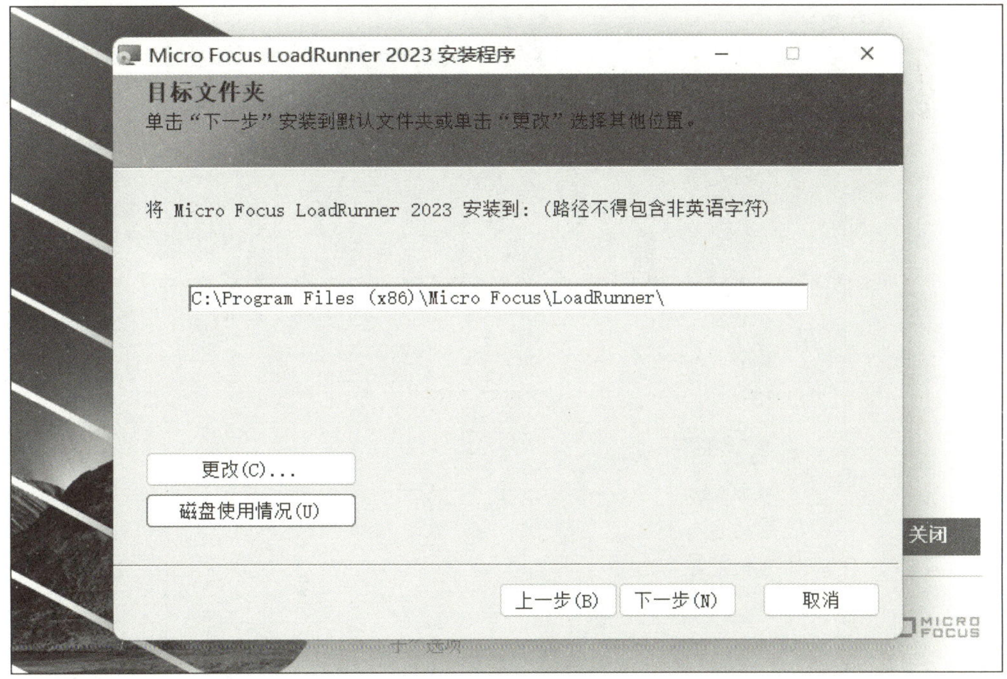

图 9-7　选择安装位置

(7)单击“安装”按钮,等待安装过程,如图 9-8 所示。

Micro Focus LoadRunner 2023 安装程序
已准备好安装 Micro Focus LoadRunner 2023
单击“安装”开始安装。单击“上一步”查看或更改任何安装设置。单击“取消”退出向导。
关闭
上一步(B)
安装(I)
取消

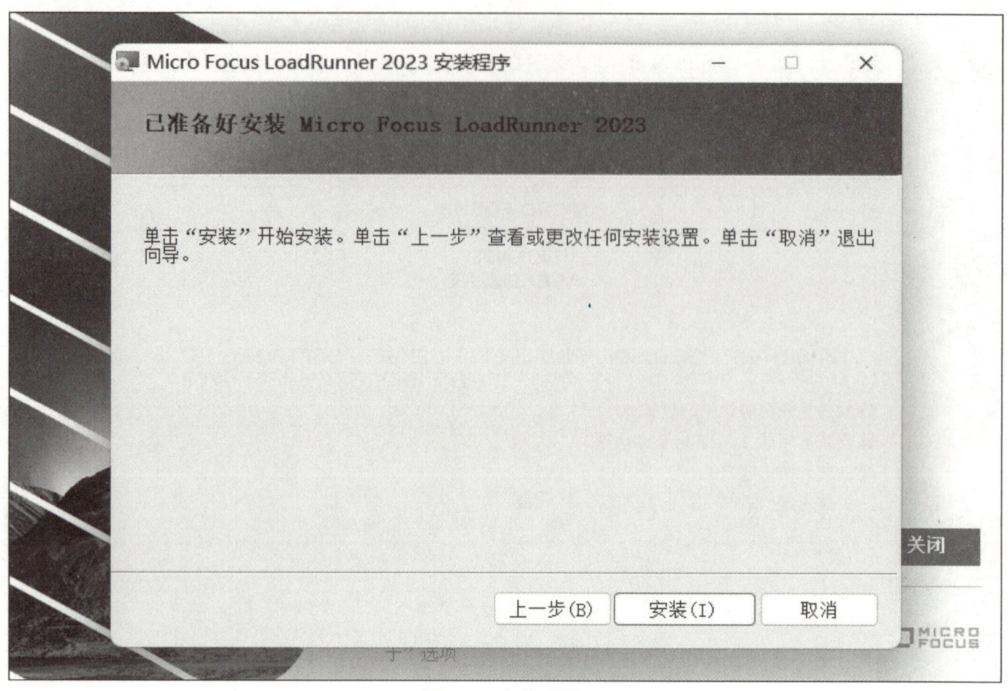

图 9-8　安装开始

(8)在身份验证设置中取消勾选“指定 LoadRunner 代理将要使用的证书。”,单击“下一步”按钮,如图 9-9 所示。

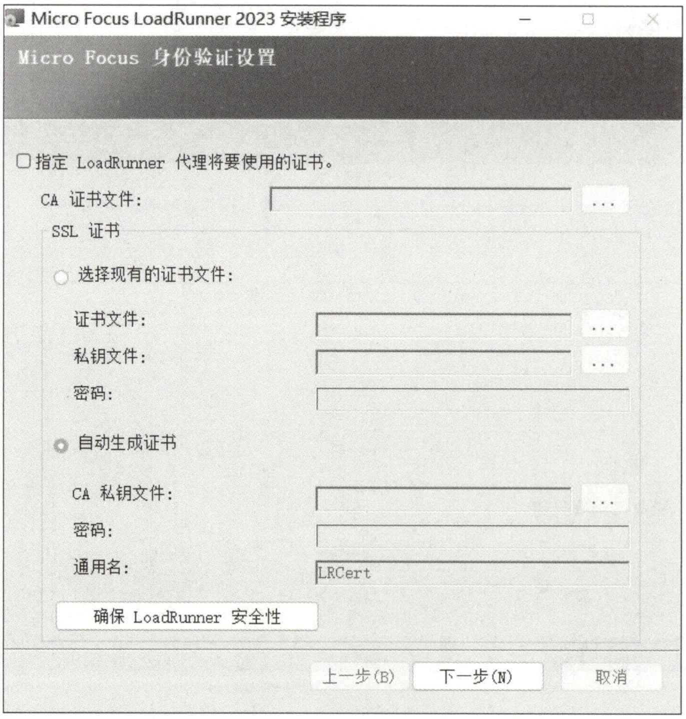

Micro Focus LoadRunner 2023 安装程序
Micro Focus 身份验证设置
指定 LoadRunner 代理将要使用的证书。
CA 证书文件:
SSL 证书
选择现有的证书文件:
证书文件:
私钥文件:
密码:
自动生成证书
CA 私钥文件:
密码:
通用名:
LRCert
确保 LoadRunner 安全性
上一步(B)
下一步(N)
取消

图 9-9　身份验证设置

(9)选择“典型模式”,单击“完成”按钮,如图 9-10 所示。

图 9-10　选择安装模式

(10)安装完成重新启动计算机,如图 9-11 所示。

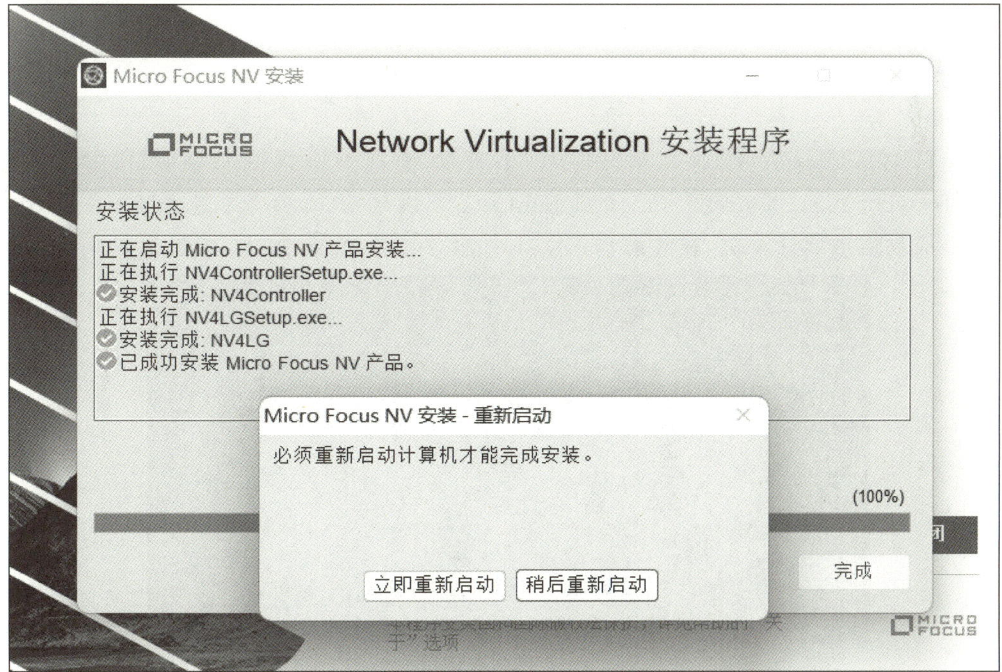

图 9-11　安装完成重新启动计算机

9.1.2 WSL 与 Docker

WSL 是 Windows 的 Linux 子系统，Docker 是容器，类似于虚拟机。

(1)启用 Windows 功能

打开控制面板，单击“程序”选项，再单击“启用或关闭 Windows 功能”，勾选“适用于 Linux 的 Windows 子系统”复选框，如图 9-12 所示。

图 9-12 启用 Windows 功能

(2)安装 WSL

若运行 Windows 10 版本或 Windows 11 版本，直接打开终端命令窗口，输入 wsl --install 命令启用 WSL 并安装 Linux 的 Ubuntu；若不满足条件，参考手动安装旧版 WSL。

安装成功后重启计算机，在终端输入 wsl -v 命令查看 WSL 版本，如图 9-13 所示。

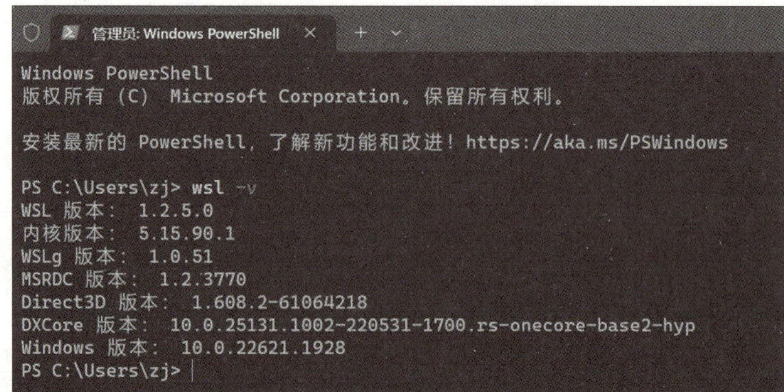

图 9-13 查看 WSL 版本

(3)安装 Docker

随后打开 Ubuntu 命令窗口,输入 sudo apt install docker.io 命令安装 Docker。安装完成后,输入 Docker 命令查看是否安装成功,如图 9-14 所示。

```
root@LAPTOP-EKVQ0EHG: ~
/root/.hushlogin file.
root@LAPTOP-EKVQ0EHG:~# docker

Usage:  docker [OPTIONS] COMMAND

A self-sufficient runtime for containers

Options:
      --config string      Location of client config files (default "/root/.docker")
  -c, --context string     Name of the context to use to connect to the daemon (overrides DOCKER_HOST env var and
                           default context set with "docker context use")
  -D, --debug              Enable debug mode
  -H, --host list          Daemon socket(s) to connect to
  -l, --log-level string   Set the logging level ("debug"|"info"|"warn"|"error"|"fatal") (default "info")
      --tls                Use TLS; implied by --tlsverify
      --tlscacert string   Trust certs signed only by this CA (default "/root/.docker/ca.pem")
      --tlscert string     Path to TLS certificate file (default "/root/.docker/cert.pem")
      --tlskey string      Path to TLS key file (default "/root/.docker/key.pem")
      --tlsverify          Use TLS and verify the remote
  -v, --version            Print version information and quit

Management Commands:
  builder     Manage builds
  config      Manage Docker configs
  container   Manage containers
  context     Manage contexts
  image       Manage images
  manifest    Manage Docker image manifests and manifest lists
  network     Manage networks
  node        Manage Swarm nodes
  plugin      Manage plugins
  secret      Manage Docker secrets
  service     Manage services
  stack       Manage Docker stacks
  swarm       Manage Swarm
  system      Manage Docker
  trust       Manage trust on Docker images
  volume      Manage volumes

Commands:
  attach      Attach local standard input, output, and error streams to a running container
  build       Build an image from a Dockerfile
  commit      Create a new image from a container's changes
  cp          Copy files/folders between a container and the local filesystem
  create      Create a new container
  diff        Inspect changes to files or directories on a container's filesystem
  events      Get real time events from the server
  exec        Run a command in a running container
  export      Export a container's filesystem as a tar archive
```

图 9-14 查看 Docker 是否安装成功

9.1.3 性能测试工具 k6

1. 工具介绍

k6 是一个现代化的开源负载工具,用于测试和评估应用程序的性能和稳定性,通常搭配 InfluxDB 和 Grafana 使用。在主机(操作系统为 Windows 11)下安装 WSL 和 Docker,通过主机的 k6 程序进行基准测试和负载测试,将测试数据发送给 InfluxDB 数据库进行保存,Grafana 实现测试数据可视化。

(1)安装 InfluxDB 数据库

①在命令窗口输入 docker pull influxdb:1.7.9 命令安装 InfluxDB,如图 9-15 所示。

```
root@LAPTOP-P9TAUB5V: # docker pull influxdb:1.7.9
1.7.9: Pulling from library/influxdb
3192219afd04: Pull complete
17c160265e75: Pull complete
cc4fe40d0e61: Pull complete
2f7e80883a6e: Pull complete
201d9ee900dd: Pull complete
cc91dcf5bc21: Pull complete
06344aa0843d: Pull complete
2beec574b3bc: Pull complete
Digest: sha256:55770f3ab210aba5e9d7125c260864e22134c09e51d7f02fd28849dd5f8ebb40
Status: Downloaded newer image for influxdb:1.7.9
docker.io/library/influxdb:1.7.9
```

图 9-15 安装 InfluxDB

②输入 docker run -itd --name influxdb -p 8086:8086 influxdb:1.7.9 命令设置 InfluxDB 数据库端口和容器名称，如图 9-16 所示。

```
root@LAPTOP-P9TAUB5V:~# docker run -itd --name influxdb -p 8086:8086 influxdb:1.7.9
4660573ef161c7ea2b5754195658094cac92aca431d727644505bee5a54a53cd
```

图 9-16　设置 InfluxDB 数据库端口和容器名称

③输入 docker exec -it influxdb /bin/bash 命令进入容器，如图 9-17 所示。

```
root@LAPTOP-P9TAUB5V: # docker exec -it influxdb /bin/bash
```

图 9-17　进入容器

④输入 influx 命令进入 InfluxDB 操作行，输入 create database myk6 命令创建名为 myk6 的数据库，输入 use myk6 命令使用数据库，最后输入 exit 命令退出 InfluxDB 操作行，如图 9-18 所示。

```
root@4660573ef161:/# influx
Connected to http://localhost:8086 version 1.7.9
InfluxDB shell version: 1.7.9
root@LAPTOP-P9TAUB5V:~#
> use myk6
Using database myk6
> exit
```

图 9-18　创建数据库

⑤输入 exit 命令退出 InfluxDB 容器，如图 9-19 所示。

```
root@4660573ef161:/# exit
exit
```

图 9-19　退出容器

(2)安装 Grafana

①输入 docker pull grafana/grafana 命令安装 Grafana，如图 9-20 所示。

```
root@LAPTOP-P9TAUB5V:~# docker pull grafana/grafana
Using default tag: latest
latest: Pulling from grafana/grafana
4db1b89c0bd1: Pull complete
312681f4cad0: Pull complete
8b7b65888846: Pull complete
dd9c3d04d541: Pull complete
959325519a8e: Pull complete
16cb2df7bffd: Pull complete
94d1f5f5bfea: Pull complete
e3281a1a7e8f: Pull complete
5c0c2b741753: Pull complete
Digest: sha256:423040d62678074111e4e72d7dcef23480a94eb4f21b9173204d1a5ee972ec59
Status: Downloaded newer image for grafana/grafana:latest
docker.io/grafana/grafana:latest
```

图 9-20　安装 Grafana

②输入 docker run -itd --name grafana -p 3000:3000 grafana/grafana 命令设置 Grafana 端口和容器名称，如图 9-21 所示。

```
root@LAPTOP-P9TAUB5V:~# docker run -itd --name grafana -p 3000:3000 grafana/grafana
f1efbf0e2b4239e4f643922481f5a2f4dd4dac05c0b7ac3af0348f85eb9a0c1e
```

图 9-21　设置 Grafana 端口和容器名称

③输入 ip a 命令查询 ip 地址，如图 9-22 所示。

```
root@LAPTOP-P9TAUB5V:~# ip a
1: lo: <LOOPBACK,UP,LOWER_UP> mtu 65536 qdisc noqueue state UNKNOWN group default qlen 1000
    link/loopback 00:00:00:00:00:00 brd 00:00:00:00:00:00
    inet 127.0.0.1/8 scope host lo
       valid_lft forever preferred_lft forever
    inet6 ::1/128 scope host
       valid_lft forever preferred_lft forever
2: eth0: <BROADCAST,MULTICAST,UP,LOWER_UP> mtu 1500 qdisc mq state UP group default qlen 1000    link/ether 00:15:5d:ec:31:d2 brd ff:ff:ff:ff:ff:ff
    inet 172.29.53.15/20 brd 172.29.63.255 scope global eth0
       valid_lft forever preferred_lft forever
    inet6 fe80::215:5dff:feec:31d2/64 scope link
       valid_lft forever preferred_lft forever
3: docker0: <BROADCAST,MULTICAST,UP,LOWER_UP> mtu 1500 qdisc noqueue state UP group default
    link/ether 02:42:2e:e2:3c:59 brd ff:ff:ff:ff:ff:ff
    inet 172.17.0.1/16 brd 172.17.255.255 scope global docker0
       valid_lft forever preferred_lft forever
    inet6 fe80::42:2eff:fee2:3c59/64 scope link
       valid_lft forever preferred_lft forever
7: vethaedbc68@if6: <BROADCAST,MULTICAST,UP,LOWER_UP> mtu 1500 qdisc noqueue master docker0 state UP group default
    link/ether fe:18:86:e3:d9:f0 brd ff:ff:ff:ff:ff:ff link-netnsid 0
    inet6 fe80::fc18:86ff:fee3:d9f0/64 scope link
       valid_lft forever preferred_lft forever
9: vethb5e76f4@if8: <BROADCAST,MULTICAST,UP,LOWER_UP> mtu 1500 qdisc noqueue master docker0 state UP group default
    link/ether 26:fc:10:52:2e:d0 brd ff:ff:ff:ff:ff:ff link-netnsid 1
    inet6 fe80::24fc:10ff:fe52:2ed0/64 scope link
       valid_lft forever preferred_lft forever
```

图 9-22　查询 ip 地址

(3)配置 Grafana

①打开浏览器,在浏览器输入 http://172.29.53.15:3000/,这里 172.29.53.15 为输入 ip a 命令得到的 ip 地址,默认账号/密码:admin/admin,如图 9-23 所示。

图 9-23 打开 Grafana 首页

②单击 Data sources / Add data source 添加数据源,如图 9-24 所示。

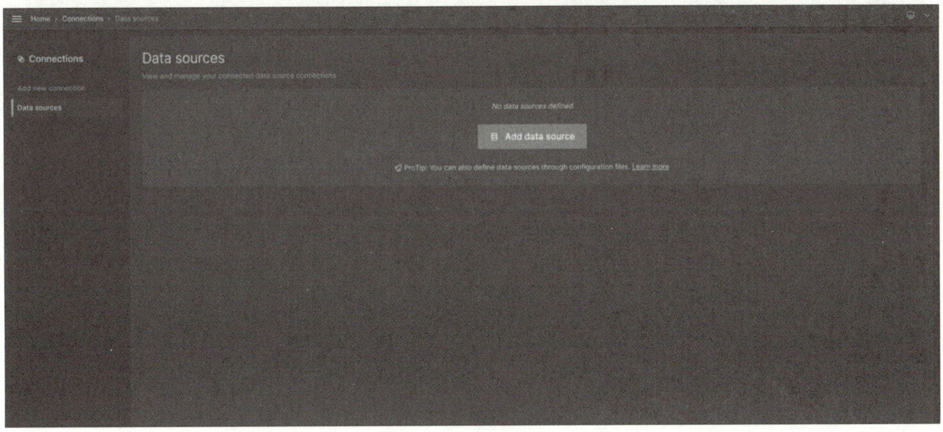

图 9-24 添加数据源

③选择 InfluxDB,如图 9-25 所示。

图 9-25 选择 InfluxDB

④填写 URL,如图 9-26 所示。

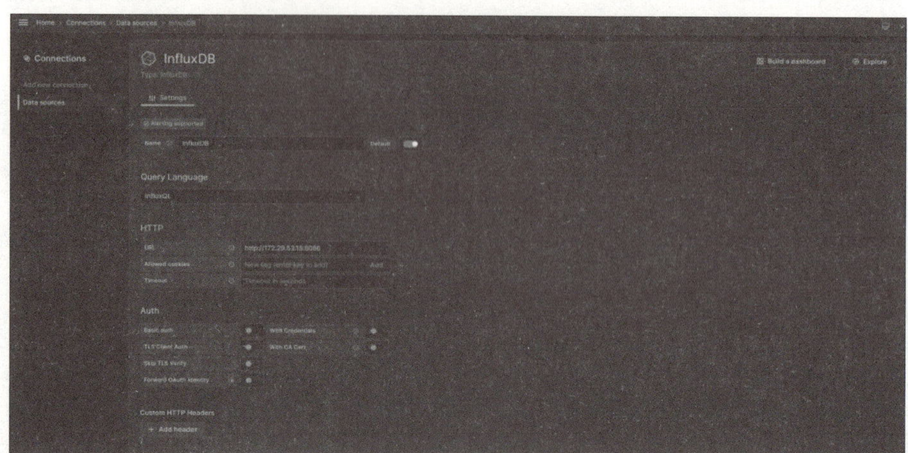

图 9-26　填写 URL

⑤填写 DataBase,再单击 Save & test,当出现 datasource is working,说明配置成功,如图 9-27 所示。

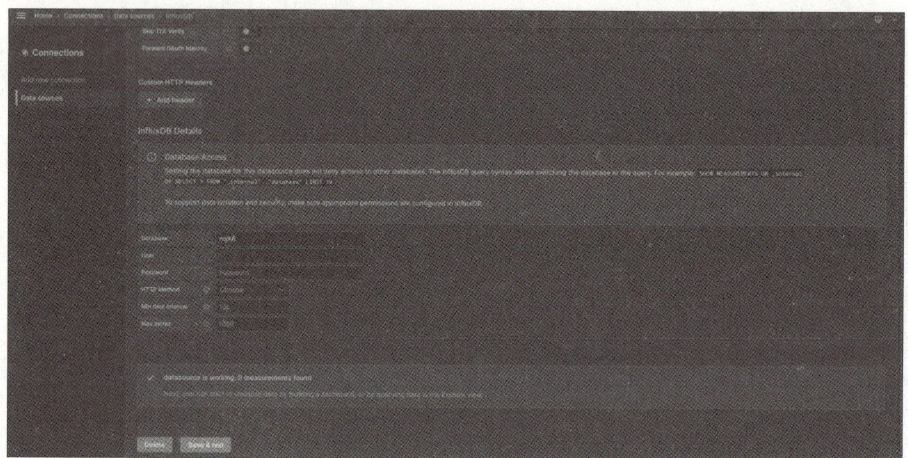

图 9-27　填写 DataBase

⑥单击 Add,再单击 Visualization 添加仪表盘,如图 9-28 所示。

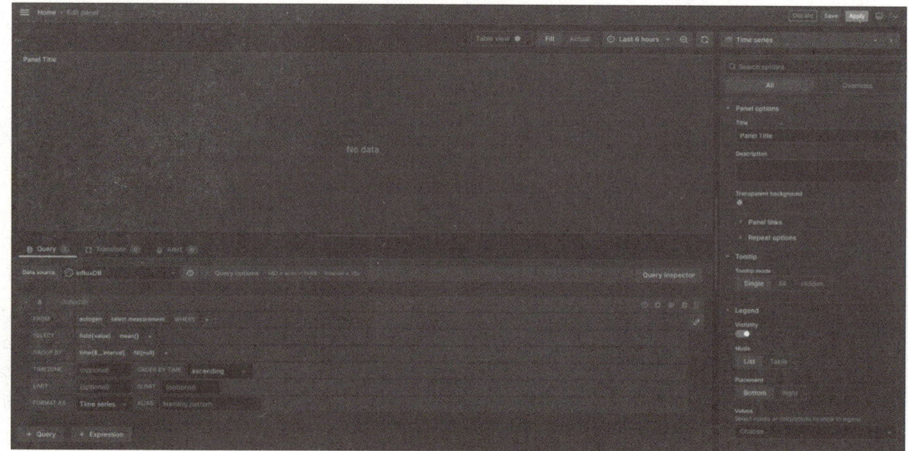

图 9-28　添加仪表盘

9.1.4 安全测试对象 OWASP Juice Shop

1. 描述

OWASP Juice Shop,它是一款免费开源 Web 应用程序,旨在测试 Web 应用程序的安全性。

2. 安装

(1)安装 WSL

见 9.1.2 小节。

(2)安装 Docker

见 9.1.2 小节。

(3)拉取 Juice Shop 镜像

在窗口继续输入 docker pull bkimminich/juice-shop 命令拉取 Juice Shop 镜像,如图 9-29 所示。等待下载完成。

```
root@LAPTOP-EKVQ0EHG: ~
  buildx      failed to fetch metadata: fork/exec /usr/local/lib/docker/cli-plugins/docker-buildx: no such file or direc
tory
  compose     failed to fetch metadata: fork/exec /usr/local/lib/docker/cli-plugins/docker-compose: no such file or dire
ctory
  dev         failed to fetch metadata: fork/exec /usr/local/lib/docker/cli-plugins/docker-dev: no such file or director
y
  extension   failed to fetch metadata: fork/exec /usr/local/lib/docker/cli-plugins/docker-extension: no such file or di
rectory
  init        failed to fetch metadata: fork/exec /usr/local/lib/docker/cli-plugins/docker-init: no such file or directo
ry
  sbom        failed to fetch metadata: fork/exec /usr/local/lib/docker/cli-plugins/docker-sbom: no such file or directo
ry
  scan        failed to fetch metadata: fork/exec /usr/local/lib/docker/cli-plugins/docker-scan: no such file or directo
ry
  scout       failed to fetch metadata: fork/exec /usr/local/lib/docker/cli-plugins/docker-scout: no such file or direct
ory

Run 'docker COMMAND --help' for more information on a command.

To get more help with docker, check out our guides at https://docs.docker.com/go/guides/
root@LAPTOP-EKVQ0EHG:~# docker pull bkimminich/juice-shop
Using default tag: latest
latest: Pulling from bkimminich/juice-shop
383e1c5dd0c1: Pull complete
c59673e9fae3: Downloading [==================>                    ]  2.96MB/8.024MB
7dcffaf98769: Download complete
110615d32fe3: Downloading [==>                                   ]  1.703MB/42.25MB
aa52b96be1e2: Download complete
15e0f40066fa: Waiting
```

图 9-29 拉取 Juice Shop 镜像

(4)运行 Juice Shop

输入 sudo docker run -d -p 3000:3000 bkimminich/juice-shop 命令运行 Juice Shop。如图 9-30 所示。

图 9-30 运行 Juice Shop

打开浏览器,输入网址:http://localhost:3000/#/,出现以下页面说明运行成功。如图 9-31 所示。

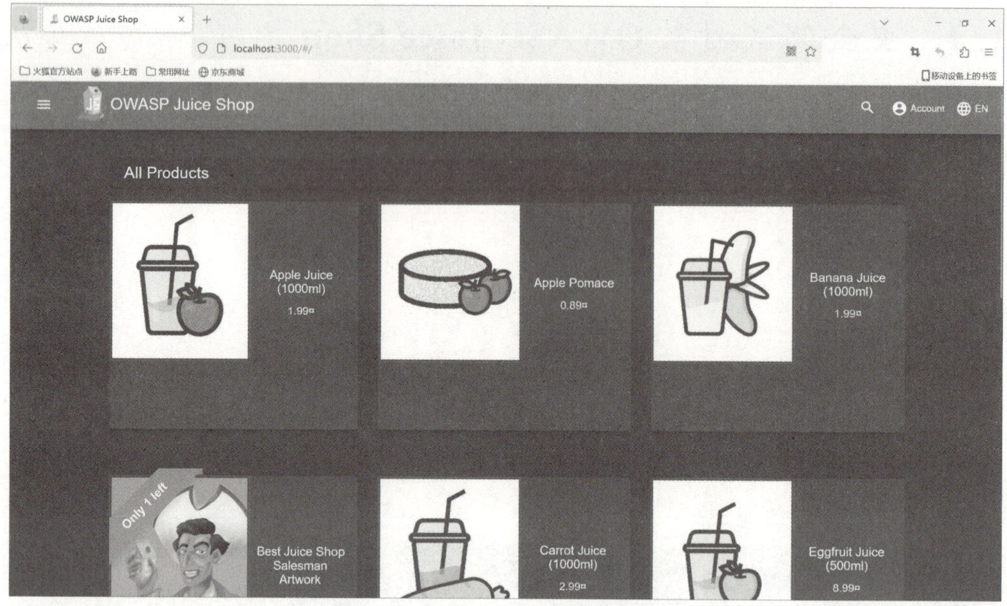

图 9-31　Juice Shop 首页

9.1.5　安全测试工具 Zap

1. 描述

Zap 是一款免费的安全测试工具,用于发现 Web 应用程序中的漏洞和安全问题。

2. 安装

(1)安装 Zap

通过 Zap 官网(https://www.zaproxy.org/download/)下载,如图 9-32 所示。下载好后正常安装运行。主界面如图 9-33 所示。

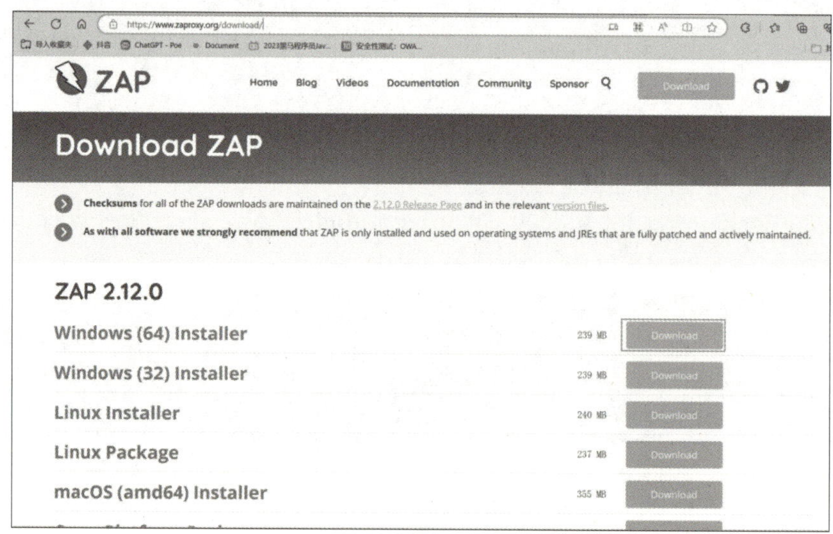

图 9-32　下载 Zap

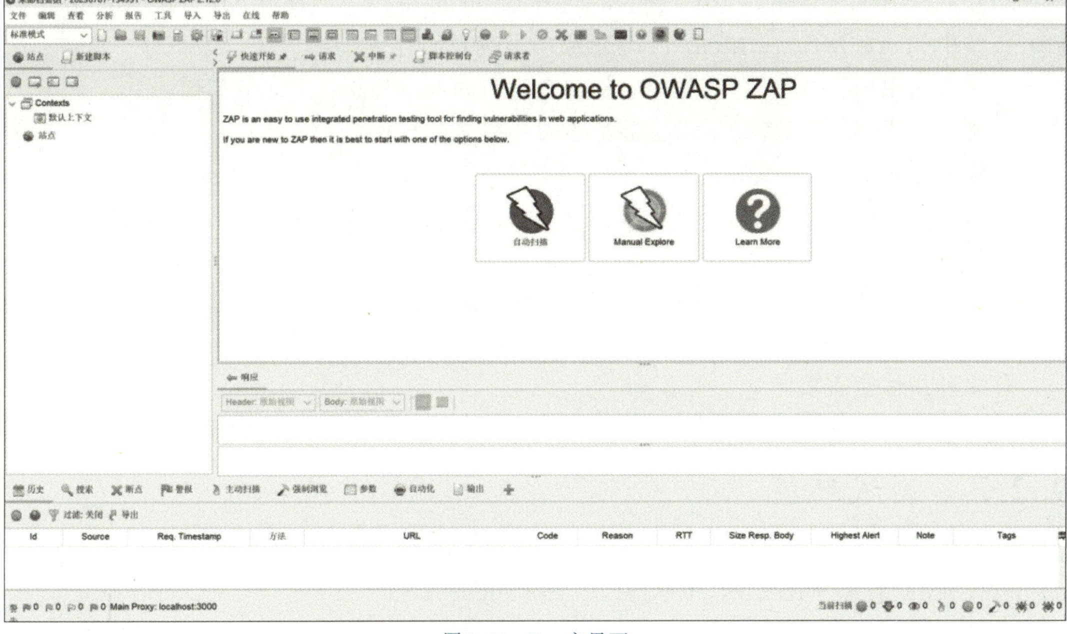

图 9-33 Zap 主界面

基于LoadRunner的性能测试

9.2 基于 LoadRunner 的性能测试

9.2.1 测试对象说明

被测试程序是 Web Tours，它是 LoadRunner 11 自带的一个飞机订票系统网站，主要功能有注册登录、订票办理和查看已订票信息。因登录与订票是高频业务，所以作为性能测试的业务功能点。

9.2.2 功能需求分析

1. 指标说明

（1）时间特性

①响应时间：从提出请求开始到第一次产生响应为止所需要的时间。

②平均事务响应时间：在一个系统或应用程序中，完成一个完整事务所需的平均时间。

③吞吐量：在给定时间内成功完成的作业任务的数量。

④平均吞吐量：在设定的单位时间内，系统能处理的并发任务的平均数量。

⑤TPS（Transaction Per Second）：每秒事务数，事务是指客户端发出请求直到收到服务端响应的过程。

（2）资源利用性

①处理器平均占用率：执行一组给定的任务，处理器平均使用时间占总运行时间的比例。

②内存平均占用率：执行一组给定的任务，内存平均使用量占总容量的比例。占用率

=((Total MBytes Memory-Available MBytes Memory)/Total MBytes Memory)×100%,其中,Total MBytes Memory 表示服务器的总内存大小。

③磁盘占用率:磁盘平均读写的时间占总运行时间的比例。

④网络占用率:网络传输平均字节数占可用带宽的比例。

2. 需求描述

针对上述功能进行基准测试和负载测试,通过时间特性以及资源监控进行性能评估。

时间特征性能需求:

50 并发,平均事务响应时间不超过 5 s,吞吐量不小于 20 k bytes,每秒事务数不低于 1 个;

资源利用性能需求:

50 并发,CPU、内存、磁盘、网络的最大占用不超过 100%,平均占用不大于 80%。

9.2.3 测试环境

客户端:

软件:操作系统 Windows 11 64 位,LoadRunner 2023

硬件:CPU AMD Ryzen 7 5800H,内存 8 GB,硬盘 512 GB

服务器:

软件:操作系统 Windows Server 2019 标准版

硬件:CPU 银牌 Xeon 4210R * 2,内存 128 GB,硬盘 1.8 TB,网卡 x722 1GbE

9.2.4 测试场景设计

根据系统结构,设计了 4 个性能测试场景,如表 9-1 所示。

表 9-1 测试场景

典型场景	场景设计	标准负载并发用户
场景 1: 登录基准测试	选取登录业务,10 个 Vuser,分三段,第一段,加载 Vuser,5 秒加载 10 个;第二段,10 个 Vuser,持续 5 分钟;第三段,5 秒减少 10 个,直到 0 个	10
场景 2: 登录负载测试	选取登录业务,50 个 Vuser,分三段,第一段,加载 Vuser,5 秒加载 10 个;第二段,50 个 Vuser,持续 5 分钟;第三段,5 秒减少 10 个,直到 0 个	50
场景 3: 订票基准测试	选取订票业务,10 个 Vuser,分三段,第一段,加载 Vuser,5 秒加载 10 个;第二段,10 个 Vuser,持续 5 分钟;第三段,5 秒减少 10 个,直到 0 个	10
场景 4: 订票负载测试	选取订票业务,50 个 Vuser,分三段,第一段,加载 Vuser,5 秒加载 10 个;第二段,50 个 Vuser,持续 5 分钟;第三段,5 秒减少 10 个,直到 0 个	50

9.2.5 测试执行

本测试使用 LoadRunner Virtual User Generator 录制功能点测试脚本,运用 LoadRunner Controller 实现负载测试场景,通过 LoadRunner Analysis 分析测试结果,生成

图表。

1. 脚本录制与调试

打开 LoadRunner Virtual User Generator，选择 Single Protocol /Web-HTTP/HTML，创建脚本，如图 9-34 所示。

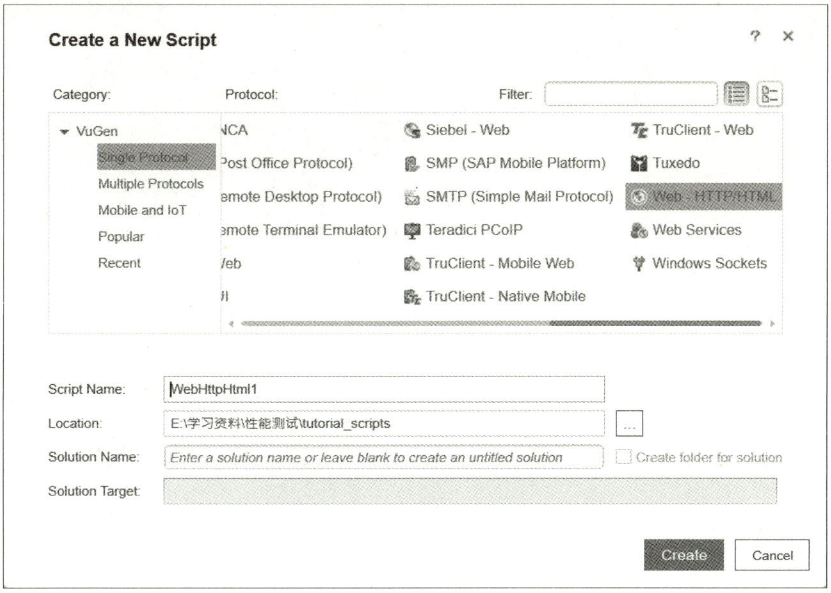

图 9-34 创建新脚本面板

脚本创建成功后，进行脚本录制，如图 9-35 所示。

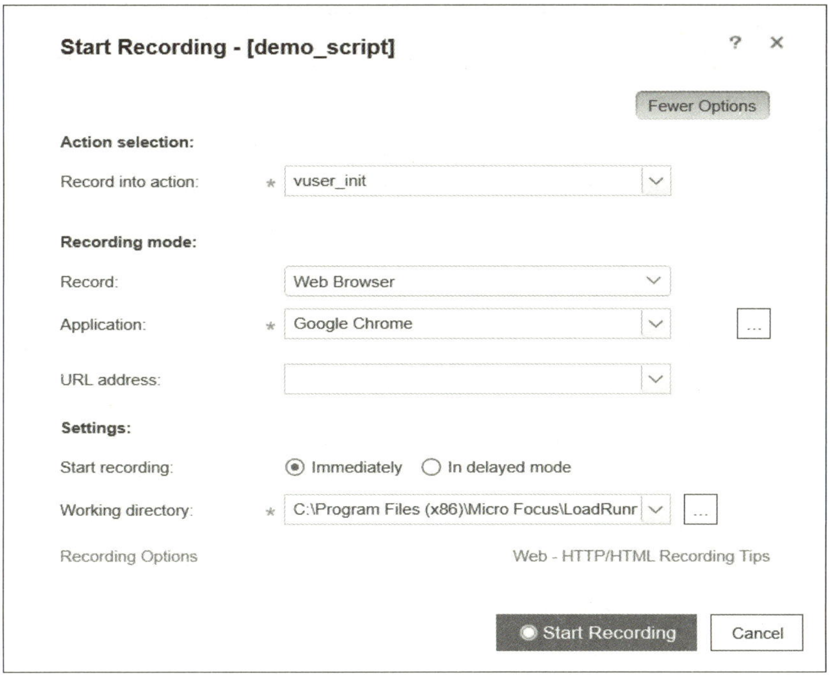

图 9-35 脚本开始录制面板

2. 脚本参数化

当模拟不同用户登录系统时，它们的操作序列相同，只是登录数据不同，因此，需要应用基于数据驱动的测试，将用户操作序列与测试数据分离，在 LoadRunner 中称为脚本参数化。

用户登录账号进行参数化，初始用户名为 jojo，密码为 bean，将脚本中 jojo 值修改为关联变量 username，bean 值修改为关联变量 password，如图 9-36 所示。

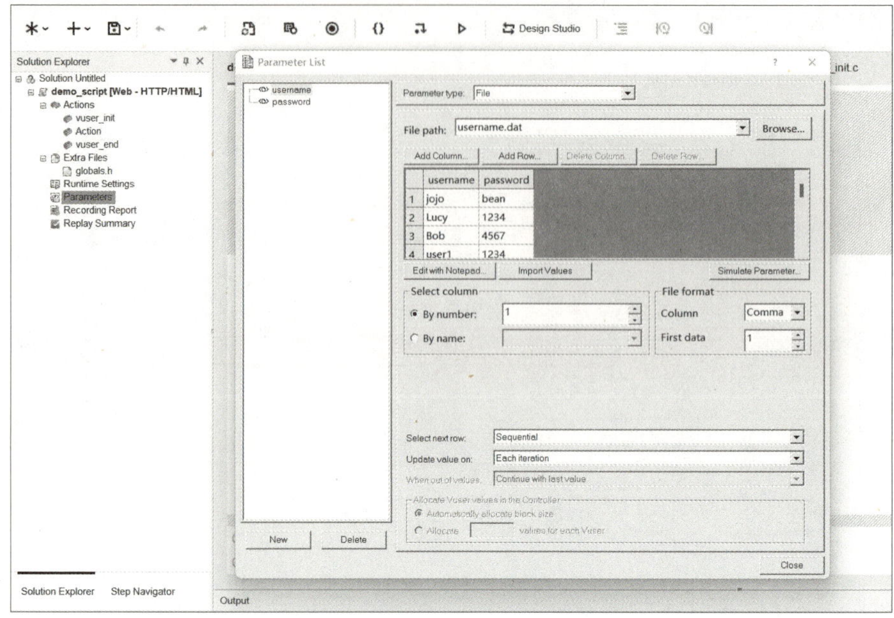

图 9-36　脚本参数化

参数化后的脚本如图 9-37 所示。

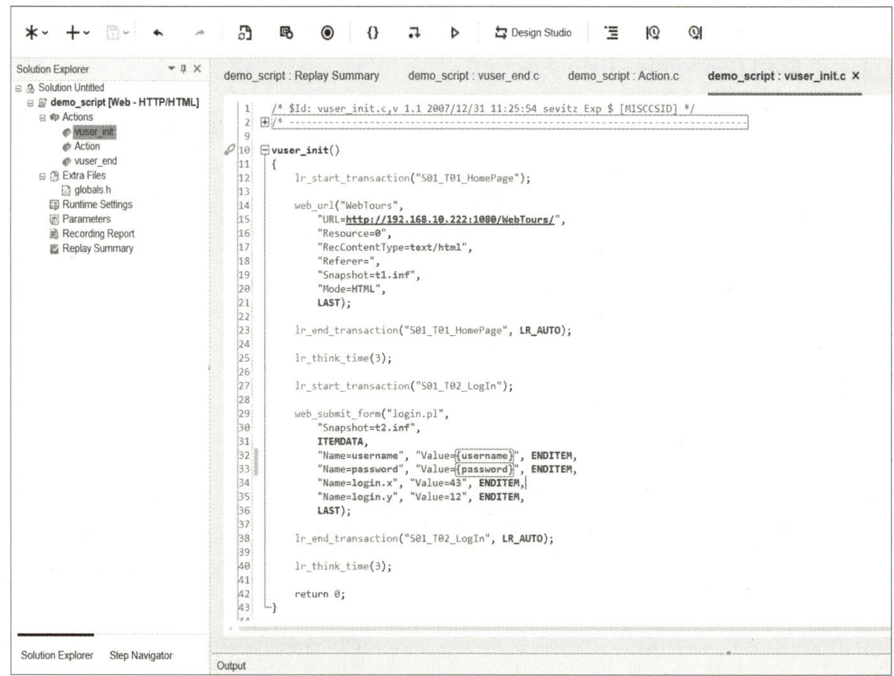

图 9-37　参数化后的脚本

3. 对录制脚本进行回放

单击工具栏处播放图标，进行回放，如图 9-38 所示。

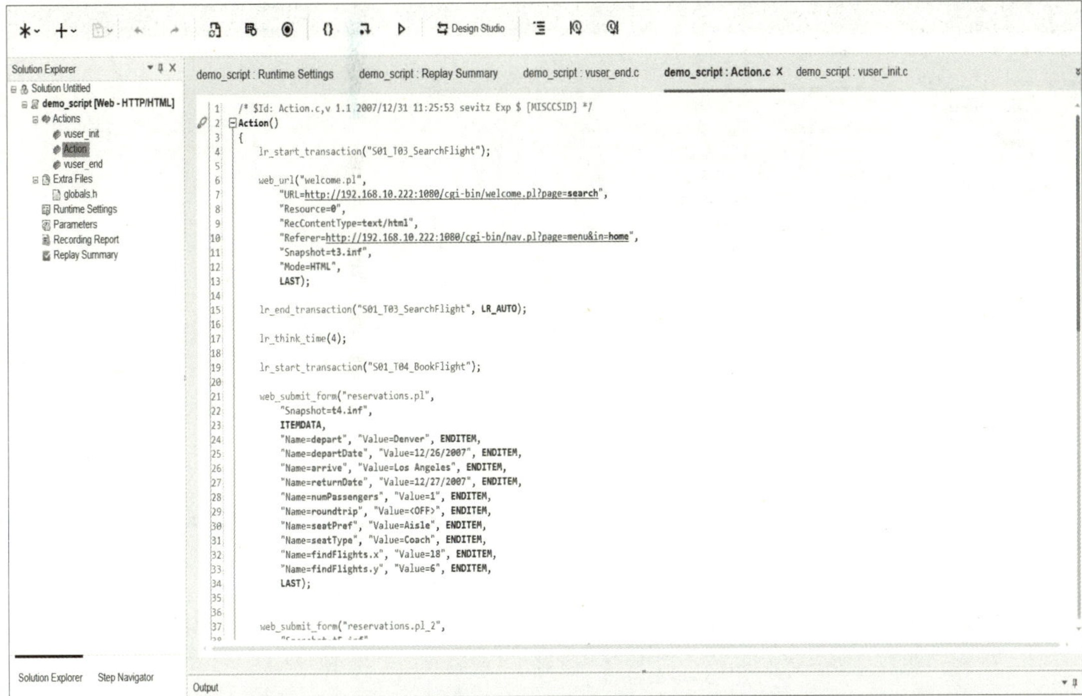

图 9-38 回放脚本面板

回放结束后查看回放结果，如果回放结果显示成功，说明功能点测试脚本就绪，如图 9-39 所示。

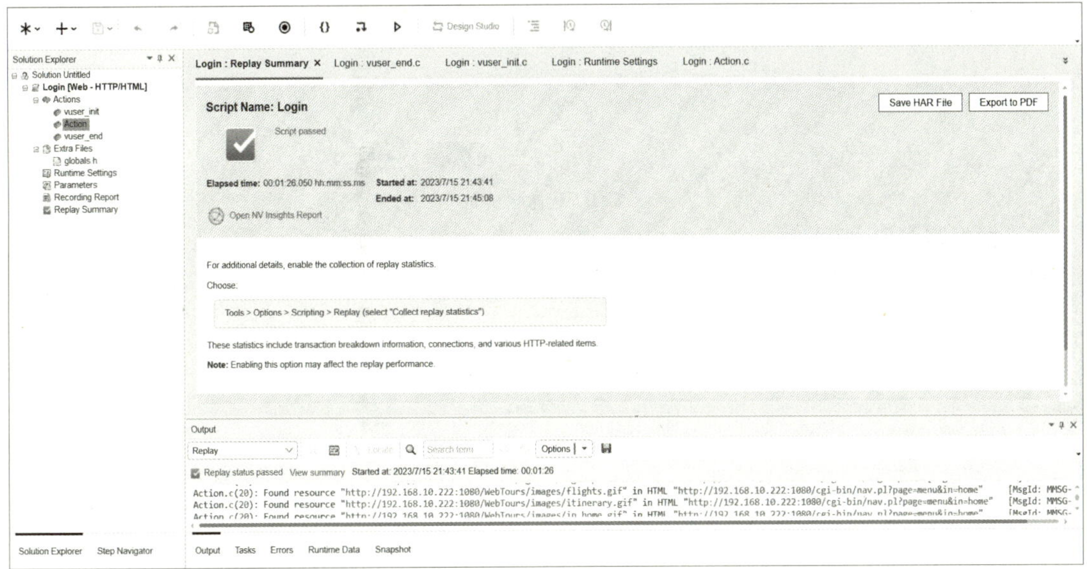

图 9-39 回放成功

4. 创建测试场景

（1）登录基准测试场景

①单击菜单栏处 Integrations/ Create Controller Scenario，如图 9-40 所示。

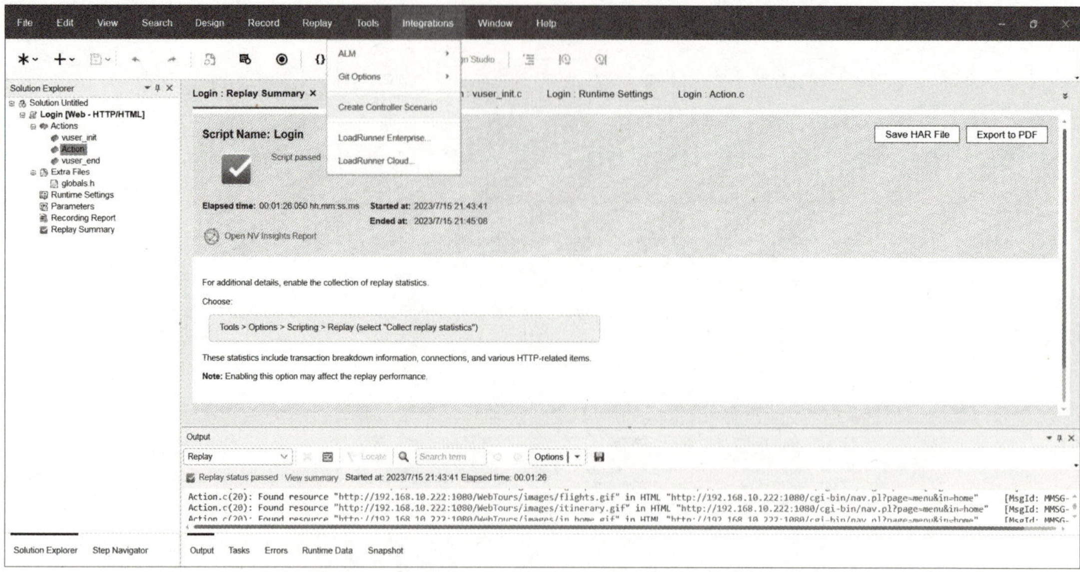

图 9-40 LoadRunner Virtual User Generator 菜单栏

在创建场景面板中单击“OK”按钮之后进入 LoadRunner Controller，如图 9-41 所示。

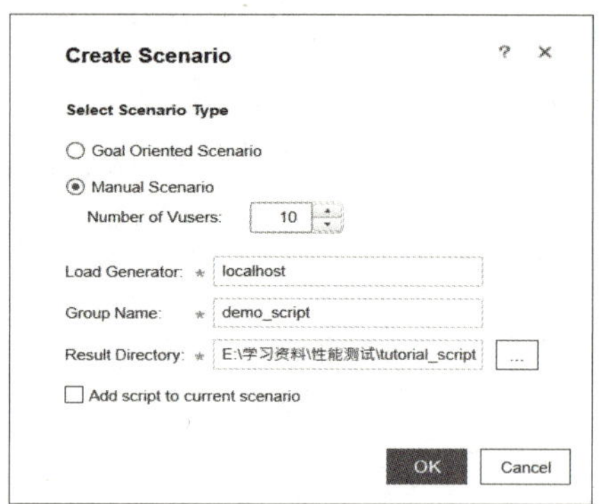

图 9-41 创建场景面板

②根据场景计划设置 Vuser 的启动，每 5 秒增加 10 个，如图 9-42 所示。

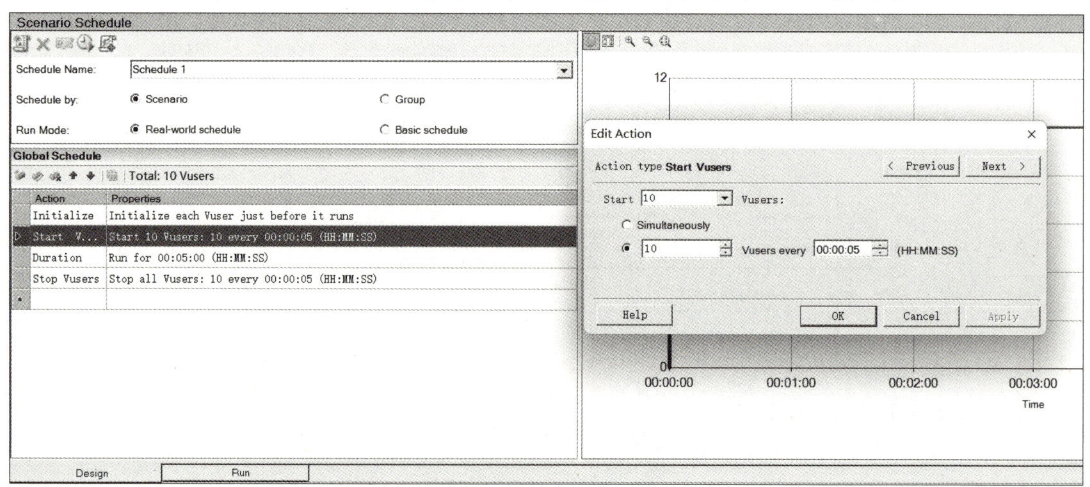

图 9-42 Vuser 的启动设置

持续时间设置为 5 分钟，如图 9-43 所示。

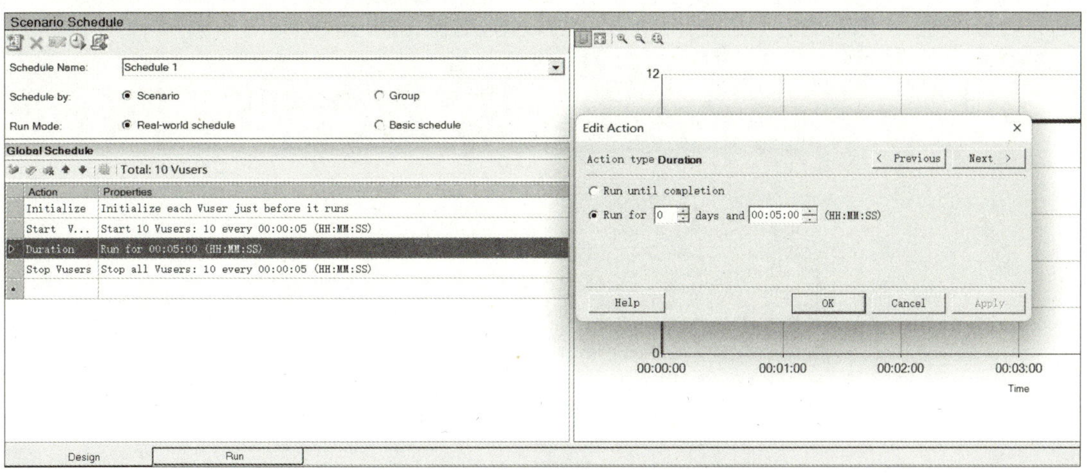

图 9-43 设置持续时间

停止 Vuser，每 5 秒减少 10 个，直到 0 个，如图 9-44 所示。

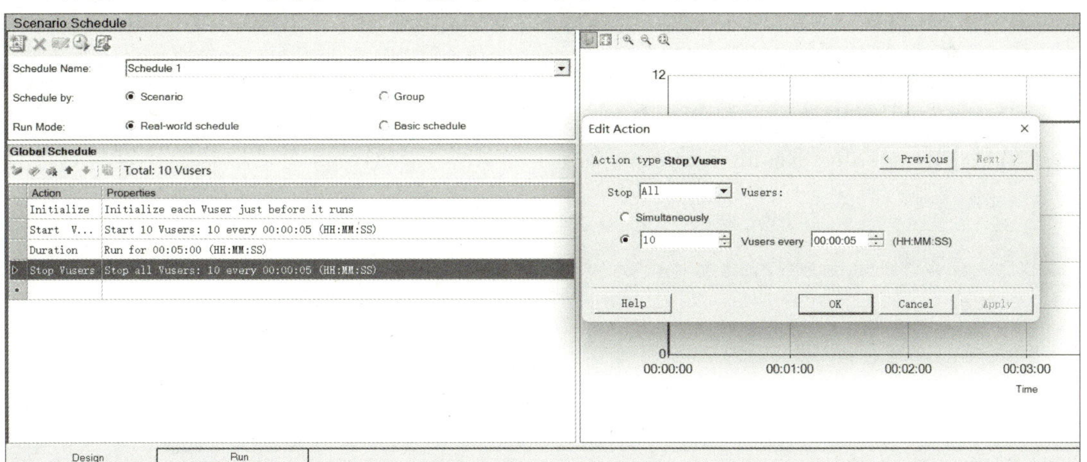

图 9-44 Vuser 的停止设置

③添加对服务器资源的监视。单击左下角“Run”按钮，进入运行界面，然后勾选左侧 Graphs/System Resource Graphs / Windows Resources 进行服务器资源监控，再单击 ADD MEASUREMENTS，如图 9-45 所示。

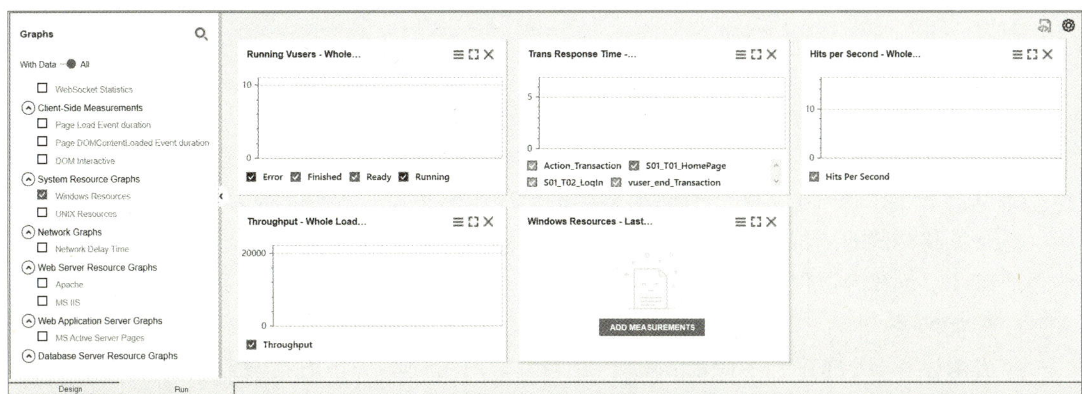

图 9-45 添加 Windows Resources 视图

在弹出的"Windows Resources"对话框中添加要监控的服务器计算机，再选择所要监控的数据，包括CPU、内存、磁盘、网络方面的数据，如图9-46所示。

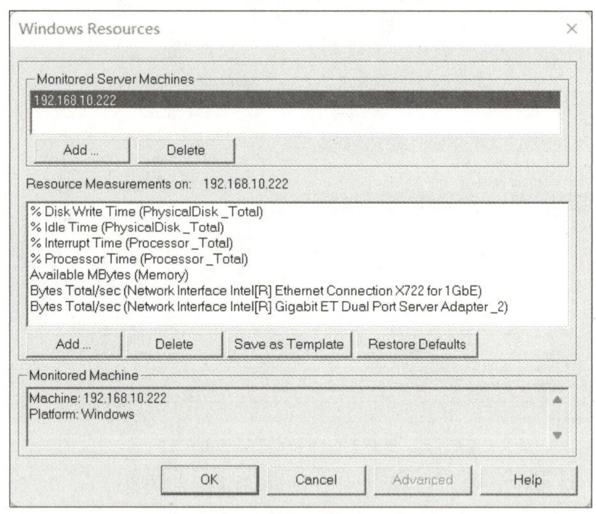

图9-46 监控的视服务器资源

(2)执行测试场景

①在运行视图中，将运行结果保存到指定的位置，防止当前结果被后续执行所覆盖。单击工具栏中的Result / Result Settings，在弹出的Result Settings对话框选择指定位置进行保存，如图9-47所示。

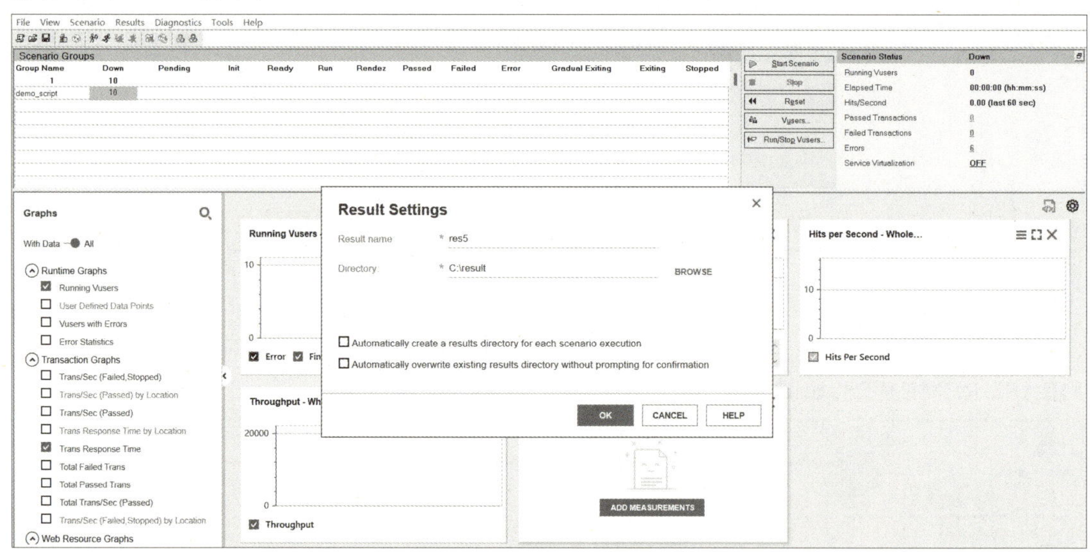

图9-47 保存运行结果

②单击Start Scenario执行测试场景，如图9-48所示。

登录负载测试的测试场景只需要将登录基准测试的Vuser数量增加至50个即可，订票基准测试和订票负载测试仅需要将运行的脚本替换为订票功能点测试脚本，并调整Vuser数量。

5.分析场景

完成测试场景，打开LoadRunner Analysis，使用图和报告查看被测系统的性能，分析性能瓶颈，探讨性能优化措施。单击菜单栏中的Result / Analyze Result，即打开LoadRunner

Analysis，分析当前测试结果，如图 9-49 所示。

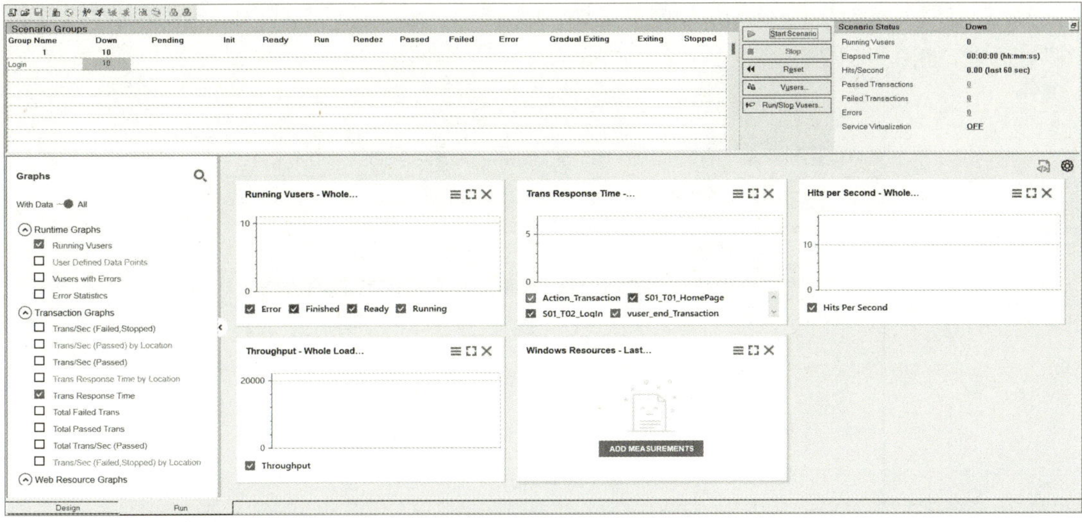

图 9-48　执行测试

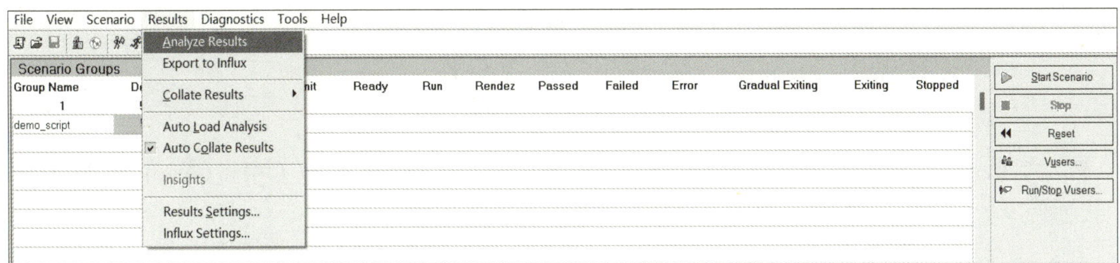

图 9-49　打开 LoadRunner Analysis

（1）查看报告

在会话浏览器(Session Explorer)中，可查看报告和图，如 Running Vusers 图、Hits per Second 图、Throughput 图、Transaction Summary 图、Average Transaction Response 图等。如图 9-50 所示。

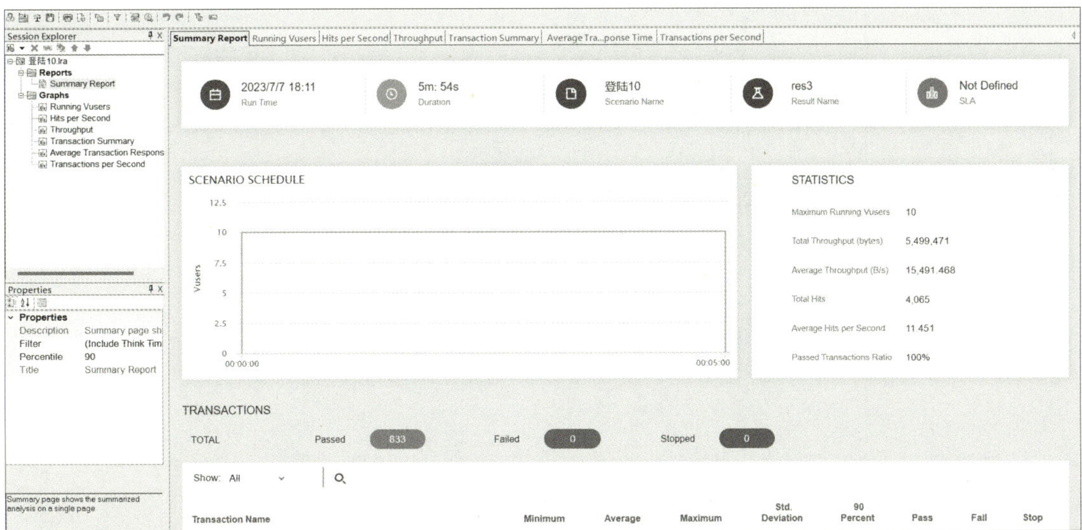

图 9-50　LoadRunner Analysis 主界面

(2)添加 Windows Resources 图

右击会话浏览器中的 Graphs,再单击 Add New Item / Add New Graph,显示“打开新图”对话框,如图 9-51 所示。

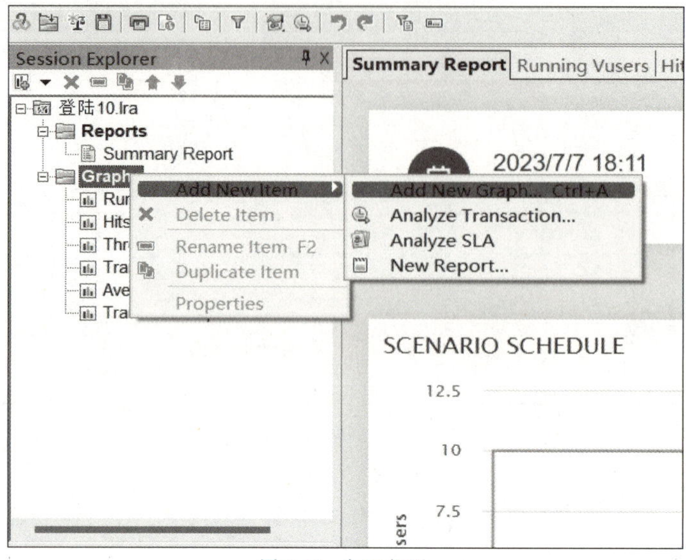

图 9-51 打开新图

然后找到 System Resources / Windows Resources 图,再单击 Open Graph 即添加成功,如图 9-52 所示。

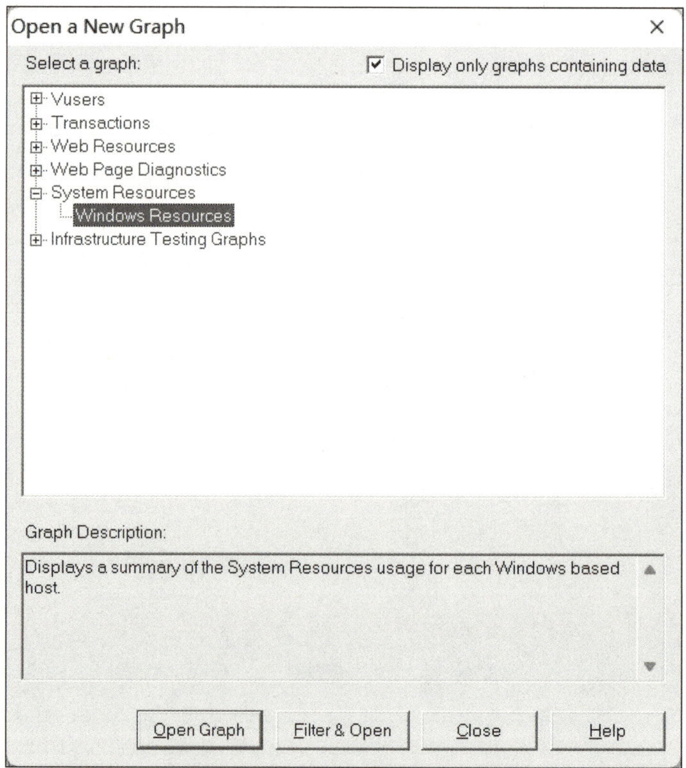

图 9-52 添加 Windows Resources 图

Windows Resources 图给出了服务器端物理磁盘、处理器时间、内存占用等性能指标，如图 9-53 所示。取消 Legend 中勾选项，将隐藏对应指标的折线图。

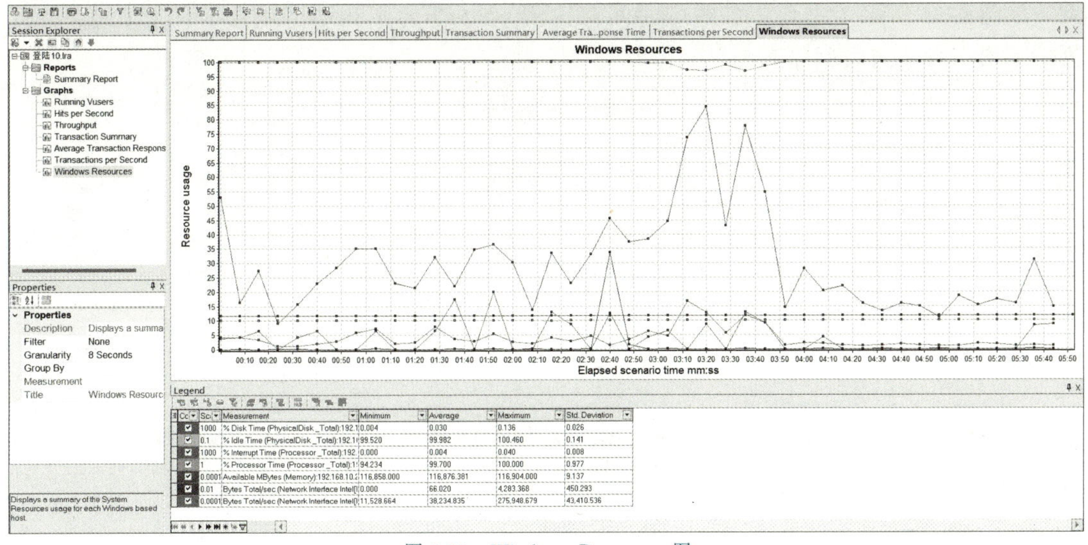

图 9-53　Windows Resources 图

9.2.6　测试结果分析

1. 合并测试结果

使用 LoadRunner 对比基准测试与负载测试，在 LoadRunner Analysis 里单击工具栏中的 Cross with Results 图标，打开 Cross Result 对话框，再单击 Add 添加要进行对比的结果，如图 9-54 所示。

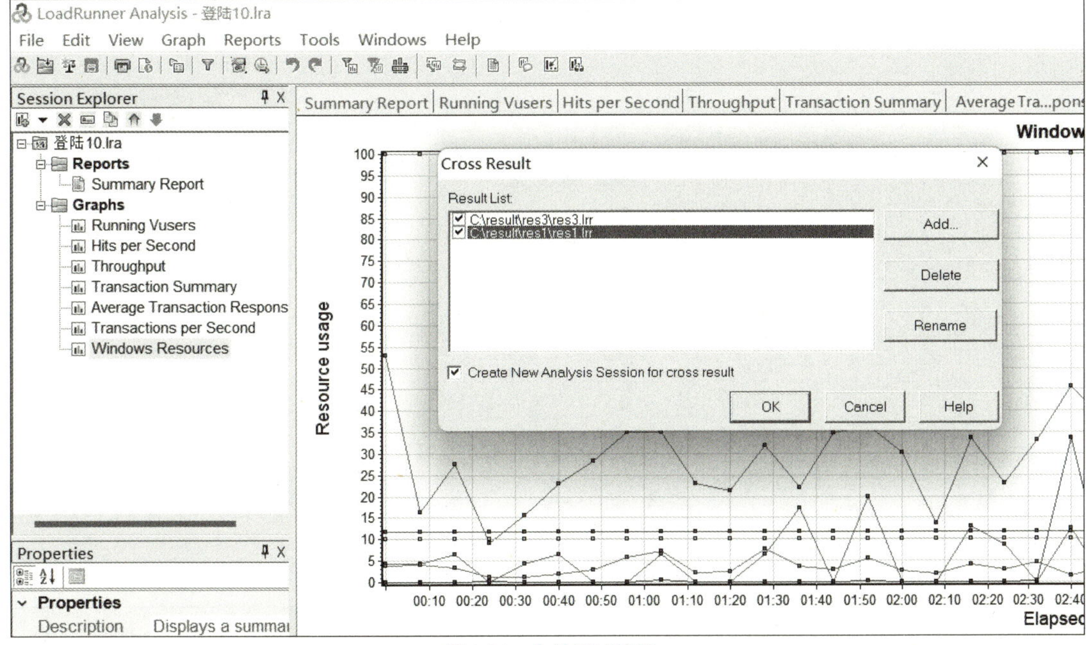

图 9-54　合并测试结果

2. 结果对比分析

(1)登录测试结果对比(resA6——基准测试,resB6——负载测试)

如图 9-55 所示为平均事务响应时间对比图,表 9-2 为平均事务响应时间对比表,负载测试平均事务响应时间更长。

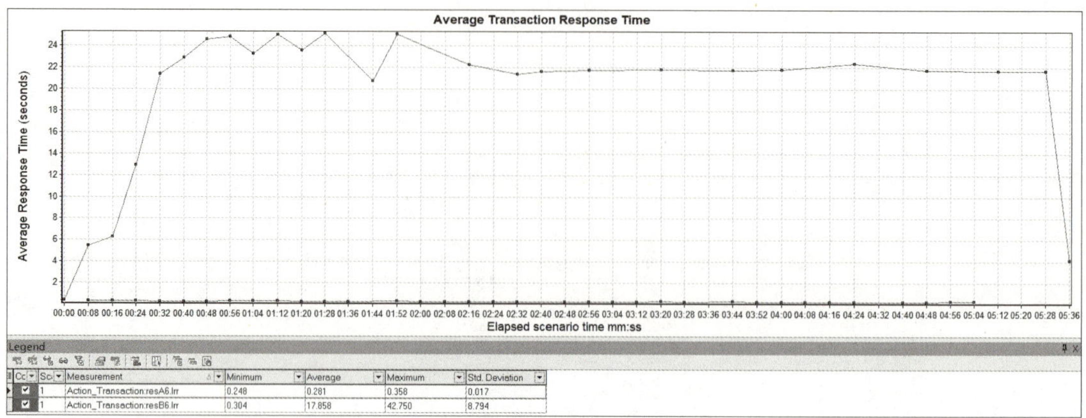

图 9-55 平均事务响应时间对比图

表 9-2 平均事务响应时间对比表

测试类型	最小值(s)	平均值(s)	最大值(s)
登录基准测试	0.248	0.281	0.358
登录负载测试	0.304	17.858	42.750

如图 9-56 所示为吞吐量对比图,表 9-3 为吞吐量对比表,负载测试大于基准测试。

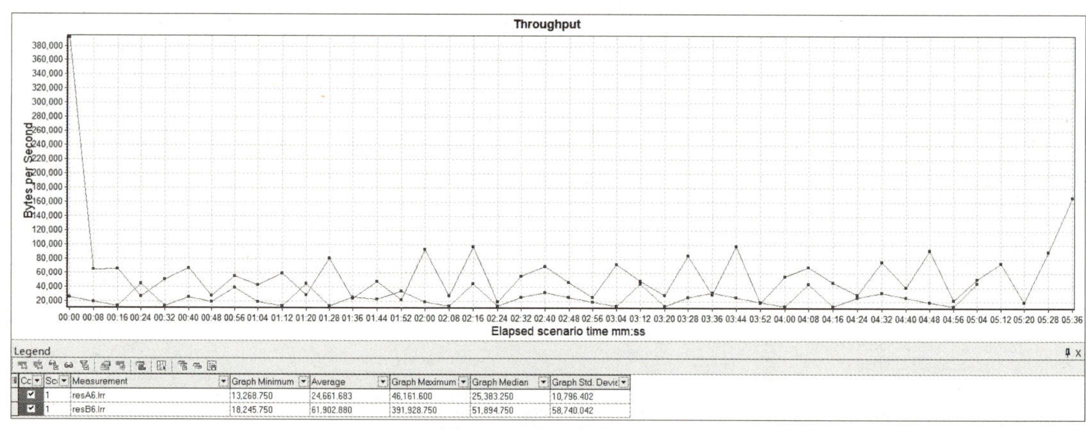

图 9-56 吞吐量对比图

表 9-3 吞吐量对比表

测试类型	最小值(Bytes/s)	平均值(Bytes/s)	最大值(Bytes/s)
登录基准测试	13,268.750	24,661.683	46,161.600
登录负载测试	18,245.750	61,902.880	391,928.750

如图 9-57 所示为 TPS 对比图,表 9-4 为 TPS 对比表,负载测试大于基准测试。

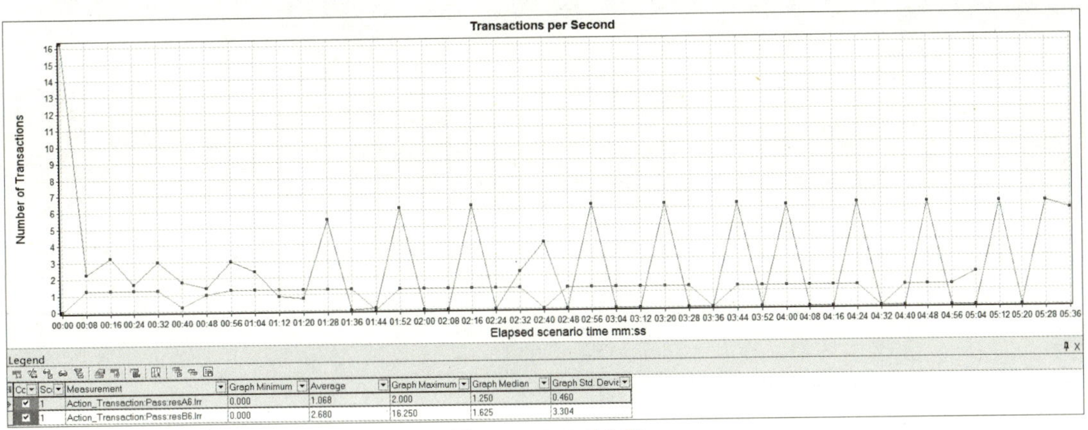

图 9-57 TPS 对比图

表 9-4 **TPS 对比表**

	最小值(个)	平均值(个)	最大值(个)
登录基准测试	0.000	1.068	2.000
登录负载测试	0.000	2.680	16.250

如图 9-58 所示为 CPU 占用率对比图，表 9-5 为 CPU 占用率对比表，负载测试占用率更高。

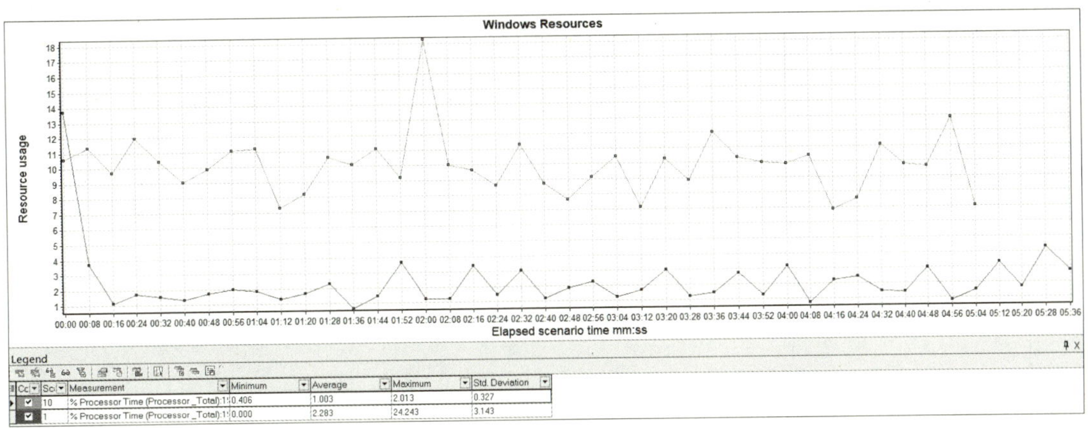

图 9-58 CPU 占用率对比图

表 9-5 **CPU 占用率对比表**

测试类型	最小值(%)	平均值(%)	最大值(%)
登录基准测试	0.406	1.003	2.013
登录负载测试	0.000	2.283	24.243

如图 9-59 所示为内存占用率对比图，表 9-6 为内存占用率对比表，负载测试占用率更高。

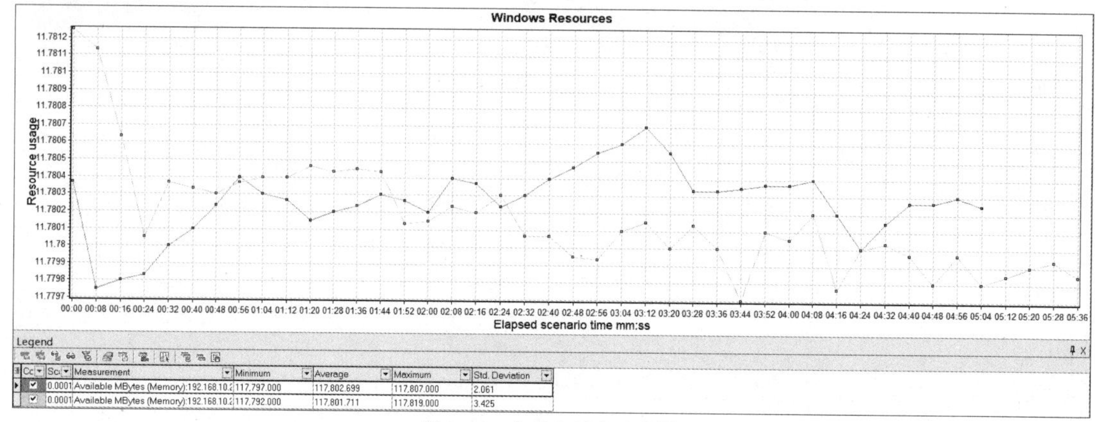

图 9-59　内存占用率对比图

因 LoadRunner 无法直接获得内存占用率，需要依据公式计算，占用率＝((Total MBytes Memory－Available MBytes Memory) / Total MBytes Memory)×100%，其中 Total MBytes Memory 表示服务器的总内存大小。

以登录基准测试的内存占用率平均值为例，说明计算过程：

服务器总内存为 128 GB，即 128 * 1024 MB＝131,072 MB，依据图 9-59 可知，可用内存 Available MBytes Memory 平均值为 117802.699 MB，所以内存占用率为[(131072－117802.699) / 131072]×100% ≈ 10.124%，最小值与最大值依此类推。

表 9-6　　**内存占用率对比表**

测试类型	最小值(%)	平均值(%)	最大值(%)
登录基准测试	10.120	10.123	10.128
登录负载测试	10.111	10.124	10.131

如图 9-60 所示为磁盘占用率对比图，表 9-7 为磁盘占用率对比表，负载测试占用率更高。

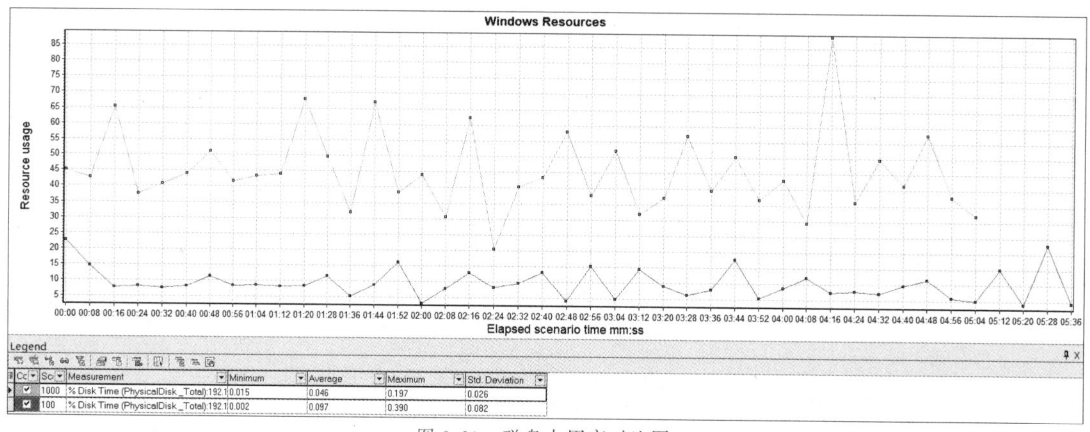

图 9-60　磁盘占用率对比图

表 9-7　　**磁盘占用率对比表**

测试类型	最小值(%)	平均值(%)	最大值(%)
登录基准测试	0.015	0.046	0.197
登录负载测试	0.002	0.097	0.390

如图 9-61 所示为网络占用率对比图，表 9-8 为网络占用率对比表，负载测试占用率更高。

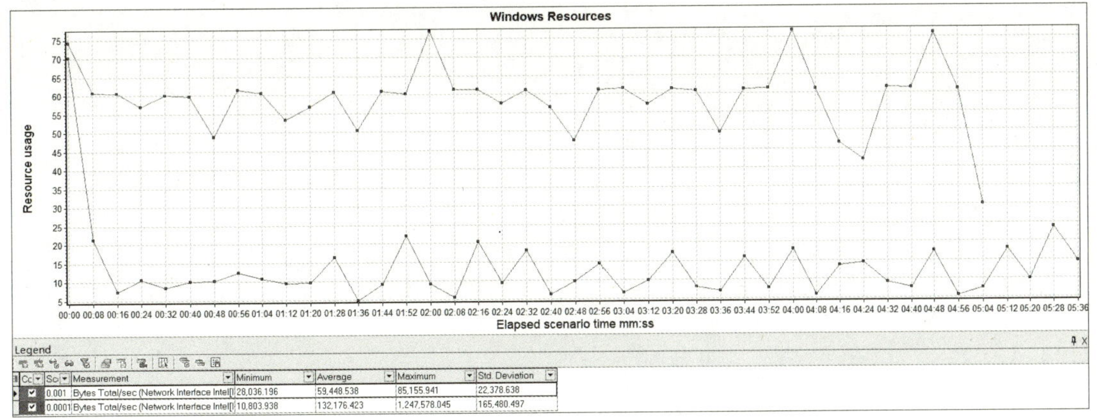

图 9-61 网络占用率对比图

因 LoadRunner 无法直接给出网络占用率，需要依据公式计算，占用率=(传输字节数 / 最大传输速率)×100%。其中，传输字节数是指每秒传输字节数，最大传输速率是网络接口设备的带宽上限。

以登录基准测试的网络占用率平均值为例，说明计算过程：

服务器网卡为 x722 1GbE，表示最大传输速率为 1 GbE，即 125,000,000 Bytes，由图 9-61 可知传输字节数平均值为 59,448.538 Bytes，所以网络占用率为(59448.538 / 125,000,000)×100%≈0.048%。最大值与最小值依此类推。

表 9-8 网络占用率对比表

测试类型	最小值(%)	平均值(%)	最大值(%)
登录基准测试	0.022	0.048	0.068
登录负载测试	0.008	0.106	0.998

结论：对于基准测试，依据表 9-2 至表 9-8 可知，平均事务响应时间为 0.281 s，平均吞吐量为 24 661.683 Bytes/s，TPS 平均值为 1.068 个；CPU 平均占用率为 1.003%，内存平均占用率为 10.123%，磁盘平均占用率为 0.046%，网络平均占用率约为 0.048%，满足性能需求。

对于负载测试，依据表 9-2 至表 9-8 可知，平均事务响应时间为 17.858 s，平均吞吐量为 61 902.880 Bytes/s，TPS 平均值为 2.680 个；CPU 平均占用率为 2.283%，内存平均占用率为 10.124%，磁盘平均占用率为 0.097%，网络平均占用率约为 0.106%。

综上，平均事务响应时间不满足性能需求。

(2)订票测试结果对比(resA——基准测试，resB——负载测试)

如图 9-62 所示为平均事务响应时间对比图，表 9-9 为平均事务响应时间对比表，负载测试平均事务响应时间更长。

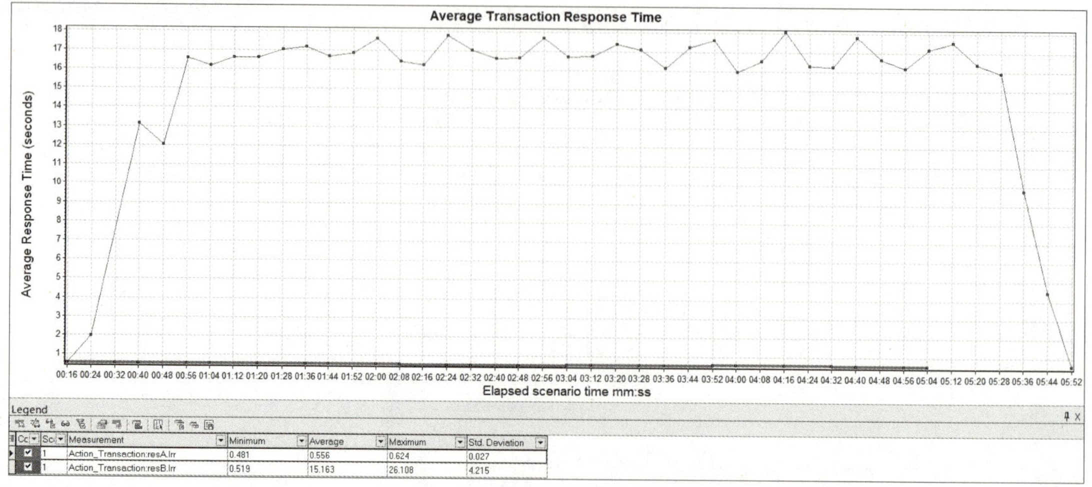

图 9-62　平均事务响应时间对比图

表 9-9　　**平均事务响应时间对比表**

测试类型	最小值(s)	平均值(s)	最大值(s)
订票基准测试	0.481	0.556	0.624
订票负载测试	0.519	15.163	26.108

如图 9-63 所示为吞吐量对比图，表 9-10 为吞吐量对比表，负载测试大于基准测试。

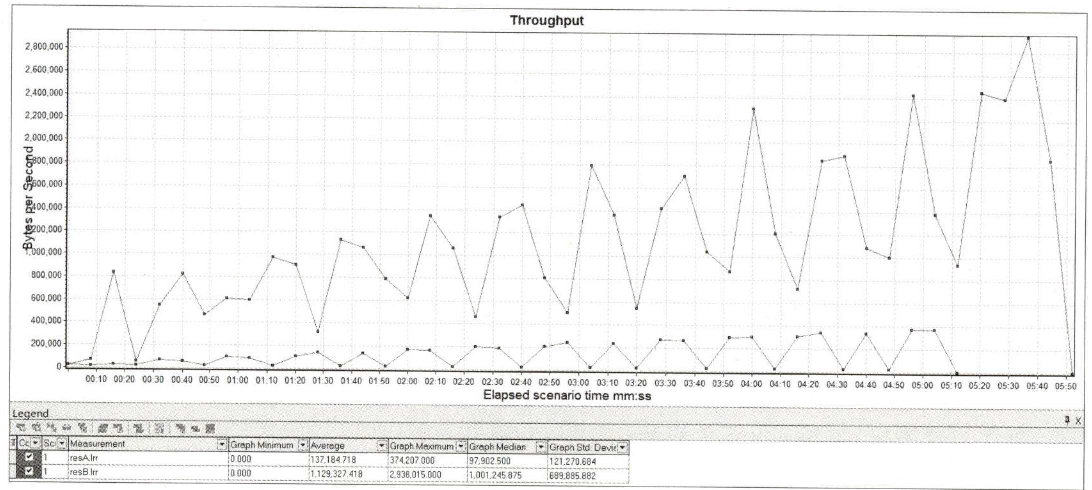

图 9-63　吞吐量对比图

表 9-10　　**吞吐量对比表**

测试类型	最小值(Bytes/s)	平均值(Bytes/s)	最大值(Bytes/s)
订票基准测试	0.000	137,184.718	374,207.000
订票负载测试	0.000	1,129,327.418	2,938,015.000

如图 9-64 所示为 TPS 对比图，表 9-11 为 TPS 对比表，负载测试大于基准测试。

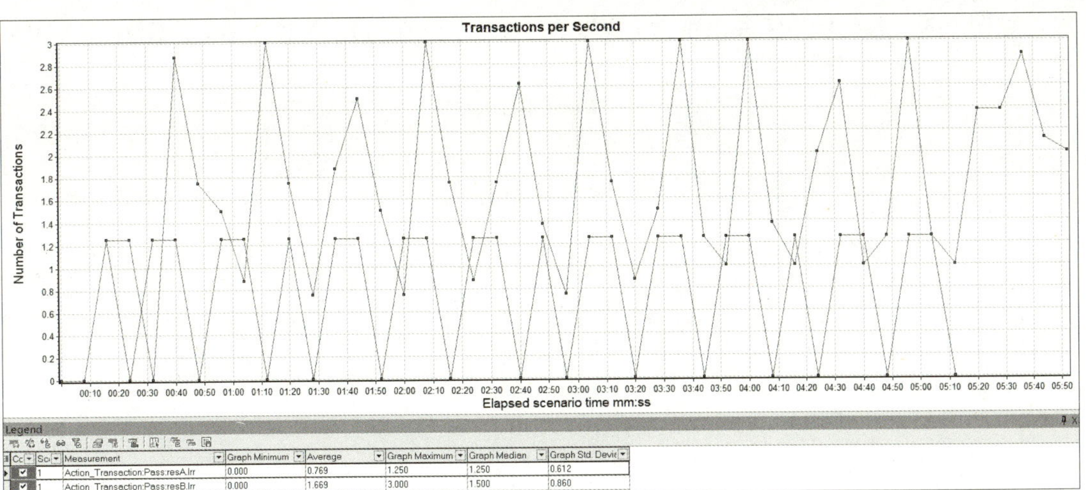

图 9-64 TPS 对比图

表 9-11 **TPS 对比表**

测试类型	最小值(个)	平均值(个)	最大值(个)
订票基准测试	0.000	0.769	1.250
订票负载测试	0.000	1.669	3.000

如图 9-65 所示为 CPU 占用率对比图，表 9-12 为 CPU 占用率对比表，负载测试占用率更高。

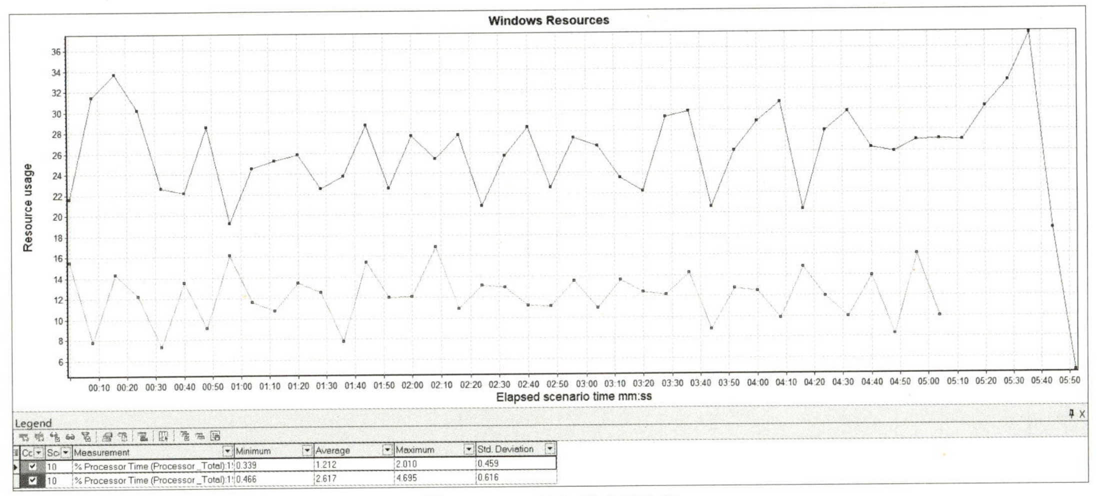

图 9-65 CPU 占用率对比图

表 9-12 **CPU 占用率对比表**

测试类型	最小值(%)	平均值(%)	最大值(%)
订票基准测试	0.339	1.212	2.010
订票负载测试	0.466	2.617	4.695

如图 9-66 所示为内存占用率对比图，表 9-13 为内存占用率对比表，负载测试占用率更高。

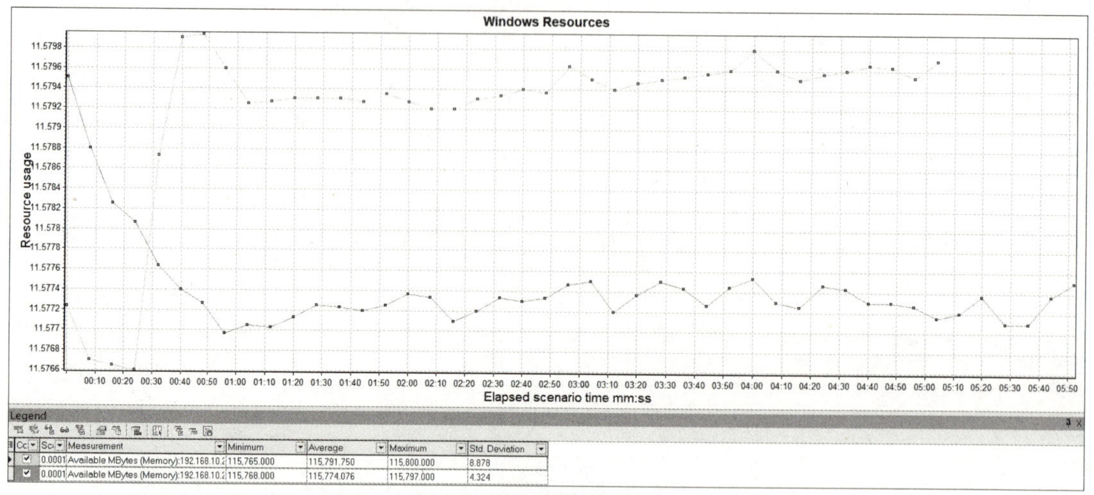

图 9-66　内存占用率对比图

以订票基准测试的内存占用率为例，由图 9-66 可知，可用内存平均值为 115,791.750MBytes，依据公式：占用率 ＝ ((Total MBytes Memory － Available MBytes Memory) / Total MBytes Memory)×100％，所以，内存占用率平均值为[(131072－115,791.750) / 131072]×100％ ≈ 11.658％。最大值与最小值依此类推。

表 9-13　　内存占用率对比表

测试类型	最小值(％)	平均值(％)	最大值(％)
订票基准测试	11.651	11.658	11.678
订票负载测试	11.653	11.671	11.676

如图 9-67 所示为磁盘占用率对比图，表 9-14 为磁盘占用率对比表，负载测试占用率更高。

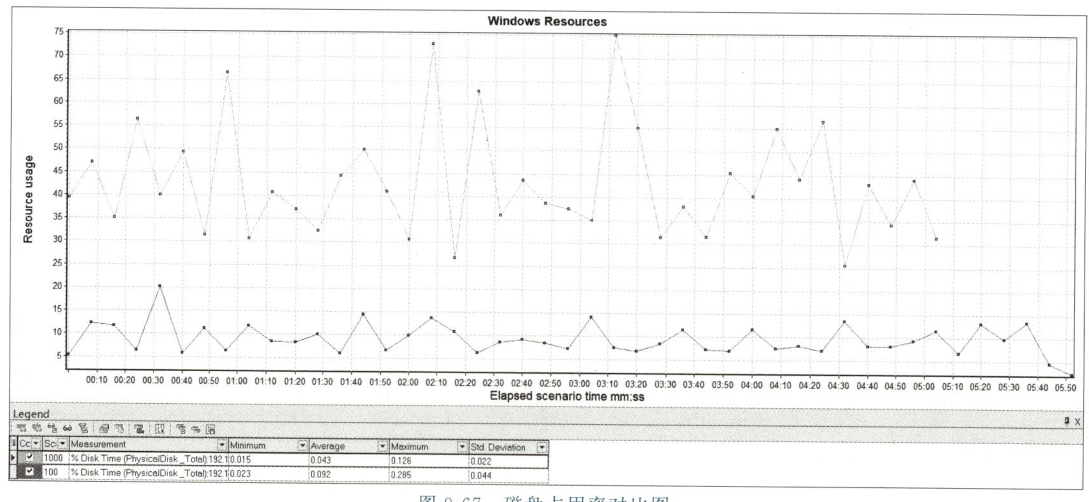

图 9-67　磁盘占用率对比图

表 9-14 磁盘占用率对比表

测试类型	最小值(%)	平均值(%)	最大值(%)
订票基准测试	0.015	0.043	0.126
订票负载测试	0.023	0.092	0.285

如图 9-68 所示为网络占用率对比图,表 9-15 为网络占用率对比表,负载测试占用率更高。

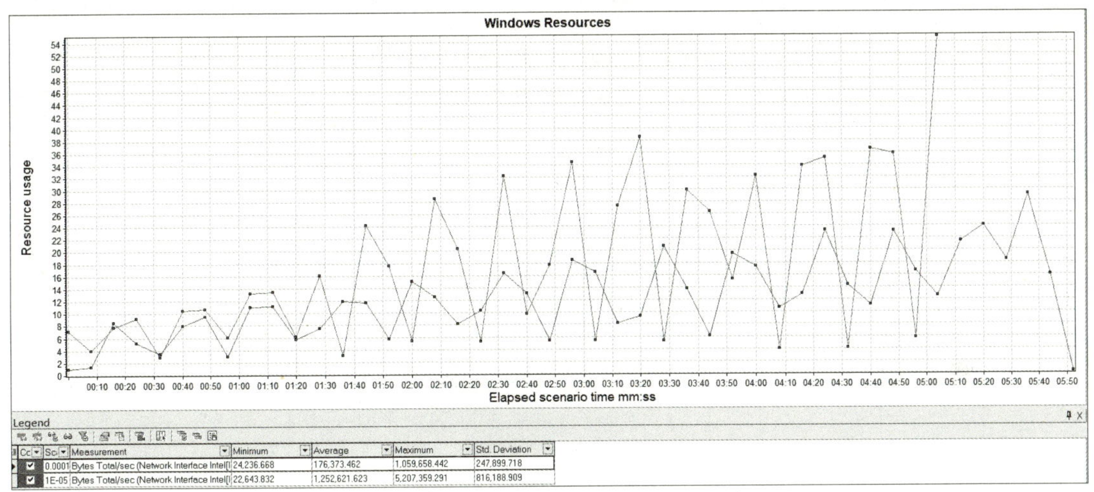

图 9-68 网络占用率对比图

以订票基准测试的网络占用率为例,由图 9-68 可知,可用传输字节数平均值为 176,373.462 Bytes,依据公式:占用率 =(传输字节数 / 最大传输速率)×100%,所以,网络占用率为(176373.462 / 125,000,000) * 100%≈0.141%,最大值与最小值依此类推。

表 9-15 网络占用率对比表

测试类型	最小值(%)	平均值(%)	最大值(%)
订票基准测试	0.019	0.141	0.848
订票负载测试	0.018	2.542	4.166

结论:

对于基准测试,依据表 9-9 至表 9-15 可知,平均事务响应时间为 0.556 s,平均吞吐量为 137 184.718 Bytes/s,TPS 平均值为 0.769 个;CPU 平均占用率为 1.212%,内存平均占用率为 11.658%,磁盘平均占用率为 0.043%,网络平均占用率约为 0.141%,满足性能需求。

对于负载测试,依据表 9-9 至表 9-15 可知,平均事务响应时间为 15.163 s,平均吞吐量为 1 129 327.418 Bytes/s,TPS 平均值为 1.669 个;CPU 平均占用率为 2.617%,内存平均占用率为 11.671%,磁盘平均占用率为 0.092%,网络平均占用率约为 2.542%。

综上,平均事务响应时间不满足性能需求。

9.3 基于 Grafana k6 的性能测试

基于Grafana k6的性能测试

本实例中的测试对象说明、功能需求分析、测试环境、测试场景设计可参照9.2小节相关内容。

9.3.1 测试脚本录制

本测试使用 k6 Browser Recorder(k6 的 Chrome 浏览器扩展插件)录制功能点脚本,使用 k6 程序进行基准测试和负载测试,InfluxDB 存储测试数据,Grafana 实现测试数据可视化。

业务功能的测试脚本录制:

打开 Chrome 浏览器,浏览 WebTours 网站,单击浏览器右上角的扩展程序 k6 Browser Recorder,再单击开始录制,如图 9-69 所示,保存脚本如图 9-70 所示。

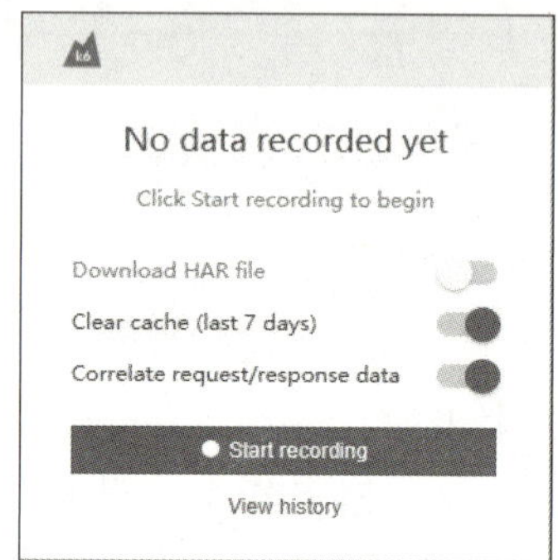

图 9-69　开始录制脚本

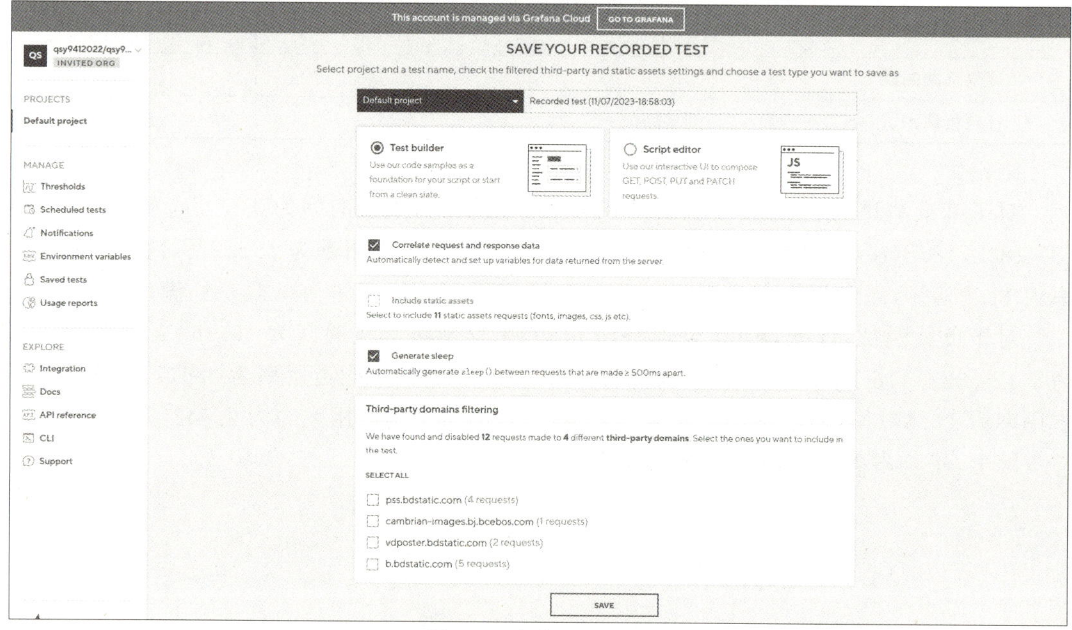

图 9-70　保存录制脚本

9.3.2 基准测试场景

1. 登录功能测试脚本录制

将录制的脚本复制到本地编译器进行修改，如图 9-71 所示。

```
export function scenario_1() {
    let response

    group('page_1 - http://192.168.10.222:1080/WebTours', function () {
        response = http.get('http://192.168.10.222:1080/WebTours/', {
            headers: {
                'upgrade-insecure-requests': '1',
            },
        })

        response = http.get('http://192.168.10.222:1080/WebTours/header.html', {
            headers: {
                'upgrade-insecure-requests': '1',
            },
        })
        sleep(2)

        response = http.get('http://192.168.10.222:1080/WebTours/home.html', {
            headers: {
                'upgrade-insecure-requests': '1',
            },
        })
        sleep(2)

        response = http.post(
            'http://192.168.10.222:1080/cgi-bin/login.pl',
            {
                userSession: '136849.920777643HADQcVHpitccDfpDAzi',
                username: "jojo",
                password: "bean",
                'login.x': '48',
                'login.y': '2',
                JSFormSubmit: 'off',
            },
            {
                headers: {
                    'content-type': 'application/x-www-form-urlencoded',
                    origin: 'http://192.168.10.222:1080',
                    'upgrade-insecure-requests': '1',
                },
            }
        )
        sleep(3)

        response = http.get('http://192.168.10.222:1080/WebTours/home.html', {
            headers: {
                'upgrade-insecure-requests': '1',
            },
        })

    })
}
```

图 9-71 修改脚本

在 k6 的安装目录下创建一个 user10.json 配置文件（10 个用户）来保存 WebTours 用户的账户和密码，运行测试脚本时从 user10.json 获取用户名和密码，文件格式如图 9-72。修改脚本，对账户、密码参数化，设置场景，如图 9-73 所示。

```
[

    {
        "username": "jojo",
        "password": "bean"
    },
    {
        "username": "tony",
        "password": "1234"
    }

]
```

图 9-72 user10.json 文件格式

```
const users = JSON.parse(open('user10.json'));
export const options = {
    ext: {
        loadimpact: {
            distribution: { 'amazon:us:ashburn': { loadZone: 'amazon:us:ashburn', percent: 100 } },
            apm: [],
        },
    },
    thresholds: {},
    scenarios: {
        Scenario_1: {
            executor: 'ramping-vus',
            gracefulStop: '30s',
            stages: [
                { target: 10, duration: '5s' },
                { target: 10, duration: '5m' },
                { target: 0, duration: '5s' },
            ],
            gracefulRampDown: '30s',
            exec: 'scenario_1',
        },
    },
}

export default function () {

    const vuIndex = __VU - 1;
    const user = users[vuIndex % users.length];
    const username = user.username;
    const password = user.password;
    scenario_1(username, password);
}
```

图 9-73　设置场景

2. 登录基准测试执行

在 k6 安装目录下打开命令提示窗，输入 k6 run ＋ options。本例使用的命令为 k6 run --out influxdb＝http://192.168.226.132:8086/myk6db

--summary-export＝summary_login_benchmark.json --vus 10 login_benchmark.js，按下 Enter 键，进行测试。

相关命令解释如下：

--out influxdb＝http://192.168.226.132:8086/myk6db，测试结果发送到数据库 InfluxDB，地址为 192.168.226.132，端口号为 8086，数据库名为 myk6db；

--summary-export＝summary_login_benchmark.json，导出测试概要数据，保存至文件 summary_login_benchmark.json；

--vus 10，并发用户数为 10；

login_benchmark.js，测试脚本名称。

3. 订票功能测试脚本录制

步骤同登录功能，修改脚本中测试场景参数，使之与测试用例一致。

4. 订票基准测试执行

在 k6 安装目录下打开命令提示窗，输入 k6 run ＋options，根据测试场景对 options 进行修改，按下 Enter 键，进行测试。

9.3.3　负载测试场景

1. 登录负载测试场景设计

创建 user50.json 配置文件(50 个用户)来保存 WebTours 用户的账户和密码。

在 k6 的安装目录下，创建 login_load.js 文件，将登录基准脚本的内容粘贴到文件中，修改测试场景 target，使之与用例保持一致，如图 9-74 所示。

```
scenarios: {
    Scenario_1: {
        executor: 'ramping-vus',
        gracefulStop: '30s',
        stages: [
            { target: 50, duration: '25s' },
            { target: 50, duration: '5m' },
            { target: 0, duration: '25s' },
        ],
        gracefulRampDown: '30s',
        exec: 'scenario_1',
    },
```

图 9-74 修改测试场景内容

2. 登录负载测试执行

在 k6 安装目录下打开命令提示窗，输入 k6 run ＋ options，同上。

3. 订票负载测试场景设计

在 k6 的安装目录下，创建 order_load.js，将订票基准脚本内容粘贴到文件中，修改测试场景 target，使之与测试用例保持一致。

4. 订票负载测试执行

在 k6 安装目录下打开命令提示窗，输入 k6 run ＋ options，同上。

9.3.4 测试结果

详细测试数据保存在数据库，概要测试信息保存在 k6 安装目录。

1. 登录性能测试

Grafana 读取数据并可视化，登录基准测试结果如图 9-75 至图 9-77 所示。登录负载测试结果如图 9-78 至图 9-80 所示。

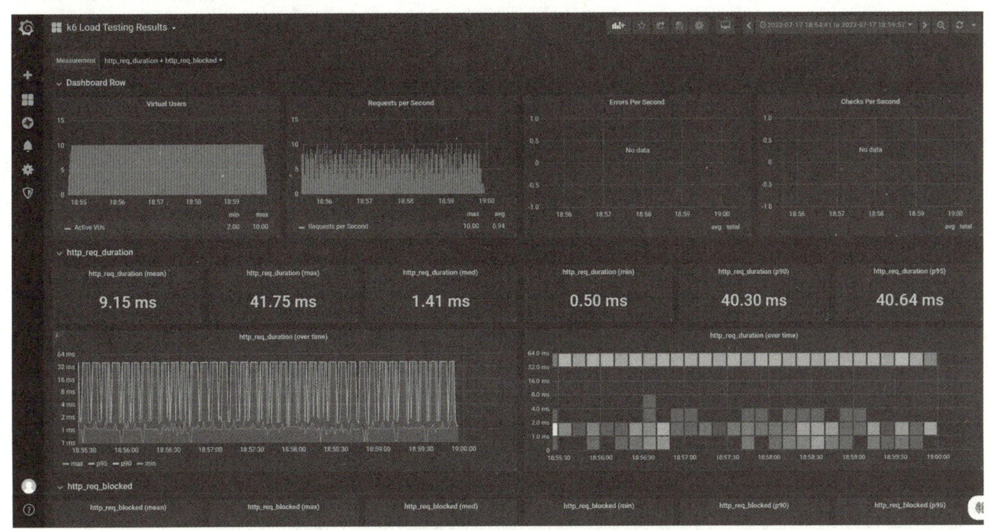

图 9-75 Grafana 的可视化结果（登录基准测试）

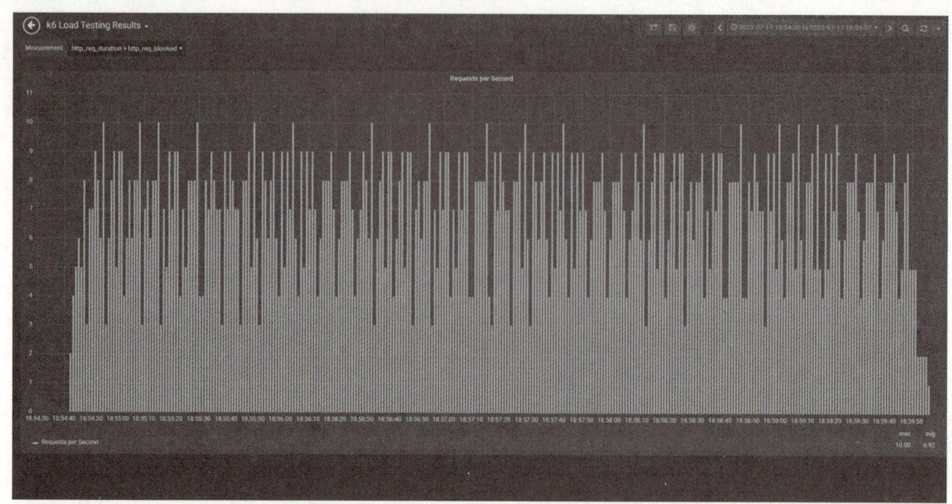

图 9-76　每秒请求数(登录基准测试)

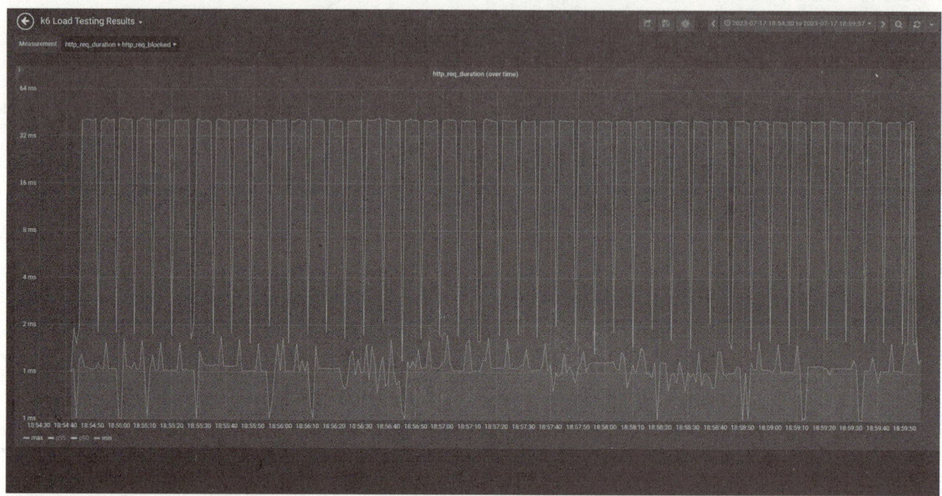

图 9-77　http 请求持续时间(max min)(登录基准测试)

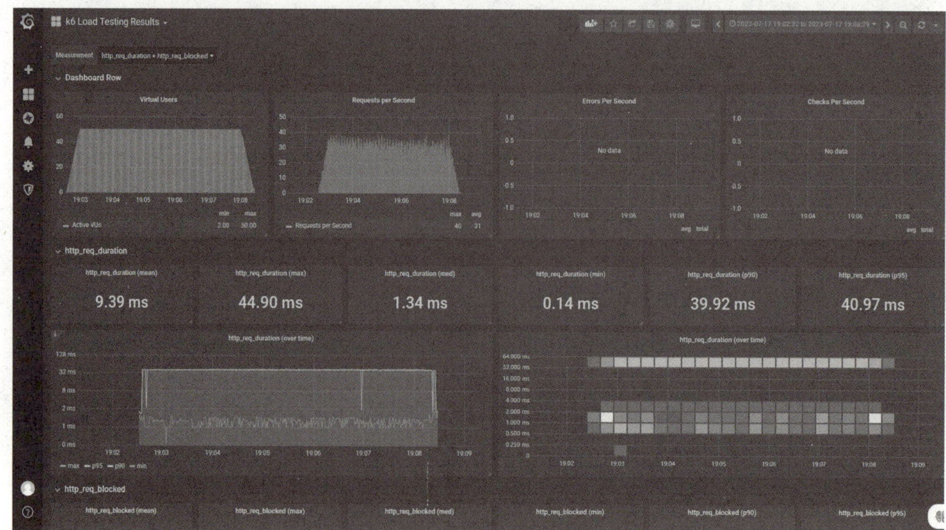

图 9-78　Grafana 的可视化结果(登录负载测试)

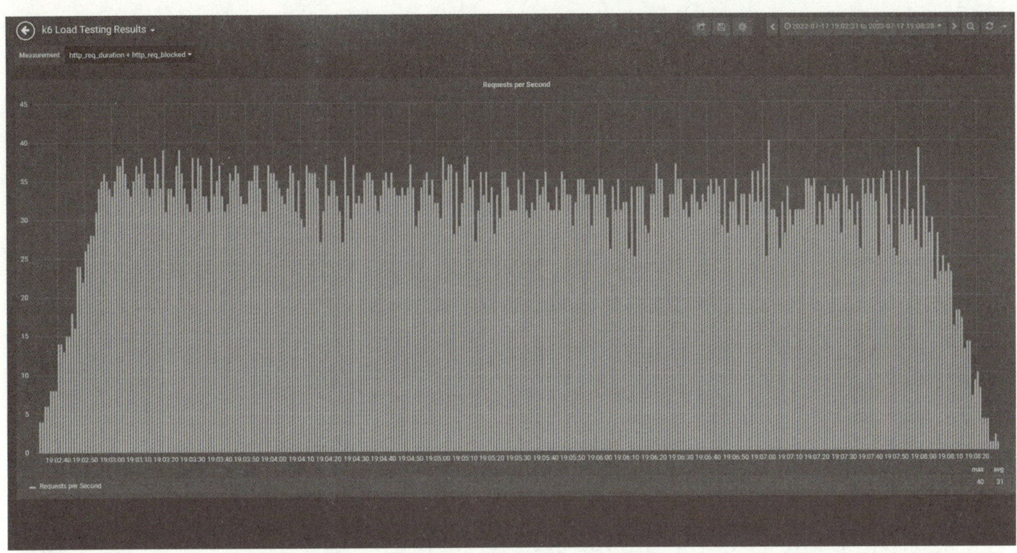

图 9-79 每秒请求数(登录负载测试)

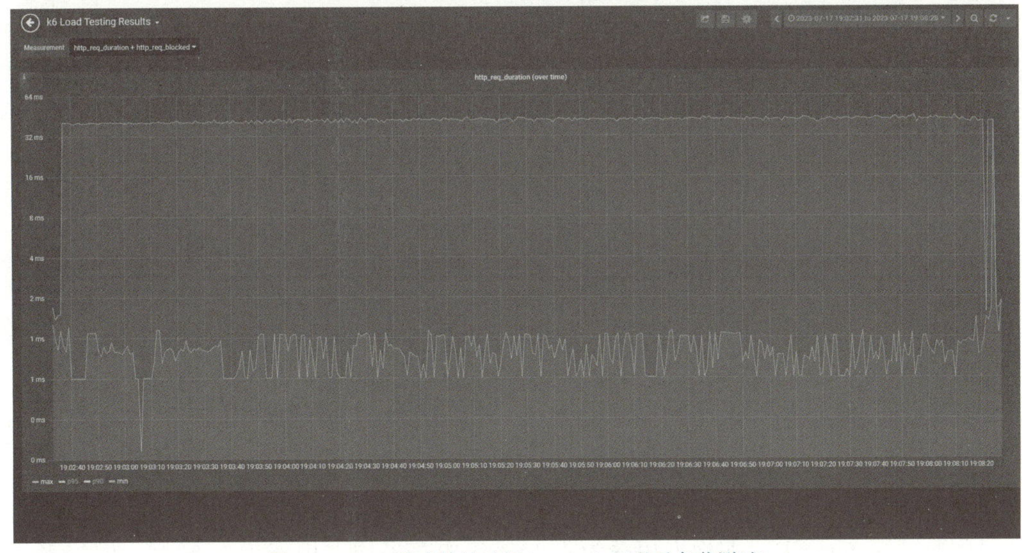

图 9-80 http 请求持续时间(max min)(登录负载测试)

测试概要:登录性能测试概要数据如图 9-81、图 9-82 所示。

	A	B	C	D	E	F	G
1		登录基准测试			登录负载测试		
2		Min	Avg	Max	Min	Avg	Max
3	http_req_sending	0	0.004407431	0.8877	0	0.007284714	0.6985
4	http_req_tls_handshaking	0	0	0	0	0	0
5	iteration_duration	7050.4088	7071.314798	7091.517	7044.6519	7067.501805	7091.0731
6	group_duration	7050.4088	7071.214838	7091.3134	7044.6519	7067.434752	7091.0731
7	http_req_waiting	0.5019	8.657439633	40.0557	0	8.600132826	42.9206
8	http_req_receiving	0	0.465115734	2.5449	0	0.436133161	10.7242
9	http_req_connecting	0	0.013640505	1.6447	0	0.012682133	2.0001
10	http_req_blocked	0	0.015404908	1.8067	0	0.01458	2.0001
11	http_req_duration	0.5019	9.126962798	41.7488	0.1437	9.043550701	44.895
12	vus_max	10	10	10	50	50	50
13	vus	2		10	2		50
14	http_req_failed	0	0	0	0	0	0

图 9-81 系统登录性能测试概要对比图 1

	A	B	C	D	E
1		登录基准测试		登录负载测试	
2		count	rate	count	rate
3	data_sent	386296	1230.819201	2059950	5803.183233
4	data_received	2506508	7986.254515	13366000	37653.99505
5	iterations	436	1.389186457	2325	6.549868209
6	http_reqs	2180	6.945932286	11625	32.74934105

图 9-82　系统登录性能测试概要对比图 2

每秒请求数和 http 请求持续时间对比如表 9-16 所示。

表 9-16　每秒请求数和 http 请求持续时间对比表

测试类型	每秒请求数(个)			http 请求持续时间(ms)		
	最小值	平均值	最大值	最小值	平均值	最大值
登录基准测试	1.00	6.94	10.00	0.50	9.15	41.75
登录负载测试	1.00	31.00	40.00	0.14	9.39	44.90

CPU 和内存、网络等资源占用对比如表 9-17 和表 9-18 所示。

表 9-17　CPU 和内存资源占用对比表

测试类型	CPU 占用率(%)			内存占用率(%)		
	最小值	平均值	最大值	最小值	平均值	最大值
登录基准测试	0.000	0.187	1.816	5.84	5.83	5.83
登录负载测试	0.000	0.859	2.639	5.86	5.85	5.83

表 9-18　网络和磁盘资源占用对比表

测试类型	网络占用率(%)			磁盘占用率(%)		
	最小值	平均值	最大值	最小值	平均值	最大值
登录基准测试	0.001	0.011	0.091	0.000	0.022	0.153
登录负载测试	0.001	0.045	0.099	0.000	0.043	1.541

结论：

对于基准测试，依据表 9-16 至表 9-18 可知，平均每秒请求数是 6.94 个，平均 http 请求持续时间是 9.15ms，CPU 平均占用率为 0.187%，内存平均占用率为 5.830%，网络平均占用率为 0.011%，磁盘平均占用率为 0.022%，满足性能需求。

对于负载测试，依据表 9-16 至表 9-18 可知，平均每秒请求数是 31.00 个，平均 http 请求持续时间是 9.39ms，CPU 平均占用率为 0.859%，内存平均占用率为 5.846%，网络平均占用率为 0.045%，磁盘平均占用率为 0.043%，满足性能需求。

综上，系统满足性能需求。

2. 订票性能测试

订票基准测试结果如图 9-83 至图 9-85 所示。订票负载测试结果如图 9-86 至图 9-88 所示。

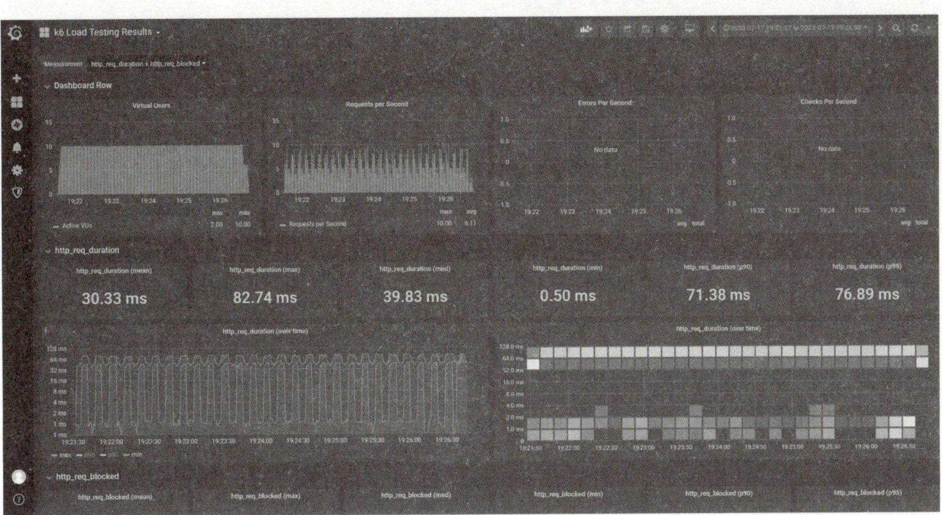

图 9-83　Grafana 的可视化结果(订票基准测试)

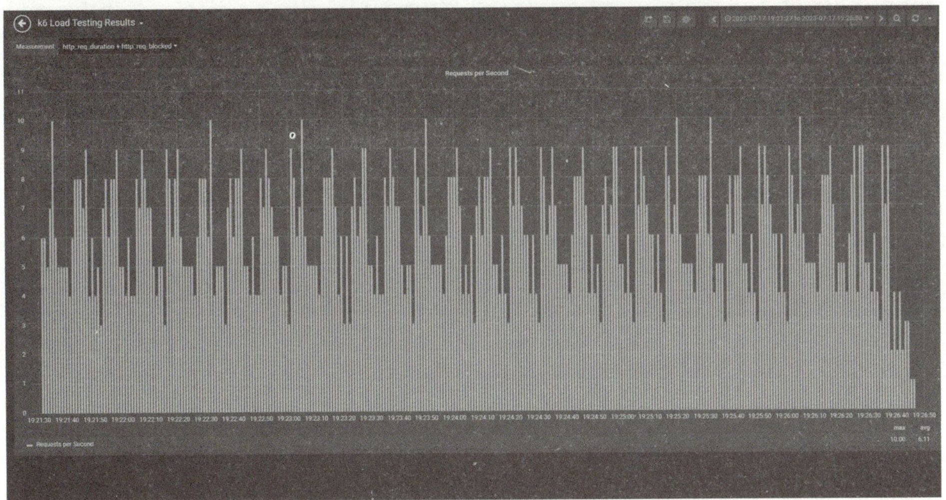

图 9-84　每秒请求数(订票基准测试)

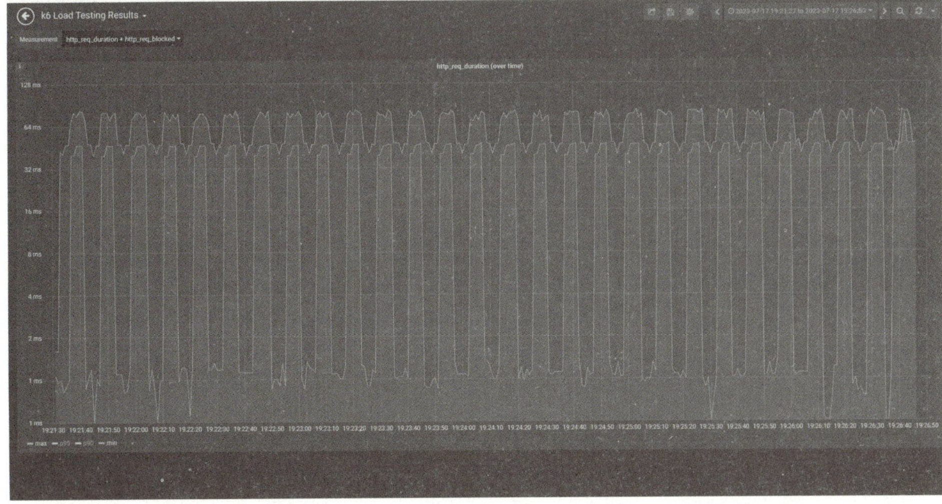

图 9-85　http 请求持续时间(max min)(订票基准测试)

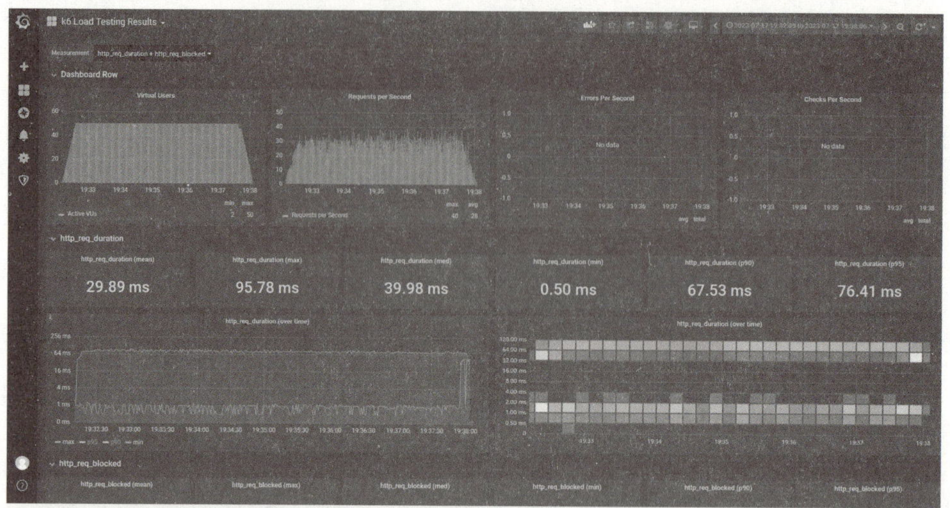

图 9-86　Grafana 的可视化结果(订票负载测试)

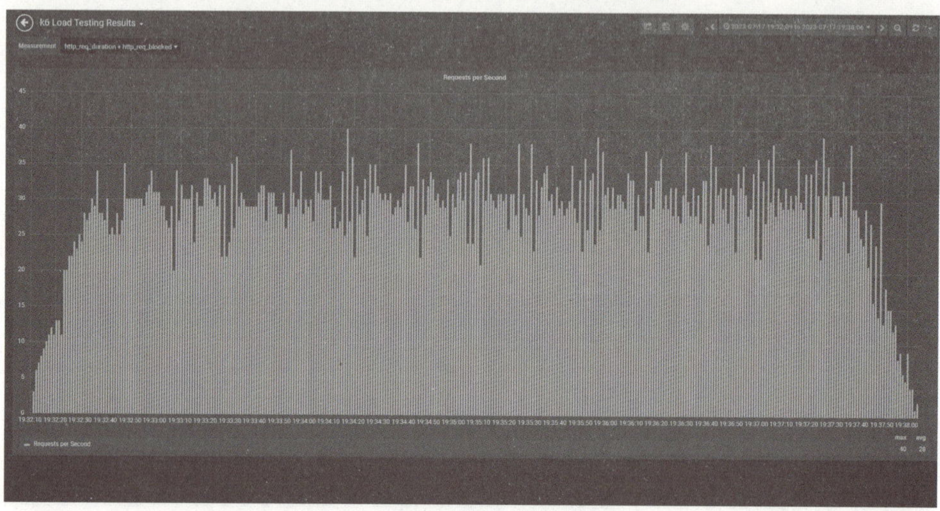

图 9-87　每秒请求数(订票负载测试)

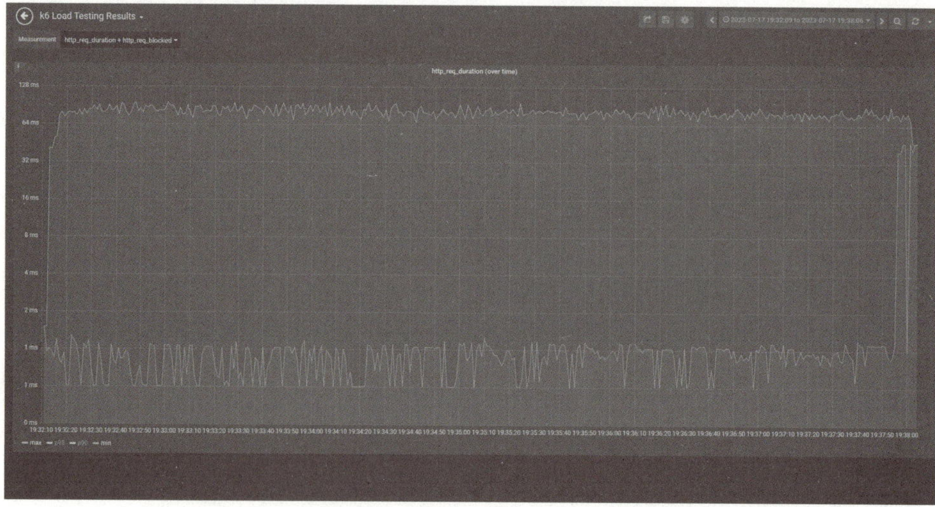

图 9-88　http 请求持续时间(max min)(订票负载测试)

测试概要：订票性能测试概要数据如图 9-89、图 9-90 所示。

	A	B	C	D	E	F	G
1		订票基准测试			订票负载测试		
2		Min	Avg	Max	Min	Avg	Max
3	http_req_sending	0	0.00697883	1.0837	0	0.009897415	1.1213
4	http_req_tls_handshaking	0	0	0	0	0	0
5	iteration_duration	11222.4369	11250.37011	11279.0903	11191.7353	11242.50606	11284.3158
6	group_duration	8219.1154	8243.532821	8270.0339	8188.2345	8236.467831	8277.9166
7	http_req_waiting	0.5022	29.34995776	82.7371	0.4999	28.92139171	95.7845
8	http_req_receiving	0	0.969397619	14.6043	0	0.992365296	14.9929
9	http_req_connecting	0	0.011458385	1.4981	0	0.014630544	1.8373
10	http_req_blocked	0	0.013931418	1.4981	0	0.017192303	2.6298
11	http_req_duration	0.5022	30.32633421	82.7371	0.4999	29.92365442	95.7845
12	vus_max	10	10	10	50	50	50
13	vus	2		10	1		50
14	http_req_failed	0	0	0	0	0	0

图 9-89 订票性能测试概要对比图 1

	A	B	C	D	E
1		订票基准测试		订票负载测试	
2		count	rate	count	rate
3	data_sent	593400	1867.435674	3160500	8775.915882
4	data_received	3414862	10746.60451	18191879	50514.28566
5	iterations	276	0.868574732	1470	4.081821341
6	http_reqs	1932	6.080023123	10290	28.57274938

图 9-90 订票性能测试概要对比图 2

每秒请求数和 http 请求持续时间对比如表 9-19 所示。

表 9-19 每秒请求数和 http 请求持续时间对比表

测试类型	每秒请求数(个)			响应时间(ms)		
	最小值	平均值	最大值	最小值	平均值	最大值
基准测试	1.00	6.11	10.00	0.50	30.33	82.74
负载测试	1.00	28.00	40.00	0.50	29.89	95.78

CPU、内存、网络等资源占用对比如表 9-20 和表 9-21 所示。

表 9-20 CPU 和内存资源占用对比表

测试类型	CPU 占用率(%)			内存占用率(%)		
	最小值	平均值	最大值	最小值	平均值	最大值
订票基准测试	0.000	0.504	2.285	5.850	5.853	5.856
订票负载测试	0.000	2.349	4.473	5.915	5.922	5.936

表 9-21 网络和磁盘资源占用对比表

测试类型	网络占用率(%)			磁盘占用率(%)		
	最小值	平均值	最大值	最小值	平均值	最大值
订票基准测试	0.001	0.014	0.064	0.000	0.028	0.152
订票负载测试	0.001	0.057	0.087	0.000	0.077	0.508

结论：

对于基准测试，依据表 9-19 至表 9-21 可知，平均每秒请求数是 6.11 个，平均 http 请求持续时间是 30.33ms，CPU 平均占用率为 0.504%，内存平均占用率为 5.853%，网络平均占用率为 0.014%，磁盘平均占用率为 0.028%，满足性能需求；

对于负载测试，依据表 9-19 至表 9-21 可知，平均每秒请求数是 28.00 个，平均 http 请求持续时间是 29.89ms，CPU 平均占用率为 2.349%，内存平均占用率为 5.922%，网络平均占用率为 0.057%，磁盘平均占用率为 0.077%，满足性能需求。

综上，系统满足性能需求。

9.4 基于 OWASP ZAP 的信息安全测试

基于OWASP ZAP的信息安全测试

9.4.1 测试对象分析

测试对象选取 OWASP Juice Shop，它是由 Björn Kimminich 创建的一款免费开源 Web 应用程序，旨在测试 Web 应用程序的安全性。

OWASP Juice Shop 包含来自 OWASP Top 10 和 OWASP API Security Top 10 的常见安全漏洞，其中包括跨站点脚本攻击(XSS)、SQL 注入、跨站点请求伪造(CSRF)等。

Juice Shop 使用 Node. js、Express 和 Angular 构建，是一个基于 REST API 的 JavaScript 应用程序。

9.4.2 需求分析

1. 信息安全性的质量特性

信息安全二级子特性见本书 4.3，此处不再赘述。

2. 安全需求分析

依据信息安全性的质量特性，设计如下符合信息安全性的质量特性的五项安全需求。

(1)访问云元数据

访问云元数据涉及保密性。应用程序需要能够访问云服务提供商维护的实例元数据，并能够正确地处理和验证元数据的访问权限。应用程序应该能够识别和拒绝未经授权的访问，并记录所有的访问尝试和结果。

(2)JavaScript 代码执行

JavaScript 代码执行涉及完整性与可核查性。应用程序需要能够正确地处理和执行 HTML 文档中包含的 JavaScript 代码，包括来自用户输入和其他来源的代码。应用程序应该能够防止恶意代码的执行，并正确地处理和显示文档中的其他内容。

(3)CSRF 保护

CSRF 保护涉及完整性。应用程序需要能够启用和正确地实现 CSRF 保护机制，以防止未经授权的访问和操作。应用程序应该能够生成和验证 CSRF 令牌，并要求用户提供有效的 CSRF 令牌才能执行敏感操作。

(4)敏感信息保护

敏感信息保护涉及保密性和真实性。应用程序需要能够保护敏感信息(如密码、会话 ID 等)在传输和存储过程中的安全性。应用程序应该使用加密和其他安全措施来保护数据的传输和存储，并能够正确地处理和验证敏感信息的格式和值。

(5)HTML 元素属性注入

HTML 元素属性注入涉及完整性。应用程序需要能够防止用户可控制的 HTML 元素属性被注入恶意脚本,并能够正确地验证和过滤用户输入。应用程序应该使用适当的转义和编码方式来保护 HTML 元素属性,并能够防止恶意脚本的执行。

9.4.3 测试用例设计

依据功能需求分析,设计如下五个测试用例。

测试用例 1:

尝试通过访问 http://169.254.169.254/latest/meta-data/来访问元数据,验证是否能够成功访问。

测试用例 2:

尝试在 HTML 文档中插入任意的 JavaScript 代码,验证是否能够执行该代码。

测试用例 3:

在执行敏感操作(例如更改密码)之前,先在应用程序中开启 CSRF 保护,验证是否需要提供有效的 CSRF 令牌才能执行操作。

测试用例 4:

尝试将敏感信息(如密码、会话 ID 等)包含在 URL 中,验证是否能够通过攻击者控制的脚本来窃取或篡改这些信息。

测试用例 5:

尝试在 HTML 元素属性中注入恶意脚本,例如在 title 或 href 属性中注入 JavaScript 代码,验证是否能够成功执行该代码。

9.4.4 测试执行

本次测试需要安装 juice shop 和 zap 测试工具,具体操作见环境配置。

1. 在自动扫描选项卡的 URL 中输入 Juice Shop 的 IP 与端口号,在 Use ajax spider 中选 Firefox,单击"攻击"按钮,如图 9-91 所示。

2. zap 会自动打开 Firefox 浏览器,执行渗透测试,如图 9-92 所示。渗透测试执行如图 9-93 所示。

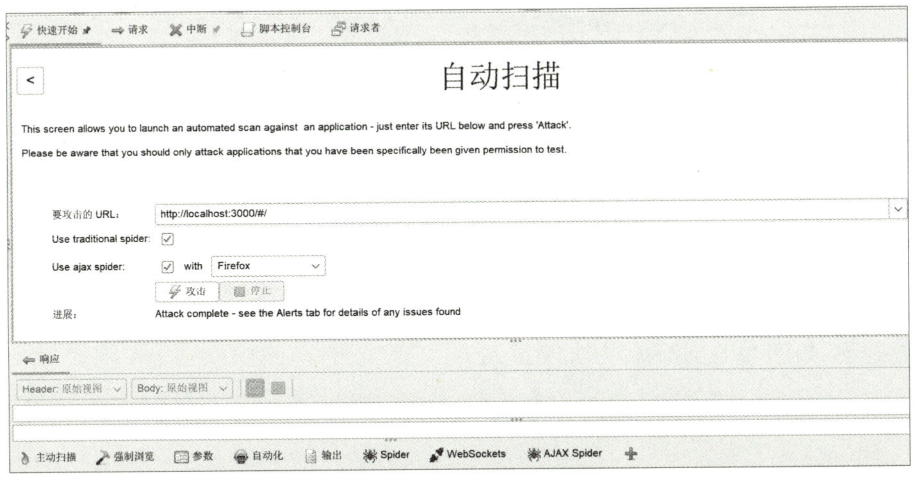

图 9-91 zap 测试页面

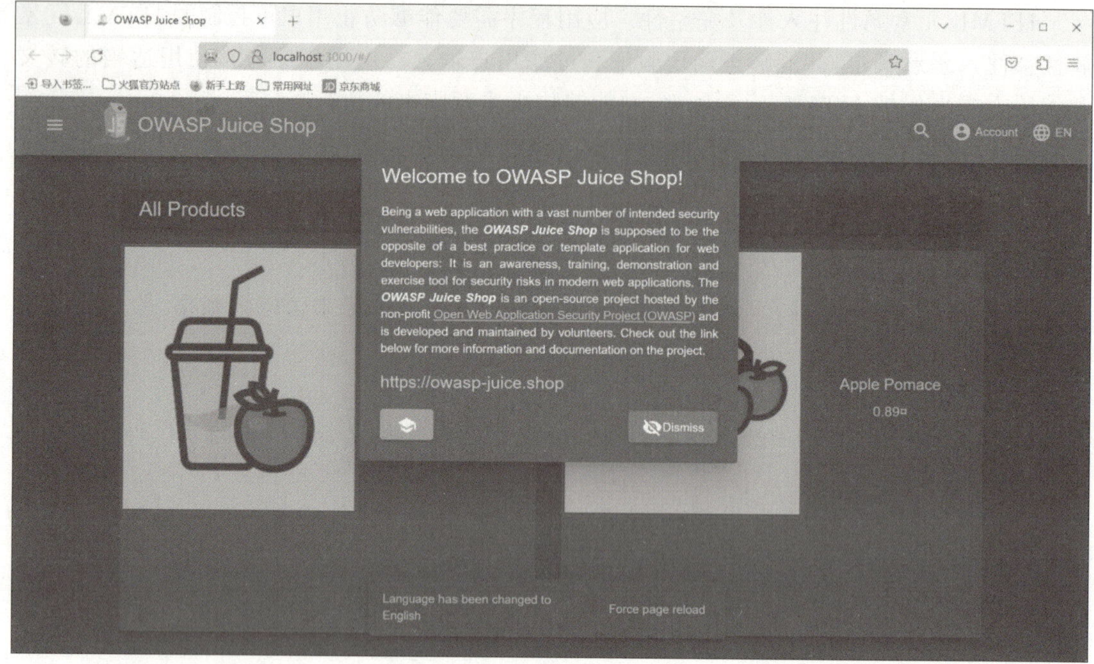

图 9-92 进行渗透测试

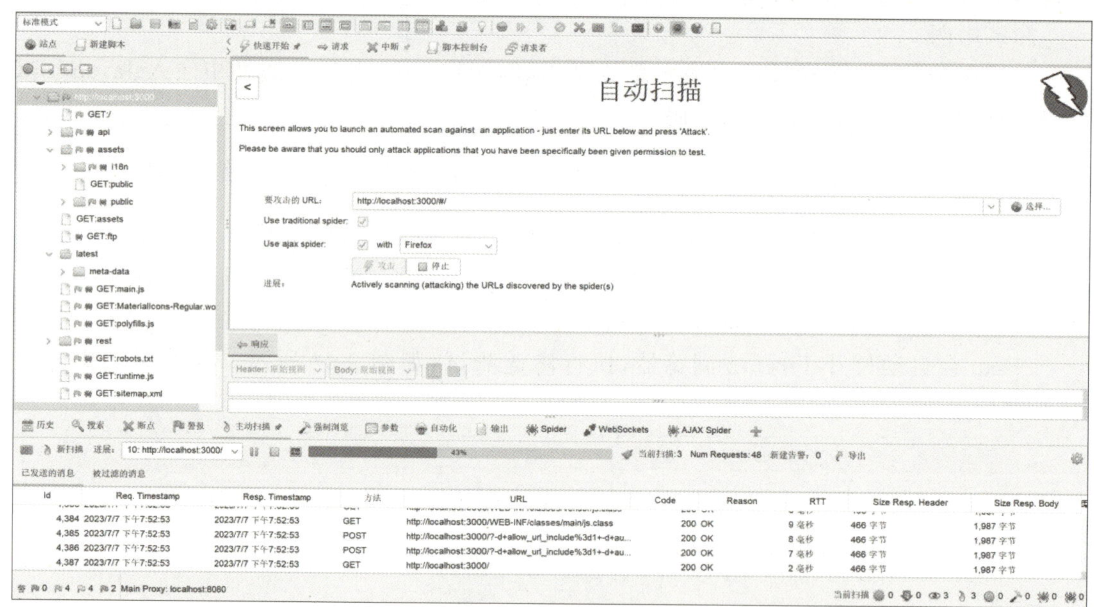

图 9-93 渗透测试执行

9.4.5 测试结果

1. 运行结果

查看警报，如图 9-94 所示，共 12 类漏洞。

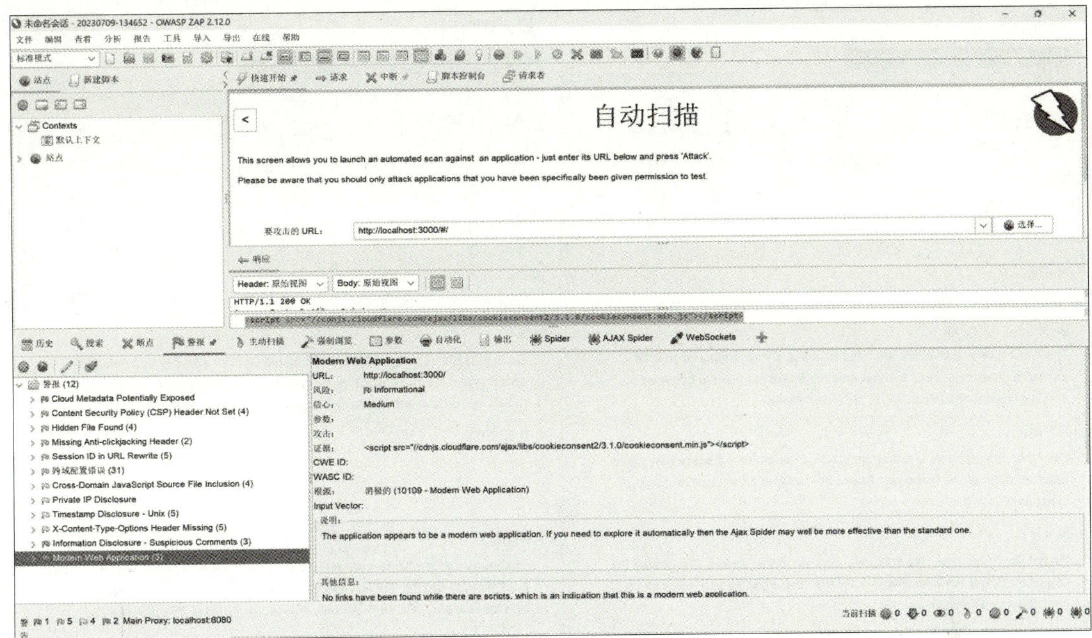

图 9-94　渗透测试结果

2. 结果分析

对于检测出来的漏洞进行分类，得出以下结果：

(1)数据泄露类漏洞

- Cloud Metadata Potentially Exposed
- Private IP Disclosure
- Information Disclosure—Suspicious Comments

以 Cloud Metadata Potentially Exposed 为例，如图 9-95 所示。

含义：Cloud Metadata Potentially Exposed 是指可能存在云元数据泄露的风险。云元数据是云服务提供商维护的有关云实例和云服务的信息，这些信息可能包括敏感数据，如登录凭据、API 密钥、访问控制列表等。如果攻击者能够访问这些元数据，可能会导致严重的安全问题。

解决方案：在 NGINX 配置中不要信任任何用户数据。在这种情况下，可能是由于使用了 $ host 变量，该变量是从“Host”头中设置的，可以被攻击者控制。

(2)安全头部缺失类漏洞

- Content Security Policy (CSP) Header Not Set
- Missing Anti-clickjacking Header
- X-Content-Type-Options Header Missing

以 Content Security Policy (CSP) Header Not Set 为例，如图 9-96 所示。

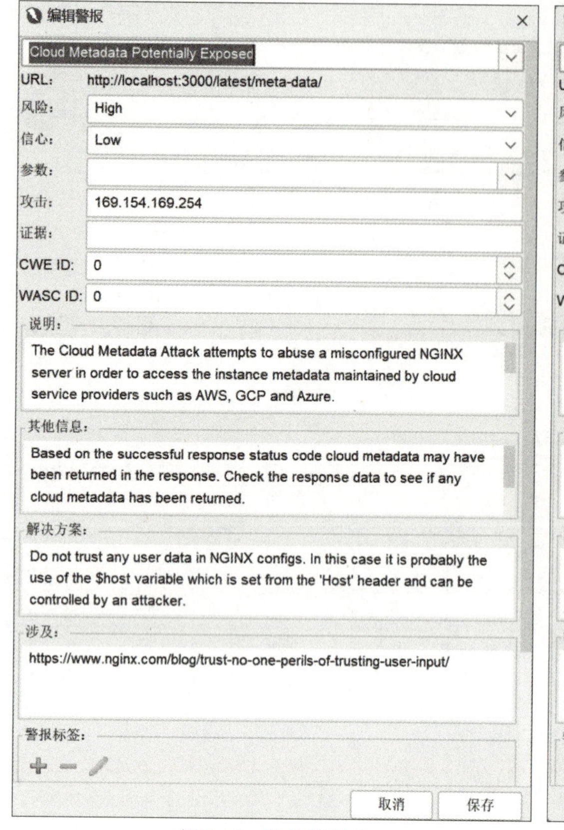

图 9-95　警报信息 1

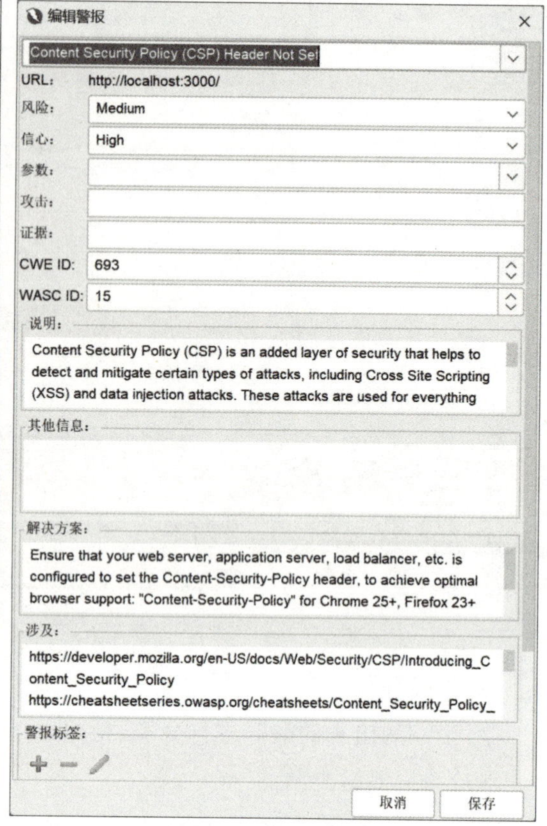

图 9-96　警报信息 2

含义:Content Security Policy (CSP) Header Not Set 是指在网站的 http 响应头中未设置 Content Security Policy(CSP)头。CSP 是一种安全头部,用于限制网站可以执行的内容和脚本,从而减少跨站脚本(XSS)攻击和数据注入攻击的风险。如果未设置 CSP 头,则网站可能受到 XSS 攻击和其他类型的安全攻击。

解决方案:确保 Web 服务器、应用服务器、负载均衡器等已配置,为设置 Content-Security-Policy 头部,以实现最佳的浏览器支持:对于 Chrome 25+、Firefox 23+和 Safari 7+,应该设置"Content-Security-Policy"头部;对于 Firefox 4.0+和 Internet Explorer 10+,应该设置"X-Content-Security-Policy"头部;对于 Chrome 14+和 Safari 6+,应该设置"X-WebKit-CSP"头部。

(3)跨站脚本攻击(XSS)相关漏洞

以 Cross-Domain JavaScript Source File Inclusion 为例,如图 9-97 所示。

含义:Cross-Domain JavaScript Source File Inclusion(跨域 JavaScript 源文件包含)是指在网站中引用来自不同域的 JavaScript 文件的一种攻击方式。例如,攻击者可以在受害者访问的网站中注入恶意代码,该代码会加载来自攻击者控制的不同域的 JavaScript 文件,从而在用户的浏览器中执行恶意操作。

解决方案:确保 JavaScript 源文件仅从可信源加载,并且这些源不能被应用程序的最终用户所控制。

(4)认证和会话管理类漏洞

以 Session ID in URL Rewrite 为例,如图 9-98 所示。

编辑警报
Cross-Domain JavaScript Source File Inclusion
URL: http://localhost:3000/sitemap.xml
风险: Low
信心: Medium
参数: ıdflare.com/ajax/libs/cookieconsent2/3.1.0/cookieconsent.min.js
攻击:
证据: com/ajax/libs/cookieconsent2/3.1.0/cookieconsent.min.js"></script>
CWE ID: 829
WASC ID: 15
说明:
The page includes one or more script files from a third-party domain.
其他信息:
解决方案:
Ensure JavaScript source files are loaded from only trusted sources, and the sources can't be controlled by end users of the application.
涉及:
取消 保存

图 9-97 警报信息 3

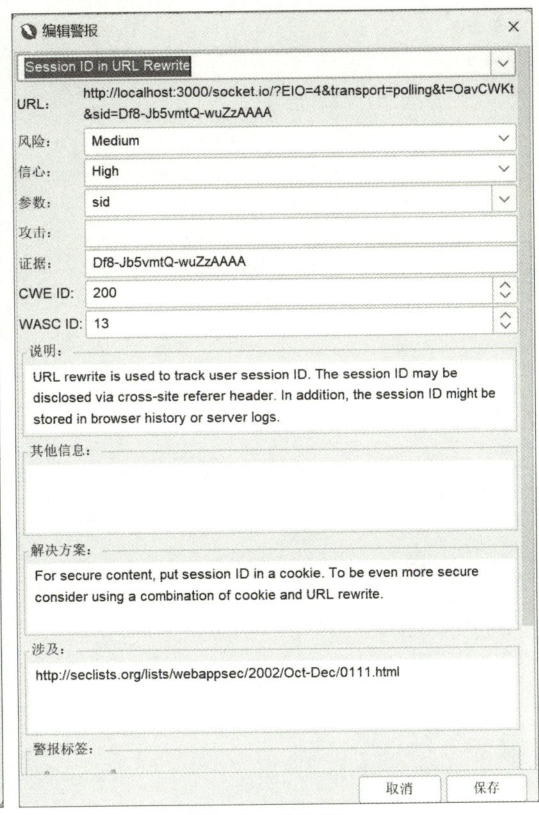

图 9-98 警报信息 4

含义:Session ID in URL Rewrite(URL 重写中的会话 ID)是指将会话 ID 附加在 URL 中的一种技术。通常情况下,会话 ID 是通过 cookie 或 http 头部进行传递的,以便在用户和服务器之间建立会话状态。但是,在某些情况下,会话 ID 可能会被包含在 URL 中,例如在 URL 重写和负载均衡技术中。

解决方案:为了安全起见,应将会话 ID 放在 cookie 中。为了更加安全,可以考虑使用 cookie 和 URL 重写的组合方式。

(5)跨站请求伪造类漏洞

以跨域配置错误为例,如图 9-99 所示。

含义:跨域配置错误(Cross-Origin Configuration Error)是指在跨域资源共享(CORS)配置中出现的错误。跨域配置错误可能会导致 Web 应用程序无法在不同的域之间共享资源。例如,如果在 CORS 配置中允许任何域都可以访问资源,那么就存在安全风险,因为攻击者可以从不同的域访问敏感资源。

解决方案:确保敏感数据不以未经身份验证的方式(例如使用 IP 地址白名单)可用。配置“Access-Control-Allow-Origin”http 头部,将其设置为更严格的域名集合,或者完全删除所有 CORS 头部,以允许 Web 浏览器以更严格的方式执行同源策略(SOP)。

(6)文件处理类漏洞

以 Hidden File Found 为例,如图 9-100 所示。

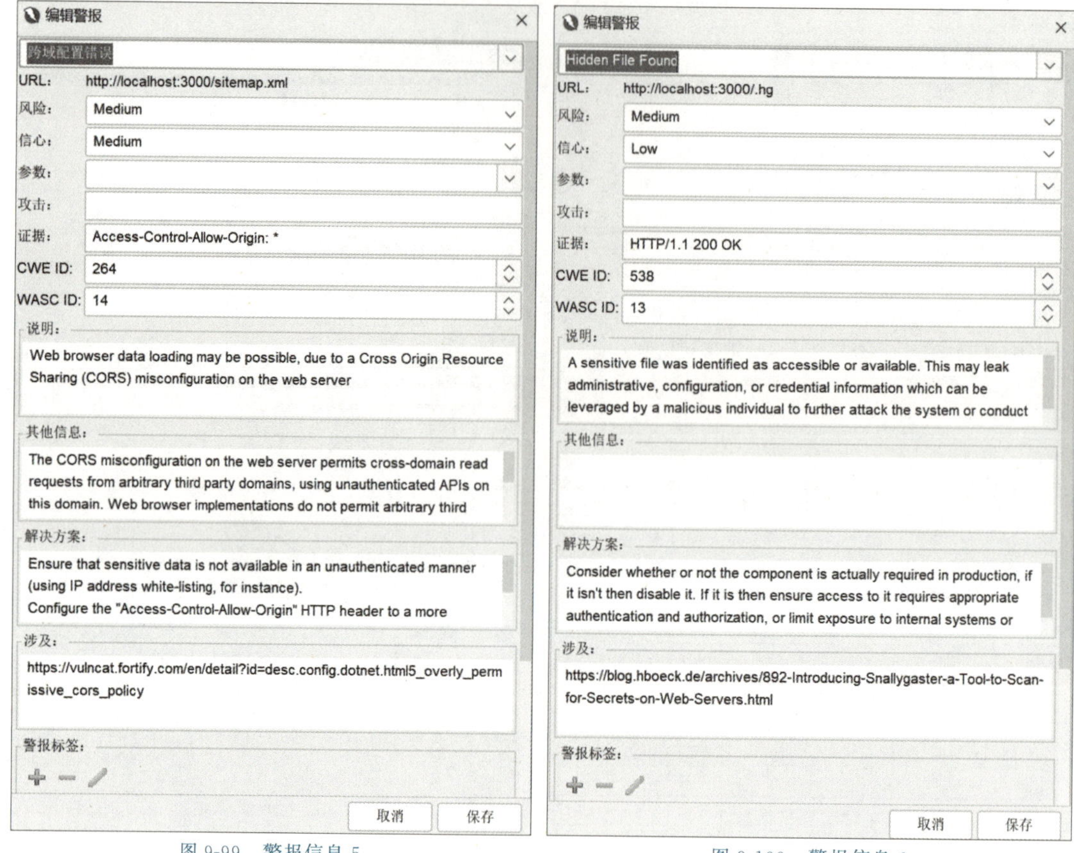

图 9-99　警报信息 5　　　　图 9-100　警报信息 6

含义:Hidden File Found(发现隐藏文件)是指在 Web 应用程序中发现了一些隐藏的文件或目录。在 Web 开发中,有时会创建一些隐藏文件或目录,这些文件或目录通常不会在 Web 服务器的目录索引中显示,但仍然可以通过直接访问它们的 URL 来访问它们。这些隐藏文件或目录可能包含敏感信息,例如源代码、配置文件、数据库连接信息等。

解决方案:考虑组件在生产环境中是否真正需要,如果不需要,则应该禁用它。如果需要,则应确保访问该组件需要适当的身份验证和授权,或者仅限于内部系统或特定源 IP 等。

(7)时间处理类漏洞

以 Timestamp Disclosure-Unix 为例,如图 9-101 所示。

含义:Timestamp Disclosure-Unix(Unix 时间戳泄露)是指在 Unix 系统中,由于安全设置不当或代码漏洞而导致应用程序泄露了系统时间戳的信息。攻击者可以利用 Unix 时间戳泄露来获取有关系统运行时间、操作频率和其他相关信息,从而帮助它们执行其他攻击,如暴力破解、会话劫持和密码重置等攻击。

解决方案：手动确认时间戳数据不是敏感信息，并且数据不能聚合以公开可利用的模式。

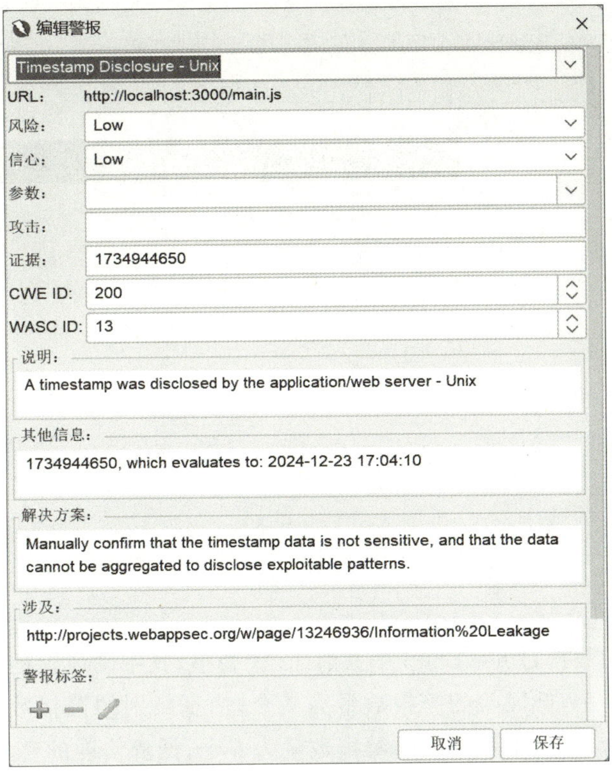

编辑警报

Timestamp Disclosure - Unix

URL: http://localhost:3000/main.js

风险: Low

信心: Low

参数:

攻击:

证据: 1734944650

CWE ID: 200

WASC ID: 13

说明:

A timestamp was disclosed by the application/web server - Unix

其他信息:

1734944650, which evaluates to: 2024-12-23 17:04:10

解决方案:

Manually confirm that the timestamp data is not sensitive, and that the data cannot be aggregated to disclose exploitable patterns.

涉及:

http://projects.webappsec.org/w/page/13246936/Information%20Leakage

警报标签:

取消 保存

图 9-101 警报信息 7

3. 导出报告

单击 Zap 页面右上角的生成报告按钮，可以筛选需要导出的选项，这里按照默认选项导出，单击 Generate Report。如图 9-102 所示。默认生成 html 报告文件，如图 9-103 所示。

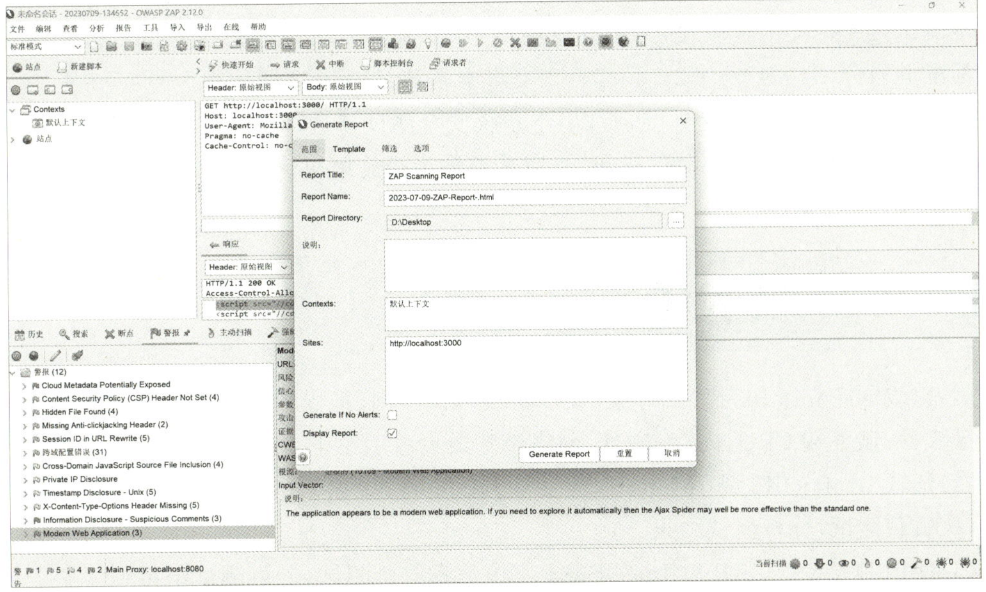

图 9-102 导出测试报告

Summaries

Alert counts by risk and confidence

This table shows the number of alerts for each level of risk and confidence included in the report.

(The percentages in brackets represent the count as a percentage of the total number of alerts included in the report, rounded to one decimal place.)

		Confidence				
		User Confirmed	高等的	中等的	低	Total
Risk	高等的	0 (0.0%)	0 (0.0%)	0 (0.0%)	1 (8.3%)	1 (8.3%)
	中等的	0 (0.0%)	2 (16.7%)	2 (16.7%)	1 (8.3%)	5 (41.7%)
	低	0 (0.0%)	0 (0.0%)	3 (25.0%)	1 (8.3%)	4 (33.3%)
	Informational	0 (0.0%)	0 (0.0%)	1 (8.3%)	1 (8.3%)	2 (16.7%)
	Total	0 (0.0%)	2 (16.7%)	6 (50.0%)	4 (33.3%)	12 (100%)

图 9-103　测试报告

4. 测试结论

根据报告显示的数据，Juice Shop 中共有 12 个警报，其中高风险的警报数量为 1 个，中风险的警报数量为 5 个，低风险的警报数量为 4 个，信息级别的警报数量为 2 个。此外，高置信度的警报数量为 2 个，中置信度的警报数量为 6 个，低置信度的警报数量为 4 个。

结果表明，Juice Shop 中置信度的警报数量最多，这意味着风险检测结论的可信度相对较高。

给定风险级别由高到低的权重为 8、4、2、1，建立测试接受标准量化模型，Score＝High×8＋Middle×4＋Low×2＋Inform×1。

本测试接受标准为中风险，采用等权重将 12 个风险项均匀分布在中、低、信息级别，则接受标准的得分＝4＊4＋4＊2＋4＊1＝28 分，本系统最终风险评估得分＝1＊8＋5＊4＋4＊2＋2＊1＝38 分，大于接受标准，所以，本系统安全测试未达标。

应用程序在信息安全性上存在问题，应采取适当措施解决这些问题。

9.5　实验任务

(1)以 WebTours 作为测试对象，设计负载测试用例，指标为：并发数 50，客户端响应时间小于 5 秒，服务端 CPU、内存、磁盘、网络带宽最大占用小于 100％，平均占用低于 80％。

(2)任选 GrafanaK6 或 JMeter 作为性能测试工具，根据第(1)题的测试用例，开发测试脚本，执负载测试，分析测试结果。

(3)使用 OWASP ZAP 对 Juice Shop 实施信息安全测试，分析测试结果。

参考文献

[1] Shi Yu Y, Xiao Hua Y, Meng L, et al. Research of Testing for Scientific Computing Software in the Area of Nuclear Power Based on Metamorphic Testing[C]. Proceedings of The 20th Pacific Basin Nuclear Conference. Beijing: Springer Singapore, 2017: 501-512.

[2] Meng L, Lijun W, Yuyan L, et al. Research on Testing Adequacy Criterion of Reactor Physics Code of NESTOR[C]. Proceedings of the 2017 25th International Conference on Nuclear Engineering. July2—6, Shanghai, China: ASME International, 2017: 4.

[3] 闫仕宇，阳小华，李萌等. 基于蜕变测试的热传导程序的验证测试研究[J]. 核科学与工程，2017，37(3)：380-385.

[4] 阳小华，闫仕宇，李萌等. 基于基准题的中子扩散程序蜕变测试验证方法[J]. 原子能科学技术，2017，51(7)：1239-1243.

[5] 阳小华，闫仕宇，吴取劲等. 似然蜕变关系的动态发现方法[J]. 计算机应用研究，2018，35：258-260.

[6] 范超，阳小华，闫仕宇等. 一种似然蜕变关系动态发现工具设计[J]. 南华大学学报(自然科学版)，2018，32(2)：86-91.

[7] Meng L, Xiao Hua Y, Shi Yu Y, et al. An automatic generation tool for unit test case based on dynamic symbolic execution[C]. Proceedings of the 2019 27th International Conference on Nuclear Engineering. May19 — 24, Tsukuba, Ibaraki, Japan: American Society of Mechanical Engineers, 2019: 6.

[8] 闫仕宇. 堆芯中子扩散计算程序蜕变测试技术研究[D]. 南华大学，2019.

[9] 闫仕宇，阳小华，刘志明等. 堆芯稳态核设计程序验证基准题衍生技术研究[J]. 哈尔滨工业大学学报，2019，51(11)：160-166.

[10] Shi Yu Y, Xiao Hua Y, Guo Dong C, et al. Richardson Extrapolation—Based Verification Method of Scientific Calculation Program without the Oracles: A Case Study [J]. Mathematical Problems in Engineering, Hindawi Limited, 2019, 2019(11): 1-9.

[11] Meng L, Lijun W, Shiyu Y, et al. Metamorphic Relation Generation for Physics Burnup Program Testing[J]. International Journal of Performability Engineering, 2020, 16(2): 297-306.

[12] Meng L, Shiyu Y, Xiaohua Y, et al. Metamorphic Testing on Nuclide Inventory Tool[C]. Proceedings of the 2020 28th International Conference on Nuclear Engineering. August 4－5, Online: American Society of Mechanical Engineers, 2020: V003T14A001.

[13] Meng L, Lijun W, Shiyu Y, et al. Metamorphic Relations Identification on Chebyshev Rational Approximation Method in the Nuclide Depletion Calculation Program[C]. 2020 IEEE 20th International Conference on Software Quality, Reliability and Security Companion (QRS－C). December 11－14, Macau, China: 2020: 1-6.

[14] 阳小华，闫仕宇，刘杰等．科学计算程序蜕变关系层次分类模型[J]．计算机科学，2020，47(11A)：557-561.

[15] 王丽君，李萌．基于蜕变测试的点燃耗程序验证研究[J]．核科学与工程，2021，41(5)：891-898.

[16] Meng L, Lijun W, Wei Y, et al. Metamorphic Testing of the NUIT Code based on Burnup Time[J]. Annals of Nuclear Energy, Elsevier Ltd, 2021, 153: 108027.

[17] 李萌．基于蜕变关系的两阶段验证方法研究[D]．南华大学，2021.

[18] Shengfu F, Xiaohua Y, Meng L, et al. An Identification Method of Image－based for Output Pattern of Metamorphic Relation in Burnup Calculation Program[C]. 2021 3rd International Academic Exchange Conference on Science and Technology Innovation (IAECST). December 10－12, Guangzhou, China: Institute of Electrical and Electronics Engineers (IEEE), 2021: 811-818.

[19] Zhaoyu W, Xiaohua Y, Shiyu Y, et al. A recognition technology for the output pattern of likely metamorphic relation of neutron diffusion program[C]. International Conference on Electronics and Communication, Network and Computer Technology(ECNCT). December 3-5, Xiamen, China: 2021.

[20] Meng L, Xiaohua Y, Shiyu Y, et al. A Lightweight Verification Method based on Metamorphic Relation for Nuclear Power Software[J]. Frontiers in Energy Research, Frontiers, 2022, 10(1): 246-253.

[21] 文双红，阳小华，闫仕宇等．龙格库塔程序的似然蜕变关系识别方法[J]．计算机工程与设计，2022，43(04)：1152-1159.

[22] Dafei H, Yang L, Meng L. Metamorphic Relations Prioritization And Selection Based on Test Adequacy Criteria[C]. 2022 4th International Academic Exchange Conference on Science and Technology Innovation, IAECST 2022. IEEE, 2022: 503-508.

[23] He C, Xiaohua Y, Meng L, et al. Test case generation techniques based on isolation forest algorithms[C]. International Conference on Mechanisms and Robotics, ICMAR 2022. February 25－27, Zhuhai, China: 2022.

[24] Fan W, Xiaohua Y, Meng L, et al. A Dynamic Identification Method of Metamorphic Relation Based on Separation of Input Pattern and Output Pattern[C]. 2022 9th international Conference on Wireless Communication and Sensor Networks (ICWCSN). New York, NY, USA: ACM, 2022(1): 16-24.

[25] Angang M, Shiyu Y, Xiaohua Y. Calculation method of metamorphic relational complexity for numerical computation programs based on scale complexity[C]. International Conference on Signal Processing, Computer Networks, and Communications (SPCNC 2022). SPIE, 2023, 12626: 588-593.